本教材第二版曾获首届全国教材建设奖全国优秀教材二等奖

普通高等教育“十二五”国家级规划教材

中国轻工业“十三五”规划教材

U1011240

家具设计

（第三版）

唐开军　行　焱　编著

中国轻工业出版社

图书在版编目（CIP）数据

家具设计 / 唐开军，行焱编著. —3版. —北京：中国轻工业出版社，2025.6

ISBN 978-7-5184-3918-8

Ⅰ. ①家… Ⅱ. ①唐… ②行… Ⅲ. ①家具—设计—高等学校—教材 Ⅳ. ①TS664.01

中国版本图书馆CIP数据核字（2022）第045574号

责任编辑：毛旭林 张 晗　　责任终审：李建华　　整体设计：锋尚设计
策划编辑：毛旭林　　责任校对：宋绿叶　　责任监印：张京华

出版发行：中国轻工业出版社（北京鲁谷东街5号，邮编：100040）
印　　刷：艺堂印刷（天津）有限公司
经　　销：各地新华书店
版　　次：2025年6月第3版第4次印刷
开　　本：889×1194 1/16 印张：13.75
字　　数：400千字
书　　号：ISBN 978-7-5184-3918-8 定价：59.80元
邮购电话：010-85119873
发行电话：010-85119832 010-85119912
网　　址：http://www.chlip.com.cn
Email：club@chlip.com.cn

250865J1C304ZBW

前言

对于已历经改革开放40余年高速发展历程的中国而言，设计创新的滞后与制约现象逐渐得到有效的改善，一个设计的时代已经到来。设计改变生活与行为方式，设计驱动品牌与产业发展，设计创造财富，设计改变未来已经形成共识。随着物质生活的富足，人们在精神方面的追求从内涵到形式都发生了巨大的转变，由崇尚国外走向国内，由崇尚传统复古走向文脉传承的现代，由崇尚奢华艳俗的外观走向简洁高雅的内涵，由物质消费时代走向情感消费时代。因此，在当代与未来的家具设计中，不仅要使产品满足用户的使用功能，还需要满足其精神需求，引导消费者品味生活中的幸福感，体验生活与工作中的便利与乐趣。同时也要求家具设计从业者应该具有全面系统的专业知识、洞察未来趋势的专业视野、融会贯通的专业能力，创造出符合时代化情感需求的形式语言，逐渐沉淀出现代中国家具的形制特征。

高楼万丈平地起，设计师的专业技能是通过现代教育体系奠定基础、不断学习、逐步积累的。那么，如何在有限的时间内，通过一部好的教程，使师者能够行云流水般地传道授业，学者能够系统、快捷地掌握家具产品设计所必备的基础知识并快速成长，就成了本书架构体系构建的重点。笔者根据多年一线教学和设计实践经历，综合分析现有教材的优缺点，结合新时期高校教学特点及专业培养目标展开了本教材第三版的修订工作，并形成以下几个方面的特色。

一是以立德树人、文化自信为宗旨，以构建新文科、新设计为背景，以建设国家级一流本科专业、一流课程配套教材为目标，塑造课程思政教材体系。中国古典家具，既是一种流派，更是中国传统文化的艺术瑰宝，凝结着古老的中国智慧。本教材坚持弘扬国家和民族的基本价值观，围绕课程目标，精选中国古典家具经典案例和构造技艺融入不同的章节内容中，并形成相应的思政要点。其中：

第一章主要引导读者思考当代“中国式雅致生活”对居室用品的形式与内涵的要求，以及“双碳”目标下的绿色家具设计实现；第二章提出了现代中式家具的形制思考，引导读者树立守正创新的设计观；第三章要求讨论分析中国家具设计程序与方法的比较优势，引导读者逐渐建立中国式的设计工作程序；第四章提出了结合“鲁班尺吉数”讨论中国家具的功能尺寸，引导读者了解中国传统审美观对现代造物活动的直接影响；第五章要求分析讨论点和线在中国明清家具中的应用形式和艺术效果，强化传统器物文化与现代产品构成之间的相关性；第六章强调应用中国传统的哲学思想，分析讨论影响家具形式美的因素，并通过剖析中国传统家具中的经典产品，验证其与现代产品形式美法则的契合度；第七章重点突出了中国传统家具中的榫卯结构，引导读者正确认知中国古代的造物智慧与技艺；第八章要求读者分类归纳出中国不同历史时期造物的色彩、材料、图纹等的特征与内涵，引导读者全面了解中国传统的艺术体系与文化内涵；第九章要求读者尝试将传统文化融入现代家具设计，并将设计视野拓展到当代社会性需求的各个方面，增强读者的社会责任感和使命感，实现通过设计改变生活与行为方式，促进社会进步；第十章要求读者思考如何在设计评价体系中融入中国的审美观，逐渐建立中国式的设计评价标准体系。

这些思政要点，不仅丰富了教学内容，强化了设计实践，更是润物无声地引导读者准确认识中华文明的历史脉络和辉煌成就，增强民族自豪感和文化自信，树立符合时代幸福感、获得感需求的审美观，以及古为今用、守正创新的设计观，从而形成“价值引领、知识传授、能力培养、人才塑造”的课程思政教材体系。

二是核心内容突出、知识点明晰。本教材层次分明，条理清晰，能较好地反映工业（产品）设计或艺术设计专业的思维方式和教学特点，准确阐述了家具设计的基本理论、基础知识与方法，注重体现行业的新技术、新知识、新成果，反映时代的需求，由浅入深地引导读者认知家具产品设计的步骤、方法、内容、构成要素、构成法则、结构原理、CMF创新设计、设计专题等方面理论知识的特征和规律，并结合设计案例提升读者对设计实操的指导和拓展，符合艺术设计类专业人才的培养目标与要求。

三是构架体系符合现代教学规律与教学手段。本教材应用互联网技术，通过教材及其配套的PPT课件与扫码下载视频、配套阅读材料等形成立体化教学资源，把课堂教学与数字化教学方式有机融合，既方便突破教材容量的局限性，透过PPT对相关内容和设计案例进行拓展与延伸，又方便课堂教学与课后的自主学习。教材中各知识点的教学内容宽泛、新颖，富有较好的系统性和启发性，既能完整地表达读者专业设计活动中所需的最基本、最常见的理论知识；同时也包括了读者未来可持续性发展所必需深化和拓展的知识，有利于激发读者的设计创新潜能。

四是体系完整、层次清晰、适应面广。本教材由浅入深、由简入繁、循序渐进地处理各章节的结构与逻辑关系，内容全面丰富、编排科学合理、叙述准确严谨、信息量大；并结合家具设计的现状与发展趋势，首次系统性地引入了家具CMF设计、家具概念设计等方面的前沿性内容；特别是所采用的案例式编写体例，既便于初学者学习、理解、掌握相应的知识点；又能把实际设计项目的组织与管理过程、设计展开的方法与步骤循序渐进地带入教学中，缩短读者理论与实践之间的差异，快速进入设计实操环节。本教材既可以作为工业设计或产品设计专业的教材，也可作为同类专业研究生或行业从业者的专业参考书。

本教材中“家具结构设计”（第七章）主要内容由行焱执笔。由于本书的内容十分宽泛，限于篇幅及作者的学识，书中一定存在许多不足之处，敬请读者指正。

作者

2023年夏于深圳

目录

第一章
家具设计概论

第一节　家具的概念

家具，概而言之，就是人们在日常生活和工作中所使用的器具，在中国南方又叫家私，即为家用杂物。家具在概念上有广义和狭义之分。就广义而言，家具是人类维持正常生存繁衍、从事生产实践和开展社会活动所处环境中必不可少的一类承载器具。就此广义的概念，一方面，人类自身的进化与生存方式方法的转变促进了“家具”功能和形态的变革；而另一方面，家具的结构形态又反作用于人类的生活方式和工作方式。就狭义而言，家具是人类在生活、工作、社交等活动场所中用于坐、卧、作业、贮藏或展示物品的一类器具，同时又是建筑室内陈设与装饰的主题之一，与建筑室内环境融为一体[1]。家具的英文为furniture，法文为meulbe，意大利文为mobile，德文为möbel，西班牙文为mueble，拉丁文为mobilis，在词义中均具有设备或可移动的含义。这也反映出家具作为人造器物的某些特点。可以说，家具是人在日常起居生活和工作中与空间发生联系的载体与媒介。（图1-1）

a. 中国明代官帽椅　b. 英国齐宾代尔式中国元素高脚柜

图1-1　不同文化、不同类型的家具图例

随着人类物质文明的发展，关于“家具”的概念、范畴、分类、结构、材料等都在不断变化。“家庭用器具”的含义在不断丰富。在原始社会时期，洞穴中的一块大石头经过敲击、打磨可能就兼备着寝具、桌具、坐具的作用，甚至是氏族会议时的“议事桌”及祭祀时的“供桌”；进入封建礼教社会，家具除去基本的功能作用，造型和材料也不断丰富，社会含义更加多样化、细致化——专物专用，如作为礼器服务于王宫与各级官邸之中，或作为法器摆设于庙堂之内。可以说，人类社会活动的丰富推动着家具的功用性、装饰性的发展，并形成了不同时期、不同地域的家具文化传统。

时至今日，家具更是无处不在，制造技术的发展，工艺材料的丰富，设计理念的融汇，各种家具为迎合生活中的不同使用要求而产生，以各自独到的功能服务于现代生活的各个方面——起居工作、教育科研、社交娱乐、休闲旅游等活动中，也由原来单一的家具类型发展到与使用空间功能特性密切结合的各类系统化、风格化家具，如宾馆家具、商业家具、办公家具、餐吧家具、古典家具、现代家具、新古典家具以及居室家具中的起居家具、厨房家具、儿童家具等，各种分类方法层出不穷，总之，它们都是以不同的功能特性、不同的装饰语义，来满足不同使用群体的不同心理和生理需求。

第二节　家具的特性

前已述及，家具起源于人类的造物活动，服务于人类对于空间的功能化使用，伴随着人类文明的发展，从数万年前原始时期的“随物应用”，到现代工业文明的绚丽多彩，无论其间经历了多少次在工艺材料、造型理念、结构色彩、装饰纹样等方面的变革，还是因地域文化差异导致的多样化风格特性，家具具有的一些基本特性还是不变的。（图1-2、图1-3）

一、功能的双重性

家具不仅具有物质功能，同时具有精神功能，即装饰审美功能。作为一种工具器物，家具的使用功能理应居于首位，以满足人类衣、食、住、用、行等活动中方方面面的物质需求。因此，各类家具在功能定位的基础之上，涉及材料设备、工艺方法、制作程

图1-2　中国传统绘画中的家具图例　消夏图/元代 · 刘贯道（生卒年不详，13世纪）

图1-3　欧洲传统绘画中的家具图例　天使报喜（The Annunciation）/莱奥纳多 · 达 · 芬奇（Leonardo da Vinci，1452—1519年）

序、结构设计、人体工学、电子化工等领域。而家具的结构与装饰具有的造型意象，使家具产品蕴含精神性，使人在接触和使用过程中产生某种审美愉悦感和引发丰富的精神联想，与美学、心理学、社会学、民俗学、行为学及造型艺术理论密切相关，成为一种广为普及的大众艺术，供人们观赏、收藏。这就是家具功能的物质与精神双重性特征[2]。

二、功能的共知性

家具使用功能的通用性分为两个方面：一方面体现在对某类家具使用功能的大众认同上，如没有人会质疑椅子是拿来坐的，床是供睡眠用的，衣柜是用以陈放衣物的，并且一种新式家具一旦出现，其功用也会很快得到广泛的传播与认同；另一方面则体现在人们的行为活动中，在特定的空间中进行某种行为活动，空间与行为之间由特定的家具来连接，即“行为活动—空间环境—家具类型”之间的对应上，如饮食—餐厅—餐桌椅的对应，学习—书房—写字台、书柜的对应，睡眠—卧室—床、衣柜的对应等。人类尽管人种不同，但基本的生理构造和需求都是一致的，对于家具的功能要求也是相同的。

亘古至今，就某类家具的特定使用功能而言，贯穿于不同地域的人们生活和工作的方方面面，与人们的衣食住用行密切相关，如椅凳类坐具通过支撑臀部以使人体得到休息的功用延续至今。然而，家具使用功能的通用性也不是永恒不变的，因地域文化的不同也有差异，在各自历史上的变化虽然缓慢，但随着社会发展、文化交流引发生活方式的改变而变化。如古时汉族人盘腿席地而坐的传统随着与外族文化的交流改为垂足而坐所带来的坐具变化，现代社会中因人们的生活内容增加而出现的电视机柜、厨房家具等。

三、外观形式的符号化

所谓“符号化”，是指人在认知自然的过程中，赋予外界物象以思维抽象后的形式与概念，使物象可以在头脑中更容易、更迅速地被辨识。家具造型的符号化就是指特定类型的家具在长期服务于人的过程中，以其特有的功能通过造型的表现形成了可以被大众所共知的符号特性，如提到床，人们的头脑中就会闪现一个“平板”的轮廓，具体到家具设计，进一步从宽度上细化为双人床、单人床，从高度上分为双层床、单层床，从使用对象上分为成人床和儿童床等。

人在通常情况下均可以把所看到的床的形式和其头脑中的名称相对应，即使在没有实物的前提下，也可以毫无障碍地相互间进行语言文字方面的交流。同样地，其他类家具也是如此。这就是家具在造型上所表达的符号化信息。家具造型的符号化对于设计师而言，提供了设计的基础，同时也形成了无形的束缚。这种束缚同样存在于其他设计领域中。

四、内涵的文化性

“文化”既是一个最普通、最常见的词汇，又是一个最复杂、最难以说明的概念。目前所公认的“文化”包括五个方面的含义。

①文化即知识。

②文化以知识为载体包含着思想、观念、精神、价值观等内容，即它不仅包括人认知自然、认知自我的成果——知识，还包括人从事知识创造活动的精神世界的内容。

③文化是在一定地域内，由一定的风俗、习惯、观念和规范等形成的某一群体的生活方式及行为模式。

④文化是指创造区域文明的人群在其社会实践过程中所积累的物质文明和精神文明的总和。

⑤文化是人在创造物质文明和精神文明的同时，精神文明对人本身的影响和塑造过程，即精神力量对人的教化过程。

综上所述，文化的本质表现为两个层次：一个层次是一定人群的生活方式；另一层次是精神文明及其对人的影响和教化[3]。

家具的文化属性包括物质和精神两个层面。作为物质文化产品，家具的众多品类拥有丰富的使用功能，丰富着我们的物质生活，新功能、新材料、新工艺、新理念等的推陈出新，从一个侧面反映着物质文明的发展程度。作为精神文化产品，多样化的家具以各自特有的外观形式体现出的审美功能，潜移默化地提升人们的审美情趣。同时，家具也以自身的造型艺术形式直接或间接地反映现实世界的政治思想与人文意识，实现象征功能与对话功能以及文化脉络的延存功能。

如：地处北欧的瑞典、丹麦、挪威、芬兰、冰岛五国，由于有着独特的自然地理条件和悠久的民族工艺传统，在家具和其他艺术设计领域至今保持着斯堪的纳维亚地区的艺术特点与文化精髓，形成北欧家具特有的风格。这种风格是直接继承并发扬了古典的理性主义、现代设计初期的功能主义和民间文化传统，并大量借鉴了东方设计的造型与结构而形成的。其特点是将现代主义设计思想与传统的人文主义设计精神相统一，既注意产品的实用功能，又关注设计中的人文因素，将功能主义过于严谨刻板的几何形式融汇为一种富有人性、个性和人情味的现代产品外观形式[4]。

中国传统家具更是如此。由于中国存在南、北方的差异，北方山雄地阔，民风质朴粗犷，家具则相应表现为大尺度，重实体，端庄稳定；而南方山清水秀，南方人文静细腻，家具造型则表现为精致柔和、奇巧多变。关于家具造型过去有“南方的腿，北方的帽”之说法，也就是说北方的柜类讲究大帽盖，多显沉重，而南方的家具则追求脚型的变化，多显秀雅；在家具色彩方面，北方喜欢深沉凝重，南方则更喜欢淡雅清新。

家具尽管品类、数量、风格繁多，而且随着社会的发展、文明的交流，更是日益丰富，但是其文化属性却具有如下四个方面的共性特征。

第一是地域性特征。家具的地域性特征的形成与该地域的自然环境、文化背景以及经济状况等密不可分。不同地域地貌，不同的自然资源，不同的气候条件，必然产生区域文明的差异，并形成不同的家具品类、功能、材料等特性，显露出浓厚的乡土人文特色，彰显着充沛的民族造物活力。

第二是民族性特征。民族是指历史上长期形成的具有共同语言、共同地域、共同经济生活以及表现于共同文化上的共同心理特征的稳定共同体。这一共同体在各种文化形态上表现出有别于其他共同体的特点，就是民族性。在艺术设计中，总能看到造型中所蕴含的民族风格，反映出某一民族的审美意识情趣和艺术表现形式。

不同的民族有不同的居住环境、传统文化和生活习俗，从建筑造型到室内装饰，家具也有民族特征。家具的民族性特征以地域性特征为基础，进而包含更多人文内容。如日本的居室内部，一般简洁、淡雅、宁静，空间尺寸偏小，家具尺寸也较矮小，特别是铺榻榻米的室内，仍保持着席地而坐的生活习惯，所以相应的椅子则无腿，只有坐垫和靠背，桌、几高度也相应降低；又如中国的西藏地区由于地处高寒地带，因而藏居室内也较低矮，易于保暖，就地取材，多铺毛皮地毯，藏式家具也是低矮型，最高也不过一米左右；再如北欧国家森林资源丰富，环境优美，其室内和家具与室外环境保持着高度的一致性，普遍流行实木家具，追求木材材质的自然美、简洁的结构美以及民族手工艺传统的造型美。

尽管民族审美意识是一定历史条件下的产物，不同的民族风格之间具有相对的独立性和稳定性，但是如前所述，它也不是静止不变或孤立的，而是相互间一直在不断地进行交流，促进工艺设计水平的提高和民族艺术风格的更新和发展。

第三是时代性特征。家具的每一历史时期的造型形态都具有一定的主导风格；而同一时期的设计师在家具造型设计上会表现出某种程度的统一性，基于这两个方面的因素，构成了家具文化的时代性特征。

家具文化的发展与整个人类文化的发展相依存，并表现出自己的阶段性。如西方的古典时期、中世纪、文艺复兴时期、工业革命时期、现代和后现代等均表现出不同的造型风格。也可粗分为手工业时期和工业时期。在工业社会，家具的生产方式为工业化批量生产，产品的造型风格则表现为简洁平直的几何式，主要体现一种理性美、功能美。时至今日，家具设计又开始偏重造型的文化语义，风格呈现了多元的发展趋势，在工业化、信息化背景下，又要在家具造型的艺术语言上与地域、民族、传统、历史等方面进行同构与兼容[2: 5~8]。

第四是传承性与传播性特征。家具文化的形成是循序渐进、逐渐积淀形成的。家具是基于人类的使用需要而出现并发展的，家具装饰是社会发展到一定程度后为了满足使用者的精神需求而出现的，并且社会越发达，伴随物质财富的逐渐积累，家具的装饰风格就越突出、越丰富，文化内涵也越高。可以说家具的物质文化先于精神文化。家具文化除了在固定地域上具有一定的历史传承性之外，又都是以某一地区为中心、随着整体文化的交流向周边传播扩散并借鉴交融的，所以不同地域的家具文化之间也存在着相互影响。家具文化的传承性与传播性是其发展的静因与动因、内因与外因。

五、多样性

家具的多样性包含两方面的内容：一是家具品类的多样性，二是家具外观形式的多样性。家具品类一般按其使用功能和使用场所的不同进行划分。人在日常活动中有多种的状态与行为，与此相对应的家具类型也多种多样，以满足不同的功能需求；另外，不同的建筑空间对家具的设计要求也是不同的。然而，即使是同一类型家具，其外观形式也是多种多样的。这种多样性直观表现就是同一品类家具其设计造型的多样性、材料的多样性、结构的多样性、色彩的多样性、个体需求的多样性等，正是这些多样性的存在才体现出家具设计师的价值存在，同时为设计师的工作提供多样化素材。

总之，家具文化的发展推动了家具构成要素的发展，而某一构成要素的发展也在推动家具文化的整体发展。尽管已经有了无数的家具品类及形式存在，但随着社会发展，还会不断推陈出新。

第三节　家具的构成要素

作为现代工业设计的一个分支，家具的构成要素主要包括功能、结构、材料和外观形式。在具体设计过程中，功能设计是先导，它也是推动家具设计发展的主动力；结构设计是主体，是实现功能的基础；结构设计需要参照材料和工艺，以满足功能性、耐用性、经济性以及更高的精神性需求；外观形式可作为设计活动的结果，也可作为设计活动的开端，家具设计的外观形式需要整体考虑功能、结构、材料等设计因素，并加以装饰而达到。这四种因素互相联系，又互相制约。由于家具是为了满足人们一定的物质需求和使用目的而被设计与制作的，同时人们对它又有一定的审美要求，因此在具体的家具设计实践中，功能和外观形式往往是一对矛盾体（图1-4）。下面具体阐述这四个要素的主要内容及相互间的关系[5]。

一、功能

任何一件家具都是为了满足生活中的实际需要而出现的，是为了达到一定的功能目的而被设计制作的，所以人们在家具设计活动中始终将功能设计放在首位，功能设计也应该是家具设计的先导和中心环节，是推动家具发展的动力，是家具设计的主体内容和主要意义。

家具功能设计的首要内容是安全性设计，达到功能要求的前提应该是使用过程中的稳定、适宜、合理，充分考虑家具对使用者是否存在生理甚至心理的安全隐患，任何一件人造物如果缺乏安全性，无论其他设计内容如何精彩，都是不应作为消费品而存在的。

图1-4　力求功能性与形式感相统一的座椅设计

在安全的基础上，家具功能设计的第二项内容是适用性。一般而言，人的眼、耳、口、鼻等各种感官及身体器官对物品的属性均有适应性要求，如拥有不同形状、尺寸、色彩、气味、重量、肌理、质感等属性的材料会使消费者产生不同程度的生理和心理反应，只有使这种反应处于适宜、愉悦的程度，适用性设计才算基本成功。因此，这就要求设计师通过总结生活中的常识、掌握尽量多的区域文化知识、加强对社会情况的调研，进行准确的设计定位以及通过对产品制造阶段的充分把握等，把功能适用的产品成功地推向市场，引起消费者的关注，完成购买。

功能性的第三个内容是简洁性。对任何消费品的使用都不应烦琐，因为烦琐是消费者在使用物品过程中产生反感和不安全因素的主要原因之一。家具设计中，产品的简洁一般是指除了有充分的功能实用要求外，忌用过多的装饰性设计。

功能性的第四个内容是合理性。一件物品的使用效果如何，主要体现在设计师为消费者设计的使用程序是否合理，特别注意产品由功能至造型中的语义学内容，应具有主导性和单一性。多功能产品往往使用于生活水平较低、生活空间狭小的环境，以期取得功能的最大化。如沙发主要是坐具，一般用于支撑人体短时间内的休息，但多功能沙发还可以用来睡觉，最终沙发就兼具床的功能。

根据以上的功能设计内容，按照现代设计理论，可把家具的功能分解为四个方面：技术功能、经济功能、使用功能与审美功能，其中的相互关系如图1-5所示。

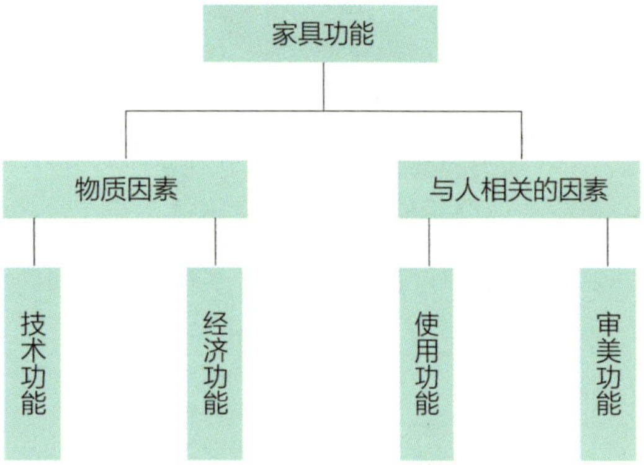

图1-5 家具的功能系统图

①技术功能——指家具产品所能达到的物理、力学、化学指标，如力学，是使用过程中家具安全性和可靠性的量化指标，一般是强制执行的。它是第一位的，即满足家具功能设计的安全性要求。

②经济功能——指家具产品制造过程中的物质和劳动消耗以及其所具有的经济效能。

③使用功能——指人在使用家具产品时的方便舒适性、安全可靠性，其中包括认知功能。它是建立在使用者个人活动的基础上，因此是与个人相关的。

④审美功能——指人对家具产品在视觉和触觉感受上产生的愉悦和精神上的满足。它也是建立在使用者或观察者个人情感体验的基础上的，也是与个人相关的，包括技术美和造型美两个方面。

二、材料

材料是构成家具的物质基础，由自然材料（如木、竹、藤等）和人工材料（如塑料、玻璃、金属等）两大类构成。人类的发展史上，从用于家具的材料上可以直观地反映出当时的生产力发展水平。如原始社会，人们对石头、木材、皮革等天然原料直接应用或稍加加工，作为起居材料，家具结构基本满足功能要求，形态自然是十分原始、简陋。现在，应用于家具的材料已十分丰富，除了常用的木材、金属、塑料外，还有藤、竹、玻璃、橡胶、织物、石材、装饰板、皮革、海绵等。然而，并非任何材料都可以应用于家具生产中，即家具材料的应用也有一定的选择性，其中主要应考虑的因素如下。

1. 环保性

由于家具产品直接接触人体，所以对其所用材料的环保性要求应有严格的标准，所用材料在使用或陈放过程中，有毒气体的释放量或放射性、重金属等有害物质的含量不能超出相应的检测标准，否则会被视为不合格产品。

2. 加工工艺性

材料的加工工艺性直接影响家具的生产。如对于木质材料，在加工过程中，要考虑其受水分的影响而产生的缩胀性、各向异性、裂变性及多孔性等；塑料材料要根据加工成型的方法，如注射、挤出、压延、搪塑等考虑其流变性选择生产工艺；玻璃材料要考虑到其热脆性、强度、硬度等。

3. 材质属性和外观质量

材料的材质包含物理、化学等内在属性，也包含质感、肌理、色彩等外在属性，内在属性决定外在属性，两种属性共同决定家具产品外观及质量的特殊感受。如木材，属于天然材料，内在属性导致其易燃、易受潮、易变形等，质感呈自然、淳朴，软硬适中，手感好，易于加工、着色，是设计生产家具的上等材料；塑料及其合成材料具有模拟各种天然材质外在属性的特点，可塑性强，易于成型，并且有良好的着色性能，耐水但易老化，耐热性差，用普通塑料生产的家具，其使用寿命和使用范围受到限制，并且易给人廉价的感觉；金属材质可以方便地进行表面着色或特种工艺加工处理，坚实耐用，视觉上给人以科技感和现代感，但视觉上易过于冰冷、理性；皮革和织物也属天然材料，并且容易加工、成形、着色，工艺丰富，但防火性能差，是坐具类家具的主要辅助材料。材质属性均有优和劣，但现代加工工艺和材料科技的提高可以弥补自然材料的原始不足，以提高家具产品的质量。

4. 经济性

家具材料的经济性包括原材料的价格，材料的加工人工和设备消耗，材料的利用率及材料来源的丰富性、可持续性等方面。同样以木材为例，虽具有天然的纹理等优点，但随着需求量的增加，木材蓄积量不断减少，资源日趋匮乏，特别是一些名贵珍稀木材；因而，应不断发展木材的加工工艺，以产生与木材材质相近的、经济美观的替代材料或衍生材料，广泛地用于家具的设计生产中。作为家具设计师在开展设计工作之前，一定要谨慎考虑材料的经济性设计因素。

5. 力学性能

家具大多是承载器物，因而其材料的力学性能，即强度，就成为家具产品功能及造型设计的重要参数。设计过程中，主要考虑其握着力、抗劈性能、弹性、热塑性等。如皮革柔软、有弹性，耐火性能较差，比较适用于支撑人体类的家具或其接触面；而陶瓷、玻璃属于脆性材料，适合于静负荷下工作，可用于不常搬动的家具；而金属、木材、塑料等材料耐冲击性能好，但对工作环境的温度、湿度、耐酸碱性、耐腐蚀性、耐磨损性有一定的要求。材料的力学性能基本上“与生俱来”，设计师可以通过结构设计等手段对其进行加强或改造。

6. 材料的美观性

材料美主要是指材料的色彩、结构、纹样、肌理、质地等外在属性蕴含的美。如天然材料，其美观性源于材料的天然不加雕琢，不依赖任何人为加工和装饰，是材料自然淳朴、本真的生命之美，如紫檀木坚实的质地、深红的色彩、禅意的纹理、沁人的幽香，对于这种材料，设计时往往需要因材施技。而人造材料是材料工程师在充分认知、把握基础材料的内在属性和应用要求的基础上，运用人工技术再加工出来的，如中密度纤维板、胶合板、人造革、玻璃、金属合金等。人工材料大多运用于现代风格的家具设计之中，一般比天然材料具有更突出的物理特性，并在兼顾经济性的基础上，可以体现出科技之美。

7. 表面装饰性能

一般情况下，材料表面装饰性能是指对其表面进行涂饰、胶贴、雕刻、着色、烫、绘、烙等装饰工艺的可行性。在家具所使用的各类材料中，木材、藤竹、皮革和织物等天然材料的表面装饰性能优于其他材料。

以上因素也是我们对家具材料进行选择的标准。在家具设计中，受材料属性的制约，不同材料有不同用途，对不同材料的认知以及选用是否恰当，反映出设计师的基本能力，也是家具设计效果优劣的决定因素之一。

三、结构

结构是指家具构件之间的组合与连接方式，是依据家具特定的使用功能和材料属性而设计的一种组织系统，也可理解为连接后的样式。因而，家具结构可分为内在结构和外在结构，内在结构即家具构件的组合与连接方式，它取决于材料和工艺的发展，如金属家具、塑料家具、藤家具、木家具等都有自己的结构设计特点。家具内在结构受材料属性的约束比较大，同时要兼顾制造成本和工艺条件以及造型样式的需要，不同类型的家具可以有相同的结构设计，如中国传统家具常用的榫卯结构，支撑类家具如座椅和收纳类家具如书柜等，其功能虽不同但都可以通过榫卯连接。

家具的外在结构即构件连接后的整体样式，直接与使用者相接触，它是外观造型的另一种解释，在尺度、比例和形状上都必须与使用者的生理特征相适应，设计时可应用人类工效学的相关原理，设计出与人体的生理尺寸、姿态动作、运动范围和生理机能相适应的外在结构。如座面的高度、深度、后背倾角恰当的椅子可更好地解除人的疲劳感；而收纳类家具在方便使用者存取物品的前提下，要与所存放物品的尺度相适应等。内在结构与外在结构相结合，才可为家具的审美要求奠定基础。

四、外观形式

家具外观是最终直接展现在使用者面前的，是功能、结构和材料的整体表现形式。家具的外观以功能为先导，通过材料来实现，依附于其结构。但是家具的外形和结构之间并不存在绝对的对应关系，即不同的外观形式可以采用同一种结构来表现，而同一种外观可以通过多种结构来达到。家具的外观形式存在着较大的自由度，空间的组合上具有多样的选择性。某种材料所具有的属性是构成整体外观形式认知属性的重要内容。作为功能的外在表现，家具的外观形式具有信息传达和符号学意义；还能发挥其审美功能，在特定环境中形成一定的情调氛围，具有一定的艺术效果，给人以美的享受。

第四节　家具设计

一、设计的概念

人类文明的历史就是一部创造的历史，人类为了自身的生存和发展，不满足于大自然所提供的物质形态就必须进行创造活动。设计就是一种典型的创造活动，是随人类的出现而伴生的一种文化现象，是人类从蒙昧混沌开始走向智慧文明的标志，也是所有创造活动的第一步。

对“设计”（Design）这一概念的定义虽然众说纷纭，但就其本质的认识是基本相同的，即是人类的一种创造性活动。概括地讲，设计就是人们将内在需求转变为外在现实的过程，它包括对某一种产品从需求到构思、计划、制作直至使用的整个环节。

现代设计涉及的范围非常宽泛，以工业化为基础，从简单的日常生活用品到复杂的航天器，人类的吃穿住用行都属于设计活动的范畴，可分为以下几大方面。

①产品设计（或称工业设计）。

②建筑设计（包括室内设计和环境设计）。

③视觉传达（播）设计（包括传媒设计）。

④织品及服装设计（统称时尚设计）。

二、家具设计的特征

家具设计就是为了满足人们对家具产品使用和审美的需要所进行的构思与规划，通过采用手绘表达、计算机模拟、模型样品制作等表现手法使这种构思与规划视觉化、物态化的过程，即围绕材料、结构、形态、色彩、表面加工、装饰等而赋予家具产品新的形式、品质和意义。

家具产品同其他现代工业产品一样，包含科学性和艺术性。科学性指其功能、结构、材料、工艺等设计因素中需要设计师理性的、逻辑的思维和手法。艺术性是指在设计过程，特别是造型设计中，需要设计师具有一定的艺术感性思维，以艺术化的造型语言来反映某种思想和理念，通过消费者的使用和审美对其产生精神上的作用。在“创作”规律上，家具设计与其他艺术设计门类相比有共同性，也有独特性。概括起来，家具设计主要有以下几个方面的特征[6]。

第一，家具设计不像绘画、雕塑和文艺作品那样可以通过刻画、描写典型事件或典型人物的生活、自然风景反映现实，而是通过抽象的概括去反映一般的时代精神和社会物质文化生活的面貌以及产品本身特定的内容、构造和情趣；通过自身的物化外观形式，使人在心理状态上产生某种作用，如舒适、安全、兴奋、愉快等。

第二，家具设计的过程具有物质性和艺术性的双重特征。就物质方面而言，因为它具有使用价值和实用价值，表现出了物质功能的特征。就艺术方面而言，因为它本身又是一种造型艺术，能满足人们的审美需求，表现了精神功能的特征。但是现代家具产品的艺术特征不同于一般的绘画艺术品，一旦丧失了使用功能，其精神功能也就随之丧失。所以要求家具产品既要实用、又要美观，也是其既区别于纯技术的设计，又区别于纯美术创作的方面之一。

第三，家具产品设计的创作把科学技术、材料、结构、工艺等方面和艺术内容紧密结合，一般要经过多专业、多工艺的共同协作才能完成。同时受到使用功能、材料、结构、工艺、经济等条件的制约，是功能、物质技术条件和艺术内容的综合表现。

第四，家具产品设计具有时尚性的特征。因为它不具备一般艺术珍品那种独立持久的艺术价值，所以往往是其使用价值还未丧失的时候，其艺术价值就先消亡，即产品造型因“过时”、不时尚而被淘汰。这就要求家具设计师要时刻关注市场消费趋势，走在时代的前面，以保障所设计产品的市场竞争力。

综上所述，家具产品设计具有物质功能和精神功能，具有科学性、实用性、时代性、艺术性。这些特征既具有各自的独立性，又是相互关联、相辅相成的。（图1-6）

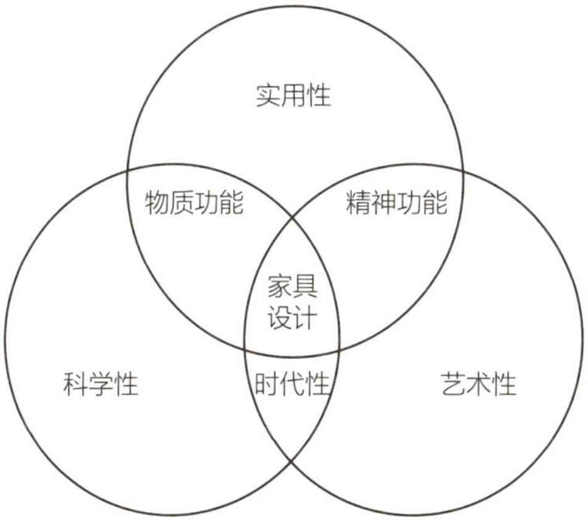

图1-6　家具设计特征之间的关系图

三、家具设计的类型

设计的目的在于创新，家具设计根据自身包含的设计因素和设计特征，主要分为使用功能创新设计、改良创新设计、结构创新设计、概念创新设计四个方面。

1. 功能创新设计

在现有家具产品上开发新的使用功能，是延续产品生命力、增加产品销量、开拓产品市场及促进产品改良的有效方法。家具的发展历程也是一部家具功能创新的历史，如沙发是为了满足使用者在休闲或娱乐过程中追求舒适功能的需要而快速发展起来的，电脑桌是为了满足电脑个人化的使用需要而发展起来的。随着社会的发展，消费者对于家具新功能的需求也在不断更新，这也在为我们提供新的家具设计思路。

家具功能的创新设计可从以下几个方面进行。

①在现有产品的功能基础上，寻找全新原理的功能突破，引导一种全新的工作或生活方式。

②探索与其他产品的功能组合。

③时尚科技的整合应用。

④关注生活细节，及时发现和了解新生活方式下的功能需求，开发出与之对应的家具新产品。

功能创新设计是一种创造潜在需求的设计过程，要求设计者具有超前的预测能力，通过细致入微的观察，预测消费者可能的功能需求，采用功能模块集成的方式，以变革性的思维创造性地开发出家具产品的新功能。如图1-7所示的阅读桌，其功能创新点在于桌面上电子产品的放置方式，便于使用

图1-7　功能创新型阅读桌

者利用电子产品配合工作与学习。

2. 改良创新设计

改良创新设计是一种针对消费者潜在需求的设计，是创新设计的重要组成部分；即在研究已有产品与人们的生活方式相适应程度及人们新需求的基础上，结合科技的发展，改进原有产品的某项设计因素，以适应和领导新潮流的创新设计类型。其主要用于进入市场较久的产品，这类产品由于市场竞争加剧及消费需求饱和、转移等方面因素导致销量减退、企业效益降低。因而，在产品的退化期到来之前，家具企业和设计师应积极采用改良创新设计措施及时地更新现有的退化产品或尽可能使产品的退化期后延。此类创新设计有以下几种途径。

①与产品相关的各种材料的改良设计。

②产品造型细节的改良设计。

③产品结构的改良设计。

④产品色彩的改良设计。

⑤产品表面肌理的改良设计。

⑥产品包装的改良设计。

⑦生产技术及制造工艺的改良设计。

⑧维修、安装及回收等方面的改良设计。

虽然改良创新设计的创新度有限，但其以用户为中心，条理清晰地发现问题、有目的地逐步解决问题，稳妥地进行产品更新迭代，一次次地累积起来后，在降低产品成本、提升性能等方面取得的效果也是巨大的。图1-8是意大利设计师本杰明·休伯特（Benjamin Hubert）对常用的普通椅子进行的改良设计，在椅子表面紧贴着拆洗方便的织物覆盖物，使一把普通椅子适合不同场合使用。

3. 结构创新设计

现代科学技术的发展日新月异，每天都有很多新技术、新材料问世，新技术会促进工艺的改良，而工艺和材料基本决定了家具结构设计的可能性，家具新结构的出现是产品功能创新、改良创新的基础与动力之一。如机械工业化的实现，促生了板式家具新结构，塑料的问世出现了有机型家具结构等。结构创新有潜力打破现有技术对整体设计面貌、产业结构、市场局面的支配；有能力催生全新设计概念的出现。虽然科学突破是支撑设计创新的基础之一，但是主导设计本身的并不是科学激发的，而是技术更新与市场需求巧妙结合的产物。因此，对于家具结构创新，应有市场针对性。结构创新设计有以下几种途径。

①结构变异创新设计方法。

②结构组合创新设计方法。

③引入新的结构要素。

④引入新的逻辑方法。

⑤引入新的设计理念。

在进行家具产品的结构创新设计时，应从各种要求与限制条件中寻求对立的统一，或通过跨品类产品结构方案的移植突破固有的传统结构桎梏，形成产品形态与功能相统一的新型结构形式。图1-9是中国设计师沈文蛟设计的“NUDE衣帽架”，其结构设计灵感来自中国传统益智玩具鲁班锁，采用锥榫、无螺丝、互锁式结构设计，造型新颖、结构稳定、方便实用、安装便捷、运输成本低廉。

图1-8　改良创新设计的椅子

图1-9　NUDE衣帽架/设计：沈文蛟

4. **概念创新设计**

概念创新设计是产品设计创新的最高形式，是引起产业结构变化的决定性力量，是把不可能变成可能的先驱，常常能主导一个产业，从而能够彻底的改变竞争的性质和基础。

家具的概念创新是指打破对家具产品原有的认识，在理念、功能、结构、材料、造型等方面进行全新的设计，具有一定的前瞻性、趋势性和引导性。概念创新设计有时不局限于现有的生活水平和技术条件，在设计者的预见能力所能达到的范围内来考虑人们未来的生活方式，设计出具有超前意识的产品，以便于满足数年后人们新生活方式的需求。由于所涉及的设计内容是全新的，所以企业在进行此类产品开发时风险也是最大的。

在进行概念创新设计时，一般围绕产品的功能、材料、结构、外观形式四个方面的构成要素展开：既可以从产品的外观形式及其风格特征方面设计出具有超前性、艺术感强的形式概念创新产品；也可以从功能、材料或结构方面设计出产品单一的功能概念创新产品、材料概念创新产品或结构概念创新产品；抑或对上述四个方面的构成要素进行组合，形成复合型概念创新产品。图1-10是现代奢华概念的梳妆台，其织物软包与镀铜金属材料的组合，不仅覆复了人们对传统用材的认知，也彰显了产品的奢华气质。

图1-10　现代奢华概念的梳妆台

四、家具设计的内容

家具设计的历史可谓源远流长，按照生产力发展为界线进行划分，可粗略分为手工业时期和工业化时期，同其他工业设计门类不同，手工家具和工业家具在现今共存发展，针对不同的消费需求，相互影响，相互借鉴。两类家具在设计因素方面存在差异，如工艺差异牵涉造型、材料、结构等的差异，但在设计内容、方法和理念等方面同其他工业设计门类是一致的。

家具既要具有美观的造型，又要满足人在空间中的使用要求，即通常所说的家具的双重功能——审美功能和使用功能。家具的审美功能通过两种途径产生：一是通过生产过程、生产材料、生产技艺及最终产品产生的视觉之美，主要通过形态加以体现，是种静态美，即造型之美；二是与技术相关联的功能之美，是人在使用家具的过程中，感知到的技术与艺术相结合达到的使用之美，是种动态美，即技术之美。所以家具设计在内容上主要包括艺术设计与技术设计以及与之相适应的经济评估方面的内容。

家具的艺术设计就是针对家具的形态、色彩、肌理、装饰等外观形式诸要素进行的设计，整个设计的过程均以“比例、尺度、色彩、肌理和谐与否”为轴心，即通常所说的家具造型设计。

家具技术设计的内容主要是如何使其功能最大限度地满足使用者的需要，如何选用材料和确定合理的结构，如何保证家具的强度和耐久性，整个设计过程是以“结构与尺寸的合理与否”为设计轴心[7]。实际上，家具技术设计与艺术设计之间在内容上是相互包含的，其具体内容如表1-1所示。

表 1-1　家具的艺术设计与技术设计内容

家具艺术设计内容	造型	形态、体量、虚实、比例、尺度等
	色彩	整体色彩、局部色彩等
	肌理	质感、纹理、光泽、触感、舒适感、亲近感、冷暖感、柔软感等
	表面工艺	表面工艺方法、形式、部位、材料等
家具技术设计内容	功能	基本功能、辅助功能、舒适性、安全性等
	尺寸	总体尺寸、局部尺寸、零部件尺寸、装配尺寸等
	材料	种类、规格、含水率要求、耐久性、物理化学性能、加工工艺性、装饰性等
	结构	主体结构、部件结构、连接结构等

五、家具设计的原则

家具设计的原则是随着社会的发展而不断变化的。如我国在改革开放前，由于消费者经济基础差、购买力弱，家具也就以“经济、实用、美观”为大致的设计原则；随着社会的富裕、人们生活水平的提高，对家具等日常生活用品也提出了新的要求，特别是资源与环境问题也越来越被社会及消费者所重视，因此“美观、实用、绿色、经济”作为家具产品设计的基本原则。

1. 实用性原则

“实用”主要针对物质功能，即家具必须具备基本的使用功能，这也是家具设计的本质与目的，并在此基础上，力求家具产品的物质功能得到最大限度的发展。家具的功能实用性设计原则应该体现功能安排的科学性、操作的合理性和使用的可靠性等。具体包括如下几个方面。

（1）功能范围合理

随着现代生活内容的丰富，现代家具的功能范围也日益扩大，但是如果其使用功能过多、组合性太强往往又会带来结构复杂、体量增大、基本或主体实际利用率低等问题，因此家具的功能应根据需要合理界定。在我国，前些年由于人们居住空间普遍窄小，多功能组合家具很受欢迎，这是特定的历史原因决定的。随着人们居住空间的扩大及空间功能的单一化，家具的功能也多回归趋于单一化。

（2）工作性能优异

家具的工作性能一般取决于家具材料、结构等的物理性能、力学性能、化学性能，包含家具在使用过程中的稳定、耐久、牢固、安全等各个方面所能达到的程度。由于其直接体现了家具的综合质量，所以特别受到重视。这也要求家具产品的外形必须与其工作性能相协调。

（3）使用功能科学

家具的功能设计科学与否，只有通过人的使用才能体现出来，所以在设计过程中应充分考虑其形态对人的生理及心理方面的影响。这就要求家具要具有舒适、安全、省力、高效的使用功能，同时具有相应的视觉表现。

2. 美观性原则

美观性原则主要是指家具产品的造型美，是其精神功能所在，是对家具整体美的综合评价，分别包括产品的形式美、结构美、工艺美、材质美以及产品的外观和使用中所表现出来的强烈的时代感、社会性、民族性和文化性以及与环境的和谐性等内容。

家具产品的“美”是建立在“用”之上的。而长期以来，大多数消费者对家具产品美观性的认识依旧仅仅停留在单一形式美的层面上，未能从消费理念上更深层次地去挖掘其与建筑空间的整体和谐美感以及文化内涵蕴含的美感；甚至很少从理性客观角度去分析产品的美观性是否建立在科学的使用功能之上。产品的形式美应有利于使用功能的发挥和完善，有利于新材料和新技术的应用。如果单纯追求形式美而破坏了产品的使用功能，那么即使有美的造型也是无用之物。反之，如果单纯考虑产品的使用功能而忽略了其造型所带给人们的生理、心理影响及视觉感受，便会只是单调、冷漠的工业产品，在市场上是没有竞争力的。

3. 绿色化原则

绿色化就是在设计中关注并采取措施去减弱由于人类的消费活动而给自然环境增加的生态负荷。包括产品生产过程中能量与资源消耗所造成的环境负荷，由于能量的消耗过程所带来的排放性污染的环境负荷，由于资源的减少带来的生态失衡所造成的环境负荷，由于流通与销售过程中的能源消耗所造成的环境负荷，由于产品使用过程中有害物质的超量释放对环境造成的负荷，产品消耗终结时废旧物品回收与垃圾处理时所造成的环境负荷等[5]。

家具设计的绿色化原则主要反映在“减少”（Reduce）、“再生”（Reuse）、“回收”（Recycling），即“少量化、再生利用、资源再生”三个方面。

（1）少量化设计

少量化就是对一切材料与物质尽量最大限度地利用，以减少资源与能量消耗。包含了从四个方面减少物质资源浪费与环境破坏的可能性：设计中减小体量，精简结构；生产中减少消耗；流通中降低成本；消费过程中减少污染。特别要指出的是少量化并不是简单地减少国家或企业的生产目标与任务，也不是简单地简化家具结构与用料，这需要设计师在造型与结构等设计内容上倾注更多理性的、科学的成分，同时需要从设计生产上抵制个人的“过度消费”“盲目消费”等消费行为，通过设计引导来保护环境，使产品资源分配更加合理、更加有效。最后，“少量化”与“坚实耐用”是相辅相成的关系，家具产品功能合理、组合方便、结构牢靠、用料合理，使用寿命延长，自然也可达到“少量化”的目的。

（2）再生利用设计

设计中实现再生利用有三个方面的要求。

①产品功能的系统性。系统性在此是针对家具系统内的可替换性特征而言，要求存在局部与局部之间以某种确定的结构关系连接起来以形成整体，而且要求这种功能结构关系一旦确立，就可以实现局部的替换。如一个石凳与一张木凳，都具有“支撑人体”的家具功能，但如果石块被打碎之后，其“支撑”功能就随之消失；而一张木凳拆去一条凳腿，可以再换上另一条凳腿继续作为凳子被使用，即称之具备了系统的功能性。

②产品部件结构自身的完整性。在不增加生产成本的前提下，每个部件，特别是关键部位、易损部位的零部件结构自身的完整性对于再生利用有着特别的意义。

③产品主体可替换性结构的完整性。以保证产品的零部件可以不破坏整体结构从产品主体上拆除并更换。

（3）资源再生设计

资源再生设计涉及面广、工作内容复杂，主要包括以下几个方面。

①要形成全社会对于资源回收与再利用的普遍共识。

②建立系统的材料回收运行机制。

③改革产品结构形式，使产品部件与材料的回收成为可能。

④运用回收材料进行产品再生产的新颖设计，使资源再利用的产品得以进入市场。

⑤通过对再生产品的宣传，使再生产品的消费理念为消费者接受。

4. 经济性原则

家具设计的经济性应该包括两个方面的内容：一是对于企业，要保证企业利润的最大化；二是对于消费者，要保证其有价廉物美、物有所值之感。这两方面看似是矛盾的，因此设计师的价值才可充分得到体现，在设计家具产品时，要充分考虑产品的生产成本、原材料消耗、能源消耗、产品的机械化程度、生产效率、包装运输等方面的经济性。经济与实用是密切相关的，实用不经济，不具有市场竞争力；经济不实用，同样也不能很好地发挥产品的物质功能或整体效能。

第五节　家具设计的发展方向

中国现代家具业自20世纪80年代以来，经过几十年的高速发展，成功地从一个“家具小国”转变为一个“家具大国”，但距“家具强国”还有一定的距离。与家具行业发展较为发达的国家相比，中国主要是在家具新产品的设计研发方面还存在着较多亟待疏解的问题，也是今后一段时期内我国家具行业的发展方向。

一、设计产业的规范化

包含家具设计在内的工业设计是一个科学、系统的工程，早已从设计产业早期简单的造型设计拓展出来，因为位于产业链的前端，整个设计流程中的每一个环节都应遵循产业规范，以保证产品设计的整体质量，也有利于下游产业、配套产业的规范化发展。设计产业的规范化可粗略分为产业内部规范与外部规范。只有内外因共同作用，才可促使我国整体设计创新水平的提升。

1. 设计组织的科学化

严谨、科学的设计组织是执行设计决策的基础和保证。没有一个科学合理的设计组织，各层次的设计目标就无法实现。这需要政府、企业乃至国民对于设计产业的认可，对设计创新知识产权的尊重与保护。

在设计组织中，设计师和管理者是组织成员中的主体，但由于两者之间存在着在教育、文化、专业背景、关注重点等方面的差异，也会导致管理方面的矛盾与困惑；此外，现代设计本身是一门交叉性的学科，一个设计活动的展开往往有不同专业类型的设计师和非设计成员的共同参与，因此设计组织中的矛盾也将更为突出与复杂。这就更加需要设计组织或企业内设计部门的协调作用。为此，要协调在设计各环节中出现的各种矛盾，充分发挥每个组织成员的创造潜能，除了要有一个适合设计活动展开的组织保障外，还必须要有一个良好的组织环境。

2. 设计分工专业化

目前的设计机构可分为两种基本形式：一是企业内部的设计机构，二是独立的设计机构。

企业内部的设计机构都是依附于企业，以企业内部的设计任务为重点工作。从性质上又可分为固定设计机构和临时设计机构两种。固定设计机构在新产品开发与设计活动较为频繁，且产品和经营较为稳定的一些大型企业中较为常见。临时性设计机构也称为设计项目组或设计专案组，其变动性较大，可随企业的设计计划而产生，随着计划的进展而改变机构形态，设计计划结束，机构也就解散。

独立的设计机构基本上是从个体设计师逐步发展起来的，规模以数人或数十人不等，其组织结构较为简单，构成形式较有弹性。

长期以来，我国家具设计机构多以第一种形式存在，即企业内部的设计机构，是附属于企业的专门机构。随着家具产品设计地位的日益提高，设计机构专业化分工势在必行。即从企业内部分离出来，成为独立的设计机构。家具生产企业可根据市场的需求把自己欲开发的产品委托给这类专业的设计公司来完成。这样有利于集中优秀的设计人员为多家公司开发不同形式的产品，充分利用设计人才资源，满负荷服务于行业。避免各个生产企业均有设计部门，易造成工作量不足或信息渠道不畅及产品开发设计成本过高等不良现象。

3. 设计程序的规范化

任何一件好的产品都是在对其功能、材料、结构、造型、工艺、设备、消费者群体等进行科学分析、精心构思、科学测评后完成的，而其完成过程就是设计的过程，这是一个循序渐进的系统过程，有其自身的程序，家具设计也是如此。其中的每一个环节都有相应的方法、目标与要求，是一步一个台阶走向产品开发终点的。如市场调查是确定设计方案的基础，但如何科学、客观、准确地获得第一手市场信息，则就应严格地遵循市场调查的科学方法，而不能凭着主观想象来代替。同样地，设计过程中的每一步都应严格按照科学方法进行，而不能凭个人喜好、管理权威、以往经验来妄加判断或决定。否则其所开发的新产品是缺乏长期市场生命力的。

4. 设计方法的现代化

多年前，国家十多个部委曾经为实现设计手段的现代化采取过强制性措施，联合提出要普及CAD技术，彻底撤掉绘图板。时至今日，我们在颂扬这一英明决策的同时，对设计手段的现代化会有更加深刻的认识和理解。现代设计已能充分利用各类设计类软件完成方案表现、施工图绘制、现实过程虚拟模仿等，这些高新技术为高速、优质完成设计工作提供了可靠保障，并减少了消耗。所以，设备是设计组织者必备的基础设施，其中的软件应用也是设计师必备的基本技能。

二、绿色设计

在家具设计原则部分，已经从设计的广义范畴阐述了绿色设计的概念和含义，具体到家具设计，绿色的家具设计与传统的家具设计又有何不同呢？绿色设计包含家具产品从概念形成到生产制造、使用以及废弃后的回收、再利用及处理的各个阶段，它涉及产品整个生命周期；从根本上防止和减少污染，节约资源和能源，预先防止产品及其工艺对环境产生的副作用，彻底改变了传统设计“从摇篮到坟墓”的单线过程，实现“从摇篮到再现”的循环过程[8]。表1-2是家具传统设计与绿色设计的比较。

表 1-2　家具传统设计与绿色设计的比较

比较因素	传统设计	绿色设计
设计依据	依据用户对产品提出的功能、性能、质量及成本要求进行设计构思	依据环境效益和生态环境指标与产品功能、性能、质量及成本要求来进行设计
设计人员	设计人员很少或没有考虑有效的资源再生利用及对生态环境的影响	要求设计人员在产品设计构思及执行阶段，必须考虑降低能耗、资源重复利用和保护生态环境
技术工艺	在制造和使用过程中很少考虑废旧产品回收，仅考虑少量的贵重金属材料回收	在产品制造和使用中，可拆卸、易回收、不产生毒副作用及保证产生最少废弃物，能耗低
材料资源	较少考虑节约材料及资源问题	以节约材料、合理及可持续利用资源为原则
设计目的	以需求为主要设计目的	为需求和环境而设计，满足环境可持续性发展的要求
设计产品	普通产品	绿色产品

从表1-2中可以看出，家具的绿色设计涉及的范围更宽泛、更系统，要求也更高，产品也更市场化。下面进一步阐述绿色家具的实现途径。

1. 木材的可持续开发利用

木材是人类应用最早、也是目前应用最广泛的家具材料之一。我国是少林国家，长期以来我国的木材需求量供小于求，供需矛盾相当突出，特别是家具用材。因此，在设计绿色家具时，必须优先考虑木材资源的可持续利用，从源头上使用生态的绿色材料。作为绿色材料的木材可以通过以下几种途径节约代用。

（1）普材优用

将普通树种的材料经过一定的物理化学方法或生态工艺技术处理后作为家具用材或高档用材。图1-11是用普通松木为原料，设计制作的儿童床，既清新自然，又时尚环保。

图1-11　普通松木儿童床

（2）小材大用

将加工生产过程中的余料、小料利用齿榫结合

图1-12　躺椅/设计：布罗迪·尼尔（Brodie Neill/澳大利亚）

图1-13　圆形边茶几

图1-14　透明树脂与树枝黏合后制作的简易坐具

图1-15　瓦楞纸家具/设计：刘江华

的方法加工成指接材用于家具产品中；或将小径次等材、枝丫材、间伐材等通过化学的、物理的或机械的多种方法加工处理成各种新型再生木材：如经过热压处理的压缩木，用短而窄的锯制板材进行层积胶压而制成的层积木，或加工成人造板材等用于家具。图1-12是用各种不同的板材胶合层压后加工的躺椅。

（3）优材高附加值

将纹理美观、色泽悦目、涂饰性能好、无缺陷的珍贵树种刨切或旋切制成薄木或微薄木，作为家具外表装饰用材，而将材色和纹理不显著的木材作为内部用材。这种家具既节约了珍贵木材，又增强了家具的审美功能，提高了家具的附加值。图1-13是珍贵木皮拼花贴面、镀铜金属支架的圆形边茶几。

（4）废材利用

树根、树桩、树枝等非树径部分向来是作为树木砍伐后的废弃物而处理的，而带节存瘤的树桩、树根、树枝不仅可以单独制成家具，还可以作为床架、坐具类家具的零部件。这种废材的利用符合绿色环保的要求，制作的产品质朴、简洁、清新，充满田园风味和乡土气息，使生活在大都市的世俗心境受到大自然的洗涤，倍感亲切宁静，很好地满足了人们回归自然的心理需求。图1-14是利用透明树脂把树枝黏合后，再进行后期加工制作的简易坐具。

（5）合理使用代用材

木材代用是把需求转移到另外的材料上，这种转移关键在于是否合理、是否可取。如用麦秆、棕丝、椰绒取代泡沫塑料作沙发填料，用皮革、棉麻织料作面料，用纸代替木材制作各种家具，用亚麻秆制得的亚麻丝板取代有限资源等都是合理取代。而如果以钢、铝、塑料等代替可再生、污染能耗低的材料，则有悖于家具产品材料的再生可持续利用原则，应尽量避免。图1-15是一种用瓦楞纸为材料制作的纸质家具，纯天然的纸张既能营造出柔和、自然、平静的居室空间氛围；又具有包装简便、搬运方便、不占空间、绿色环保等特点。其系列产品进入市场即受到年轻人的追捧。

2. 大力开发竹藤家具

我国是世界上竹材资源最为丰富、竹类栽培和加工利用历史最为悠久的国家。竹材作为一种木本状多年生常绿森林植物，生长迅速，在长江以南地区

图1-16 独立式镜子/设计：范承宗

产量颇多。竹家具和藤家具是传统的民间家具，竹制家具夏天使用清凉宜人，可用于床、椅及家居饰品；而藤家具多用于客厅沙发、几类，或作为配件与其他家具配合使用。开发竹藤家具时注重竹藤材料与中国传统家具设计元素的结合，可以设计出极富东方传统文化特色的家具；或者通过现代设计给竹藤材料融入时尚气息，既体现怀旧情调又衬托时尚韵味。总之，利用中国竹藤资源丰富的优势，结合新的设计思维，必将充分挖掘这种绿色材料的市场潜力。图1-16是用毛竹原竹作为材料制作的独立式镜子。

3. 其他配件及家具制造各个流程的绿色化控制

绿色家具除了考虑材料的选择之外，其工艺、结构、零部件等方面也必须提高绿色化程度。这些方面在以前不被人们足够重视，但它们将随着家具产品环保标准的建立而逐渐纳入环保系统工程的范围内，以便于维护绿色环保家具概念上的完整性和体系上的系统性。

（1）家具涂料的改进研制

现在家具的涂料种类很多，然而符合绿色环保标准的涂料却很少。涂料由多种成分组成，其中许多原料是有毒物质，如常用的涂料溶剂甲苯、二甲苯、甲醛等，这些挥发性强且易燃的有机溶剂会污染环境，侵害人体，引发各种癌症及其他疾病。因此，在改善原有涂料，严格控制有害气体的挥发数量指标的同时，发展以水替代有机溶剂的水性涂料显得日益重要。水性涂料除了在环保上的优越性之外，在施工方面也有其独特之处。

（2）标准化是家具实现绿色化的关键

随着国际标准化（ISO）的普遍实施及与国际接轨的日益接近，由人造板所带动的板式拆装式家具结构的兴起，家具结构的标准化、系统化和可拆装化已是必然的趋势。家具五金件将朝着标准统一、安装简单、使用方便、形式美观的方面发展。

（3）家具生产控制

生产过程中的环保问题主要反映在三个方面：一是工厂生产环境中的环保因素，如噪声、粉尘、各种有毒气体对工人的健康危害；二是企业废液、废气、废渣，即“三废”的治理，如对于木材剩余物的综合利用、废气和废水的有效排放等；三是材料加工利用中存在巨大的浪费，主要表现在材料利用率低，资源保护意识落后。这些问题必须通过严格制定各项参数指标，加大环保意识的宣传力度，提高家具制造的高科技含量等手段来解决。

（4）家具回收过程

绿色家具的最后一个设计环节就是家具的回收处理。传统家具制造商在家具产品的开发、制造、销售完成之后，对于家具的回收处理并不关心，绿色家具设计则必须考虑这个环节，将绿色设计理念贯彻始终。绿色家具的回收可划分为前期用户回收、后期用户回收两种类型。

①前期用户回收：是指对家具生产制造过程产生的废弃物和材料进行即时回收利用。这种方式的回收者位于家具产品生命周期的前端，通常是指家具制造商。

②后期用户回收：主要是指材料的回收，即家具制造时通过理性化的结构设计，配合五金件的合理布局与使用，使过时或损坏的家具便于回收处理，各种材料仍能再次利用。

三、构建当代中国家具文化体系

中国传统家具从史前到明清，期间历经5000余年，通过前人智慧的不断沉淀与积累，臻至完美，并屹立于世界家具艺术的顶峰。然而，鸦片战争以来，西方列强用坚船利炮打开了中国大门，随之蜂拥而至的西方现代器物倾售于富饶的东方大地；在掠夺财富与资源的同时，也对具有悠久历史传承的中华文明进行了严重的摧残和侵蚀，摧毁了国人对中华传统文化的自信心，形成了近代相当长一个时期内国力贫弱落后、文化迷茫彷徨的悲惨局面；此时的中国家具文化也降至历史冰点。然而，改革开放后，知耻而后勇的中国人经过40余年的努力拼搏，如今已步入世界强国之列，中华传统文化复兴也被列入国家战略。

中国的家具产业也随着改革开放的步伐，不断发展壮大，有了现今世界上家具大国的地位，在制造方面从传统农耕社会的手工方式，第一次真正进入现代工业文明的工业化生产模式，产量位居世界各国之首，家具内容丰富多彩，各种风格争相斗艳，家具商贸通达顺畅，从城市到农村，从中国到全球，中国家具无所不在。然而，我们应该清醒地认识到这种繁荣背后的隐患，即家具的繁荣与家具文化的贫乏、混乱之间的矛盾，只有协调好这种矛盾，才能保持中国家具业长盛不衰。

1. 建立当代生活美学观

中国传统的普世美学观实际上是传统儒家思想所倡导的“天人合一”“恬静淡泊”。“天人合一”是指天（大自然）与人是一个密不可分的、相互结合的统一整体，在思维方式上强调整体性、和谐性、统一性。它是中国哲学的宗旨，也是中国传统美学的审美标准，是中华传统文化的根基。

宇宙自然是大天地，人则是一个小天地。人和自然在本质上是相通的，本无所谓内外、物我之别，故一切人事均应顺乎自然规律，达到人与自然和谐，在自然规律和人的意志情感的统一中寻找美的本质。人之所以为人，在于其社会属性，但是如果把社会凌驾于自然之上，以社会性高于自然性而自居，则违背了自然界作为人类生命和价值之源的规律，人类与自然的互融共存，不仅仅是人类生存的外部环境问题，也是人类存在本身的价值问题[9]。

进入当代之后，人类科学取得长足的进步，人们在不断地享受着科学技术带来的红利时，却遭遇着人文价值的不断失落。人类一方面在享受着高科技带来的舒适便捷的生活与工作方式，另一方面却肆无忌惮地破坏着人类赖以生存的自然环境，致使人类的生存和发展遭遇到严峻挑战。因此，我们应该深刻反思当代社会的发展观、自然观、价值观。

时下悄然兴起一个词语——“中国式雅致生活”。“中国式雅致生活”是指中国人所特有的一种以简约、闲适和智慧为主要特征的一种艺术的人生态度和生活方式；是对农耕时代田园牧歌生活的一种追忆与向往；是对抱朴守真心灵生活的一种崇尚回归；是中国传统文化所孕育出的一种古典、高雅的生活方式。它具有以下几个方面的特征。

①简约：简约是一种精致的生活态度，是水云间的自我修行，是杯盏间的灵魂落定，是繁林里的清净。它以青石、香茗、茂林与修竹间的朴实自然，停驻在现代中国人的心里；以不写繁华、不叙苍凉、不喜纷扰，幽远清新、素雅宁静，“一箪食一瓢饮，不改其乐”的生活态度，追寻“大象无形、大音希声”的一种精神和文化境界。（图1-17）

②闲适：闲适是一种优雅，是一种从容，是一种境界，是一种智慧。“中国式雅致生活”享受的是充实的生活，而不是平庸的日子；是平实无华的岁月，而不是灯红酒绿的时间；是安然平静的时光，而不是愤懑暴怒的态度。（图1-18）

③智慧：“中国式雅致生活”是一种智慧的生活境界，拥有这种智慧的人，高而能下，满而能虚，富而能俭，贵而能卑，智而能愚，勇而能怯，

图1-17　简约、雅致的生活空间/设计：檀颂家具

图1-18　闲适、宁静的生活环境

辩而能讷，博而能浅，明而能暗。能识天地之大，能晓人生之难，有自知之明，有预料之先，不为苦而悲，不受宠而欢；所以绝权欲，弃浮华，潇洒达观，于嚣烦尘世而自尊自重，自强自立，不卑不亢，不俗不谄。能大其心，容天下之物；虚其心，受天下之善；平其心，论天下之事；潜其心，观天下之理；定其心，应天下之变。

随着历史的发展，如今我们已进入一个高度发达的工商社会。在一个人心普遍比较浮躁的功利时代，人们总是步履纷杂、行色匆匆。在一个人头攒动、惜时如金的社会，人们总是很忙——忙得心力交瘁，忙得长吁短叹，忙得精神萎靡，忙得心灵苍白。这时我们是否能慢下来，冥思一下什么才是当代生活美学，过一种艺术的、诗意的“中国式雅致生活”？

如图1-19所示简约、闲适的茶室，让人能在繁华都市中安享一份难得的清净与雅致，在百忙之中泡上一壶浓茶，择雅静而处，有助于静心、静神、陶冶情操、去除杂念，契合“清静恬澹”“内省修行”等东方哲学理念。

2. 形成现代中式家具的文化内涵

现代中式家具文化内涵的形成是目前中国由家具大国走向家具强国的必由之路。纵观世界现代家具发展的历程，我们不难发现，现代家具从概念的提出到第二次世界大战前初具雏形，历经波澜曲折、用了近100年的时间。然而，第二次世界大战结束后不久，现代家具在欧美各国均被迅速地域化，形成了既遵从现代设计原则，又具有地域特色的现代家具文化内涵，即我们现在所熟知的北欧家具、意大利家具、德国家具、美国家具等。中国在20世纪80年代开始引入国际化风格的现代家具，至今已近40年，期间中国家具在制造技术层面有了长足的发展和进步，奠定了家具大国的地位，而在现代家具与中华传统文化的融合，即现代家具的文化内涵地域化方面，还缺乏系统的理论基础与规模化的产品沉淀，没有形成风格化的现代中式家具形式，致使自身难以迈入世界家具强国之列。

现代中式家具是在现代设计理论和中国当代美学标准的规范内，运用现代材料及工艺技术生产的现代形制中蕴含中国传统文化精髓的家具。现代中式家具既能体现时代气息，又具有典雅、端庄的民族特色，融合现代产品的各项属性，畅行于现代产品的营销模式与销售渠道中[10]。

（1）现代中式家具的本质

现代中式家具的本质是现代，而不是传统；是简约，而不是虚饰；是时尚，而不是复古。

现代，首先体现在家具产品的形制上，应与大众公知的现代风格家具产品的形制相吻合，符合现代家具产品设计理论与形式美的构图法则，而不是传统元素与符号的嫁接与重组；其次是应用现代化的工具和设备进行产品的设计与制造、管理与营销；最后是不断拓展家具产品新材料的应用，实现材料的多元化。

简约，首先应该尊崇“少即是多”的现代设计思想，做到家具产品中的每一个零部件都是满足产品功能与结构所要求的必不可少的构成元素，避免多余的零部件堆砌；其次是通过产品线型的个性化、五金配件的精心选用、工艺细节的精细处理等形成或体现产品的多样化、价值感与美观性等，剔除传统雕刻等非功能性虚饰。如图1-20所示为蕴含中式文脉的现代中式家具产品与室内空间。

图1-19　简约、闲适的茶室蕴含智慧、通达的人生哲学

图1-20　蕴含中式文脉的现代家具产品与室内空间

图1-21　现代、时尚的床头柜/设计：卢志荣

图1-22　现代、简约、闲适的沙发/设计：苏梨 · 上品

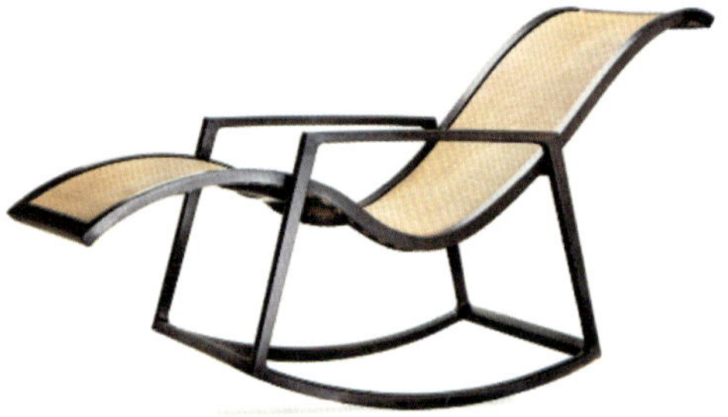

图1-23　现代中式躺椅/设计：平仄家具

时尚，是现代中式家具产品的主旋律，除了产品形式的现代感之外，就是通过主材与现代玻璃、不锈钢、铜饰件、大理石、织物等辅材的巧妙搭配以及色彩的组合应用来体现时尚感，还可以通过合理地在产品中融合现代科技，形成智能化或智慧型的时尚功能，从而摆脱“中式”，即“传统”的固有概念，形成时尚化的现代中式家具产品观念。（图1-21）

（2）现代中式家具与传统中式家具的关系

现代中式家具与传统中式家具之间的关系在形式上应该是断裂式的，有关联的仅是文化内涵。无论是现代中式家具的形制、用材、生产方式与营销体系，还是审美标准等方面都与传统中式家具有着时代性的“鸿沟”；这一结果，是西方发达国家从西方古典家具到现代家具，经历了近百年的反复探索而求证过的。所以，当前在发展现代中式家具的过程中，不需要重走西方这种漫长探索的弯路，而直奔结点即可。但不可否认的一点就是，无论传统中式家具还是现代中式家具都应该蕴含着中华民族传统文化的精髓，这种具有强大生命力的文化基因是割裂不断的。图1-22的沙发没有用刻意的传统中式符号，而以简练、圆润的形式彰显产品的大气与雍容，江南特有的婉约风情淡定地游走在产品的每一细节中，含蓄地表达着简约、闲适的当代东方美学观。

当我们讨论或实践现代中式家具文化时，容易进入中国传统家具文化的误区而不能自拔：或是符合了宋代的美学思想，又或继承了明式家具经典，等等，此乃误区之一；误区之二是过度宣传和强调传统家具的手工技艺，变相贬低现代工业文明的高效制造过程；误区之三是盲目引导消费者相信名贵木材，形成不正确的产品伦理观。事实上，宋朝美学思想的优秀，明朝家具文化艺术的辉煌，是不容置疑的，但是这种优秀与辉煌是建立在1000年前或500年前的社会背景下，已经完成了其历史使命，封存于史册中。如果我们过多的穿越时空，无论是古代家具的形式或元素穿越到现代家具上，还是现代人的思想与审美穿越到古代家具中，进行无厘头的嫁接，就会混乱当下的家具文化主题，混淆现代中式家具的发展方向，忘记传承与创新的使命。图1-23的躺椅是走出传统、融入现代的典范。产品的形制既蕴含了“中国式雅致生活”美学观的精髓，又通过传统榫卯结构和竹材编织面的应用，把中华传统文化精髓融入现代产品的气质中。

3. 现代中式家具的未来

从当下的消费者即可以看到现代中式家具的未来，现今社会的消费主力是改革开放后出生的新生一代，他们是在互联网崛起时代接受教育，在改革开放的现代社会环境中成长，受现代器物文化熏陶的成人，因此，现代是他们人生中抹不掉的烙印之一，相伴相随一生。由此可见，现代中式家具的健康发展之路，就是现代、简约、时尚与中式文化精髓融合，形成新时期中式家具文化内涵与符号化特征的过程[11]。

综合而言，现代中式家具在“标准化与多样化”“时代性与稳定性”“民族性与全球性”等艺术风格特征的主导下，形成以工业化生产为基础，以现代材料综合运用为支撑，以功能时代化和科学技术融合为时尚，以现代简约为其形，以中华民族地域文化精髓为其魂的现代中国家具。

本章思政与实践

1. 从“中国式雅致生活”的意境中思考居室用品的外观与内涵。
2. 讨论如何融合“古今”“中外”的文化精髓进行现代家具设计？
3. 结合中国的“双碳”目标，思考绿色家具产品的实施途径。
4. 简述家具的含义与特性。
5. 家具的构成要素有哪些？
6. 简述家具设计的特征、类型与内容。
7. 深度思考不同类型的创新设计在产品设计实践中的应用。
8. 简述家具设计的原则。
9. 从设计管理与组织的角度思考设计产业规范化的重要性。

现代中式家具
精品赏析

参考文献

[1] 胡景初，王郡. 家具的概念与意义［J］. 家具与室内装饰，2005，71（1）：20~21.
[2] 胡景初，戴向东. 家具设计概论［M］. 北京：中国林业出版社，1999，2：2~5.
[3] 唐任伍，赵莉. 文化产业——21世纪的潜能产业［M］. 贵阳：贵州人民出版社，2004，5：2~3.
[4] 顾建华. 艺术设计审美基础［M］. 北京：高等教育出版社，2004，7：101~108.
[5] 徐恒醇. 技术美学原理［M］. 北京：科学普及出版社，1987，11：11~22.
[6] 杨正. 工业产品造型设计［M］. 武汉：武汉大学出版社，2003，9：4~5.
[7] 唐开军. 家具设计技术［M］. 武汉：湖北科学技术出版社，2000，1：4~6.
[8] 王铁球. 绿色设计在家具中的应用［J］. 家具与室内装饰，2001，1：22~25.
[9] 姜玮. 中国传统美学观“天人合一”与生态美［J］. 贵州商业高等专科学校学报，2003（2）：22~26.
[10] 唐开军，曾利. 现代中式家具［J］. 林产工业，2002，29（4）：34~35.
[11] 唐开军，戴向东. 现代中式家具成熟的标准探讨［J］. 家具与室内装饰，2020，（01）：11~14.

第二章

家具的类型

由于现今世界范围内各领域传播交流的便捷性、普及性，人们行为方式、生活方式的多样选择与即时性，现代家具的材料、结构、使用功能、使用环境的多样化，形成了现代家具的多元化风格，因此很难采用某一种标准方法对现代家具进行分类，在此我们从多个角度对现代家具进行类别分析，以便在上一章的基础上对现代家具有一个系统完整的概念认识。

第一节　按基本功能分类

按基本功能的分类方法是根据人与家具、物品与家具之间的相互关系进行的，是比较贴近人们日常生活的一种科学分类方法。根据基本功能的不同家具可分为支撑类家具、凭倚类家具和收纳类家具。

一、支撑类家具

支撑类家具是指直接支撑人体的家具，也称之为坐卧类家具。此类家具应该是人类历史上最早形成的家具类型之一，是人类早期由无意识到有意识使用、创造的生活用品之一，也是早期人类告别动物性的行为方式、生活习惯的一种文明行为的物证。人的一生中与支撑类家具接触的时间最长，是使用最多、最广泛的一类家具。包括凳类、椅类、沙发类、床类等。

1. 凳类

凳类家具的基本形式由支撑体和座面两部分构成，结构简单、使用方便。从古至今有马扎、方凳、墩凳、长条凳、板凳等多种形式（图2-1[1]）。不同国家和地区对其造型又融入了自己独特的文化因素，可谓形式万千。凳类家具以方便为主，多是用于临时休息，对舒适性要求不高，材料更是多种多样，常见的有木质、石质、藤质、金属、塑料等。

2. 椅类

椅类不同于凳类的是其座面以上有靠背或扶手，有扶手的称之为扶手椅，没有扶手的称之为靠背椅。椅子诞生之初是权威的物化形式，起到区别与象征使用者的身份、等级的作用。时至今日，椅类的使用已非常广泛，有办公椅、餐椅、休闲椅等。因可作

图2-1　凳类家具图例

图2-2　椅类家具图例

为长时间坐靠的承载类家具，出于对人类健康、生活和环境的考虑，椅类对使用的正确性以及舒适性在造型、结构、材质等方面的要求越来越高。（图2-2[2]）

3. 沙发类

沙发也是座具的一种形式，由西方早期的榻和软包扶手椅两者结合衍变而来，是早期西方上流社会追求更加舒适的生活方式和沙龙聚会的产物。沙发采用弹簧或海绵等弹性材料作为坐垫，座面和靠背或扶手用华丽的织物或皮革包衬，舒适大方。经过100多年的发展，沙发已从原来的单一形式发展到有单人沙发、双人沙发、三人沙发、四人沙发、组合沙发、沙发床等多种形式，结构材料和面料也已丰富多彩，成为现今一般家庭中必备的家具之一。（图2-3）

4. 床类

床是人睡眠休息时使用的常规家具，在日常生活中占有极为重要的地位。人在劳作之余，为了自身身心功能的恢复，自觉地利用天然物来满足自己睡眠的需要，为满足最大限度的身体放松，会选择躺在一块平整干燥的石板或草坪上，这就是床的原形。进入定居时代后，由铺垫在室内地面上的兽皮、编织席垫衍生出起居方便、凸起地面的床的雏形。经过几千年的发展，床从古至今有很大的变化，现在根据功能和空间需要，有单人床、双人床、折叠床等形式各异的类型。（图2-4）

图2-3　沙发类家具图例

图2-4　床类家具图例

二、凭倚类家具

凭倚类家具是指家具结构的一部分与人体有关，另一部分与物体有关，主要供人们倚凭、伏案工作，同时也兼有收纳物品功能的家具。它包括两类：一是台桌类，有写字台、办公台、工作台、会议

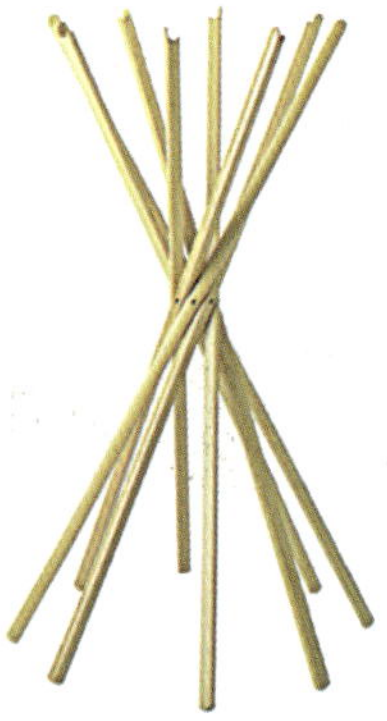

图2-5　台桌类家具图例　　图2-6　几架类家具图例

桌、餐台（桌）、梳妆台、电脑台、课桌、玄关台等（图2-5）；二是几架类，有茶几、条几、花几（架）、炕几、衣帽架、书报架等。（图2-6）

三、收纳类家具

收纳类家具是用来陈放衣物、被服、书籍、食品、器皿、用具或展示装饰品等的家具，它主要被用来处理物品与物品之间的关系，其次才是人与物品之间的关系，即满足人使用时的便捷性。此类家具通常以使用空间或收纳物品的类型而冠名，如大衣柜、小衣柜（五斗柜）、床头柜、书柜、文件柜、台视柜、装饰（间隔）柜、餐具柜等。（图2-7）

图2-7　收纳类家具图例

第二节　按建筑空间功能分类

人在各种活动中，形成了多种典型的对建筑空间功能的类型化要求，家具就是为满足人类活动过程中所处某一建筑空间的此类功能需要而被设计使用的，以此对家具进行分类如下。

一、居室家具

居室家具是指人类住宅中日常起居生活用的家具，其类型繁多、品种复杂、形式丰富，是家具市场上占份额最大的一类产品。按现代居室住宅空间功能的不同，居室家具可包含门厅与玄关家具、客厅家具、卧室家具、书房家具、厨房家具、餐厅家具、儿童家具、浴卫家具等类型。（图2-8）

图2-8　居室家具图例

二、办公用家具

办公用家具是指办公室用的家具，办公室是有策略地实现组织目标的场所，而办公家具是支撑上述目标实现必不可少的、重要的工具。办公室主要有办公、接待、会议、文件资料收发与陈放四个方面的主要功能，所需主要家具有办公桌（台）、工作椅、会议桌椅、电脑桌、文件柜、沙发与茶几、隔断屏风等。（图2-9）

图2-9　办公家具图例

三、酒店用家具

酒店用家具主要是指酒店的客房、大堂、餐厅、酒吧、卡拉OK房、总统套房等功能空间所用的家具，其中客房与总统套房中的家具与居室家具功能相似。但由于所处的空间相对较小，并供旅客临时使用，所以在造型、结构、尺寸、材料等方面均有自己的突出特点。（图2-10）

图2-10　酒店家具图例

四、学校用家具

学校用家具包括大、中、小学的教室、实验室、礼堂和科研机构的实验室中使用的家具，主要有课桌椅、讲台、多媒体控制台、绘图桌、实验台、电脑台、学生宿舍及食堂中的家具、仪表器材试剂柜、资料柜等。特别是中、小学生用的课桌椅应考虑到使用者身高年龄的可变性，采用可调节高低的结构。（图2-11）

图2-11　学生宿舍家具图例

五、商业展示用家具

商业展示用的家具主要指各类商场或专卖店中陈列、贮存、展示、宣传商品用的家具，包括货柜、货架、展示台、橱窗、收款台等。这类家具应与被展示商品的性能、规格等相符合，同时也和建筑装修、品牌文化、商品主题、季节气候、地域传统等相配合。（图2-12）

图2-12　商业展示家具设计图例

六、共享空间与环境用家具

共享空间与环境用家具指影剧院、饭堂、车站、码头、报告厅、会议厅、休闲广场或公园等中的家具，要求具有结构简单、强度高、耐腐蚀及耐酸碱等理化性能好且不易任意搬动的特点。主要有连排座椅类、长条椅、凳类、台类等。（图2-13）

图2-13　共享空间与环境家具设计图例

七、医院用家具

医院用家具指医院的病房或诊疗室用的家具，对耐酸碱性、易清洁性、人机工学性等方面要求特别高。主要包括病床与床头柜、注射凳、药品柜等。

第三节　按构成材料分类

一、木家具

北魏贾思勰的《齐民要术·种槐柳楸梓梧柞》中载："凡为家具者，前件木（指前面谈到的槐、柳、楸、梓、梧、柞等木种），皆所宜种（都是可用于家具的木种）。"木，是制作家具最适宜的材料之一，并且种类繁多，材性多样，古今中外的家具用材均以木材或木质材料为主。木家具包括实木家具和木质材料家具。前者顾名思义，是对原木材料实体进行加工，易于理解（图2-14）；后者是指对木材进行二次加工的成材，如以胶合板、中密度纤维板、刨花板、细木工板等人造板材为基本材料，对表面进行油漆、贴珍贵薄木、贴科技木、贴印刷木纹纸处理而生产的家具（图2-15）；相对于实木，木质人造材料在科技与工艺的支持下，工业化程度高，具有广阔的发展前景。尽管现在木材资源日趋匮乏，并且随着科学技术的进步与发展，各种新型家具材料也不断出现，但在今后相当长的一段时期内，实木或木质材料仍然是家具的主导材料。

二、竹藤家具

竹藤家具是指以竹材或藤材为主要原材料而设计生产的家具，多为座具类、几桌类，少量柜类与床类。竹藤家具在我国有悠久的历史，特别受到处于热带、亚热带地区居民的喜爱。另外，在自然资源日趋短缺的现状下，竹藤材料以其生长周期短、资源丰富、自然纯朴、形式多样、易于加工等属性而越来越受到人们的重视，是一种很有发展潜力的家具材料。（图2-16）

三、有机材料家具

有机材料家具是指以塑料等人工合成类有机高分子材料和动物皮革等天然有机材料类为主体材料而设计生产的家具。由于塑料种类繁多，属性各异，可通过挤压、注模、吹塑成型，所以塑料家具也常以相对复杂的形态出现。而动物皮革等天然有机材料一般与软质泡沫塑料配合使用，用作软体家

图2-14　实木材料家具设计图例/设计：汉斯·J. 韦格纳（Hans J. Wegner）

图2-15　木质人造板材料家具设计图例

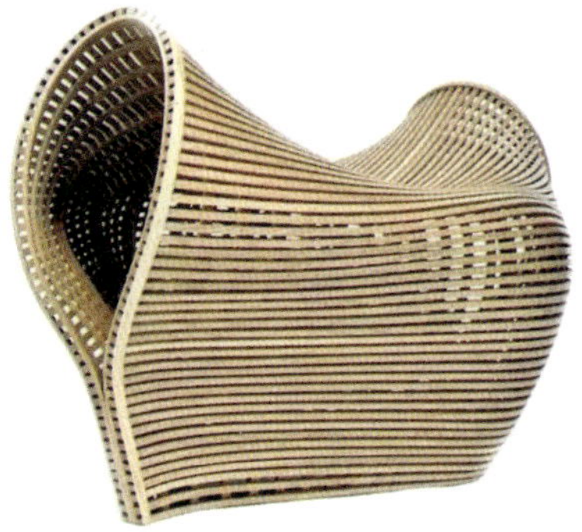
图2-16　竹藤材料家具设计图例

图2-17　有机材料家具设计图例/设计：安恩·雅各布森（Arne Jacobsen）

图2-18　金属材料家具设计图例/设计：皮尔、阿希尔兄弟（Pier & Achille Giacomo Castiglioni）

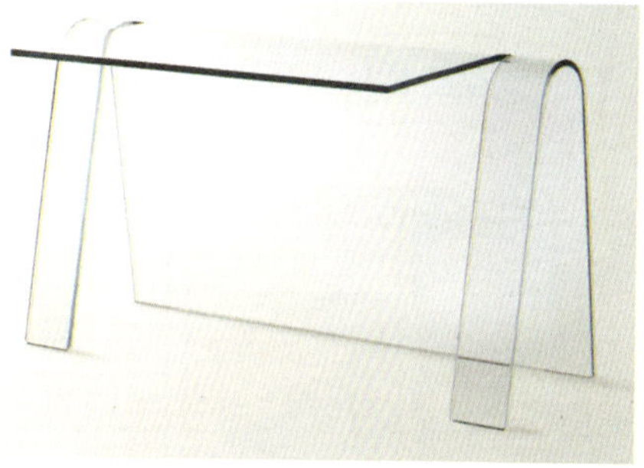

图2-19　玻璃制家具设计图例

具或软体部位的面料。（图2-17）

另外还有通过塑料膜充气、充水形成的家具。

四、金属家具

金属家具是指以金属管材（圆管、方管）、线材或板材（薄钢板）等为基材生产的家具。金属管材与线材多与皮革、纤维织物、塑料、玻璃、木质材料等配合，用于生产办公椅、写字台、电脑台、茶几、床架、装饰柜等，显得华贵高雅，且富有现代感。而金属板材较少用于居室家具，偶见于办公或图书馆中的柜架类或公共场所的坐具类家具。（图2-18）

五、玻璃家具

玻璃家具是指以玻璃为基本材料而设计生产的家具。由于玻璃具有高硬度与脆性等主要属性，全玻璃家具偶见于客厅中地柜或小件架类；常见的是与金属管状或线状材料、木质材料配合用作水平的搁板、桌与几类的台面板、装饰柜类的门板等。（图2-19）

六、石材家具

家具用石材有天然石和人造石两类。全石材家具很少见。石材在家具中多用于台面等局部，或用于防水与耐磨层，或用以形成不同材料对比的美观形式。

第四节　按结构形式分类

从古至今，家具的接合结构形式尽管变化缓慢，但也经历了榫卯接合、五金件接合等，由于不同的接合方式而呈现出不同的结构特征。根据结构特征的不同可把家具分为如下几种类型。

一、框式家具

框式家具是一种传统的、以榫卯接合为主要特点的家具结构形式，主要用于实木材料的家具。框式家具的木构件通过榫头、榫眼接合构成承重框架，如果有围合的板件则附设于框架之上。框式家具一般是不可拆装的（图2-20[3]），多以成品形式进行销售，中国传统古典家具多采用这种结构结合方式。

二、板式家具

板式家具属于一种新型结构形式的家具，由专用的五金件或圆棒将家具的各零件接合在一起。板式家具一般是可重复拆卸重组的、适合于长途运输和包装销售。（图2-21）

三、折叠家具

折叠家具的主要特征就是能够折合放置或叠

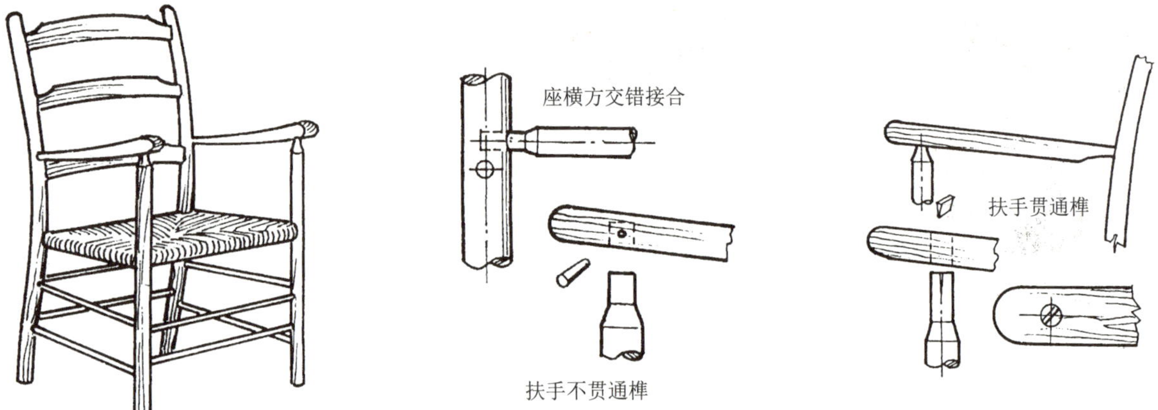

图2-20　框式家具结构示意图

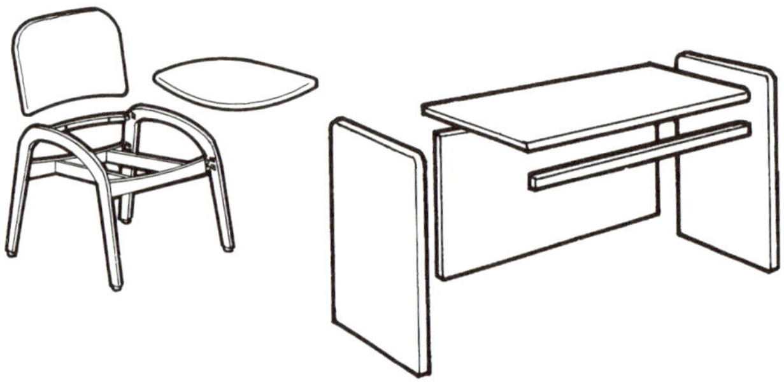

图2-21　板式家具结构示意图

图2-22　折叠家具结构示意图

放，一般由家具的主要部位上的一些起连接作用的折动点来实现折合；非使用状态时可以折叠合拢，既节省空间，又便于搬动。叠放家具主要是在非使用状态下可以在垂直方向层层叠放，以减少占地面积。（图2-22）

第五节　按固定形式分类

从早期室内陈设和使用的角度出发，家具是可以根据使用需要任意搬动的，前已述及，中西方各种语言中“家具”一词原本都含有“移动”的意思，只是到了现代才出现了与建筑结合在一起而不能任意移动的家具，从而产生了一种新的分类方式。

一、移动家具

移动型家具是指可以根据需要任意搬动或在家具底部装有脚轮滚动的家具。一般家庭用的家具尽管体量大小不一，但多为移动型；而滚动型家具多见于公共场所，如办公椅、居室用电脑台、餐车等。

二、固定家具

固定型家具是指嵌入墙体或用螺钉、螺栓或其他五金件固定于地板、墙面，或悬挂于墙面、天花板下的家具。如壁橱、整体式衣帽间、浴卫中小型搁架等，既可满足使用功能的需要，还可节省空间。

第六节　按风格形式分类

按照家具发展的时间顺序、风格特点和地区的不同，进行如下分类。

一、西方古典家具

1. 古埃及家具

史学家认为古埃及才是西方文明的发源地，西方家具也是如此。古埃及的家具风格和造型以对称原则为基础，比例合理，外观富丽而威严，装饰手法丰富动人，常采用动物腿形作家具腿部造型，充分显示了人类征服自然的勇气和信心；结构上已掌握了多种结构方法，有些方法至今仍未被突破；在涂饰方法上，已采用水性涂料，如先涂灰泥，再以矿物颜料彩绘，或涂灰泥后，再涂带有黏性的兽油或树脂，然后贴金箔等。（图2-23[4]）

2. 古希腊家具

古希腊家具实现了功能与形式的统一，在自然形态的基础上对几何形态抽象与概括的目的，表现出了自由活泼的气氛，线条简洁、流畅，造型轻巧，构图合理，比例恰当，力学结构和受力状态良好，使用舒适方便，表现了希腊人自由、开放、纯朴的民族性格。古希腊人把对形态与韵律、精密与清晰、和谐与秩序的理解融入家具的造型中，使每一件家具均具有宽阔开朗、愉快亲切的语义，与近、现代家具之美相似，直接催生了罗马艺术的繁荣。古希腊家具也成为欧洲古典家具的源头之一。（图2-24）

3. 古罗马家具

古罗马家具是在接受了希腊的文化传统，受到早期伊特拉里亚文化、埃及文化和东方文化的影响之后，融合发展起来的，比较倾向于实用主义，在造型上追求宏伟、壮观、华丽，在表现手法上强调写实，表现出一种严峻、冷静、沉着的鲜明特征。这是罗马帝国的统治阶级及贵族们为了满足奢侈豪华的生活风气所致，属于统治者直接影响而形成的家具风格。古罗马的家具对于后来的影响很大，文艺复兴时期及新古典主义时期都是由于受罗马家具艺术风格的影响而兴起的，从而促进了西方现代家具艺术的发展。（图2-25）

4. 中世纪哥特式家具

中世纪的哥特式风格家具，多为当时的封建贵族及教会服务，其造型和装饰特征与当时的建筑一样，完全以基督教的政教思想为中心，旨在让人产生腾空向上与上帝同在的幻觉，造型语义上在于推崇神权的至高无上，期望令人产生惊奇和神秘的情感。同时，哥特式风格家具还呈现出了庄严、威仪、雄伟、豪华、挺拔向上的气势，其火焰式和繁茂的枝叶雕刻装饰，是兴旺、繁荣和力量的象征，具有深刻的造型寓意性。哥特式家具是人类彻底地、自发地对结构美追求的结果，它是一个完整、伟大而又原始的艺术体系，并为接踵而来的文艺复兴时期家具奠定了坚实的基础。（图2-26）

图2-23　古埃及家具图例

图2-24　古希腊家具图例

图2-25　古罗马家具图例

图2-26　哥特式家具图例

5. 文艺复兴时期家具

文艺复兴是历史上继仿罗马风格之后第二次大规模地对古代希腊文化艺术的复兴运动，在欧洲各国按地域的远近在时间上相互传承，各国在吸收古代经典的文化艺术的精华时均结合了本民族的文化特色而形成了地域性较强的、略带差异化的文艺复兴家具形式。如意大利的严谨、华丽、结实、永恒；法国的精湛、华美；英国的刚劲、严肃；西班牙的简洁、纯朴等。总之，文艺复兴式家具在整体上强调实用与美观相结合，强调以人为本的功能主义，赋予家具更多的科学性、实用性和人性味，具有华美、庄重、结实、永恒、雄伟的风格特征。（图2-27）

6. 巴洛克式家具

巴洛克式家具摒弃了将家具表面分割成许多小框架的旧式设计方法，而改用重点区分、强调整体的新结构。同时也废弃了从前那种复杂的表面装饰，转而加强整体装饰，以达到和谐、产生韵律的效果。这种装饰形式打破了之前家具的沉闷感，使人产生各部分都在运动之中的错觉，从而加强了整体造型的和谐与韵律的统一，开创了家具设计的新途径。这种异军突起、独辟蹊径的形式开辟了家具装饰的新天地，具有很大的创新，极大地丰富了家具的设计内容。尽管其在装饰中存在有非理性、无节制等不合时宜的内容，但它对家具的发展还是起到了极大的推动作用。（图2-28）

7. 洛可可式家具

洛可可式家具以其不对称的轻快纤细曲线著称，并以其回旋曲折的贝壳形曲线和精细纤巧的植物雕刻装饰为主要特征，以纤柔的外凸曲线和弯脚为主要形式，在吸收中国漆绘技法的基础上形成了既有中国风味，又有欧洲独特特点的表面装饰技法，是西方家具历史上装饰艺术的最高形式。（图2-29）

8. 新古典主义时期家具

新古典主义时期的家具借鉴建筑的形制，以直线和矩形为造型基础，在腿部为上粗下细，并雕刻有直线凹槽，用于体现家具垂直向上的力度感。这类家具较多地采用了嵌木细工、镶嵌、漆饰等装饰手法；式样精练、简朴、雅致；做工讲究，装饰文雅；造型曲线少、直线多，旋涡表面少，平直表面多，显得更加轻盈优美。（图2-30）

综合地来看，新古典主义家具可以说是欧洲古典家具中最为杰出的家具艺术，首先它的装饰和造型中的直线应用，为工业化批量生产家具奠定了基础；另外，新古典主义家具还具有结构上的合理性和使用上的舒适性，以及完美高雅而不做作、抒情而不轻佻的特点。它是历史上吸收、应用和发扬古典文化、古为今用的典范，也是目前世界范围内仿古家具市场中最受欢迎的一类古典家具形式。

二、中国古典家具

中国家具文化和其他文化类型一样，经历了原始社会时期、战国时期、五代时期、宋元、明清等几千年的发展和积淀。特别是明清两代，家具文化在中国乃至世界家具发展史上都有着特殊的地位和

图2-27　文艺复兴时期家具图例

图2-28　巴洛克式家具图例

图2-29　洛可可式家具图例

图2-30　新古典主义时期家具图例

图2-31　明式家具图例

图2-32　清式家具图例

艺术价值，可谓达到中国传统家具的顶峰。基于实用需要的漆木家具在这一时期出现了明显的分化趋势。一方面以宫廷家具为代表的高档型家具由明朝时期的造型素雅简洁、结构科学合理，到清朝时期的追求装饰华美和做工繁细，甚至发展为一味讲求雕磨工艺和富丽的装饰技巧，而在形体设计上却显得僵硬呆板、缺乏生气，成为与实用需要相脱离的纯工艺型陈设品和奢侈品。另一方面，以普通民众为基础的普通漆木家具则基本上保持着传统特色，注重简便、实用的造型和富有生活气息的民间装饰工艺，处处体现着居室家具的质朴、古拙，反映了劳动阶层的文化心态和审美情趣。

1. 明式家具

明式家具是中国乃至世界家具艺术宝库中一颗璀璨的明珠，是中华民族传统文化的具体物化体现，可谓华夏子孙智慧的结晶。明式家具品种齐全、造型丰富，以其典雅、简洁的特征把中国家具艺术风格推向成熟期。其以造型简练、以线为主、结构严谨、做工精细、装饰适度、繁简相宜、材质坚硬、纹理优美的设计文化内涵，必定永载史册。（图2-31）

2. 清式家具

清式家具主体上是对明式家具的继承，并力求发展，也是对明式家具经典的某种“反叛”。清式家具主要具有造型凝重、形式多样、装饰丰富、选材考究等特点，同时具有工艺精湛、地域特色鲜明、融合中西方艺术等特点（图2-32）。它继承和发扬了明式家具的结构特征，并在造型、品类、式样、装饰方面有不少创新，生产技术及工艺也有进步，装饰题材多有创意，但其在装饰上的“多”和“满”及千方百计造成一种奢华、富丽的视觉效果和语义方面，是相对于明代家具的一种反叛。

三、现代家具

同现代设计一样，现代工业文明催生现代家具，现代家具也可谓现代工业文明的直观体现，是生产力等物质文明的体现，也是意识形态等精神文明的体现。简单讲，现代家具就是美观、实用、绿色、经济，便于工业化生产，材料多样化，零部件通用化和标准化以及采用最新的科学技术等生产的家具，并且是以全部人群为服务对象的，体现着理性与平等。现代家具的主要特点是对功能的高度重视，且具有简洁的外形、合理的结构、多样的材料及淡雅的装饰或基本上不采用任何装饰（图2-33）。现代风格家具的形成与发展可分为反传统运动时期、功能主义萌发时期、功能主义发展与成熟时期三个阶段。

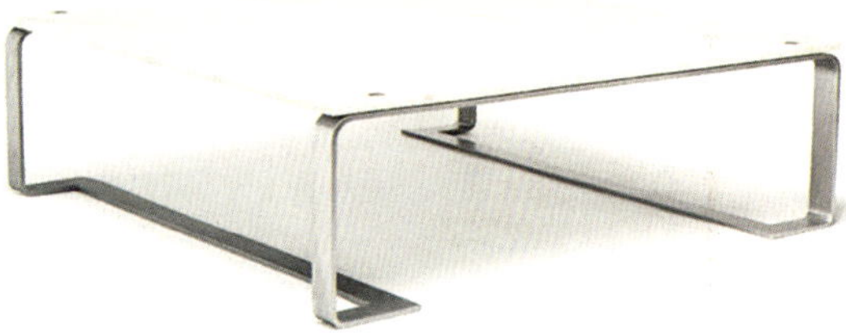
图2-33　现代家具图例

四、后现代家具

后现代家具是对现代家具的延续，更是对现代家具的反叛，是物质文明繁荣下的怪诞产物。主要特点是：一反现代家具注重功能、形态简洁化和反装饰倾向，设计理念上轻功能、重装饰，加上造型语义的“符号化”和形态构成上的游戏心态。简言之，后现代家具是指造型不拘一格、色彩艳丽、形态怪诞的家具类型（图2-34）。后现代家具是以大众化艺术为基础的，是个体个性化的宣泄，具有明显的主观化内容，是人类进入“后工业社会”、信息社会的结果。

图2-34　后现代家具图例/设计：埃托·索特萨斯（Ettore Sottsass）

综上所述，某一家具的准确类别命名应该是科学的、综合性的，其命名信息应该包括“风格、材料、空间、结构、功能等分类方法的综合”，如图2-31的准确命名为“明式缅甸花梨框式大方角柜”，其中：明式对应风格，缅甸花梨对应材料，框式对应结构，大方角柜对应空间和功能；如果我们描述某件家具为“现代板式中密度纤维板水曲柳薄木贴面餐具柜”，则其包含的分类信息有：“风格——现代、结构——板式、材料——中密度纤维板水曲柳薄木贴面、空间——居室餐厅、功能——收纳餐具”，若仅描述为“现代餐具柜”“板式餐具柜”“餐具柜”或“中密度纤维板餐具柜”等都是不全面的。

本章思政与实践

1. 结合中国古典家具的风格特征，思考现代中式家具的形制。
2. 如何理解家具的不同分类方法？
3. 根据分类方法如何准确地描述某件家具的所属类别？
4. 尝试对一些家具进行准确命名，并对准确命名的家具进行类别拆分。

中外历代家具精品赏析

参考文献

［1］阮长江．中国历代家具图录大全［M］．南京：江苏美术出版社，2001，4：84~87.
［2］菲奥·贝克，基斯·贝克．20世纪家具［M］．彭雁，詹凯，译．北京：中国青年出版社，2002，1：89~91.
［3］戴向东．英国传统乡村椅——梯背椅［J］．家具与室内设计，1994，1（1）22~23.
［4］唐开军．家具装饰图案与风格［M］．北京：中国建筑工业出版社，2004，4：85~95.

第三章
家具设计的程序与方法

人类历史长河中，每一次生产力的飞跃都会促进社会分工的进一步细化。传统家具的设计与制作是由手工匠人以作坊为单位，凭个人记忆、师徒承袭来完成，设计方案一脉相承，并且随着手工制作的过程，随着匠人个人情趣、民俗发展，可随时进行家具细节的调整，总体是为少数人服务的。现代家具是随着社会生产力和社会体制的变化，机械生产与民主理念可谓其双重基础。随着工业社会发展，一件工业产品从无到有，期间流程的分工逐渐细化，方案设计、材料准备、配件生产、采购组装、物流销售直至回收再利用，而通过设计总体调度、贯穿始终，这就需要设计师和设计单位熟练灵活掌握现代家具设计的程序和方法。在我国，新中国成立后，家具生产尽管部分地实现了半机械化，当时所谓的家具设计也就是以画施工三视图为主，没有太多的创新成分。改革开放后，随着市场化、国际交流的深入，才逐步有了家具的现代化生产过程，与其他工业产品一样的流通渠道和消费模式，进而也提出了符合我国国情的现代家具设计的程序与方法。

第一节　家具设计的程序

在日常生活中，人们事前常常要做安排和计划，以保证事情可以有条理地展开，最后达到预期的效果与目标。家具设计也是这样，要设计好一件产品，除了要用符合时代要求的设计理念和思想来指导设计行动外，还需要有一个与之相适应的、科学的、合理的、高效的设计程序。

一、设计程序的含义

程序是指为进行某项活动或过程所规定的途径，即按照一定的逻辑性和计划性从开始到结束的完整过程和步骤。设计程序即设计工作的步骤安排，或指通过科学的设计方法有目的地实施设计计划，一般是包含设计任务全部过程中的各个阶段。尽管产品设计所涉及的内容与范围很广，设计任务的复杂程度也有差异，设计程序也略有不同，但设计目标是基本相同的，即最终是为服务于人而进行的一种创造性过程、生产性过程、计划性过程。古今中外，家具产品在其发展过程中都要受到人们的生活观念、社会文化、科学技术、市场经济等一些共同因素的影响，因而表现在设计程序中必然包含着共性的因素，设计过程也具有时间顺序的一般模式。需要注意的是，设计程序是一种经验性总结，会因地域、国别、企业和个人的不同情况而有所差异。

设计方案的实施是依照设计程序渐进的，这个渐进的过程，即程序的各个步骤有时相互交错，有时出现回溯现象。大多数设计程序总体是循环的直线发展。循环发展的目的是为了不断检验每一步工作是否符合设计要求与目的。设计程序的建立并不会束缚设计者的创造力，相反在解决实际设计问题的过程中，可以主动地从战略上做出合乎需求的安排，协调各方面的关系，更好地与设计目标相适应。

随着现代设计实践和理论研究的不断深入，经验的总结，可归纳出三种比较典型的、由简单到复杂的产品设计程序模式，即线型模式、循环模式和螺旋模式，现简要介绍如下。

1. 线型模式

设计程序的线型模式即根据思维的连续性，将设计过程划分为几个彼此相关联的阶段，并界定每个阶段的具体任务和执行步骤，形成任务间的先后顺序和逻辑关系。类似于工业生产中的流水线，每个环节紧密相扣，从先至后、从头到尾依次渐进，不能倒流[1]。线型模式设计程序适用于产品迭代升级的改良设计，其模型如图3-1所示，包括准备、开发、评价与实施、市场反馈四个阶段。

①准备阶段。首先是对生产商资金、产能、技术、材料、设备等企业资源的了解。此外，计划产品设计开发的时间表，选择合适的设计支持协作也是准备阶段的重要内容。

②开发阶段。包括最初设计概念的产生，如市场调研、设计定位、产品分析、设计构思。在设计构思中对相关因素的考虑，如人机工程学、技术条件、经济价值、美学因素等。

③评价与实施阶段。包括两方面的内容，首先对最初的设计概念采用模型测试等方法进行检验和评估，其次对评估后的设计概念作批量生产前的调整、准备，最后进入生产的实施。

④市场反馈阶段。当产品进入市场后，通过对企业所做的一系列售后服务工作及用户的反馈意见对产品的设计内容甚至其他成功与不成功因素进行收集整理，并对产品进行必要的调整修改。

2. 循环模式

设计程序的循环模式即在正常思维模式的中间环节增加反思或评价的内容，使各个环节都接受必要的审核和检验，从而避免设计过程中由于定向思维造成的概念绝对化，有利于及时发现错误的方向并进行调整。循环模式设计程序适用于全新产品的开发设计或存在不确定因素的改良型产品创新设计。循环模式设计程序模型如图3-2所示，包括发现问题、解析问题、解决问题、结果测试四个阶段，这四个阶段首尾衔接，既有独立的内容，又相互关联。

①发现问题。从问题的发现到熟悉、分析阶段，包括问题调查、问题分析、设计定位。

②解析问题。从问题的熟悉到问题的分析与综合阶段，包括设计分析、设计概念产生、设计元素提炼、设计概念深化。

③解决问题。从问题的综合阶段到问题的评价、选择阶段，包括结构设计、施工图绘制、模型制作、成本核算、设计评估与优化。

④结果测试。从问题的评价、选择阶段到最后的解决、完成阶段，包括测试、试制修改、批量生产。

3. 螺旋模式

设计程序的螺旋模式即根据设计程序的不同阶段及其相应的内容，以循环上升的方式向前推进。螺旋模式设计程序适用于时间要求紧迫、不确定因素较多的新开发产品设计工作，其模型如图3-3所

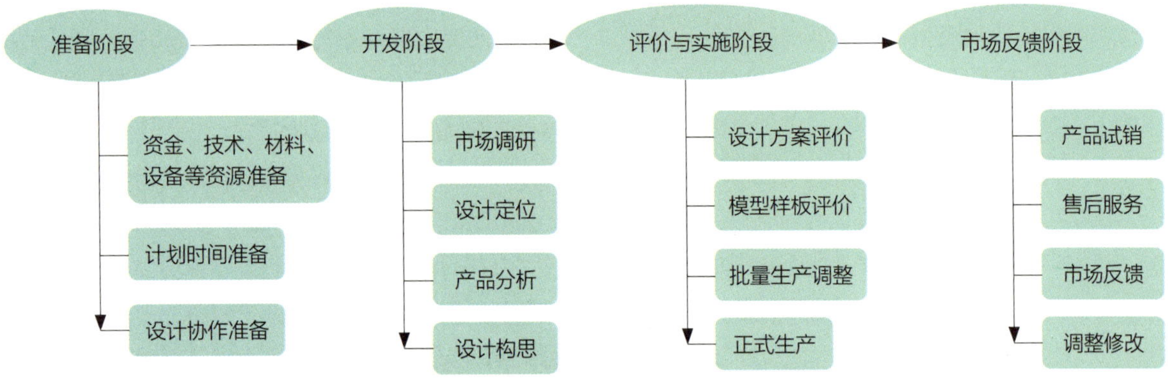

图3-1 线型模式设计程序模型图

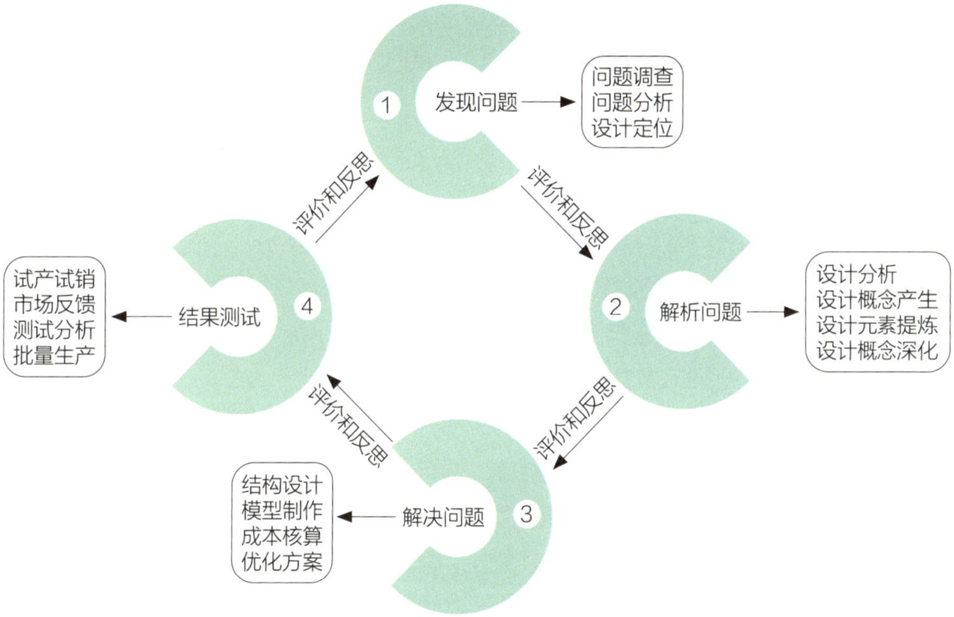

图3-2　循环模式设计程序模型图

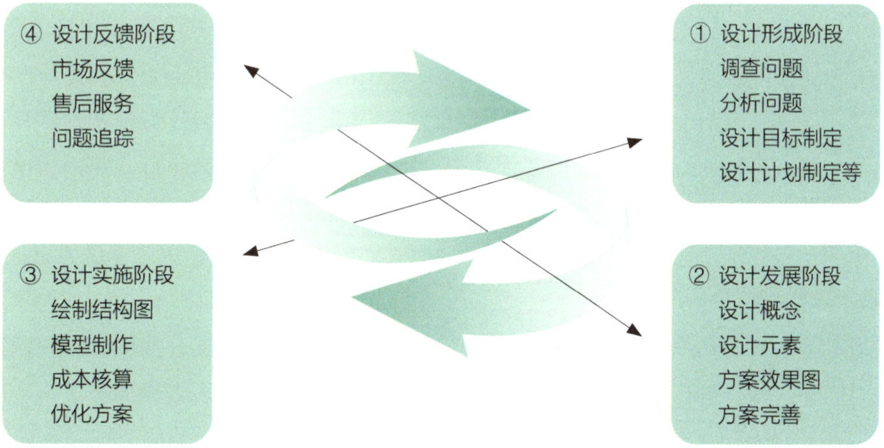

图3-3　螺旋模式设计程序模型图

示，包括设计形成、设计发展、设计实施、设计反馈四个阶段。

①设计形成（准备）阶段。包括调查问题，分析问题，设计目标制定，设计计划制定等。

②设计发展阶段。包括产生设计概念，提炼设计元素，概念的评估与方案的深化，制作方案效果图，进一步完善设计方案（设计概念评估、修改，设计概念展示）等。

③设计实施阶段。包括绘制结构图，模型制作，成本核算，生产系统修改，试制，优化方案等。

④设计反馈阶段。包括市场反应，售后服务，问题追踪等。

综上所述，线型模式、循环模式、螺旋模式这三种设计程序尽管在内容上有所差异，但就设计基本完成过程及每个阶段包含的内容来看，它们又有着很多相似或相同之处。

家具产品的设计过程既是一个解决问题的过程，也是一个创新的过程。由于家具产品种类较多，形式复杂，且与人的工作与生活中的诸多因素相关联，因而家具设计不仅要单纯地解决技术上或外观造型的问题，而且还要处理设计过程中的不同阶段与家具有关的社会、人文、时代等方面的各种问题。因此，家具产品设计开发必须要有一个规范的流程，才能有计划、有步骤、分阶段地解决各类

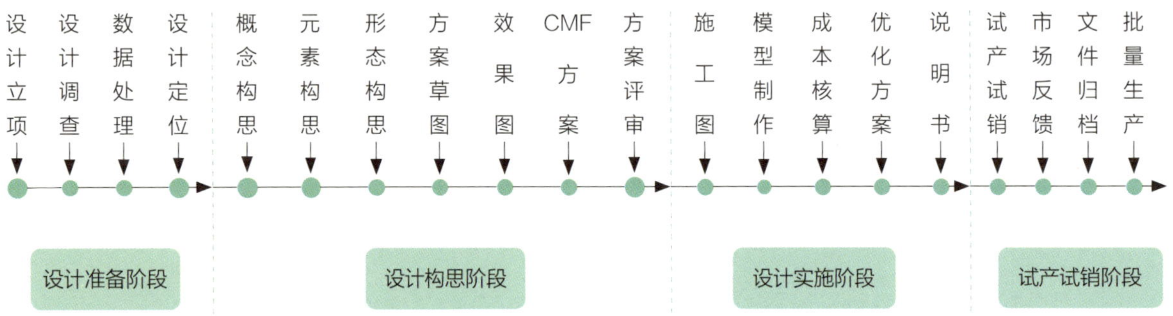

图3-4 家具设计的一般程序

问题，得到满意的设计结果[2]。综合而言，家具产品设计的程序归纳起来可分为设计准备、设计构思、设计实施、试产试销四个基本阶段，如图3-4所示。

二、设计准备阶段

对于一个家具设计项目来说，可以是功能性创新设计，也可以是改良性创新设计，可以是结构性创新设计，也可以是概念性创新设计。不同的设计类型对设计工作的要求是不一样的，设计介入的时间段也是不一样的。但无论是哪一种设计类型，前期的准备工作都是不可缺少的。

在设计准备阶段，要实施设计规划并进行适量的社会、市场、技术、竞争者等方面的信息调查与资料收集工作，并对收集到的资料进行系统的研究和分析，如社会需求分析、社会因素分析、环境因素分析、市场分析、竞争者分析等。还要从人体工学、材料学、生产程序、有关标准法规、生产管理等诸方面进行系统分析，作为设计策划和决策的依据。

1. 设计立项

一般而言，家具产品开发设计是从设计立项开始。设计立项可以是来自于协作单位的委托，也可以是设计师自拟产品开发内容，再经可行性论证后立项。设计的属性一般有两类，一类是全新产品的开发设计，另一类是原有产品迭代升级的改良设计。但是，无论是哪一类设计，其设计立项的内容与要求都是相似的，即根据家具产品的市场现状与发展趋势，结合企业产品战略及软硬件综合实力，提供一份设计立项报告，或称之为新产品开发策划方案。

由于每一个设计都是一个解决问题的过程，因此设计立项报告就是在设计之前对设计项目做一个全面的分析。家具新产品开发设计立项报告就是针对开发设计项目的要求，在设计的方向、潜在的市场因素、项目的前景、市场占有率、项目产品的优劣势等方面有一个基本分析。一份合格的家具新产品开发设计立项报告应具备以下几个方面的要素：一是格式规范、内容全面，家具新产品开发设计立项报告的主要内容包括设计规划、设计调查、设计定位、市场与消费者定位、产品配置方案、成本估算、营销策略与专卖店方案等；二是数据科学、客观真实；三是重点突出、定位准确、可操作性强；四是计划合理、预案得当、设计周期短。由此可见，掌握家具新产品开发设计立项报告的写作格式也许不难，但要达到合格的标准，则需要设计师有相应的工作经历和时间等方面的积淀。

2. 设计规划

在设计立项之后、进入具体设计内容之前，制定相应的设计原则和方针，并对设计程序、进度实施规划，这对设计工作的顺利完成是十分必要和重要的。设计规划的制定主要包括成立设计规划小组和制定具体设计计划两个方面的内容。

成立设计规划小组：设计规划小组由创意设计师、工程师、企业管理者与营销部门等组成。其主要有三个方面的工作：一是制定产品开发设计策略，二是把握产品开发设计契机，三是提出产品开发设计纲要。所谓产品策略，就家具产品而言，也就是平时所说的设计定位；产品契机就是要求设计师通过集体讨论或独自思考，努力地捕捉思维过程中跳跃出的多种设计想法，并进行深入的探讨，制订出多套设计目标；产品设计纲要就是为设计师进行产品设计所准备的指南，也是设计师在进行具体设计时所必须考虑、协调好的各种限制条件。

制定具体设计计划：包括制定设计工作进程表和具体实施设计的方法步骤。制定设计计划应注意以下几个方面的要点：第一是明确设计内容、掌握设计目的；第二是明确该设计自始至终所需要的每个环节；第三是清楚每个环节工作的目的和手段；第四是理解每个环节之间的相互关系与作用；第五是充分估计每一环节工作所需的实际时间；第六是认识整个设计过程的要点和难点。

在完成设计规划后，应将设计全过程的内容、时间、操作程序绘制成设计计划表。表3-1所示为某产品设计方案的时间进程表示例。

表 3-1　设计方案时间进程表示例

XXX 家具产品开发设计时间进程表　　　　年　　月　　日

项目	日期	1	2	3	4	5	6	7	8	9	10	11	12	13	14	15	16	17	18	19	20	21	22	23	24	25	…
准备阶段	设计立项																										
	设计调查																										
	数据处理																										
	设计定位																										
构思阶段	概念构思																										
	元素构思																										
	形态构思																										
	方案构思																										
	效果图																										
	CMF 方案																										
	方案评估																										
…	…																										

3. 设计调查

设计调查也称之为设计的社会调查或周边调查，涉及范围从产品、使用者、环境以及相关的文化、社会等多个层面，到信息论、系统论、统计学、人机工程学、心理学等学科；往往需要跳出产品设计对象的限制，从产品及其相关联的服务、企业、消费者、技术、流行趋势、市场、政策、法规等方面调查最基本、最直接的信息。只有以上述各类信息为依据加上准确的分析力、判断力，才能使创新设计方案居于领先地位。

（1）设计调查的内容

原则上，设计调查的内容越宽泛详细越好，但这实际上又会给后期的数据分析处理带来巨大的工作量和相应的难度。因此，设计调查通常是围绕设计对象进行有计划、有条理的适量性调查。其主要内容一般包括用户调查、市场调查、企业调查、技术调查、法律法规调查等，其中以用户调查和市场调查最为重要。

①用户调查：用户调查也称消费者调查，主要是对产品使用者、购买者及潜在用户进行的意向

性、需求性内容的调查。对于当前用户，要了解其生理与心理特征、文化程度与价值观、收入支出与生活环境等情况；对于潜在用户，要了解其购买心理、审美偏好、消费能力、购买可能性等情况。然后还需要对使用竞争对手产品的用户进行购买意图、购买标准、产品质量与性价比、消费心理等方面的对比调查分析，以及为设计对象提供造型、色彩、装饰、包装方面的意见以及了解产品在使用、保存、维修、折旧、回收等方面的问题。

②市场调查：众所周知，市场是由顾客、商品、质量、价格、需求量、场地、物流等各种要素构成。市场调查的目的就是要从市场环境、产品、销售、竞争等方面探索影响供需之间的关键因素，确定适合的产品策略。其中，市场环境调查主要是指有关政策法令、经济状态、社会环境、自然环境、社会时尚与流行趋势等影响企业营销的宏观因素调查；产品调查主要包括产品的品牌、规格、特点、寿命、周期、包装、价格、材料、顾客满意度以及消费者的购买能力、购买动机、市场分布等情况的调查；销售调查包括企业的销售额及其变化趋势与原因、产品的市场占有率、价格变化趋势、市场需求与价格的关系、影响价格变化的因素、国际贸易与汇率状况等；竞争调查主要是了解竞品的数量和规格、经营策略与模式、价格与售后服务等。

③企业调查：企业的根本是经营。企业调查的目的就是使产品设计与企业文化、产品战略、发展方向同步。其主要调查内容有产品线、销售与市场状况、技术实力与设备现状、生产经营状况、企业文化与形象等。

④技术调查：主要针对产品开发过程中涉及的设备、工艺技术、结构与材料等方面的调查，重点了解新技术的现状、更新与改进的技术内容、新技术与新工艺的应用与成本的关系，原料材料的独特性、流行性、可持续性等。

⑤法律法规调查：主要针对与产品开发设计有关的法律法规和政策规定方面的调查。如商标、专利、知识产权保护等有相关法律内容，产品销售国家或地区在产品售后服务、废弃物处理、生产与检测标准等方面的规定。如图3-5为设计调查的内容与范围示意[3]。

可见，设计调查因调查内容、调查目的、调查方法、调查对象等方面的不同而有别于常说的市场调查，但却包含了市场调查的内容。为了给产品开发设计和市场决策提供准确的第一手资料，要求在设计调查过程中必须遵循目的明确、资料完整、信息准确、时效性强、计划周密、条理清晰等原则。

（2）设计调查的方法

现有的设计调查的方法较多，在实际应用中，一般视调查的重点不同而选用不同的调查方法。常用的设计调查方法主要有以下几种。

①实态调查法：用仪器或工具进行实地测量或测绘，着重在产品的尺度和结构方面。既可以用目测速写的方式着重记录产品的形态或细节处理，亦可以用影像设备记录产品的使用方式、变化范围等各种活动细节。

②访谈法：通过与调查对象的直接接触和交谈的方式进行的调查。

③统计调查法：通过网络、电话、问卷等方式进行的调查。

④查阅法：通过查阅各种书籍、刊物、报纸、专利、样本、广告、网络等方式进行的调查。

（3）设计调查的实施

一般的设计调查分为三个阶段实施，即调查规划阶段、调查实施阶段和调查分析阶段。

①调查规划阶段：主要是根据产品开发设计内容与要求，选择调查方法，拟定调查内容，设定调查目标，计划调查时间与规模，筹集调查经费等。

②调查实施阶段：主要是根据上述的调查规划，逐步完成调查内容，回收调查报告，汇总调查结果。

③调查分析阶段：根据汇总的调查结果，分类整理，统计分析，形成调查结论，并以数据表、图表、曲线图等形式形成分析报告，并将调查结论应用于产品的开发设计和经营之中。

4. 数据处理

数据处理主要是指对设计调查中收集的信息进行分类、归纳、整理、统计、比较、推演，使之系统化、条理化，同时为拟定设计策略、生产计划和销售计划提供依据。数据处理可采用定量、定性的方法，形成图表、曲线图等简洁、直观的呈现形

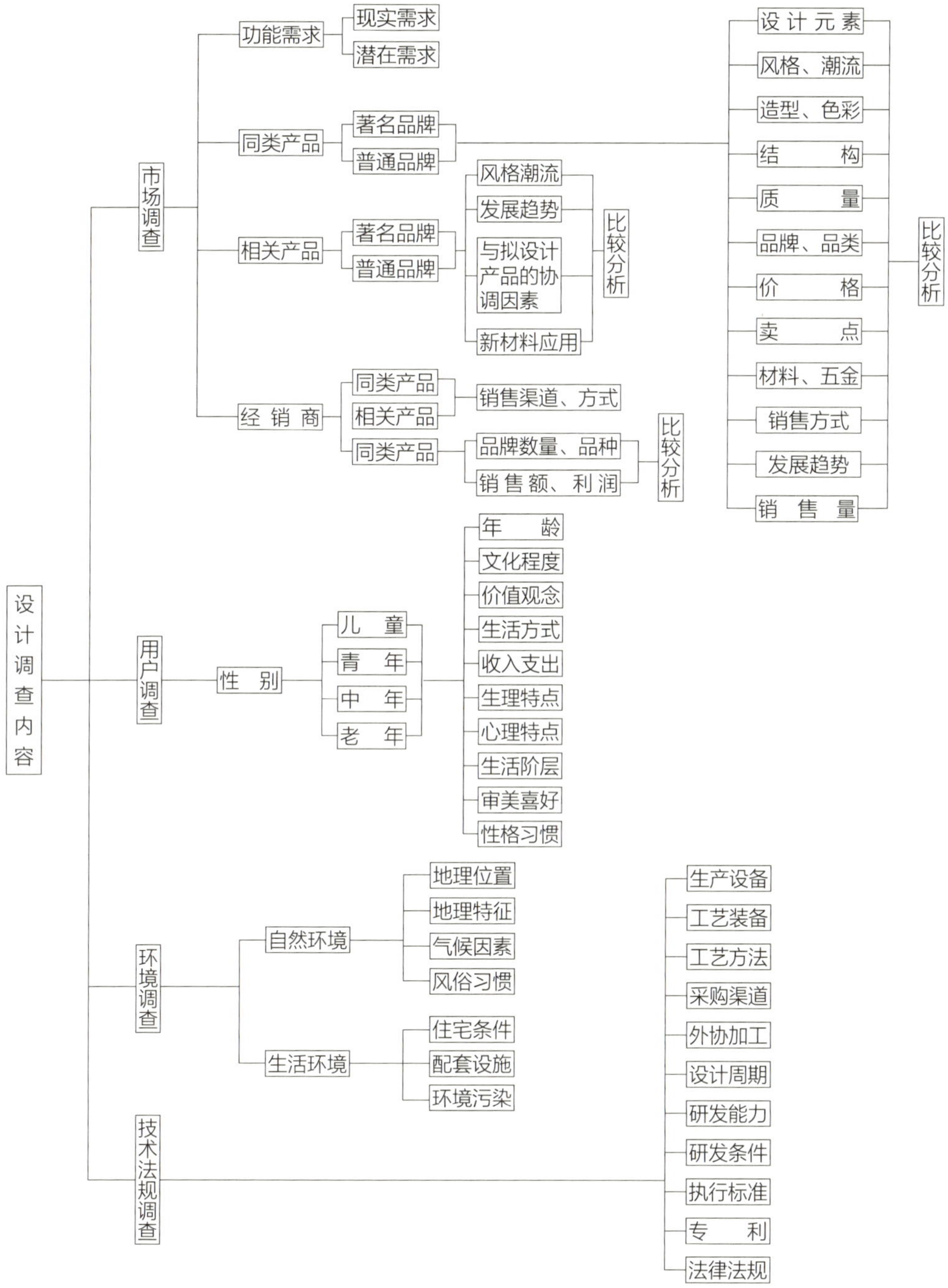

图3-5 设计调查的内容与范围示意

式。对于家具产品开发设计中的不同问题应采用不同的分析方法。

若要寻找家具产品开发的突破点，认识某类产品市场现状，了解市场目前的形势及企业的新产品如何进入市场，可采用统计学中的标本抽样调查及统计分析的方法。

若要研究家具产品设计开发是否满足不同消费群体及消费层的需求，特定消费者经济收入、生活行为、消费心理、居住环境、消费场所等的变化，可采用因果分析理论、动机调查、数量化分析、近似分析等方法。

若为了解家具产品市场发展趋势、确定企业以后的战略发展方向，引导产品市场，可采用对应关系理论、多元解析分析、预测分析、推论分析等方法。

根据数据处理的结果形成设计产品的综合预

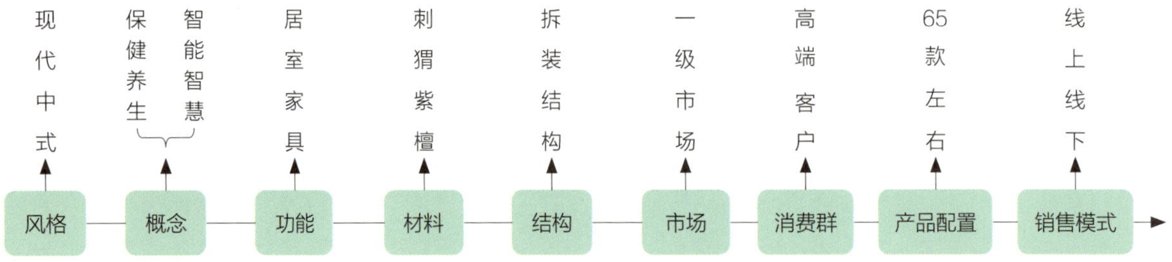

图3-6　某家具产品设计定位要点

测，即市场潜力、销售潜力、市场占有率等方面的预测以及消费者潜在需求预测和一些未知情况的处理预案。

5. 设计定位

设计定位是基于设计调查结果，对产品开发设计过程中各关键因素提出的设计目标或限制性要求。相对于家具产品而言，设计定位包括产品风格、产品概念、功能、基材与辅材、结构、市场、消费群、产品配置、销售模式与展示效果等方面的定位。可见设计定位是由与产品相关联的设计、生产、销售、消费者各方面因素综合构成的。图3-6所示是某家具产品设计定位要点。

有了设计定位，明确了设计方向，设计师即可进行创意设计构思，设计也进入到关键的设计构思阶段。

三、设计构思阶段

设计构思即以产品概念的形成为起点，以前期确定的设计定位为主旨，对既有问题所做的许多可能的解决方案的思考。设计构思过程中不要过分局限于各种限制因素，而是尽可能地放空思维，畅想于各种可能性的方案，打破传统常规思维的边界，形成创造性的突破。家具设计构思阶段包括产品概念构思、设计元素构思、产品形态构思、方案草图、方案效果图、产品CMF设计方案、方案评估等步骤。

1. 设计构思的目的与方法

设计构思的目的就是要解决问题。一般情况下，设计的开始阶段会遇到大量的信息和问题，让设计师无从下手，处于信息围困之中。当这种情况出现时，设计师必须要弄清楚并逐条明确所要解决的问题到底是什么，因为解决问题的第一步就是要搞清楚究竟存在什么问题并认识问题的结构，分析问题的构成。只由一个因素引起的问题是极少的，而往往是有多个主要因素纠缠在一起的，使人一时难以分清主次。因此，在设计师弄清问题的实质是什么、其中包含着哪些主要、次要因素之前，必须要先知道问题的结构。为了掌握问题的结构，可采用的方法有以下几种。

①实地调研。

②设计对象的系统分析。

③用户的调研与咨询。

④文献资料的搜索查寻。

⑤设计师的主观创造性。

当然，通过上述方法归纳总结问题的结果如何，还要取决于设计师个人的设计思想、设计理念、设计经验和设计修养。图3-7是问题的发现模式示意图，可以看出问题的发现是一项归纳与分类的过程，而问题的分析则是梳理及细化的过程。图3-8是问题的分析模式示意图。当一个设计问题提出后，应首先将其划分成若干部分，然后根据相互关系，将它们分解开来，逐一详细分析[4]。

2. 产品概念构思

概念是人对能代表某种事物或发展过程的特点及意义所形成的思维结论，而概念设计则是利用所提炼出的概念，并以其为主线贯穿全部设计过程的设计方法。由此可见概念构思在整个设计构思阶段的关键性作用，并将从根本上影响到设计结果的好坏。

在家具产品的创新设计过程中，设计一般通过概念提出、概念呈现和概念融合三个环节完成产品的概念构思。

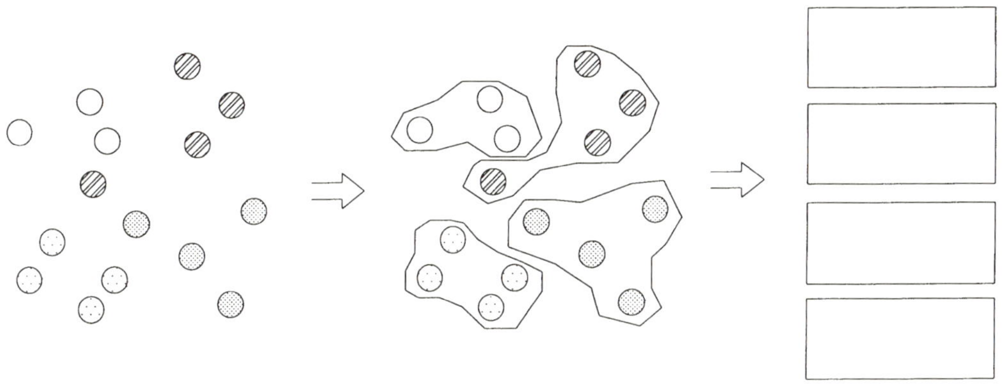

图3-7　设计问题的发现模式示意图

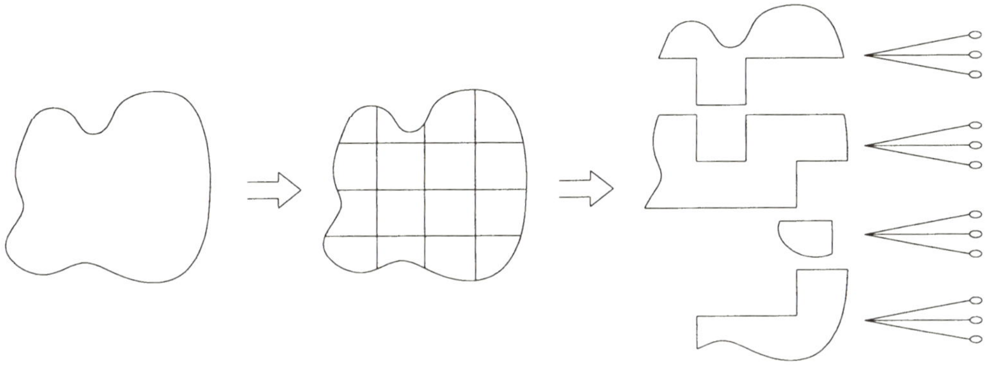

图3-8　设计问题的分析模式示意图

①概念提出：概念提出是指在设计构思阶段，通过对社会、市场、消费者的调查，设计师掌握了大量的信息资料，在综合、分析这些信息的基础上，势必会发现一些比较突出的、亟待解决的社会性问题或普遍性的主流趋势，如通过人口老龄化、独生子女家庭、高房价等社会性问题以及追求个性化和中式文化的普遍性消费趋势，在构思家具产品概念时可相应地提出适老养老概念或健康养生概念、益智成才概念、小空间居室概念、现代中式轻奢概念等。可见，概念的类别是多方面的，既有功能性的，也有精神性的。因此，在构思产品概念时，在顺从主流的同时，还要突出一定的个性化和前瞻性。

②概念呈现：产品概念呈现包括概念的视觉化和物质化两个方面的含义。概念视觉化是相对于产品设计方案而言的，即设计师充分发挥个人的专业素养，将概念转化为视觉化的具体方案草图；概念物质化是相对于产品实物而言的，即概念真实地呈现于产品中，看得见、摸得着地服务于消费者。

③概念融合：概念融合是指通过专业的设计手法，以产品构成要素为载体，将产品概念巧妙而不显突兀地与产品融为一体。一般而言，对于功能性概念，主要通过产品的结构或材料要素来实现概念融合；而对于精神性的概念，则通过产品的造型和CMF要素来实现概念融合。

另外，产品概念还具有时效性特征，当某种概念经过时间的沉淀，会逐渐成为价值观的共识和产品的基本构成需求时，人们将会转而追求另一种层面的概念，这也是产品概念的魅力所在（详细内容见“第九章家具设计专题”中的相关部分）。

3. 设计元素构思

设计元素既是家具产品设计中的基本符号，又是系列化设计的基本单位，贯穿于家具产品中，形成有别于其他产品的、独特的产品族系印记。尽管设计概念与设计元素在内涵上是一致的，但设计概念统御设计元素，只有符合设计概念内涵界定的设计元素才能和谐共存于产品及其产品族系中。可见，在具体的设计工作中，设计元素构思的自由度

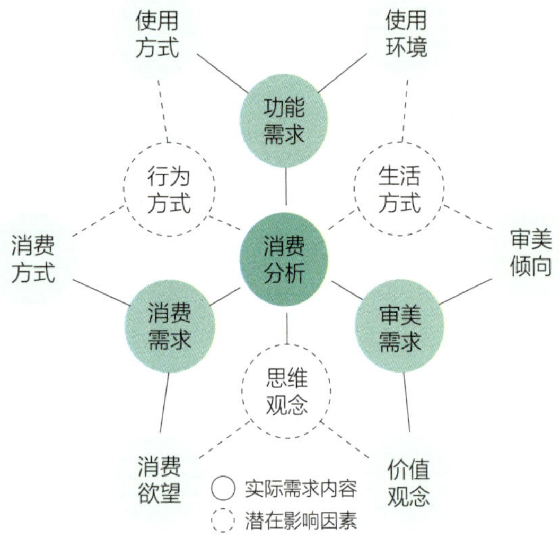

图3-9　用户消费分析的内容及相互关系图

是有限的，是受既定的产品综合定位和产品设计概念限定的有方向、有目的的设计构思。

在进行设计元素构思时，应综合考虑以下几个方面的因素：一是设计元素与产品定位和设计概念之间的契合度，一般情况下，设计元素屈从于设计概念，部分设计概念可以通过设计元素进行提炼、升华，融入产品方案之中；二是设计元素与产品CMF效果之间的关联性，即在构思设计元素时应该与产品的色彩、材料、表面处理工艺之间进行协调统筹，形成一定的关联关系，避免外观形式的繁杂混乱；三是设计元素内涵的寓意与时代性，无论采用“古为今用”，还是“洋为中用”的方式来演义设计元素，都需遵循“现代、时尚、简约、中式”的主题，以便产品能与当下新国潮消费的主流趋势相吻合；四是设计元素的个性化，以满足消费者高品质和高品位生活为设计目标，通过巧妙的设计元素构思，形成超凡脱俗的设计方案。

总之，设计元素构思是家具产品整体设计创新工作中的重点，其难度之大和对设计师业务能力要求之高是不言而喻的，是产品创新设计成功与否的关键性工作之一（具体应用实例见“第九章家具设计专题”中的相关部分）。

4. 产品形态构思

产品形态构思就是结合产品设计定位与设计概念，应用产品设计元素所形成的家具产品设计方案，是整个设计过程中的落脚点之一。产品形态构思的基本思路是以消费需求为轴心展开的，在技术条件允许的范围内，以美观的造型实现产品的功能，是形态构思的基本要求。因此在进行家具产品形态设计时，首先要把用户的消费需求进行分解，转化为具体的、可操作的、可实现的要素，然后再逐一设计实现。图3-9是某家具产品形态构思的用户消费分析的内容及相互关系图。通过这种对消费需求的分解、细化、具体化，还可以对实现形态的工艺技术和成本做出相应的预测和评估，从而为形态构思提供进一步的参考。

在消费需求的问题分析与解决过程中，可能会面临构成产品形态的方方面面多层次、多方位、错综复杂的因素，必须通过科学的方法，将众多的相关因素进行组织、协调，寻找一个最佳的解决问题的切入点。根据L. B. 阿切尔（L. B. Archer）的观点，对产品的使用性作如下描述：“设计起源于需要，并以满足这种需要为目的，创造出产品；产品产生某种效果，这种效果作用于环境，环境又反过来作用于人。”因此，形态设计构思应该在产品设计概念和设计元素的框架内，集消费需求、工艺技术、成本优化等于一体的综合性解决方案。另外，在进行形态构思过程中，还可以运用一些创新技法，充分利用一切可以利用的内外因素，从多种角度、多种思路去探索各种设计的可能性，将形态构思不断引向深入。

5. 设计构思的记录

设计构思是不分时间与场所的，随时随地都可以围绕设计任务进行构思。构思的结果必须及时记录下来，记录的方式就是草图。草图是一种快速记录思维构思的方式，是一个从无到有、从想象到具体的将思维视觉化的过程，是一种复杂的创造性思维活动。草图不仅可以记录、表现稍纵即逝的构思和过程，也可以用于团队成员间的沟通与交流，激发新的灵感。

按草图的性质不同可分概念草图、元素草图、形态草图、结构草图等。概念草图和元素草图仅仅是一个大体的形态；形态草图是结合概念草图和元素草图而来，不但有大体的形态，还有概略的细部处理或色彩表达；结构草图则是内部结构细节的构思。上述的几类草图在构思过程中完成从外到内、从粗至细的全部构想。

另外，按草图的功能不同可分为记录类草图和思考类草图。记录类草图为设计师收集资料和进行构思整理所用，一般十分清楚详实，而且往往画一些局部的放大图，以记录一些比较特殊和复杂的结构形态，对拓宽设计师的思路和积累设计经验有着很大的作用。思考类草图更加偏重于思考过程，一个形态的过渡和一个小小的结构往往都要经过一系列的构思和推敲，而这种推敲靠抽象的思维往往是不够的，要通过一系列的可视画面辅助思考。

由于方案草图还是设计师体现最初设计构思的视觉表达形式，在构思草图期间，设计师的重点在于根据设计的目的与要求，从大处着眼，提出各种解决问题的思路与设想，因此，这种草图形式有许多是不完善和不成熟的，需要进一步发展与完善。另外，设计的最终方案只能是一个，这就需要设计师通过对各种设计概念的反复评估与修改，去探求最为理想的设计结果。

6. 效果图

效果图也称设计预想图、设计方案图、设计展示图等。家具设计效果图是设计师根据内容要求，应用手工技法或计算机辅助软件，将已评定的产品形态构思草图，遵照可视、仿真的原则理性地绘制出的图画。效果图既不同于纯艺术的绘画作品，又有别于纯技术的工程设计图，而是一种艺术与技术的跨界融合，用艺术的方式表达科学技术的概念。

绘制效果图的主要目的是为了规范地表达设计师的创意构想，便于设计师与非专业人员之间的沟通，进一步地理解、深化设计。合格的效果图应充分模拟产品立体形象的比例、尺度、结构、CMF效果等细节的真实性。根据设计要求和表现意图的不同，可把效果图分为方案效果图、展示性效果图和三视效果图。

①方案效果图：以启发、深化设计为主，交流、研讨方案为辅而绘制的效果图。一般用于设计尚未完全成熟，还处于进一步推敲斟酌的阶段，往往需要通过效果图对设计方案进行比较、优先、综合、深化，对效果图的质量要求也较低。

②展示性效果图：用于设计方案已经完善或定案的产品设计阶段，此时的效果图大多用于决策审定和作为正式的生产文档，或用于新产品的宣传、介绍和推广，对质量要求较高，要求能充分表现产品的CMF效果，强调细节的刻画和主体内容的展示，并结合背景与环境附加物，突出产品的品质和亮点，当前这类效果图多运用计算机软件制作。

③三视效果图：直接利用三视图制作的效果图，其特点是作图简便、快捷，立面的视觉效果直接，尺寸、比例准确，但也具有表现面较窄，立体感和空间视觉形态差的不足。

7. CMF设计方案

CMF设计是赋予产品外表“美”的品质的创造性设计活动，从某种意义上而言，它属于传统的表面装饰设计的拓展或延伸。2000年左右，欧洲设计界提出了CMF概念，即色彩（Color）、材料（Material）、表面处理工艺（Finishing），把传统的产品表面装饰设计带入了一个新的领域，形成了以色彩学、材料学、工程学、心理学、美学等为知识体系，综合流行趋势、工艺技术、创新材料、审美观念等进行交叉融合、赋予产品时尚品质的表面形态创新设计过程[5]。

概括而言，CMF的基本内涵即为“色彩、材料和表面处理工艺的集成与优化，以赋予设计对象最佳的外观形态、功能和品质”。而基于CMF基本内涵衍生出了针对现代产品色彩、材料、表面处理工艺以及隐含于表面处理工艺之中的图纹（Pattern）综合最优化解决方案的CMF设计，并使设计对象在现代设计法则与情感交互理论的基础上，形成美观与功能的最佳平衡，最终形成最优化的用户体验（详细内容见“第八章　家具CMF设计”）。

8. 方案评审

当方案草图进行到一定程度，完成相应的方案效果图后，必须对所有的设计方案进行筛选。初步筛选的目的是去掉一些明显没有发展前途的设计方案，较宽地保留一些有意义的设计方向。这样可以使设计师集中精力对一些有价值的设计概念作进一步的深入设计。

对设计方案的评审是一个连续的过程，它始终贯穿在整个设计过程中。评审的最终目的是选择方案，要达到这一目的，首先应确立评审的原则，一

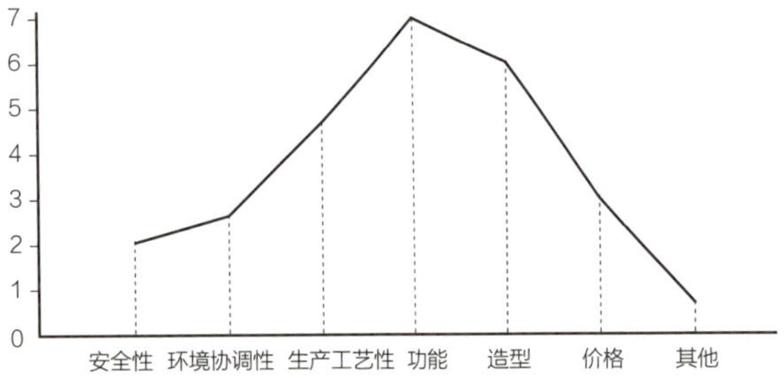

图3-10　某系列家具设计方案评审结果坐标示意图

般家具产品方案在评审过程中主要围绕功能要素、结构要素、形态关系、人机关系、环境要素五个方面的原则来进行。最后是确定评审方法，坐标图法是常用的比较直观的评审方法，图3-10是某系列家具评审结果坐标图。最后是通过方案评审，可以针对某些产品或某一局部构思的多个方案进行优化选择。随着设计方案评审的完成，也意味着设计构思阶段的结束，设计将进入实施阶段。

四、设计实施阶段

设计实施阶段的主要内容是对通过设计构思阶段的合格方案进行试生产和批量生产前的技术准备，并从产品工艺技术的可行性，生产成本的核算与控制等方面进行设计方案的再次优化，也是整个设计过程中由视觉化方案向实物转换的关键的阶段。

1. 施工图

施工图是家具设计的重要文件，应根据制图标准和生产要求，严格地绘出每件产品的施工细节。施工图包括装配结构图、零部件图、大样图、拆装示意图、线条效果图等构成完整的产品图纸系列。特别是对于曲线等不宜标注具体尺寸的零部件必须画出大样图，以保证设计方案的准确性。

2. 模型制作

模型的作用不同于效果图，它不但具备了比效果图更丰富的视觉价值，还具备了趋于真实的触觉价值，便于设计师更有效地在产品细部方面进一步推敲与修改，完善设计对象。模型既可作为一个完整的设计概念提供给设计师或生产厂家进行评估和选择，也可用于陈列或展示，向外界传达设计概念或征求用户的意见。在家具设计过程中，可根据需要制作不同用途的模型甚至实物样品。

（1）设计模型

设计模型用于产品造型设计的初期，是在产品设计方案完成后，为了使形态的构思立体化，以设计草图为依据而制作的一种简单的模型，可用来进一步探讨、完善和改进造型构思方案。在制作设计模型时，主要是表现出产品形态结构的基本布局、比例关系和大体的线型风格，表达形式力求简单、概括，一般不需要加任何涂饰，选用易制作且成本低的材料即可，比例和大小要求也不严格。

（2）展示模型

展示模型是在设计构思成熟、造型方案确定之后，为了使设计表现更形象、更具有真实感而制作的在形态、色彩、质感等方面与真正产品有着相同效果的模型。它为研究产品的人机关系、结构处理、制造工艺等提供实体参考形象。通过它可以得到产品形象的完整概念，为设计者、决策者提供评价和审定产品的实物依据。外观展示模型的比例主要有1：1、1：5、1：10等，制作材料可根据需要而定。

（3）样品模型

样品模型是严格按照设计要求单独制造出来的实际产品样品，它完全地、真实地体现产品的物理力学性能、使用功能、结构关系和功能关系等。通过样品模型也可做一些必要的试验和检测，以进一步分析和完善产品的功能要求，提高产品的质量。设计者应密切关注样品模型的制作过程，及时发现问题后进行修正。制作完成后还应进行试制小结，主要内容包括：零部件加工情况、材料使用情况、尺寸更改记录、工艺审查、性能检测等。

3. 成本核算

完成设计方案的技术文件后，可以精准地核算出主材和辅材的材料用量，确定或估算出工时消耗、能源消耗、管理费用等，综合核算出产品生产成本，为后期产品上市营销方案的制定、宣传策略、同类产品中的优劣势分析等提供直接的基本数据。

4. 优化方案

根据施工图、模型制作和成本核算等方面的工作，综合产品的造型与功能、结构之间的关系，系统地分析生产设备、生产工艺、生产成本等因素，以技术为主导进行反复思考，寻求最佳的生产条件，有针对性地进行设计方案优化。在讨论某一设计方案的技术可能性时，要注意以下几个方面。

①设计方案对产品的功能和结构产生多大程度的影响；

②设计上提出的功能与结构在工艺技术上是否能够解决；

③有无制造上的问题；

④制造成本如何；

⑤工艺技术与生产设备对外观设计提出的要求；

⑥回收、再利用问题等。

5. 编写产品说明书

产品说明书的编写也属于设计内容的一部分。国家标准《消费品使用说明——第六部分：家具》（GB5296.6—2004）于2004年10月1日起开始实施。这是我国为完善和规范家具产品的市场流通形式、保护消费者权益所颁布的又一重要“法典”。“标准”既承传了消费者所熟知的其他日常用品说明书的内容与形式，又充分考虑了家具产品的特殊性，全面详细，可操作性强，并对“使用说明的主要内容”给出纲领性的参考模板——“规范性附录”，在编写家具使用说明时可参考执行。

五、试销与反馈阶段

在完成各项生产准备工作之后，即可以按图纸小批量试生产，试生产出来的产品即送往商场或专卖店与消费者见面，即为试销。在试销过程前要制订合理的价格和进行适当的广告宣传，如参加大型家具专业展览会、自办展销订货会等形式，要求以最快的速度将产品推向市场。

产品投放市场以后，设计工作并没有至此结束。因为任何一项产品设计方案必定会受设计师、企业决策者等个人知识、能力、审美等诸方面因素的影响，而这些因素也会因时因地产生变化。产品本身进入市场以后，还可能在某些方面存在着与市场、消费者需求不相适应的地方。因此，要使新产品在市场上真正具有较强的竞争能力及较长的生命周期，进入市场后还要有一个进一步完善和提高的过程。市场是验证产品的终极裁判，设计师要通过各种渠道了解产品在市场上的销售情况，了解消费者对该产品的反馈意见，为下一轮的设计改良开始做准备。

第二节　家具开发设计的方法

家具产品的开发设计就是对产品提出具有新颖性、实用性、艺术性和创造性的具体方案。尽管各种成文的开发设计方法仅是前人进行创造时思维方法的经验性总结，不像其他工程技术方法那样，可以得到必然的、精确的结果，但是，它仍然可以使我们的开发设计少走弯路。事实上，也不应该期望有什么严谨的、精确的按照固定程序展开的开发设计方法。因为在市场与审美的双重作用下，开发设计的最大特点与魅力之一就是其结果产生的不确定性。在此简要介绍几种简单实用的、通用于设计工作的开发设计方法，这些方法多用于群体和个体解决问题或开发设计产品选题和解题活动。一般而言，家具设计工作中，只要掌握了这几种常用的开发设计方法，就可以进入实际的开发设计工作了[6]。

一、列举法

列举法在开发设计的各种方法中，属于较为直接的方法。按照所列举对象的不同，列举法可以分为特性列举法、缺点列举法、希望点列举法和列举配对法。

1. 特性列举法

特性列举法通过对研究对象进行分析，逐一列举出其特性，并以此为起点探讨对研究对象进行改进的可能性与方法。在使用这一方法的过程中，所界定的问题越小越好。因为如果问题界定得过于宽泛将难以对创新点进行必要的集中思考和解决，结果将很难产生具有创意的解决方案。

运用特性列举法的一般过程如下。

第一步，界定一个明确的需要进行创新的问题。如果问题较大，就要对它进行必要的细分，把

图3-11　客厅柜家具特性列举分析图

它分成几个较小的问题后，再分别列举它们的特性，并进行后续步骤。创新对象的特性按照所用描述性词语的词性一般可分为三个方面：一是名词特性，如材料、整体、组成部分、制造工艺等。二是形容词特性，如色泽、大小、形状、厚薄、轻重等。三是动词特性，如有关创新对象的机能、作用等方面的特性。如要对一客厅柜进行创新设计，初看起来，现在使用的客厅柜款式多、功能全，已经相当完备，很难一下子就想出什么创新的地方，那么我们可以应用特性列举法来分析。（图3-11）

第二步，从上面所列举的各个特征出发，通过提问的方式来诱发创新思想。如客厅柜的基本功能是视听基座，那么能否给其增加一些其他功能？如饰品陈放或分割隔断功能等。又怎样来实现这两种功能呢？能否增加两个侧立柜，或是否用背板把两侧立柜连在一起？结合现在电视机尺寸偏大的现实，主柜体的高度为多高合适？如果采用液晶壁挂式电视机是否方便使用？机顶盒设备是收纳入主柜体，还是放在主柜体台面上？两侧柜体是否采用玻璃门，或是否可以根据室内空间的大小进行组合变换？现代中式风格采用什么元素或图案来体现？等等。

通过上面的特性列举可以发现，看似满意的产品实际上存在有大量的可改进的地方，也为下一步的创新设计提供了思路。

2. 缺点列举法

缺点列举法则是把对事物认识的焦点集中在发现它们的缺陷上。通过对它们缺点的一一列举，提出具有针对性的改进方案，或者是创造出新的事物来实现现有事物的功能。其实质是一种否定性思维，对已经存在的事物抱否定的态度，继而充分地揭露事物的缺陷，然后再加以改进。缺点列举法个人可以独立进行，也可以召开5~10人参加的缺点列举会，围绕需要改革的设计对象，尽量列举各种缺点，越多越好。缺点列举法的实施步骤为：准备、列举缺点、整理归类、分析改进，其中的关键是从产品的功能、形式、美观、结构、材料、工艺、成本等方面尽可能全面地列举出缺点，然后将列举的缺点记录在小卡片上，并且按类别编上号码；在进行设计构思时从中挑出主要的缺点，再围绕主要的缺点进行研究，制订出切实可行的设计解决方案，从而达到创新设计的目的。

针对家具设计，可仍以客厅柜为例来说明，通过设计调查可以了解到旧有的客厅柜存在的缺点有：功能方面不能很好地满足超大超薄电视机的放置或挂置需求；没有或缺少装饰品的陈列空间；功能单一，不能满足现代家庭的起居休闲需求。在形式上存在款式陈旧，体量粗笨，缺乏现代、时尚、简约的中式文化内涵，产品附加值低等缺点。在结构上缺乏灵活性，不易根据不同的居室空间进行适当的调整，且材料的档次低廉，耐久性差等。综合旧有客厅柜的这些缺点，可设计出如图3-11所示的新型客厅柜。实际上，我们在日常生活中的每一件家具产品上都可以找到一些缺陷，只要对这些缺陷加以充分重视，并以此作为创新设计的起点，一定会为企业带来良好的经济效益。

缺点列举法能够直接从消费者需要的功能、审美、经济等角度出发，针对具体的创新设计对象的缺陷，提出改进方案。它的优点在于，以具体的实物为参照，比较容易寻找介入点。缺点在于，创新设计者往往会受到已经存在事物的某些特征的束缚，限制其思维空间。在对原有产品性能的完善上，缺点列举法是一种很具有针对性的方法，但是如果开发全新的产品，单纯依靠缺点列举法是难以做到的。

3. 希望点列举法

希望点列举法就是根据提出来的种种希望，经过归纳，沿着所提出的希望达到的目的，积极主动进行创新设计的方法。希望点列举法的实施主要有四个步骤：一是确定对象和目标；二是尽可能多地列举希望；三是归纳分析希望，形成主要的“希望点”；四是以“希望点”为依据，进行产品创新设计以满足用户的希望。其中的关键是科学合理地提取“希望点”。

希望点列举法与缺点列举法相比，在开发具有某些特定功能的全新产品上，它不受已经存在的实物的约束，能够在更大程度上开阔思考问题的空间，在思维、做法上更加主动。在此，仍以客厅柜设计为例，从功能、结构、形式、材料等方面列举出新型客厅柜的创新设计希望点。（图3-12）

在设计过程中，对于希望点的追求，可以在一定程度上突破已有资源和条件的限制，进行跨界融合性思考，以便实现产品的突破性创新，在市场竞争中取得巨大成功。

4. 列举配对法

把某些领域的不同实物任意组合起来，往往也能产生很好的创意。在我们日常生活中，可以看到许多创造发明往往是由若干现有事物的功能巧妙组合而成的。如带日历或计算器的手表，可坐可卧的两用沙发，可录放可收音的录音笔等。列举配对法利用列举法务求全面的特性，又吸取了后面将要介绍的强制组合法易于产生新颖想法的优点，更容易产生独特的创意。

以现代简约组合家具为例来说明这种方法。对一个家庭来说，可以利用的空间总是有限的，如何才能既实现某些必要的功能，又节省空间呢。那就是把可以组合的功能结合在一起。具体过程如下。

①列举：把某一范围内的所有物品都列举出来。如列举日常所需的家具用品：床、床头柜、桌子、沙发、茶几、台灯、大衣柜、小衣柜、梳妆台、衣架、花几、电视机、电视机柜、书柜、写字台、椅子等。

②配对：把其中任意的物品进行两两组合。如床和桌子、床和沙发、床和台灯、床和床头柜、床和衣架等，桌子和沙发、桌子和台灯、桌子和衣架、花架和茶几、书柜和写字台、桌子和茶几等。

③筛选方案：通过上面的列举和配对产生了大量的组合，当然组合不一定要在两两之间进行，也可以是更多的物品组合在一起。对所产生的组合进行分析，筛选出实用、新颖的方案，将它们付诸实施。

二、设问法

企业进行创新设计的过程就是一个不断提出问题、并寻求新的解决方法的过程。在创新设计的具体过程中，提出问题的深度在一定程度上决定了创新结果的新颖程度，所提问题涉及的不同领域引导着创新者的思路，提出问题的方式决定了创新者想象力发挥的程度。在人们工作学习的过程中，如果说兴趣是最好的老师，那么问题则称得上是最好的服务员。设问法正是紧紧抓住了这一点，以提问的形式来启发创新设计的思路。设问法主要包括检核表法、5W2H法、信息交合法、逆向追问法等。

图3-12 客厅柜创新设计希望点列举分析图

1. 检核表法

检核表法是根据需要解决的问题，或者围绕一个设计对象，列出有关的设计问题，逐一进行分析讨论，从而获得启迪，激发创新的设想，找到解决问题的方法。检核表法提问的方法很多，其中最著名的是美国专家奥斯本创造的检核表。奥斯本的检核表适用范围宽，容易掌握，主要从九个方面对现有事物的特性进行检核。

①现有的产品能否应用到其他方面，即扩展产品的应用范围。

②现有产品中能否引入其他领域的创造性设想，或者直接引入其他领域具有相同或类似用途的创新。

③能否扩大现有产品的适用范围，延长产品的寿命，增加产品的特性。

④能否对现有产品进行简单改变。如改变它们的颜色、形状，把产品的颜色从单调变得丰富多彩，把古板的形状变得更具时代性等都是有效的手段。

⑤是否可以找到能够部分或全部代替现有产品及其组成部分功能的产品或零部件。

⑥现有的产品可否缩小体积、减轻重量或者分割化小等。

⑦能否对现有产品在材料的应用、零部件的搭配、使用功能等方面进行组合。

⑧是否可以进行一些替换。如产品的结构替代，元器件或零部件的位置、搭配的更替以及前后顺序的变换等。

⑨能否改变一些产品各部分的组合关系。如使产品组成部分的上下位置颠倒，产品的内外成分互换等。

使用检核表法进行产品设计，往往能够对产品的设计进行多方面的改进，产生出效果较好的具有综合性的方案。但在使用该方法时应该注意以下几点。

①应该对照检核表逐条进行检核，防止产生遗漏。

②要按照检核表进行多次检核，最好能够在第一次检核后隔一段时间再进行后续检核，以便能够产生更多、更好的创意。

③对照检核表的每条内容进行检核时，要尽最大可能来发挥创新者的想象力和创造精神。

④在使用检核表时，可以由单人进行检核，也可以有多人一起进行。在由多人组成的小组进行检核时，应该注意借鉴后面将要介绍的头脑风暴法的一些原则，先产生创意，再进行评价，把评价放在创意的产生过程结束后再进行，这样效果将会更为明显。

2. 5W2H法

提出问题的方式除了奥斯本检核表法之外，另一种应用十分广泛的方法就是5W2H法。5W2H法应用的具体过程如下。

（1）Why（为什么）

使用“为什么”来追问事物的本质、根本目的，可以帮助创新者消除思维中固有的接受事物现状的倾向性，开阔思维空间。仍以客厅柜来说，我们为什么要生产客厅柜？为什么客厅柜要做成现在这个形式？客厅柜为什么设计成现代中式风格？等等。

（2）What（是什么或做什么）

现有的客厅柜产品的优点是什么？缺点是什么？客厅柜的功能有哪些？最主要的功能是什么？产品的生产标准是什么？生产工艺是什么样的？主要原料是什么？产品是使用什么样的运输工具运输的？

（3）Who或Whom（谁）

客厅柜产品现在的使用对象是谁？潜在的客户是谁？谁是客厅柜购买的决策者？谁是决策的影响者？谁从产品中获得了利益？谁可以为我们提供渠道？谁在行使生产的决策权？生产环节中谁是产品质量的关键影响者？

（4）When（什么时间）

客厅柜生产周期需要多长时间？什么时间是销售旺季？从客户提出购买此产品到最终完成安装使用过程总共要多长时间？产品可使用的寿命是多长时间？产品需要多长时间进行一次维护？

（5）Where（什么地方）

我们的主要客户分布在什么地方？顾客喜欢从什么地方购买该类产品？新市场位于什么地方？我们的原料来源在什么地方？产品在什么地方生产最为合适？

（6）How to（怎样）

怎样可以减少产品在生产过程中停留的时间？怎样可以节约木材资源？怎样可以保持产品的绿色生产过程？怎样做可以增加本公司产品的特色？

（7）How Much（多少）

产品的售价是多少？产品的成本是多少？产品运输成本占总成本的比重是多少？产品利润率是多少？产品的长度、宽度、深度规格各是多少，什么样的比例尺度最为合适？

在上述的5W2H中，七种要素的作用并不是完全等同的。就“Why”之外的另六个要素而言，它们只是在各自所代表的方面上对提示考虑问题的思路有一定的帮助作用，而“Why”这一要素则在所有的领域都会以它本身固有的“怀疑一切”的特质，引发新的思考。除“Why”要素本身外，它还可以被用来对每一要素领域内所提出问题的回答提一个“Why”，从而抓住每一个答案背后所隐含的假设与证据，深化了对问题的把握程度。

3. 信息交合法

信息交合法，又称为“要素标的发明法”，或称为“信息反应场法”，是一种在信息交合中进行创新的思维方法。使用信息交合法时，首先把有关物体本身的构成信息按类别分解为若干种不同的信息系列，然后再对各系列所包含的信息要素进行细分，形成要素标的，并将它们标注在具有共同原点的信息标线上。而不同类别的信息标线之间，即为“信息反应场”。列举不同标线上的信息要素标的，即可产生创意。

信息交合法的运用过程应该遵循三条基本原则。

①整体分解原则，即把对象本身分解，得出信息类别。

②信息交合原则，即将不同信息标线上的每一信息要素标的进行交合，进行联想，以形成新构思。

③结果筛选原则，即对于信息标线上的信息交合所产生的结果，并不是要全部接受，而是要有选择地保留，并做进一步论证。

尽管信息交合法的创意推演过程嬉戏益智，受众广泛，但在使用过程中要想获得理想信息反应场创意成果，还存在许多必然性和偶然性的变数。如果交合工作开展得好，会使人们思如泉涌，新的创意和构思不断产生。相反，如果交合不当，信息反应场将变得僵化和呆板。比较常用的信息交合法有三种类型，现分述如下。

（1）成对列举交合法

成对列举交合法适用于单信息标的之间的交合，既可以用于定向交合，也可以用于随机交合。当明确创造意图后，列举出所需的各种关联信息，然后进行两两交合，强制联想产生新的信息。图3-13是成对列举交合法在家具创意设计中的应用示例。在应用过程中，先列举出有关家具的信息标

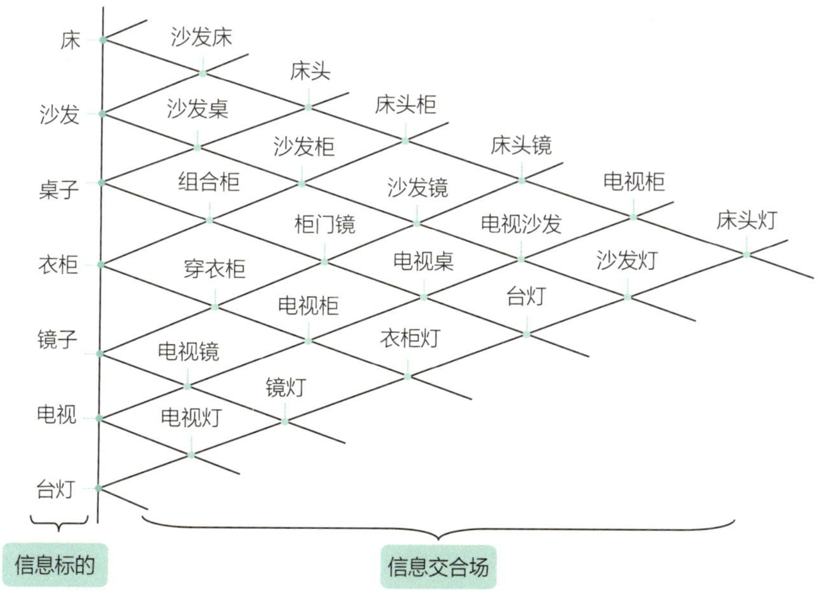

图3-13　成对列举交合法在家具创意设计中的应用示例

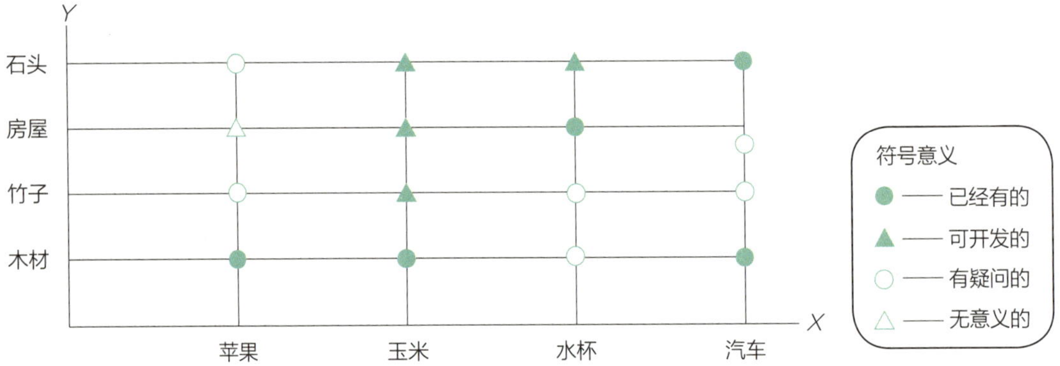

图3-14　平面坐标交合法应用示意图

的：床、沙发、桌子、衣柜、镜子、电视、台灯等；然后竖向排列形成一条信息标线；再从竖向的信息标的处引出两条信息射线，形成两两相交的许多交点；最后分析并延伸构思这些交点，列出可能的有效组合信息：沙发床、沙发桌、组合柜、穿衣柜、电视柜、电视灯、台灯、床头灯、沙发边柜、床头柜、镜桌等。

（2）平面坐标交合法

平面坐标交合法就是利用坐标系促使人们从意义上缩小不同事物之间的差距，把沿X坐标和Y坐标两个方向列出的信息标的元素进行成对交合思考，使原来无关的事物之间建立起联系，并演变为新事物。平面坐标交合法的操作可按下列步骤进行：

①列出交合元素，所列相交元素的范围要广，不能局限在某一专业领域，应包括名词、形容词等有关产品特性的词汇以及1/2左右的非商品元素和非人造元素。另外，还应加入一些新材料、新产品等，以得到新颖的设想。

②使X、Y两坐标线上的所有元素彼此相交和自身相交，得到若干个相交点。

③进行相交和判断，并将相交和判断的结果按图示的标记符号画在相交点处，相交时可以互换两个相交元素的位置。

④从坐标图中摘取有意义的相交结果。

⑤对有意义的相交结果进行可行性分析，从中找出适用性项目，如图3-14所示。

（3）立体交合法

在确立一个问题点后以此为中心，分别拉出许多不同方向的变量坐标，而每一变量坐标又可以不

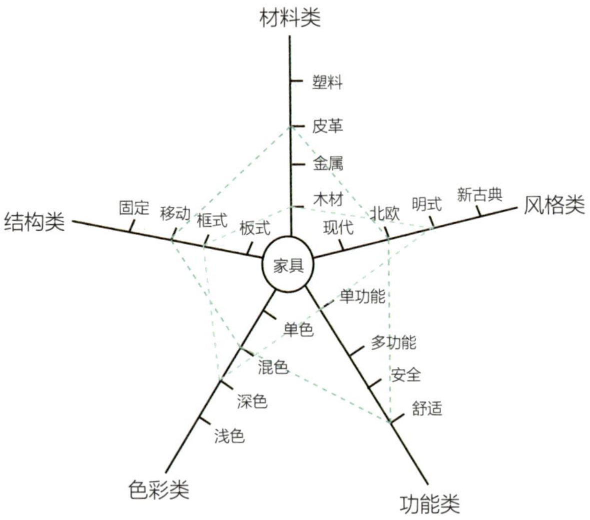

图3-15　立体坐标交合法应用示意图

断分解设置下去，然后用线线相交或面面相交的办法，以求寻找新的创意的创造技法。其步骤为：

①确定立体信息场的原点。

②根据信息系列的需要画几条坐标线。

③在各信息坐标线上注明有关信息标的。

④以一个坐标线上的信息标的为“母本”，另一个坐标线上的信息标的为“父本”，彼此相交后即产生新信息。从这些新信息中可以发现某些有价值的创新设想，如图3-15所示。

三、联想法

联想法依靠创新设计者从某一事物联想到另一事物的心理现象来产生创意。按照进行联想时的思维自由程度，可以把联想划分为结构化自由联想和非结构化自由联想。但这种简单的划分方法并不具

有指导创新实践所必需的可操作性。可按照联想对象及其在时间、空间、逻辑上所受到的限制的不同，把联想思维进一步具体化为各种不同的、具有可操作性的具体技法，以指导创新设计者的创新设计活动。

1. 非结构化自由联想

非结构化自由联想是在人们的思维活动过程中，对思考的时间、空间、逻辑方向等方面不加任何限制的联想方法。这种方法在需要解决针对性很强、时间紧迫的问题时，很难发挥作用。但是，这种联想方法在解决疑难问题时，新颖独特的解决方法往往出其不意地翩然而至，当然这也许是长期思考所累积的知识，受到了触媒的引燃之后，才产生灵感的。

2. 相似联想

相似联想循着事物之间在原理、结构、形状等方面的相似性进行想象，期望从现有的事物中寻找发明创造的灵感。如很多建筑形式与结构在家具上的应用即是如此。

3. 接近联想

这是指发明者以现有事物为思考依据，对与其在时间上、空间上较为接近的事物进行联想来激发创意。如相似造型采用不同的材料，从而形成产品的变换。

4. 对比联想

对比联想根据现有事物在不同方面已经具有的特性，向着与之相反的方向进行联想，以此来改善原有的事物，或创造出新事物。运用对比联想法时，最好首先列举现有事物在某方面的属性，而后再向着相反的方向进行联想。对比联想按照思考问题时的出发点不同，可有许多具体形式，但一般常用的是优缺点转换法和结构对比法两种。

总之，联想是在一切创意激发的使用过程中都可能应用到的。它是其他方法能够有效地发挥作用的重要基础，也是创新设计人员必须具备的基本素质。

四、组合法

通过组合产生新的创新设计方法，已被实践证明是行之有效的方法之一。组合的过程就是把原来互不相关的，或者是相关性不强的，或者是相关关系没有被人们认识到的产品、原理、技术、工艺、材料、方法、功能等整合一起的过程。经过组合以后，可能会创造出全新的产品、工艺、方法、材料、功能等，或者使原有产品的功能更加全面。

1. 组合对象

按照被用来进行组合对象的不同，组合可以分为以下几种。

（1）产品组合

产品组合是最为简单的一种组合方式。这种组合过程只是简单地把通常要配套使用的产品放在一起，进行销售或使用。如把一般的椅子与海绵垫子一起销售，把餐桌与餐椅配套销售等。

（2）不同材料、零部件组合

现代材料的发展，为人类生活带来巨大的、不可思议的变化。如现代家具把人造板基材与薄木组合、木质材料和金属五金件组合、皮革材料和海绵组合、不同材质与肌理的组合后，形成了千姿百态、丰富多彩的家具形式。

（3）不同的技术手段之间的组合

这里的技术手段不仅是指生产制造过程中的技术手段，也指管理上的技术手段。由于在管理上用于相同或类似目的技术手段存在相当程度上的互补性，因此如果恰当地把它们结合在一起，那么这对于提高管理过程的有效性将是非常有益的。譬如说，在现代企业中，员工的薪酬就是由很多方面构成的，有固定的薪资，也有季度和年度奖金等。一种好的薪酬组合，从企业管理方面来讲，就是一种非常有益的管理创新。此外，在企业营销方面，一种恰当的营销技术的组合，对于帮助企业的产品打开销路是非常有效的。但就销售渠道来讲，自有渠道与中间商渠道的恰当选择和组合，对于维护企业在市场上的持续竞争优势也是至关重要的。

2. 组合对象法

（1）正交组合法

正交组合法与前述的设问创新法中的信息交合法相类似，不同点在于，在信息交合法中，两轴上的要素分别是形成产品整体的构成要素和与人的行为、认识等实践活动相联系的要素。在正交组合法的两个方向上的要素是进行组合关系对等的组合对象。通常条件下，正交组合法是通过构建正交组合矩阵来实现组合过程的。而且组合不必是两两组合，因此如果把组合用图形来表示，它可能是立体的，甚至更复杂。

（2）随意组合法

随意组合法是从任意一组事物中挑选几种进行组合。这类方法随意性强，针对性小，但是这种随意性并不是毫无选择的。如一件茶几可以由木质材料、皮、金属、玻璃组合构成，但这几种材料的大小、色彩关系是按照一定的美学法则和习惯用法来进行的，如果几面是全金属的，而脚是木质或玻璃材料，就会有一种怪异的感觉。

3. 形态分析法

形态分析法又称形态方格法、棋盘格法或形态综合法，它最早于1942年由美籍瑞士科学家茨维基提出来的。其原理是，将创新课题分解为若干相互独立的基本因素，找出实现每个因素的所有可能手段，再将每个因素的各种手段进行组合，得出所有可能的总体方案，最后通过评价进行选择。形态分析法对于激发大量具有探索性的创新是十分理想的。应用形态分析法的详细过程如下。

①明确创新设计对象的目的与全方位要求。这些要求包括功能、形式外观要求、风格特征要求、性能要求，可靠性要求，寿命周期要求，制造与运行成本要求，体积大小要求，生产能力要求，作业条件要求。

②创新设计对象组成因素的全方位分析。这些因素包括过程、能量、标度、材料状态、介质、能源、组成部分等。因素分析过程应该注意：第一，所列出的因素包括了创新设计对象的所有方面；第二，这些因素之间具有相互独立性，即仅改变其中某一因素时，仍会产生一个具有可行性的独立方案。

③形态分析。形态分析过程是正确有效地应用形态分析法的关键所在。在这一步骤中，根据研究对象整体上对它的各种组成因素所提出的各方面的要求，详细具体地列出能满足这些要求的所有方法、手段、工具等。其中每一种方法、手段或工具就构成了因素的第二个形态。因此，进行形态分析时，要求分析者对所分析的领域有丰富的知识、经验，并具有较强的思维创造能力。也就是说，分析者不但要把所有已知的方法、手段或工具列举出来，而且还要发挥自身的想象力，提出更多新的方法、手段或工具。为了使形态组合步骤顺利地进行，可把必要因素与形态分列在正交表的纵横两个栏目内。每种组成因素的一个形态以P^i_n表示，其中n表示第n种因素，i表示该因素的第i种形态。

④按照步骤①中所列出的各种要求，对各因素的各种组成形态进行排列组合，获得所有可能的方案。每种方案的组成为P^i_1，P^j_2，P^k_3，P^l_4，……，P^m_n。

⑤方案评价。对照所产生的方案，按照一定的标准进行评价。当然评价的过程可以分几步进行，先进行初评，再进行最后的评估，确定最终方案。

五、类比法

类比法的共同特点是，由于两个或两类事物在某一或某些方面具有相同或相似的特点，因此期望通过类比把某一或某类事物的特点复现在另一或另类事物上，从而实现创新。类比法中所包含的类比的具体方法很多。

1. 综摄法

综摄法是通过召开会议的形式，利用非推理因素来激发群体创造力的一种方法。综摄法的使用过程，是通过各类方法的综合运用来实现对研究对象所有方面的深入把握，再使用各种类比方法，对研究对象进行创新的过程。综摄法的运用过程，从总体上可以分为两个阶段，即变陌生为熟悉阶段和变熟悉为陌生阶段。综摄法操作的全过程如下：给定问题→分析问题→对问题进行重新表述→对上一步骤中的重新表述、子问题或子目标进行简单地分析和排列→远离问题→强行结合→方案的确定与改进。上述即是由变陌生为熟悉，再变熟悉为陌生的过程，直至进入创意的生成、评价与改进阶段。

2. 因果类比法

因果类比法，是根据已经掌握的事物的因果关系与正在接受研究改进事物的因果关系之间的相同或相似之处，去寻求创新思路的一种类比方法。如有人根据发泡剂使合成树脂布满无数小孔，从而使这种泡沫塑料具有良好的隔热和隔音性能的特点，于是他尝试在水泥中加入发泡剂，结果形成了具有隔热与隔音性能的气泡混凝土。

3. 相似类比法

相似类比法，是根据类比对象之间在一些属性方面的相似性，推出它们在综合属性上应该是相似，或者相反，依据它们在综合属性上的相似，推出它们在个别属性上的相似。相似类比法对于改进家具产品的综合或具体的个别性能提供了参考。

4. 模拟类比法

模拟类比法就是模拟法。它是指对某一对象进行实验研究时，对实验模型进行改进，最后再把结果推广到现实的产品或经营决策中去的一种类比法。模拟法在现代计算机技术的迅速发展之后，应用范围大大扩展，甚至在许多重要决策过程中需要进行全过程模拟。模拟类比法，使得我们在问题没有出现之前就能准确地预见到它们，并把它们排除掉。

5. 仿生法

仿生法要模仿的对象是生物界中神奇的生物，创新者试图使人造产品具有自然界生物的独特功能。但是仅就仿生法本身来讲，这种方法是一种具有很强的综合性的类比法。在仿生的过程中，将会需要不同的类比方法的参与。

6. 剩余类比法

所谓剩余类比，是指把两个类比对象在各方面的属性进行对比研究，如果发现它们在某些属性上具有相同的特点，那么可以推定它们在剩余的那些属性上也应该是相同的，从而可以在一事物上推定另一事物的这些属性。

六、头脑风暴法及其变式

1. 头脑风暴法

头脑风暴法也称为智力激励法或畅谈会法，它作为一项激发新思想的技术的历史要追溯到20世纪以前。头脑风暴法是一种会议技术。它是一种通过大家的努力来寻求特定问题的解答方法的过程，在这个过程中，小组成员即兴的想法受到重视，而会议过程本身就是收集所有即兴创意的过程。要判断一次会议是不是应用头脑风暴法的，就是要看在会议过程中创意的产生与评价阶段是不是分开进行的。也就是说，头脑风暴法的本质特征是推迟评价阶段的进行。

在头脑风暴法背后隐含着这样一个假设：在大量的创意中，好的、可以付诸应用的只是少数。而同时只有在有一定数量的前提下，才能保证在一次头脑风暴法的应用中产生好的创意，即创意的质量要由一定的数量来保证。

头脑风暴法的理论基础来源于群体动力学方面。群体动力学认为，在群体活动中，群体成员的行为具有自我激发和互相激发的特性。当群体中的一员提出一种设想时，激发的不只是这个成员本身的想象力，其他成员的想象力同时也会受到激发，这是一个连锁反应的过程。在群体活动中，群体中的成员为了获取群体成员的尊敬而进行的竞争如果得到很好的利用，将会激发更多、更好的创意。

为了使头脑风暴法取得良好的效果，在应用过程中小组的每一位成员应当遵循如下几条原则。

①严格禁止在头脑风暴法的应用过程中对任何观点表示任何形式的异议或提出批评。任何形式的异议或评论不但会伤害被评论者构思新创意的积极性，同时也会中断创意之间互相激发的连锁反应过程。

②鼓励成员毫无保留地抒发自己的想法。不但应当鼓励所有的小组成员的积极参与，而且每当成员提出新的想法时，都应该受到群体成员的积极响应。

③保证创意有相当的数量。创意的数量越多，产生好想法的可能性就越大。

④努力寻求观点的组合与改进。小组的成员除了不断提出自己的想法并寻求改进之外，还应提出对已有的创意进行组合改进的办法。但应注意，绝对禁止任何可能伤害群体成员的自尊心和积极性的行为。

虽然头脑风暴法也适合个体思考问题的过程，但它最为普遍的应用形式是小组活动。而恰当的小组成员数量和成员构成对于头脑风暴法的成功也是非常重要的。如果小组成员之间能够保持充分沟通，必须对成员的数量加以必要的限制。一般认为，小组成员的数量应该限制在5~12人比较有效。在小组成员的构成上，头脑风暴法的组织者有必要挑选不同专业领域的成员参加。

在介绍了头脑风暴法的基本知识之后，接下来我们介绍经典头脑风暴法及其两种变式：戈登-李特变式和触发器变式的进行过程。

2. 经典头脑风暴法

①热身阶段。此阶段的作用是向小组成员介绍有关头脑风暴法的基本知识，使他们熟悉头脑风暴法的基本规则，并调动其小组成员的思维，使他们活跃起来。在介绍了有关基本规则之后，提出一个问题预演头脑风暴法的基本过程。譬如说，提出这样一个问题："请大家考虑一下回形针可以有多少种用途"。在正式进行头脑风暴法之前预演这一过程的必要性表现在两个方面：第一是在通常状态下，人们的思维处于不活跃状态，有必要通过热身调动小组成员思考问题的积极性。第二是小组作为一个由人组成的组织有它自身的生命周期。在正式活动之前，有必要让小组成员进行必要的磨合。

②观念生成阶段。虽然前面我们讲过头脑风暴法可以运用在问题界定的过程中，但这里观念的生成是在对问题有了恰当的界定之后的观念生成阶段。在这一阶段，小组成员针对界定清晰的问题提出自己的解决思路、解决办法。由一位记录员把小组成员的全部想法记在大家都可以看得见的黑板或白板上，供大家随时据此引发新思想，或对自己及他人的思想进行修改。有一位组织者在大家思维僵结的时候进行必要的引导，提醒和监督小组成员避免对别人的思想进行评价，鼓励不活跃的成员积极参与到"智力激荡"的过程中去，并对活动的节奏进行必要的控制。

③观念评价阶段。在头脑风暴过程的创意阶段结束之后，对所产生的创意进行整理，对小组每一位成员的积极参与鼓励。接下来进行的评价阶段仍然可用头脑风暴法进行。

3. 戈登-李特变式

在经典头脑风暴法中，小组成员提出的创意，要么太理想，要么过于简单。这减弱了小组成员参与创意激发过程的积极性。为了解决这一问题，威廉·戈登（William Gordon）和阿瑟·李特（Arthur Little）对经典头脑风暴法进行了一些改进，提出了这种变式。戈登-李特变式也称教诲式头脑风暴法。

戈登-李特变式在操作过程中，尽量避免在一开始就将要解决的问题呈现出来。它把小组成员的注意力集中在问题的基本概念或基本原理上。在这种变式中，组织者的作用就在于把小组成员的注意力引导到这些抽象的形式上去，随着观念的产生，逐渐揭示越来越多的信息。它的具体操作步骤如下。

①组织者以抽象的形式引入问题的有关信息，并要求小组成员寻找解决抽象问题的办法。

②在观念形成过程中，组织者逐步引入一些关键信息，对问题进行重新界定，直到问题比较具体为止。

③组织者揭示最初的问题。

④小组以揭示问题前的想法为参考，激发对解决初始问题有帮助的创意。在戈登-李特变式中，小组的组织者所发挥的作用更大，因此在一定程度上，组织者的水平决定了创意的数量和质量。如果组织者对问题缺乏深入理解，不能正确地对小组活动进行引导，往往会使该变式的应用过程误入歧途。

4. 触发器变式

触发器变式与经典头脑风暴法相比，变化不大。它只是更多地把个人思考（或者是对整个小组进一步划分形成的较小的小组）与小组思考结合起来进行。它的操作过程如下。

①组织者向全体小组宣布问题。

②把整个小组进行划分，或者是每人一组各自记录下他们的想法。

③各小组的代表或个人向全体成员宣布他们的想法，由记录员记录在大家都可以看得见的黑板或白板上。

④各小组对所产生的想法分别进行讨论，并提出受别的成员想法的激励而产生的新创意，记在自己的记录册上。

⑤重复上述过程，直到再也提不出新的想法。

在此介绍了列举法、设问法、联想法、组合法、类比法、头脑风暴法及其变式六大类方法，在具体家具设计中，由创新设计者根据情况参考选用。

本章思政与实践

1. 根据全球设计行业的现状，分析讨论中国家具设计程序与方法的优势。
2. 常见的典型的设计程序模式有哪些？其内容是什么？
3. 家具设计过程的阶段如何划分？各自的主要内容是什么？
4. 理解家具新产品设计立项的内容与格式，拟定某新产品的设计立项书。
5. 家具新产品开发的方法主要有哪些？应用其中的一至两种方法虚拟某家具产品的开发设计。

参考文献

[1] 许继峰，张寒凝．产品设计程序与方法［M］．北京：北京大学出版社，2017.08：51~56.

[2] 熊杨婷，赵壁，魏文静．产品设计程序与方法［M］．合肥：合肥工业大学出版社，2017.06：68~75.

[3] 洛可可创新设计学院．产品设计思维［M］．北京：电子工业出版社，2016.10：93~98.

[4] 张展，王虹．产品设计［M］．上海：上海人民美术出版社，2002.01：18~34.

[5] 唐开军．基于CMF内涵的家具用材设计研究［J］．林产工业，2021，58（07）：22~27.

[6] 陈文安．创新工程学［M］．上海：立信会计出版社，2000，11：61~84.

第四章
家具功能尺寸设计

家具的功能包括家具的使用功能和审美功能，是家具构成的中心环节，也是家具设计过程中考虑的首要因素。而家具功能尺寸设计就是为了实现家具功能而对其外形或零部件尺寸进行的设计，功能尺寸由使用者即人体尺寸、收纳对象即物品尺寸、所处的环境即室内空间尺寸、审美法则即美观性、力学强度即使用安全性等方面的要素构成。

本章节内容主要围绕国家标准GB/T 332x—2016（x为6、7、8）中规定的家具主要功能尺寸进行叙述，以便初学者提前建立起家具部分尺寸概念，而具体设计过程中的其他细部尺寸可参考“第九章家具设计专题”中的相应内容。

第一节　家具功能尺寸的设计原则

现代家具设计的过程也就是运用科学技术的成果和美的造型法则，创造出人们在生活、工作和社会活动中所处环境内需要的一种特殊产品的过程。家具既与室内空间及其他物品构成了人类生存的室内环境，又与建筑物、庭院、园林等构成了人类生存的室外环境。最终，人与物、物与物、人与环境、物与环境构成了社会环境的总体。由此可见，家具的本质就是服务于人类的基本器具，以满足既具有生物特性、又属于社会范畴的人的生理和心理需求。作为生物的人，就要求家具在使用功能上适合人的生理和不断发展的工作方式以及生活方式的需要；作为社会的人，对家具和由家具构成的环境要求则是具备审美功能。此外，家具还是一种工业产品和商品，在满足使用者使用功能和审美功能的同时，还必须具备工业化产品——商品的生产规律和市场规律。

这些要求反映于家具功能尺寸的设计，应遵循以下的原则。

一、人体工程学原则

人体工程学（Human Engineering）也称为人机工程学、人因工程学、工效学等，它是20世纪初在西方设计界形成并发展起来的一门学科，是研究人与物（泛指产品）以及工作环境之间的相互作用、互相协调的关系，其目的是通过揭示人、物、环境三个要素之间的相互关系和规律，最终构建“人—机—环境”整体配合的最优化。基于此目的，人体工程学主要是由“人体科学”“技术科学”和“环境科学”相互交叉渗透构成的学科体系。由于人体工程学研究的是人与物、与环境的关系问题。因此，它广泛地应用于工业、农业、商业、卫生、建筑业、交通业、服务业和军工业等领域。对家具设计而言，人体工程学的研究，为产品设计的形式和功能尺寸提供了相应的科学依据。

1. 以人体尺度参数值为设计依据

人体工程学应用人体测量学、人体力学、劳动生理学、劳动心理学等学科的研究，提供了人体各部分的尺寸、体重、体表面积、密度、重心以及人体各部分在活动时的相互关系和可及范围等人体结构特征参数，还提供了人体各部分的出力范围、活动范围、动作速度、动作频率、重心变化以及动作时的习惯等人体机能特征参数，分析了人的视觉、听觉、触觉以及肤觉等感受器官的机能特性，分析了人在各种劳动时的生理变化、能量消耗、疲劳机理以及人对各种劳动负荷的适应能力，探求人在工作中影响心理状态的因素以及心理因素对工作效率的影响等[1]。设计时应综合考虑和应用以上各方面的人体尺度参数值，解决好家具与人相关的各种功能的最优化，创造出与人的生理、心理机能相协调的家具。（图4-1）

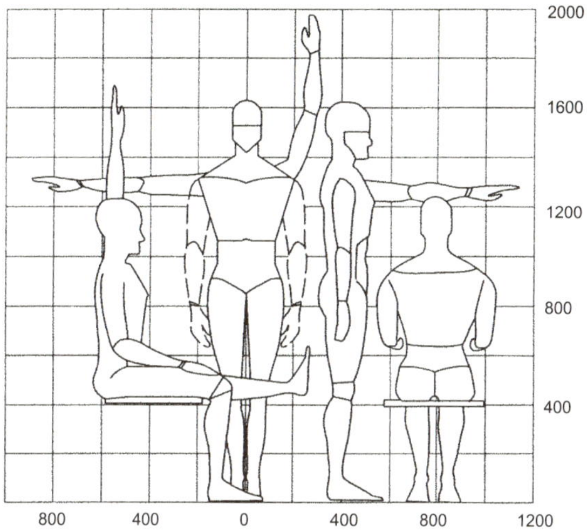

图4-1 人体站立时基本生理尺寸示意图（单位：mm）

2. 以其“人物环境”系统为设计理论

人体工程学的显著特点是在认真研究人、物、环境三个要素本身特性的基础上，将使用“物”的人和所设计的“物”以及人与“物”所共处的环境作为一个系统来研究。在这个系统中人、物、环境三个要素之间相互作用、相互依存的关系决定着系统总体的性能。系统设计的一般方法，通常是在明确系统总体要求的前提下，着重分析和研究人、物、环境三个要素对系统总体性能的影响，应具备的各自功能及其相互关系，经过不断修正和完善三要素的结构方式，最终确保系统最优组合方案的实现。因此，在进行家具设计中应以人为主线，将人体工程学理论贯穿设计的全过程，以保证产品使用功能得以充分发挥。

3. 为家具的“环境因素”提供设计准则

人体工程学通过研究人体对环境中各种物理、化学因素的反应及适应能力，分析声、光、热、振动、粉尘和有毒气体等环境因素对人体的生理、心理以及工作效率的影响程度，确定了人在生产和生活活动中所处的各种环境的舒适范围和安全限度。此外从保证人体的健康、安全、舒适和高效出发，为家具设计中考虑“环境因素”提供了分析评价方法和设计准则。

4. 人体计测值

在家具功能尺寸设计中，人体尺寸与尺度是最基本和核心的要素。人体计测值的内容包括骨骼测量和活体测量两部分。活体测量以静态观测为主，而以人体动作、姿势、生理、心理计测为辅。为了得到人体测量的正确数据，必须按照统一的测定方法和测定点进行测量。目前世界各国人体计测点最少为205项。表4-1是我国18~25岁青年体质调查测量数据的平均值。

表 4-1 中国 18~25 岁青年体质调查测量数据的平均值示例表

测量项目	全国		南方地区		北方地区	
	男性	女性	男性	女性	男性	女性
	19519	18387	9844	9287	9675	9100
身高 /cm	170.3	159.0	169.3	158.1	171.4	159.8
坐高 /cm	92.1	86.3	91.7	85.5	92.5	86.8
体重 /kg	58.5	51.5	57.3	50.6	59.8	52.5
肩宽 /cm	38.6	35.0	38.5	34.8	38.7	35.2
骨盆宽 /cm	27.5	27.3	27.3	26.9	27.7	27.6

续表

测量项目	全国		南方地区		北方地区	
	男性	女性	男性	女性	男性	女性
	19519	18387	9844	9287	9675	9100
手长 /cm	18.5	17.1	18.4	17.0	18.7	17.2
上肢长 /cm	73.5	67.7	73.2	67.4	73.8	67.9
上腿长 + 足高 /cm	44.1	41.2	43.6	41.0	44.6	41.3
小腿长 /cm	37.2	34.8	36.8	34.7	37.6	35.0
足长 /cm	24.8	22.9	24.6	22.8	25.1	23.1
胸围 /cm	85.7	78.9	85.2	78.5	86.2	79.2
大腿围 /cm	50.2	51.4	49.8	51.0	50.5	51.8
小腿围 /cm	35.0	34.4	34.7	34.0	35.3	34.8
上臂最大围 /cm	28.6	25.9	28.6	25.9	28.7	25.9
上臂围 /cm	25.6	24.0	25.6	24.0	25.6	24.0
脉搏 /（次 /min）	75.2	77.5	76.2	78.2	74.3	76.7
收缩压 /mmHg	118.3	107.8	117.4	107.3	119.3	108.4
舒张压 /mmHg	74.1	69.2	72.9	68.2	75.4	70.2
肺活量 /mL	4124.0	2871.0	4076.0	2846.0	4172.0	2896.0

注：1mmHg=133.3Pa。

二、标准化原则

现代家具的设计生产已是完全建立在先进的技术、严密的分工与广泛的协作基础上的高效率工业化体系，各企业、各部门之间的生产联系十分密切，每一件产品的生产过程往往都要涉及许多企业，涉及企业内部的多个部门和生产环节，因此，其产品是在各个部门的密切配合下完成的。为了从技术上把有关方面组织起来，形成一个相互适应密切配合的有机整体，保证生产过程有条不紊地进行，节约自然资源，提高生产效率，降低生产成本，保证产品质量，就需要根据我国的技术现状和经济水准及自然条件出发，对各种产品在质量、性能、品种、规格等方面制定出恰当的、相互适应的技术规范，并在生产活动中及产品流通领域贯彻执行，这就是标准化工作的主要内容。

到目前为止，家具产品从原辅材料、产生过程到产品功能尺寸设计、质量检测、使用过程中的有害物释放量等环节，在“产品消费”这一链条中均有相应的标准进行监控。标准化在家具产业中的积极作用，早已凸显出来，主要体现在以下几个方面。

1. 保证零件规格化和生产专业化，提高生产效率

只有实行标准化才能尽量减少产品品种、规格，保证同一产品在规格、造型、CMF效果等各个方面的一致性，做到以较少的产品规格来满足广泛的社会需求，节约社会整体的生产成本；同时也可为生产过程机械化、自动化打下了基础，极大地提高产品的生产效率和零部件生产精度，提高产品的质量。

2. 节约材料，充分利用自然资源

由于世界人口的增多及对消费品档次要求的提高，导致对自然资源的过度消耗而引发了大量的环境问题，所以各国政府均采取了一系列措施来保护日趋匮乏的自然资源。产品的标准化可以提高原材料的利用率，减少浪费，同时在微观经济上也增强了企业的生存能力。

3. 简化生产管理和设计工作

实现技术标准后，一线生产工人对加工对象应有的质量、性能、规格等都心中有数，生产各部门也有了共同的技术依据，这些既有利于减少生产过程中的差错和废品率，又简化了技术管理工作。另外，还可以标准作为设计依据，使设计人员把主要精力集中到关键问题的处理上来，从而加快设计进度和质量。

4. 便于产品的协调与配套

从生产供应方面而言，便于对家具生产中所用的人造板材、胶黏剂、饰面材料、涂饰材料、五金配件等原辅材料提出相应的要求。另外，消费者在使用时也可以很方便地与床上用品、日常生活用品、家用饰品等配套。

总之，标准化有力地推动了家具生产高速发展，并将继续发挥巨大的促进作用。

三、审美比例原则

比例就是尺寸与尺寸之间的数比关系。家具的比例包括两方面的内容：一方面是家具外形的宽、深、高之间的关系或某一局部的长、宽、高之间的尺寸关系；另一方面是家具整体与部件或各部件间的尺寸关系。科学的比例关系不仅能够优化家具的使用功能，而且，还能使家具外观造型更符合人的生理和心理的需求，从而产生和谐之美的视觉感受。纵观古今中外优秀的家具设计大都具有良好的比例关系[2]。因此，在设计家具的功能尺寸时，不仅要充分考虑家具的整体比例关系，还应特别关注其各部件间的比例关系。

四、力学强度原则

家具的力学强度是家具使用过程中安全性方面的一个衡量指标，是指家具整体或局部构件抵抗可能引起破裂、凹陷和倾斜的任何外力的性能，以及家具在使用过程中一直保持它所处位置的性能，即稳定性。所以在确定家具的功能尺寸时，还应分析不同家具使用过程中的恒载荷和活载荷情况，不能为了追求美的比例关系或使用功能方面的要求而损害了其强度要求，更不能为了节省材料和降低成本而减小各零部件的规格，使家具的安全性没有保证。一般而言，应对新开发的产品由质量检测机构进行严格的理化、力学性能检测合格之后，才能推向市场。

第二节　坐具类家具功能尺寸设计

坐具是人使用频率最高、最广泛的家具类型之一。功能特征良好的坐具能让人在使用中感到身体舒适，得到全面的放松和休息；而设计不合理的坐具反而会让人很快产生疲劳感。所以坐具的设计不仅要考虑形式、耐用、经济等方面的因素，同时还要考虑人体的生理结构方面的因素，这些都需要通过尺寸设计来达到。

一、人体坐姿的生理特征

坐下来是人的自然姿势之一，从体能消耗上来看，当站立时，关节、膝部和臀部都是依靠静态的肌肉活动保持姿态的，血液和体液趋于积聚在腿中；而坐下时，肌肉施力停止，能耗降低，腿的血管的静压力降低，对血液回流至心脏的阻力减少。因此，坐比站更有利于血液循环，可让人得到放松、休息。

坐姿大体可分为三种：向前坐、笔直端坐、向后靠。向前坐的姿势主要是工作的姿势，向后靠坐是休息和放松的姿势。当人向前坐时，人体骨盆旋转成倾斜状态，骶骨也做相应移动，并趋向水平，使骶骨和腰椎变平，引起脊椎在腰部以上成为脊后凸，看起来像驼背；当笔直端坐时，骨盆呈竖直状态，骶骨的位置也较垂直，并在腰椎处形成脊椎的前凸[3]。以上分析了人类在坐姿时的生理特征，可利用这些结论和实验结果推导出影响坐具舒适程度的各类功能尺寸。

二、座高

座高是指座面至地面的垂直距离，如果座面存在后倾或呈凹面弧形，座高则指座前沿中心点至地面的垂直距离。座高直接影响坐具本身的性能及功能。一般情况下，工作用椅的座高设计得较高，休息用椅则稍低。但无论是什么用途，座高均应设计适宜，座高过高，两脚悬空碰不到地面，则体重会压迫大腿血管，妨碍血液循环，容易产生疲劳；若座高过低，小腿则需支撑大腿的重量，稍久会引起上体酸软不适，而且座高过低还会造成起身时的不便，特别是对于老人，影响尤为突出。实践证明，合适的座高应为小腿窝至足底高度加上25~35mm的鞋跟厚，再减去10~20mm的活动余量，即：

H_1（座高）=小腿窝高度+鞋跟厚度-适当间隙。

国家标准GB/T3326—2016[4]规定座高H_1为400~440mm，软座面的最大高度为460mm（包括座面下沉量）；与坐具配合的桌面高度H为680~760mm，桌面与座面间配合的高度差（$H-H_1$）为250~320mm，桌下空间的净空高度（容膝空间高度）H_3为≥580mm，容膝空间高度与椅凳座面配合高度差（H_3-H_1）为≥200mm（图4-2）。沙发座高可以低一些，使腿向前伸，靠背后倾，有利于脊椎处于自然状态。沙发的座高一般为380~420mm。

三、座面倾角与背斜角

座面与水平面之间的夹角称座面倾角（α），靠背与水平面之间的夹角称靠背斜角（β）（图4-3）。对于椅类坐具，如果座面呈水平状、靠背呈垂直状，在使用过程中会很不舒服，所以椅类坐具的坐面应有一定的倾斜度，以便能使身体略向后倾，将体重移至背的下半部与大腿部分，从而把身体全部托住，避免因身体向前滑动而致使背的下半部失去稳定和支撑，造成背部肌肉紧张，产生疲劳。

国家标准GB/T 3326—2016规定α（座面倾角）为1°~4°（靠背椅和扶手椅），或3°~5°（折椅）；β（靠背斜角）为95°~100°（靠背椅和扶手椅），或100°~110°（折椅）（图4-4至图4-6）。对于沙发，α为3°~6°，β为98°~112°；躺椅则更大。

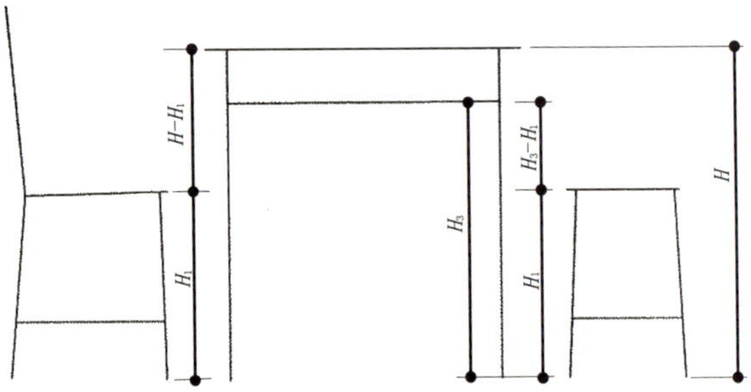

图4-2　座高与桌高数据参考示意图

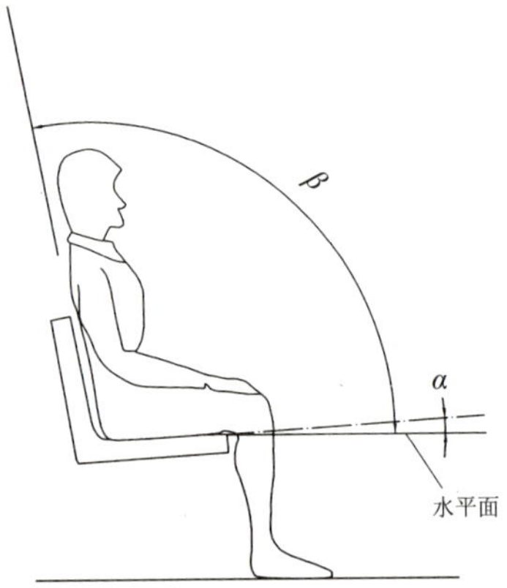

图4-3　座面倾角与靠背斜角数据参考示意图

四、座深

座深是指座面前沿至后沿的距离。实践表明，座深以略小于坐姿时大腿的水平长度为宜。深度过大，会使得小腿窝受压，使小腿产生麻木感，同时令腰背失去有效支持而产生疲劳感；座深过浅，大腿前部悬空，将重量全部压在小腿上，使小腿很快疲劳。即：

T_1（座深）=坐姿大腿水平长度－60mm（间隙）

国家标准GB/T 3326—2016规定座面深度T_1为340~460mm（靠背椅如图4-4所示）、400~480mm

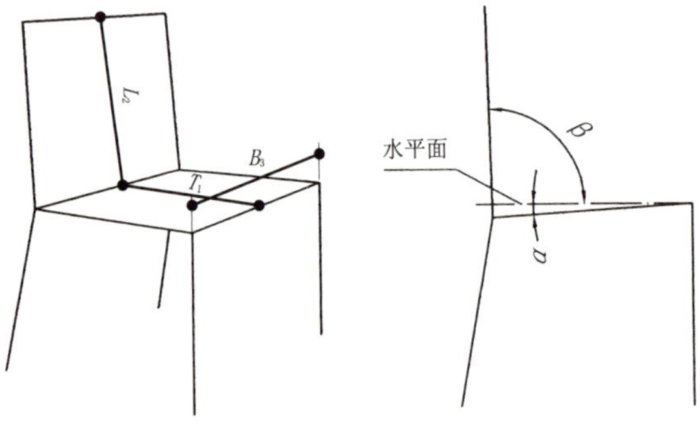

图4-4　靠背椅功能尺寸设计数据参考示意图

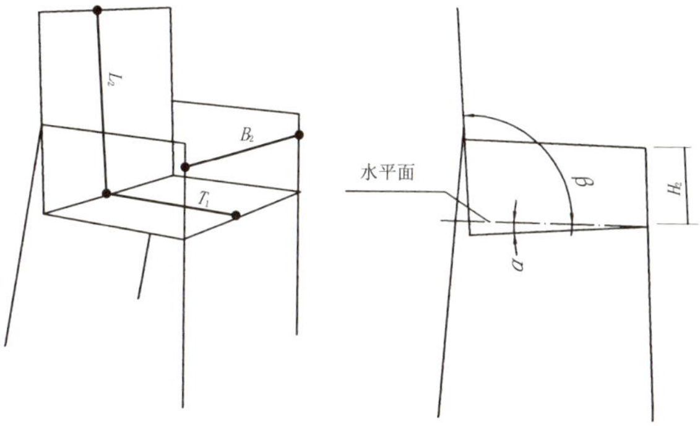

图4-5　扶手椅功能尺寸设计数据参考示意图

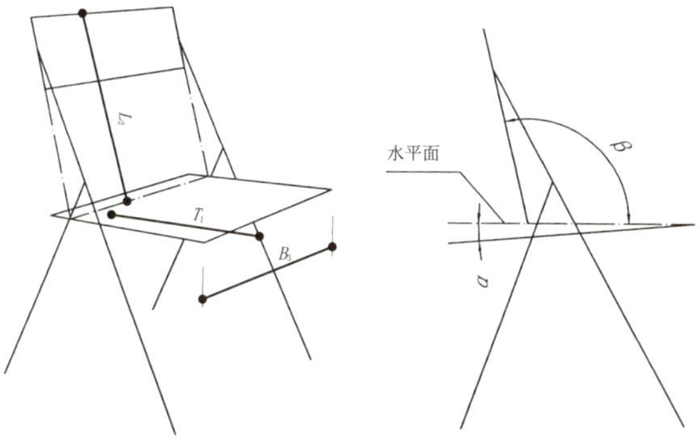

图4-6　折椅功能尺寸设计数据参考示意图

（扶手椅如图4-5所示）、340~440mm（折椅如图4-6所示）。沙发及其他休闲类坐具因靠背倾斜较大，故座面深度可以稍大一些，一般为480~560mm。

五、座宽

座面的宽度应能使臀部完全得到支撑并适当留有余地为宜，对于扶手椅而言，扶手内宽即座宽，一般以人的平均肩宽尺寸加上适当余量而定。即：

B_2（扶手前沿内宽）=人体肩宽＋冬衣厚度＋活动余量

国家标准GB/T3326—2016规定靠背椅座前沿宽度B_3≥400mm，折椅座前沿宽度B_3=340~420mm；扶手椅的扶手前沿内宽度B_2≥480mm。（图4-4至图4-6）

六、靠背长度

靠背的长度应根据座椅功能而定，一般是随着人体动态活动范围的减弱而逐渐加长，并与座面的高度、深度、倾斜度互相关联；若动态活动范围较大，也可不设靠背。静态工作和动态休息以获得相应的支撑且不妨碍工作和活动为宜，靠背高度最低可定在第一、二腰椎处，并可逐渐增加长度，最高可达到肩胛骨、颈部；而静态休息则可以要求靠背的长度能够支撑头部。总体而言，对于工作用椅，为了便于上肢前后左右活动，靠背以低于腰椎骨上沿为宜，对于休闲用椅，靠背应高至颈部或头部，以供人躺靠。设计实践表明，靠背的最佳支撑点以250mm左右为宜。

国家标准GB/T 3326—2016规定靠背长度L_2≥350mm。

七、扶手高度

扶手椅中的扶手是为了在使用过程中有助于上肢肌肉的休息，减轻两臂和臀部的疲劳。扶手的高度应与人体坐骨结节点到自然下垂时肘下端的垂直距离相近。扶手过高时，两肘不能自然下垂，若过低，则两肘不能自然落在扶手上。根据人体尺寸测量值，扶手上表面至座面的垂直距离H_2以200~250mm为宜。同时扶手前端还应略高一些，随着座面倾角与靠背斜角的变化，扶手倾斜度一般为±（10°~20°），而扶手在水平方向左右侧偏角±10°范围内为宜。

八、长方凳

凳类家具座面呈水平状，属于轻便简易型座具。国家标准GB/T 3326—2016规定长方凳座面宽度B_1≥320mm，座面深度T_1≥240mm。（图4-7）

九、方凳或圆凳

国家标准GB/T 3326—2016规定方凳或圆凳座面宽度B_1（或直径D_1）≥300mm。（图4-8）

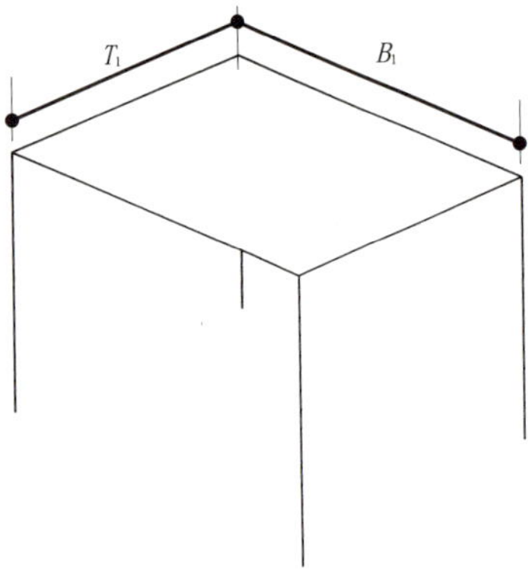

图4-7　长方凳功能尺寸设计数据参考示意图

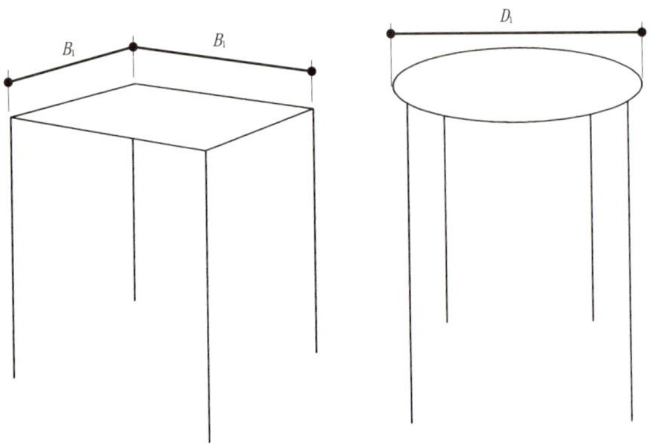

图4-8　方凳、圆凳功能尺寸设计数据参考示意图

第三节　桌类家具功能尺寸设计

对于从事桌面作业的人来说，桌类家具功能尺寸设计的是否合理，直接关系到使用者的舒适、健康及工作效率。不良的桌类家具功能尺寸设计会影响使用者的脊椎形态和增大椎间盘压力，导致常见的腰痛病，还会造成人体颈肩腕综合征，引起视觉疲劳，导致近视等。因此，设计出舒适健康的桌类家具，对于人们的日常生活和工作是十分重要的。

一、桌面高度

桌子的高度与人体动作时肌肉的形状及疲劳度有密切关系。经测试，过高的桌子容易造成脊柱的侧弯和眼睛近视，从而降低工作效率；桌面过低也会使脊柱弯曲扩大，造成驼背，腹部受压，妨碍呼吸和血液循环，背肌的紧张收缩，引起疲劳。因此，工作桌面的高度是影响使用者工作时身姿和效率的重要因素。

而正确的桌面高度也应该与座具的座面高度保持一定的尺度关系。

桌面高度=座面高度＋桌面与座面间的高差。

由此确定桌面高度尺寸为680~760mm，桌面与座面间的高差为250~320mm。由于桌子的定型化、批量化生产，桌高不可能适应每一个人，这时亦可以通过调节座具的座面高度来弥补。国家标准GB/T 3326—2016规定桌面高度为680~760mm。

二、桌面下净空尺寸

为了保证人体处于坐姿时下肢能在桌下自由活动，桌面下必须有一定的容膝空间，并使膝部有上下活动的余地。国家标准GB/T3326—2016规定桌的容膝空间净高度H_3≥580mm，宽度B_4≥520mm，如图4-9、图4-10所示。

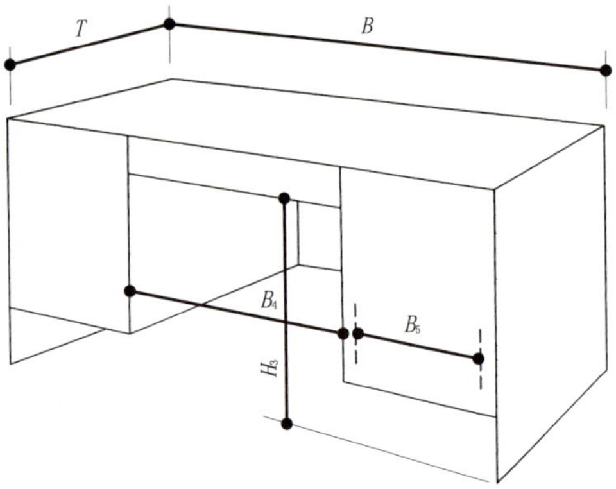

图4-9　双柜写字台功能尺寸设计数据参考示意图

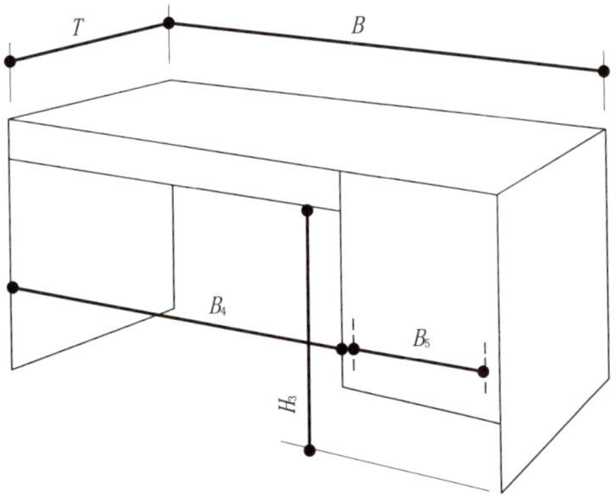

图4-10　单柜写字台功能尺寸设计数据参考示意图

三、柜体桌尺寸

常见的柜体桌有双柜体写字台和单柜体写字台，双柜体写字台与单柜体写字台的侧柜体可以是连体或组合式，多用于工作或学习中的书写等方面的作业。柜体桌的桌面宽度、深度尺寸应以人坐姿时可以达到的水平工作范围为参照以及桌面可能放置的物品的类型、尺寸为依据来确定。双柜体写字台通常桌面宽度、深度尺寸较大，最大时超出了人体坐姿时的可及范围，主要是考虑家具的整体尺度及桌面放置大量物品而设计的；而单柜体写字台的桌面尺寸较小，适用于小空间、简易的工作或学习。

国家标准GB/T 3326—2016规定双柜写字台的桌面宽度B为1200~2400mm，桌面深度T为600~1200mm，宽深比一般为2∶1；特殊场合中使用的大型办公台其桌面宽度B较大，甚至超出2400mm达到2800mm以上，但其桌面深度T的最大值应该≤1200mm，而不再遵循宽深比为2∶1的比例关系。单柜写字台的桌面宽度B为900~1500mm，桌面深度T为500~750mm。桌下柜体宽度B_5为≥230mm，设计中常用值为400~450mm。

四、长方桌尺寸

国家标准GB/T3326—2016规定长方桌的桌面设计尺寸，如图4-11所示，宽度B≥600mm，深度T≥400mm，桌面下容膝空间净空高H_3≥580mm。设计中常见的长方桌即为居室餐厅用的长方形餐桌，其桌面规格一般为（1250~1600）mm（宽）×（850~900）mm（深）。另外，会议桌等办公用长方桌的桌面尺寸可根据需要进行设计。

五、方桌、圆桌尺寸

国家标准GB/T3326—2016规定方桌的宽度或深度B、圆桌的直径D为≥600mm，桌面下容膝空间净空高H_3≥580mm（图4-12、图4-13）。设计中常见的圆桌即为居室餐厅用的圆形餐桌，其桌面直径D一般为1250~1450mm。

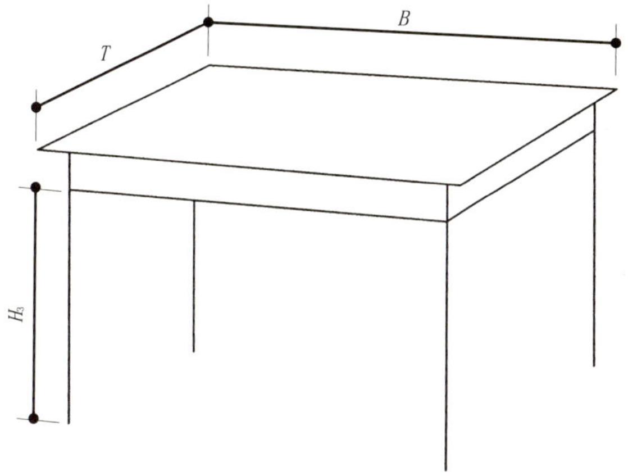

图4-11　长方桌功能尺寸设计数据参考示意图

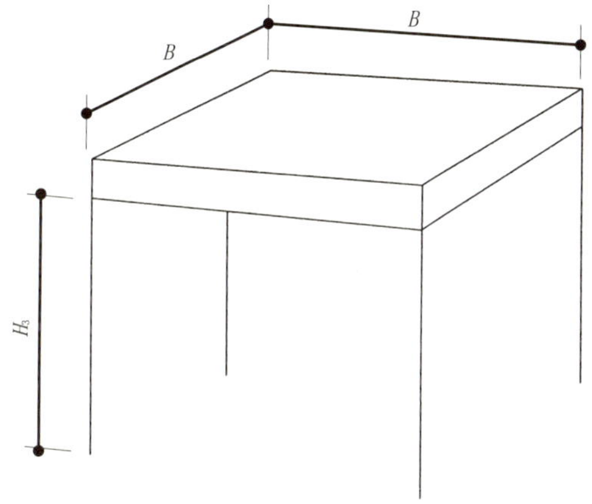

图4-12　方桌功能尺寸设计数据参考示意图

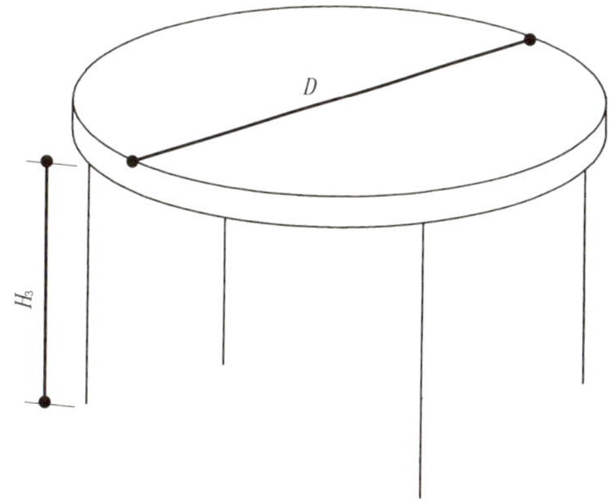

图4-13　圆桌功能尺寸设计数据参考示意图

六、梳妆台尺寸

国家标准GB/T3326—2016规定梳妆台的桌面高度H≤740mm，多在640~740mm；梳妆镜上沿不应过低，要求H_5≥1400mm；下沿不应过

高，要求H_4≤1000mm；容膝空间尺寸同写字台。（图4-14）

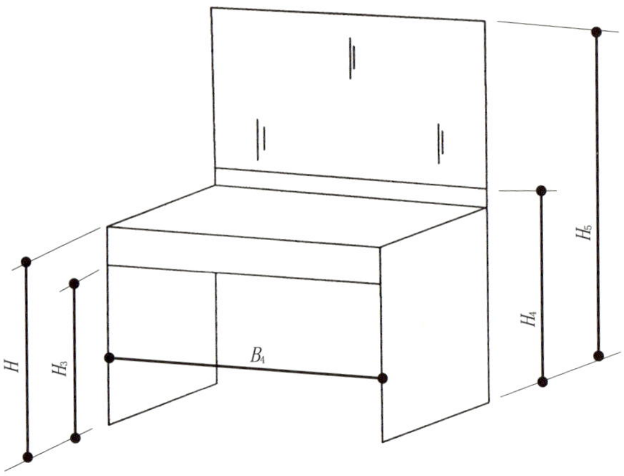

图4-14　梳妆台功能尺寸设计数据参考示意图

第四节　床类家具功能尺寸设计

床分为单层床和双层床，前者比较常见，有单人宽度和双人宽度两种，后者多见于集体宿舍等特殊场所，一般为单人宽度，也有双人宽度规格。床是供人们睡眠用的，是人一生中必不可少的家具之一，其长度和宽度尺寸是否合理直接影响人的健康状况。

一、床宽

一个人醒着时，躺下休息所需的宽度约为500mm，但酣睡时因有20~30次活动幅度大的翻身，再加上手脚的小幅度动作，身体一晚上要活动数十次，所以床无论是软还是硬，比较容易入睡并可使心理上感到安全的翻身宽度是肩宽的2.5~3倍。国家标准GB/T 3328—2016[5]规定床铺面宽度B_1如下：单层单人床铺面宽度为700~1200mm，单层双人床铺面宽度为1350~2000mm，而双层床铺面宽度为800~1520mm。如果是嵌垫式床，其床面宽度应在上面各档尺寸基础上增加20mm。（图4-15、图4-16）

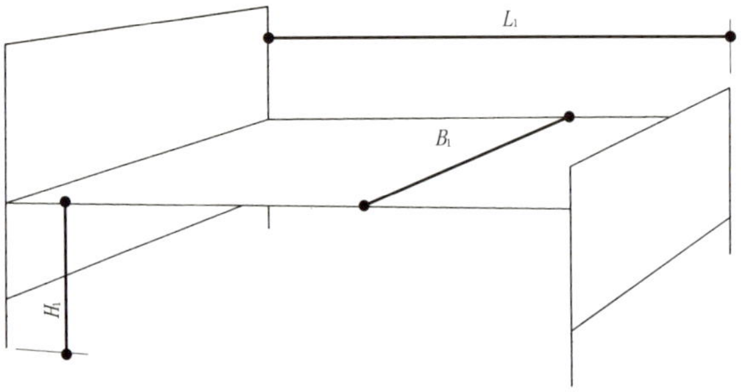

图4-15　单层床功能尺寸设计数据参考示意图

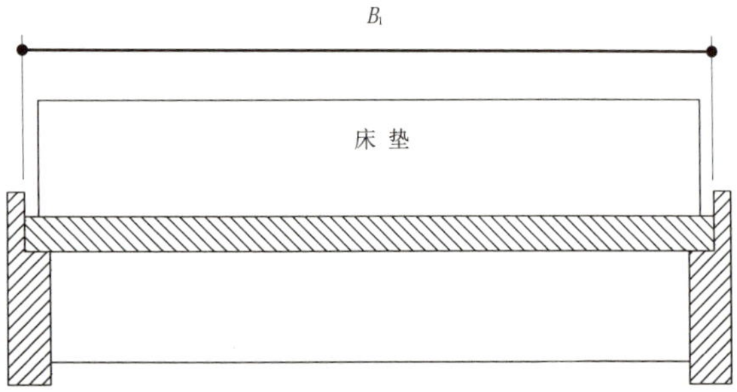

图4-16　嵌垫式床床面设计数据参考示意图

二、床长

床的长度是指两床头板内侧或床架内侧的距离。为了保证床能适应大部分人的身长需要，床的长度应以较高的人体作为标准进行设计。床的长度为人的身高加上身长的5%，再加上头部放枕头的余量和脚端折被余量共计150mm左右，即：

L_1=1.05H+150mm

国家标准GB/T3328—2016规定床的长度L_1如下：双屏床的铺面长L_1为1900~2220mm，单屏床的铺面长L_1为1900~2200mm。即双屏床铺面长度应比单屏床铺面长度大20mm。

三、床面高

床面高即床表面至地面的高度，床面高与座面高一致，使之具有坐卧功能，同时也要考虑就寝起床时穿衣、穿鞋等动作的方便。一般的居室卧室的床宜略低一点，以减少室内的拥挤感，增加开阔感；医院的床宜高一点，以方便病人使用，减少动作难度；宾馆的床也宜高一点，以方便服务员清扫和整理卧具。根据国家标准GB/T 3328—2016规定，单层床不放床褥时的高度H_1为400~450mm。另外，对于双层床其下层不放床褥时的床面高度H_2为400~450mm，上下层间净空高H_3，需放置床垫时H_3≥1150mm，不需放床垫时H_3≥980mm；安全栏板缺口长度L_2≤600mm；安全栏板高度H_4，需放置床垫时H_4≥300mm，不需放床垫时H_4≥200mm。（图4-17）

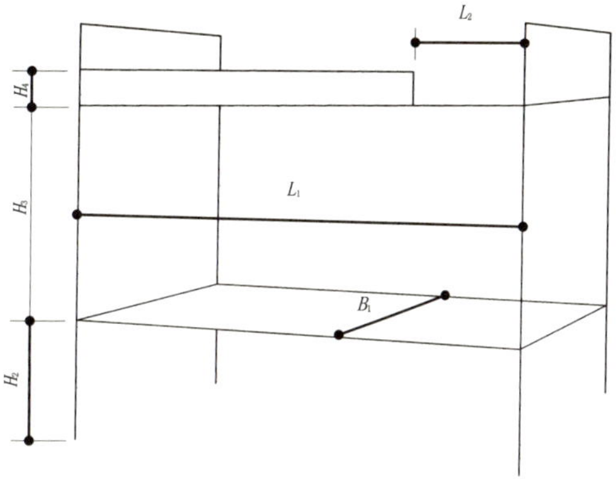

图4-17　双层床功能尺寸设计数据参考示意图

第五节　收纳类家具功能尺寸设计

收纳类家具是用来收藏、整理日常生活中的衣物、器物、书籍等物品的家具，并具有一定的展示功能。收纳类家具包括各式衣柜、床头柜、书柜、文件柜、陈列柜、音响柜、食品柜、餐具柜等。在此主要介绍与使用者身体尺寸关系较为密切的大衣柜、床头柜、书柜（架）、文件柜。

一、衣柜的功能尺寸

根据国家标准GB/T3327—2016[6]规定，衣柜的功能尺寸见图4-18。挂衣棒上沿至柜底板内表面高度H_1≥900mm（挂短衣）或1400mm（挂长衣）；衣柜深度分两种：当衣物挂放时T_1≥530mm，而当衣物折叠放置时T_1≥450mm，挂衣棒上沿至顶板内表面距离H_2为40~60mm。衣柜内若设计有抽屉，顶层抽屉上沿距地面距离H_4≤1250mm，底层抽屉下沿距地面距离H_3≥50mm，抽屉深T_2≥400mm，柜体宽度B≥500mm，如果在柜门上加装镜子，则镜子上沿距地面高度H_6应大于1700mm（图4-19）。

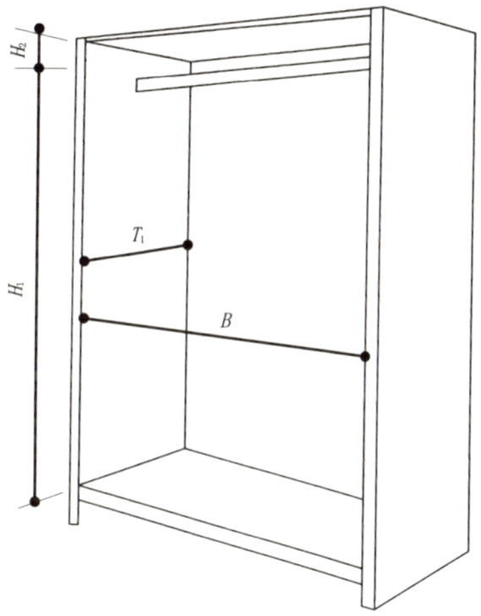

图4-18　衣柜功能尺寸设计数据参考示意图

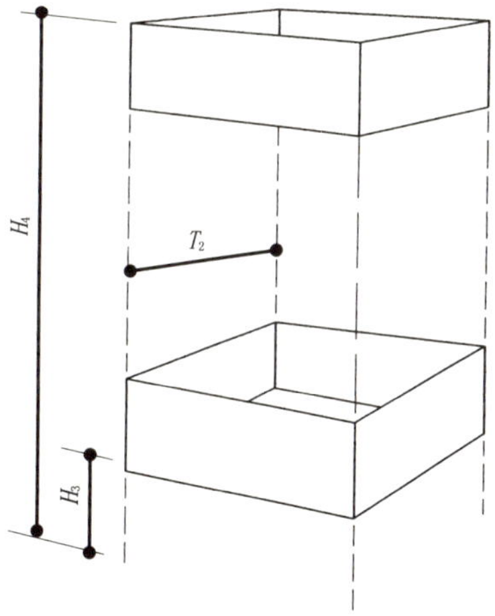

图4-19　抽屉功能尺寸设计数据参考示意图

二、床头柜的功能尺寸

国家标准GB/T 3327—2016规定床头柜的功能尺寸为：深度T为300~450mm，宽度B为400~600mm，高度H为450~760mm。

三、书柜的功能尺寸

国家标准GB/T3327—2016规定书柜的功能尺寸：宽度B为600~900mm；深度T为300~400mm；柜体外形高度H为1200~2200mm；搁板层间净高H_5≥250mm或≥310mm。（图4-20）

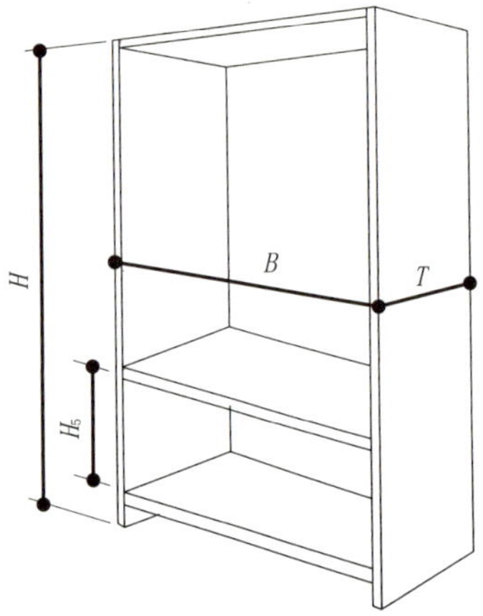

图4-20　书柜功能尺寸设计数据参考示意图

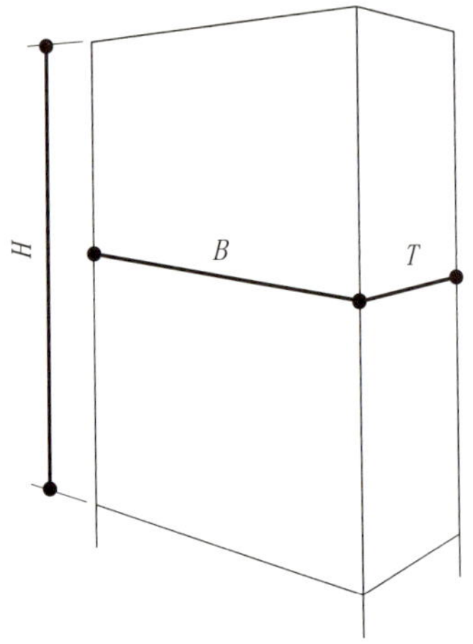

图4-21　文件柜功能尺寸设计数据参考示意图

四、文件柜的功能尺寸

国家标准GB/T 3327—2016规定文件柜的功能尺寸：宽度B为450~1050mm；深度T为400~450mm；柜体外形高度H为370~400mm或700~1200mm或1800~2200mm，搁板层间净高H_5为≥330mm。（图4-21）

本章思政与实践

1. 结合中国人的生理特征、行为习俗、审美标准等，讨论家具功能尺寸的设计原则。
2. 讨论比对家具功能尺寸与“鲁班尺吉数”之间的对应关系。
3. 理解座具类各功能尺寸，并进行练习。
4. 理解桌类各功能尺寸，并进行练习。
5. 理解床类各功能尺寸，并进行练习。
6. 理解柜类各功能尺寸，并进行练习。

参考文献

[1] 张福昌，张寒凝，陆剑雄. 人类工程学在家具设计上的应用［J］. 家具，2005，143（1）：23~29.
[2] 冯敏，尹航. 家具造型的比例研究［J］. 沈阳大学学报，2004，16（6）：107~110.
[3] 杨志敏，张亚池，张双保. 人机工效学在椅类设计中的应用［J］. 木材加工机械，2002，4：15~18.
[4] GB/T3326—2016. 家具——桌、椅、凳类主要尺寸［S］. 北京：中国标准出版社，2016.12.
[5] GB/T3328—2016. 家具——床类主要尺寸［S］. 北京：中国标准出版社，2016.12.
[6] GB/T3327—2016. 家具——柜类主要尺寸［S］. 北京：中国标准出版社，2016.12.

第五章

家具形态构成设计要素

家具的形态构成设计就是指把不同的形态要素，通过某种原则和方法合理地组合在一起，以构成家具良好外观形式的过程。家具的形态构成不同于绘画等纯艺术门类，它必须在不损害家具的使用功能与大众化审美功能的同时，受到材料、结构以及工业化大批量生产过程中的工艺、设备、管理等方面的制约。因此，在进行家具形态构成设计时，应结合家具的使用功能和审美功能，充分理解点、线、面、体、色彩、肌理六大形态构成要素的特性，运用形式美构图法则进行综合构思，最终完成家具形态的整体设计。其中，色彩与肌理的特性见“第八章家具CMF设计”中的相关内容。

第一节　形态要素概述

物体形态包含了“形”和“态”两方面的内容。“形”是指物体的形状或形体，有固态液态、二维三维等多种分类方法，针对造型，有圆形、方形、锥体、立方体等，或者单体、复合体等；“态”是指蕴涵在物体“形”内的“神态”，也指造型语义。综合而言，形态就是指物体的“外形”与“神态”的结合。“形”是固有的、物理的、客观的、自然的，“态”是联想的、心理的、主观的、社会的[1]。

一、形态的分类

现实世界中的形态是包罗万象的，从宇宙天体到分子、原子，同时也是处于无穷无尽的变化与发展过程中的，也正是这种变化和发展为形态的设计构成提供了无穷无尽的素材。

形态是设计师的设计理念及其设计作品所具有的实用功能与审美价值的具体物化体现。形态在纵向层次上包括材料层、形式层和意蕴层。

①材料层是产品形态设计的物质基础，通过视觉和触觉进入人的意识领域。一切产品都必须由一定的材料完成，而材料的物理属性又制约着产品形态的功能及审美属性。如大理石材料制作的家具较之木质家具更坚固，给人的心理感受更稳重，同时也显得有些冷漠。

②形式层是针对意蕴层而言的，专指形态的外在呈现形式，也就是人们的视觉和触觉感知到的物象。它包括外观形式和内在形式。外观形式是产品的外部结构，由于它不直接接受功能限制，因此有相对较大的独立性和审美价值；内在形式则由产品的内部结构组成，更多地服从于产品的效用功能，在很大程度上决定了产品效用功能的发挥。

③意蕴层深藏于形态内，是整个形态内容的核心层，也是造型设计的终结点。它以材料层与形式层为基础，是内在的、精神的、主观的、社会的，不是靠视觉、触觉去感知，而是通过人的联想。它是人在长期的社会文化发展进程中产生并积淀的对事物感知到

的相对稳定的、社会性的意义和特殊的观念[2]。

根据形态的成因，可从多个方面把形态分类，见表5-1。

表 5-1 形态分类示意表

按形态与知觉关系	现实形态	
	理念形态	
	纯粹形态	
	平面形态	
按形态的空间形式	立体形态	三维形态
		四维形态
按形态的来源	自然形态	
	人为形态	模拟的自然形态
		概括的自然形态
		抽象形态
按形态的构成方式	构筑形态	
	塑造形态	构筑形态
		塑造形态

①现实形态：直接作用于人们视觉和触觉的实际存在的形态。

②理念形态：在现实形态的基础上抽象提炼出来的形态。如点、线、面等。

③纯粹形态：是理念形态的粗略体现，其近似于理念形态但又不能完全表达理念形态的内涵。

④平面形态：二维空间中作平面延伸的形态。

⑤立体形态：三维空间中作平面或曲面延伸的形态以及处于时空维度中的四维形态。

⑥自然形态：自然界中客观存在的各种形态，包括生物的和非生物的以及自然现象。

⑦人为形态：人类利用一定的材料，通过各种加工工具（机械）制造出来的形态，主要来自于对自然形态的照实模仿或受自然形态的启发概括而成。所有的工业产品都属于人为形态，都是为了满足人们的特定需要而创造出来的形态。如IT产品、家用电器产品、设备、家具等。

二、形态的构成

通过对自然形态的分解、变化、抽象、组合、提炼、升华等创造性处理方式可以形成许多新的人为形态，也是设计时对形态处理的基本方法，概括起来主要有以下三个方面的处理方法[3]。

①感性构成：建立在设计者主观感觉的基础上，依靠对感性知识的经验积累而进行的一种从意到形的构成方式。它不受社会、工艺、经济等因素的束缚，能最大限度发挥设计者的形象想象力和形态创造力，但它受到设计者的审美爱好、艺术修养、观察自然的敏锐程度、鉴赏能力和理解能力以及学习能力等方面因素的限制。

②理性构成：是在综合考虑功能、结构、材料、工艺等方面要求的基础上，探索符合时代审美要求和风格特征的创造性活动。包括在感性构成基础上考虑社会性、时代性、经济性的再构成，也包括从功能出发的构成，从内部结构出发的构成，以及从材料或工艺出发的构成等。

③模仿构成：是以自然形态为构成的基本要素，并进行必要的抽象、提炼、升华，使形态既脱离了纯自然形，又保留了其形态意蕴、实质的构成方式。这种构成一般分为对生物形态原形研究、对生物模型进行抽象化处理、通过物质化手段对抽象化模型进行具体应用三个阶段。

总之，形态及其构成就是围绕点、线、面、体、质感与肌理及色彩等形态构成设计要素所进行的千变万化的组合。

第二节 点

点是基本的形态要素之一，也是造型设计中的重要内容，其出现往往会起到画龙点睛的作用，会特别引人注目。可见，点虽小，却具有很强的美学表现力。

一、点的概念与形状

点有概念上的点和实际存在的点之分。概念上的点，也即几何学中的点，只有位置，没有大小和形状，存在于意识之中；实际存在的点，亦即设计中的点，是相对存在、只有空间位置的视觉单位，没有上、下、左、右的连接性与方向性，其大小不能超过作为视觉单位“点”的限度，即设计中的点是由感觉产生的，其大小具有相对性。另外，点的形状没有严格的限制，可以为圆形、三角形、菱形、星形、正方形、长方形、椭圆形、半圆形、半球形、几何线形、不规则形等。

二、点的视觉效果

根据点的概念，点的视觉效果概括如下。（图5-1）

①聚集性：聚集性是点的基本特性。任何一个点都可以成为视觉的中心，令人产生紧张感。因此，点在画面中具有张力作用，在心理上有一种扩张感。（图5-1中a~d）

②线性效果：同一平面上两个或两个以上的大小相等的点排列时，具有点之间成线的联想，且点之间的距离越近，被暗示的、视觉感知到的线越粗。（图5-1中e、f）

③相对性：造型中的点是把设计元素在设计观念和手法上排除掉固定大小和界限后的存在。点在同一空间中所处的位置不同，所产生的视觉效果也是不同的，会产生错视（图5-1中g~m）；同样大小的点由于所处的位置不同，会产生视觉上的大小差异，图5-1中就会感受到g点比h点小，而i点比j点大，k点比l点小，r中上面的点比下面的小；点是相对存在的，由其所处的空间环境所决定——设计元素大了即成面，小了即为点，图5-1中g具有点的特征，h中相同的点由于局限在一个更小的圆形内就有面的感觉，n与o两图之间的关系也是如此。

④如果平面上两个点大小不等，会诱导人们的视线由大点向小点移动，从而产生强烈的运动感。（图5-1中o）

⑤多点排列：若相同大小的点不在一条直线上时，往往可以产生面的视觉效果（图5-1中p、q）；不同大小的点排列在一条直线上，数量为奇数时，能形成视觉停歇点，在心理上产生稳定感，但点不宜太多，否则不易捕捉到视觉停歇点（图5-1中s）。

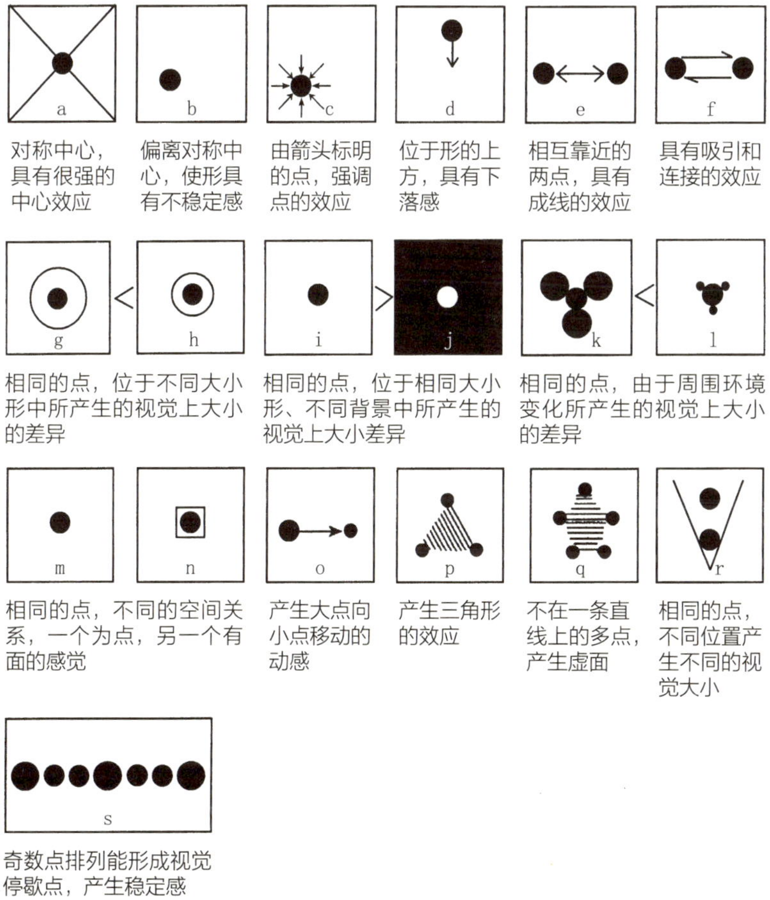

图5-1　点表现出的各种造型语义[4, 5]

三、点在家具设计中的应用

在家具设计中，点较少用作产品的主体设计元素，一般作为局部的功能性应用或装饰性应用，功能性与装饰性在家具设计中有时是相互统一的[6]。点的功能性应用常见于门与抽屉上的拉手、锁孔，家具的脚轮、脚垫，零部件之间的五金连接件或木质家具的结构细节，座面与靠背上的透气孔等。特别是拉手在家具中既是必不可少的功能构件，又是能在整体上起着画龙点睛作用的设计要素，是古今中外家具中不可缺少的一个组成部分。另外在家具装饰中，现代家具多通过精心设计来达到点缀装饰效果，或通过精心选择，利用材质天然的节子、斑点、纹理等自然形态所具有的点的特征，形成自然、随和、亲近的点缀装饰效果；而传统家具则通过小面积的雕刻及镶嵌装饰取得较好的点缀装饰效果。

纵观整个家具的历史，中国明式家具是应用点最成功的典范，除偶尔在局部使用很小的精致浮雕或镂雕图案装饰外，最具特色的是其铜质拉手和合页所起到的点缀装饰（图5-2）。而在现代风格、后现代风格的家具设计中，点不仅局限于功能性、装饰性的附加的、二维的设计元素，更是三维的、主体的（图5-3）。点在家具中的应用应考虑以下三个方面的因素。

①点的大小配列应有节奏感，即大点与小点之间应间隔配置，一般按同等大小或大—小—大—小的关系配置；

②点的距离应排列得当，应处理好点的疏密和聚散关系；

③在点的配列关系上，既要有集中的点，又要有分散的单点、双点或多点。

图5-2　点在中国传统家具中以功能性为主的应用

图5-3　现代家具中以点为主体设计元素的产品/设计：乔治·尼尔森（George Nelson）

第三节　线

线也是构成可视形象的基本要素之一，是一切形体的基本构成单位，也是造型中的重要构成要素。

一、线的概念与分类

在几何学的定义中，线是点移动的轨迹，具有长度、方向和位置，而没有宽度和厚度，也是一个抽象的空间概念。而作为造型要素的线，在造型实践中，在平面上它具有宽度，在空间上也具有粗细，也是相对存在的，存在于造型观念和手法中。在造型中，通常把长与宽之比悬殊者称为线，即线在人们的视觉中，有一定的基本比例，超越了这个范围就不视其为线而应为面了。另外，一连串的虚点亦可构成消极的虚线。若从形态上对线进行分类，见表5-2。

表 5-2　线型分类示意表

直线	水平线	
	垂直线	
	倾斜线	
曲线	几何曲线	螺旋线
		圆锥曲线（圆、椭圆、抛物线、双曲线）
		渐开线
		摆线
		弧线
	自由曲线	有规律曲线
		无规律曲线
		手绘曲线

二、线的视觉效果

在造型设计中，线比点具有较强的感情特征，主要表现在其长度、流畅性、方向三个方面。下面进行具体的阐述。

1. 直线

直线具有简单、严谨、坚硬、明快、正直、刚毅的造型意蕴特性。分类如下。

①水平线：具有安详、静止、稳定、永久、松弛等视觉效果。

②垂直线：具有严肃、庄重、硬直、高尚、雄伟、单纯等视觉效果。

③斜直线：具有不稳定、运动、飞跃、向上、前冲、倾倒等视觉效果。

2. 曲线

曲线具有温和、柔软、圆润、流动、优雅、轻松、愉快、弹力、运动等造型意蕴特性，多用于表现某种幽雅、丰满、运动的美感。分类如下。

①几何曲线：指具有某种特定规律的曲线。给人以柔软、圆润、活泼、丰满、明快、高尚、理智、流畅、对称、含蓄的视觉效果。

②自由曲线：指不依照一定的规律自由绘制的曲线。具有自然伸展、圆润、弹性、柔软流畅、奔放丰富的视觉效果。

3. 线的错觉

①长度相等的横线和竖线，在感觉上竖线比横线长一些。这种横短竖长的感觉还与其相对位置有关。如图5-4中，由a到c，竖线的长度感逐渐增强。

②附加物对线段长度感觉的影响。如图5-5所示，在a中，$x=y$，由于附加物占据空间产生视错觉，但感觉$x>y$；在b中，$A=B=C$，但感觉$A>B>C$。

③一条斜向直线，被两条平行线断开为两部分，会产生这两部分不在一条直线上的错觉。如图5-6所示，在a中，两条平行线与直线的交角越小，错视感越强烈；在b中，平行线之间的距离越大，错视感越强烈。

三、线在家具设计中的应用

线在家具设计中的应用十分广泛，主要指金属管或线材、木质方材或圆材、木板条、藤竹以及家具表面的装饰线、分缝线，织物软包的装饰图案线等[7]。线不仅常见于支撑架类家具，也可见于家具平面或立面的板式构件部位上，既有实体形的线状功能性构件，也有装饰线或分割线。在线型的应用上，既有开阔舒展的水平线、庄重挺拔的垂直线、活泼善变的斜线、轻盈优雅而富有变化的曲线等单品类线形的应用，也有直线与曲线组合的复合型应用。因此，不同的线形选用，可以赋予家具产品多样化的外观与内涵。（图5-7）

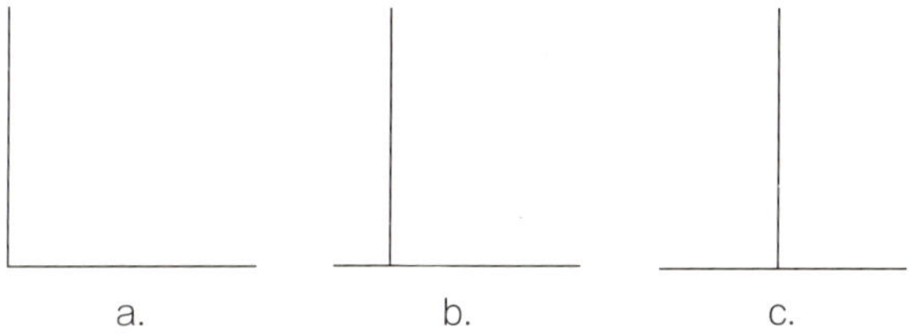

图5-4 横竖线因位置不同在视觉上表现出的长度错觉

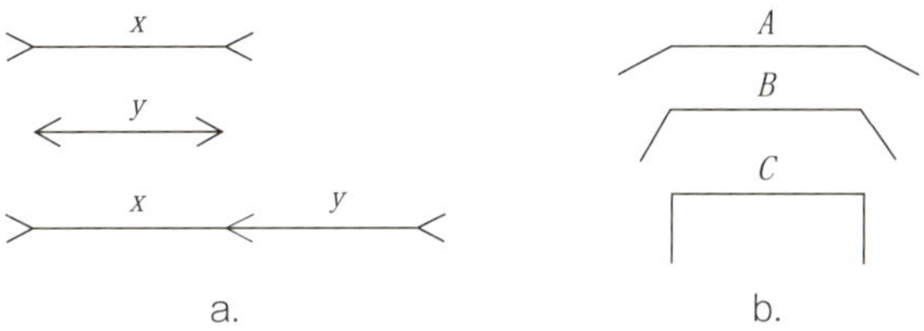

图5-5 线段因附加物的不同在视觉上表现出的长度错觉

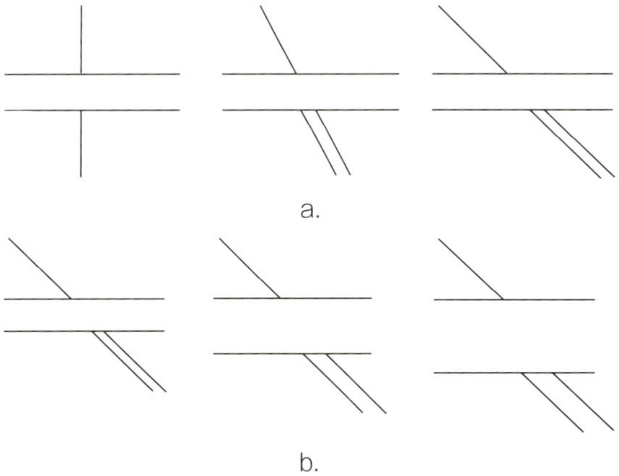

图5-6 一条斜线被两条平行线断开因位置关系不同产生的视错觉

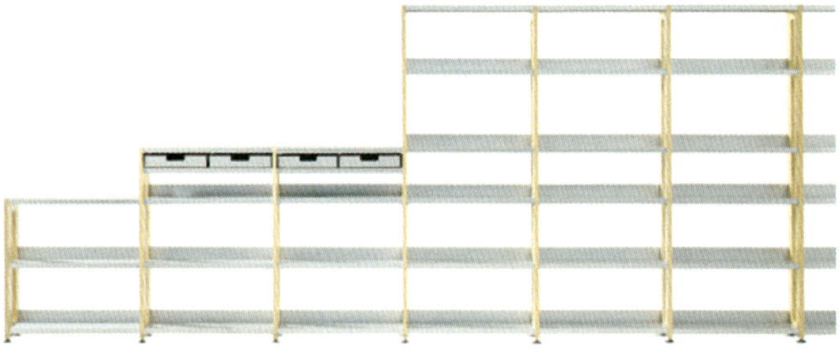

a. 架/水平线应用

b. 架/垂直线应用

c. 椅/斜线应用

d. 椅/自由曲线应用/设计：亨利·伯托亚

e. 玫瑰椅/以线为主的明式家具

图5-7　线在家具设计中的应用

第四节　面（形）

面体现了充实、厚重、稳定的视觉效果，是造型活动最重要的基本构成要素之一。

一、面（形）的概念与分类

在几何学中，面的概念是指线以某种规律运动后的轨迹，不同的线以不同的规律运动，如平移、回转、波动而形成平面、回转面、曲面等既无厚度、又无界限的不同的面。而在造型学中，面不仅有厚度，而且还有大小；由轮廓线包围且比“点”感觉更大，比“线”感觉更宽的形象称为“面”。由此可见，点、线、面之间没有绝对的界线，点扩大即为面，线加宽也可成为面，线旋转、移动、摆动等均可成为面。造型设计中的面可分为平面和曲面两类，所有的面在造型中均表现为不同的“形”。形的分类见表5-3。

表 5-3　面在造型中表现的形的分类

几何形	直线形	正方形
		长方形
		梯形
		三角形
		菱形
		平行四边形
		其他正多边形
	曲线形	圆形
		椭圆形
	曲直线组合形	
非几何形	有机形	
	不规则形	

二、面（形）的视觉效果

形的特征是由构成形的主要轮廓线的特征所决定的，不同的线组合而成的具有各种特色的形赋予产品不同的外观特色。

1. 几何形

几何形是由直线或曲线构成或两者组合构成的图形。直线所构成的几何形具有明朗、秩序、端正、简洁、醒目、信号感强等视觉特征，往往也具有呆板、单调之感；曲线所构成的几何形具有柔软、理性与秩序感等视觉特征。

①正方形：具有稳健大方、明确、严肃、单纯、安定、庄重、静止、规矩、朴实、端正、整齐的视觉效果。

②矩形：水平方向的矩形稳定、规矩、庄重；垂直方向的矩形挺拔、崇高、庄严。

③三角形：正三角形具有扎实、稳定、坚定、锐利之感；倒三角形具有不稳定、运动之感。

④梯形：正梯形具有生动、含蓄的稳定感；倒梯形具有上大下小的轻巧的运动感。

⑤菱形：具有大方、明确、活跃、轻盈之感。

⑥正多边形：具有生动、明确、安定、规矩、稳定之感。

⑦圆形：具有圆润、饱满、肯定、统一之感，但缺少变化、显得呆板。

⑧椭圆：有长短轴的对比变化，更具有安详、明快、圆润、柔和、单纯、亲切之感。

2. 非几何形

非几何形可产生幽雅、柔和、亲切、温暖的视觉感受，能充分突出使用者的个性特征。

①有机形：具有活泼、奔放的视觉感受，但也会引起散漫、无序、繁杂的视觉效果。

②不规则形：具有朴实、自然之感。

3. 形的错觉

①明度影响面积的大小感：同样大小的形，明度高，则显得大。（图5-8）

②附加线影响面积的大小感：同样大小的形，附加线越少则量显得越小。（图5-9）

③方向或位置影响面积的大小感，如图5-10中b显得比a大。

④形状影响面积的大小感，如图5-11中三角形面积最大，圆面积最小。

三、面（形）在家具设计中的应用

面（形）在家具设计中的应用均以几何形或非

图5-8　明度对面积的影响

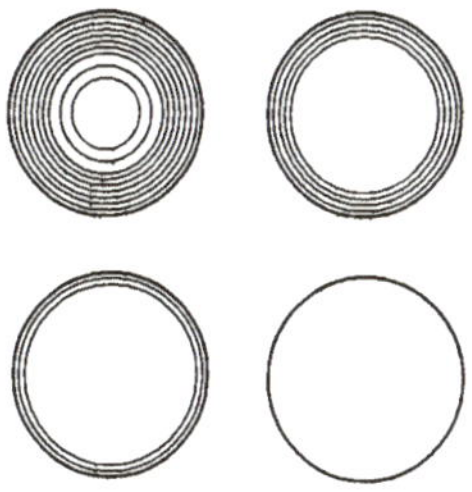

图5-9　附加线对面积的影响

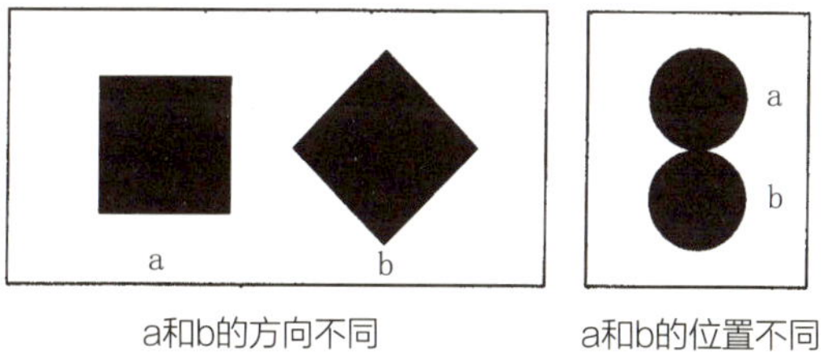

图5-10　方向或位置对面积的影响

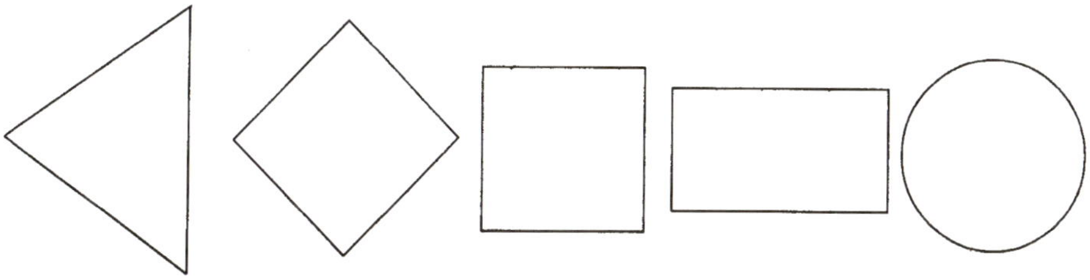

图5-11　方向或位置对面积的影响

a. 办公家具/水平面+垂直面

b. 凳/曲面构成

c. 椅/线+面

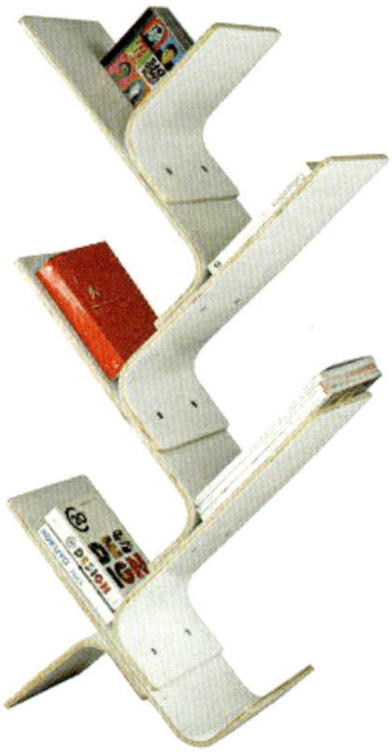

d. 书刊架/斜面构成

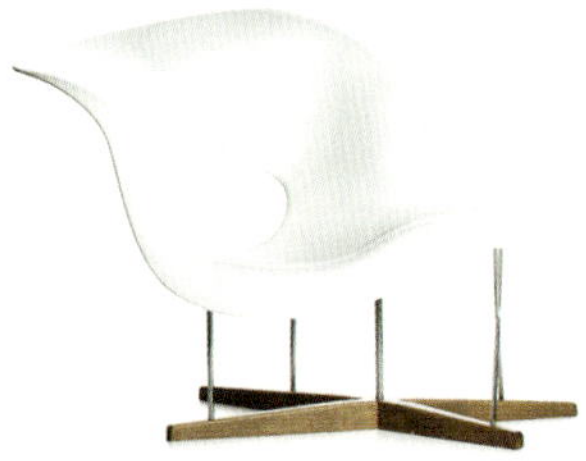

e. 休闲椅/线+曲面/设计：伊姆斯

f. 椅/曲面+平面/设计：皮埃尔·波林

图5-12　现代家具设计中面（形）作为设计元素的应用

几何形的形式出现，分四个方面：一是以板面或其他板状实体的形式出现；二是由条块（或线状）零件排列构成；三是由形面包围构成；四是由线面混合构成。另外，在家具设计中，还常见不同类别的面与各类线型的组合应用。（图5-12）

下一节中介绍的体是面在三维空间的延伸，起占据空间的作用，无论什么样的体，都可以分解为简单的基本几何形体，即基本几何形体是形态构成的基本单元。

第五节　体

体不同于点线面，它不仅是抽象的几何概念，也是现实生活中真实客观的存在，需要占据一定的三维空间。而无论多复杂的体，都可以被分解为简单的基本几何形体，如立方体、锥体等，即基本几何形体是形态设计构成的基本单元。

一、体的概念与分类

在几何学中，体是指通过面的移动、堆积、旋转而构成的三维空间内的抽象概念。而造型设计中的体，有实体与虚体之分：实体可以理解为面具有了一个厚度、空间而被某种材质填充、有一定体量的实形体；虚体则是相对实体而言，它是指通过点、线、面的合围而形成一定独立空间的虚形体。

体可分为几何体和非几何体两大类：几何体有正方体、锥体、柱体、球体等；非几何体是指一切自由构成的不规则形体。其中长方体按其三维尺度的比例关系不同又可分为块状体、线状体和板状体。这三种形式的长方体通过自身的叠加或递减可以相互转换[8]（图5-13）。

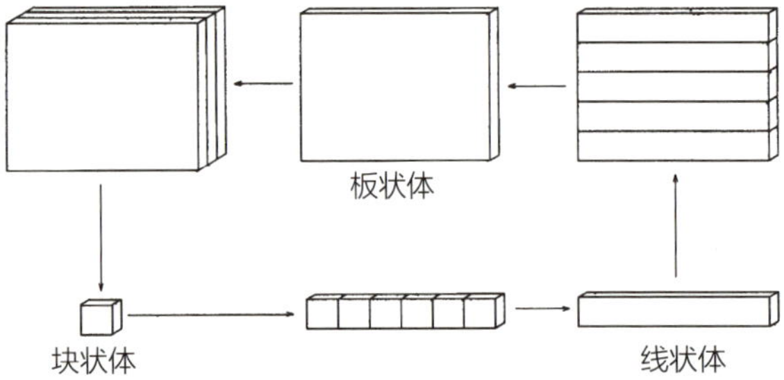

图5-13　长方体中块状体、线状体、板状体的转换

二、体的视觉效果

体的视觉效果除了与其轮廓线的形态特征有关

外，还与其体量有关联。

①细高的体量：具有纤柔、轻盈、崇高、向上的视觉感受。

②水平的体量：具有平衡、舒展的视觉感受。

③矮小的体量：具有沉稳、小巧、轻盈的视觉感受。

④厚实的体量：具有敦厚、结实的视觉感受。

⑤高大的体量：具有雄伟、庄重的视觉感受，也使人产生压抑感。

⑥虚体：具有开放、方便、轻巧的视觉感受。

三、体在家具设计中的应用

在现代家具设计中，几乎所有的几何形体均得到广泛应用，特别是长方体。体在家具设计中常常以组合造型的方式出现，其组合方式主要有六种，见表5-4[3: 42]。

除了表5-4中所述的形体的组合构成之外，还有切割构成、扭变构成等形式。而在家具设计中，除体与体之间的构成应用之外，还常见于体与面或体与线的组合应用。图5-14为体在家具设计中的应用实例。

表 5-4　家具设计中形体的主要组合方式

关系	示例	简述	关系	示例	简述
并列	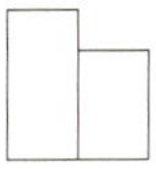	仅形体相互间表面接触组合，没有互为依存的进一步关系	嵌入	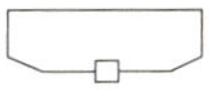	一个形体的一部分嵌入另一个的形体内部，具有交叉组合的性质
堆叠	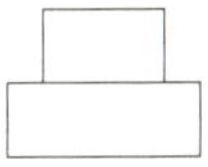	一个形体垂直方向置于另一个形体之上，具有承受的性质	覆盖	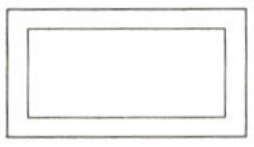	一个形体围束在另一个形体的外层，具有约束的性质
附加		一个从属形体悬挂于另一个形体之上，具有主从依附的性质	贯穿	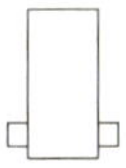	一个形体从另一个形体内部穿过，具有穿透的性质

a. 柜/实体构成/设计：约瑟夫·维默尔　b. 柜/虚体构成　c. 餐边柜/实体+虚体/设计：檀颂家具

d. 衣架/线+体/设计：U⁺家具　e. 柜/实体+虚体/设计：U⁺家具　f. 博古架/线+面+体

图5-14　体在家具设计中的应用

本章思政与实践

1. 分析讨论点和线在中国明清家具中的应用形式和艺术效果。
2. 完成点在家具设计中的应用草图6例。
3. 完成线在家具设计中的应用草图练习，其中：水平线2例、垂直线2例、斜线2例、几何曲线4例、自由曲线3例、直线+几何曲线2例、直线+自由曲线2例。
4. 完成面在家具设计中的应用草图练习，其中：水平面2例、竖直面2例、斜面+水平面2例、几何形4例、有机形2例、不规则形2例、线+水平面或垂直面4例、线+几何形或非几何形6例。
5. 理解体的类型及相互间的转换关系与组合方式。
6. 完成体在家具设计中的应用草图练习，其中：实体构成4例、虚体构成4例、实体+虚体6例、面+体4 例、线+体5例、点+体4例、线+面+体2例。

参考文献

[1] 刘国余，沈杰. 产品基础形态设计［M］. 北京：中国轻工业出版社，2001，5：1~2.
[2] 唐开军. 家具装饰图案与风格［M］. 北京：中国建筑工业出版社，2009，5：27~29.
[3] 薛澄岐，裴文开等. 工业设计基础（第三版）［M］. 南京：东南大学出版社，2018，11：32~33.
[4] marina Bucataru. Stiluri Siornamente-Lamobilier［M］. Universitatea Din Brasov. 1988.
[5] 杨正. 工业产品造型设计［M］. 武汉：武汉大学出版社，2003，9：294~298.
[6] 申明倩. "点"在家具设计中的应用初探［J］. 家具与室内装饰，2012（10）：24~25.
[7] 初俏宜. 点、线、面的情感特征及其在家具设计中的应用［J］. 中国包装工业，2014（06）：43.
[8] 唐开军. 家具设计技术［M］. 武汉：湖北科学技术出版社，2000，1：22~23.

第六章

家具产品的形式美法则

一件家具产品的物质功能、设计理念、内涵及价值都是通过一定的形式（Form）来达到并加以表现的。家具实体存在的形式可分为三种：功能形式（Functional form）；结构形式（Structural form）；美学形式（Aesthetic form）。结构形式与美学形式的存在是为使产品实现功能；其中结构形式是承载前后两者的重点设计内容，它应遵循特定的科学技术原理，与良好的材料、工艺性能一致，在达到功能要求的基础上，力求简洁，便于生产，降低消耗，同时应遵循一定的形式美法则，使产品达到美的形式。在此，形式美与美的形式既有区别，又相互关联。其区别在于：形式美是许多美的形式的综合反映，是各种美的形式所具有的共同特征，既是一种规律，也是指导人们创造美的形式的法则。而美的形式是具有具体内容的，是某个产品实际存在的、各种形式美因素的具体组合。形式美体现的内容是间接的、朦胧的；而美的形式体现的内容是直接的、肯定的、实际存在的。它们之间的联系在于：形式美是对大量事物进行美的形式总结后而得到的，如果没有大量的、客观存在的美的形式，就不可能总结出形式美的规律。由此可见，形式美法则是人们在长期生活实践中，特别是在造型设计实践中通过对大自然美的规律进行概括和提炼，形成一定的审美标准后，又反过来用于指导人们的造型实践活动[1]。

对于家具设计师，工作内容是针对家具产品形式美的设计。产品的形式美不应是消费者简单的审美愉悦，而是要通过自己的工作使工业产品更加符合使用者的生理与心理需求，达到特定的美的形式。而对于使用者，在消费过程中，形式先于内容（功能与结构）作用于视觉并直接引起心理感受，若缺乏基本的形式设计要求，既影响产品功能的表达，也不能使人产生美感。

研究产品造型设计形式美的法则，是为了提高设计师对美的创造能力和对形式变化的敏感度，以便创造出更多美观的产品。由于产品的形式受到功能、材料、结构、设备等具体因素的制约，因而在应用形式美法则时，应遵循不违背材料的特性和结构要求，不影响使用功能的发挥，不违背工艺和设备可行性的原则。下面就从五个方面来进行阐述与分析。

第一节　统一与变化

统一与变化是各种艺术与设计创作的最普遍规律。对于家具设计，任何产品的形式美都必须有赖于设计师的巧妙构思，把繁杂的多样（即变化）转化为最高度的统一。

统一与变化是客观的、辩证的存在。现代科学的探索与发展，更深刻地表明整个繁杂的世界都是一个物质的、和谐的有机整体。统一是结果、是目标，也是静态的、相对的、稳定的，变化是过程、是方法，是动态的、绝对的。在人类生活的空间与时间内，一切事物都在遵循一定的变化规律，不断达到不同层次的统一。宏观世界，宇宙间各种物质都是按照万有引力的规律，互相吸引并沿一定的轨道、以一定的速度有规律地运行着，消亡与诞生不断重复，新的稳定不断产生。微观世界，构成物质基本单位原子的内部结构也是条理分明、井然有序的。日常的自然界中，变化被相对静态化了，因而我们看到的物象总是枝节的、片面的、局部的，生存的本能促使我们去统一、整体的探索问题，以期在意识里对物象有一个静态、稳定的掌握，甚至可以随着人的要求而变化。而自然界中物象统一、和谐的本质属性，反映在人的大脑中，就会形成美的感知，这种感官愉悦无疑会支配着人的一切创造活动，其中也包括家具设计。任何一个好的设计，它的各部分之间应该是既有区别又有其内在联系，都力求把变化和统一完美地结合起来，即统一中有变化，变化中有统一，所以在我们日常生活中一切物象欲成其美，在于其是否具有统一性，或者是经过了人的主观控制进行变化后的统一，因而一种美的造型必须具有统一性，这是美的根本原理的作用。如在新石器时代就已出现的“太极”式图案，太极阴阳、八卦内在的形式也十分明确地体现了“统一与变化”原理[2]。（图6-1）

在造型设计中，“统一和变化”是一对矛盾体。统一的要求在于设计方案的简洁、整体把握、易于辨识，而变化的要求是设计细节的丰富、多样。良好的处理“统一和变化”，需要设计过程中理性思维和感性思维的复合运用，以及对“度”的熟练把握，他是很重要的形式美构图法则，是产品设计中处理局部与整体之间的统一、协调、生动、活泼等方面形式特征的重要手段。一般在设计中，应坚持以统一为主，变化为辅，在统一中求变化，变化中有统一的设计原则，以便在最终设计方案中，既能保持整体形态的一致性，又可有适度的变化。否则只有统一而没有变化，易于形成死板、单调感，而且统一的美感也不能持久。变化是刺激的源泉，但必须用某种规律加以限制，否则强调多变，则无主题，视觉效果杂乱无章，陷于认知抵制，所以变化必须在统一中产生[3]。统一与变化在家具形式构图中的应用很广泛，现分述如下。

一、统一

统一是指性质相像或类似的东西并置在一起，造成一种一致的或具有一致趋势的感觉，是有秩序的表现。就家具设计而言，由于功能的要求及材料结构的不同导致了部件形体的多样性，如果不加入有规律的统一化处理，就会常常造成家具没有整体的形态。因此，家具设计的一个重要手段，是有意识地使多种多样的不同范畴的功能、结构和构成的诸要素有机地形成一个完整的整体，这就是通常所称的家具造型设计的统一性。在家具造型设计中，统一主要表现在以下几个方面[4]。

1. 协调

①风格特征的协调：通过某种特定的零部件或造型装饰元素，使各家具间产生某种联系。（图6-2）

②线的协调：家具整体造型中以直线或以曲线为主。（图6-3）

③形的协调：构成家具的各零部件外形相似或相同。（图6-4）

④装饰线和木纹线与形的协调：部件装饰线和

图6-1　太极图案中表现出变化与统一的理念

图6-2　整体家具风格特征的协调性/设计：平仄家具

木纹线与形的长度方向应一致。（图6-5）

⑤色彩的协调色：色相与明度应相近、和谐相配。

2. 主从

①位置的主从：任何一件家具均可分为主要部位和从属部位，即使是组合家具中也可分出主体和从属体。其划分一般以使用功能的主从和审美功能的主从为原则，且两种划分方式所形成的结果也不一定完全一致。如椅子的功能主体是座面，设计主体则是靠背；写字台的功能主体是台面的水平面，设计主体则是正、侧立面；柜的功能主体是内部空间，设计主体则是正立面。因此，在设计时应从不同产品相应的审美主体部位入手，力求主从分明，以便达到视觉效果和使用功能上的集中、紧凑，从而取得整体统一的效果[5]。（图6-6）

②体量的主从：如果将两个同样大小的长方体放在一起，其中一个立放、另一个倒放，那么较高的立放的长方体即具有支配另一个的视觉感知作用。在设计时，用低部位来陪衬高部位要比用高部位来陪衬低部位容易收效，同时也有助于加强高体量，取得主从的统一感。（图6-7）

3. 呼应

家具中的呼应关系主要体现在构件和细部装饰上的呼应。在必要和可能的条件下，可运用相同或相似的构件配置各个不同的局部或形体，使之出现重复，以取得它们之间的呼应。在细部的装饰上，也可采用相似的线型、细部装饰等处理手法，以求得整体的联系与呼应。（图6-8）

二、变化

变化是指把性质存在差异的东西并置在一起，造成比较后产生对重点与规律的把握。在进行家具的形式构图时，除了统一性之外，还必须要有多样性，即变化。变化是家具形式构图中贯穿一切的重要法则，其在家具形式构图中的具体应用主要体现在对比与韵律两个方面。

图6-3　家具整体设计中线的协调性

图6-4　家具整体设计中形的协调性

图6-5　家具设计中装饰线、木纹线与形的协调性

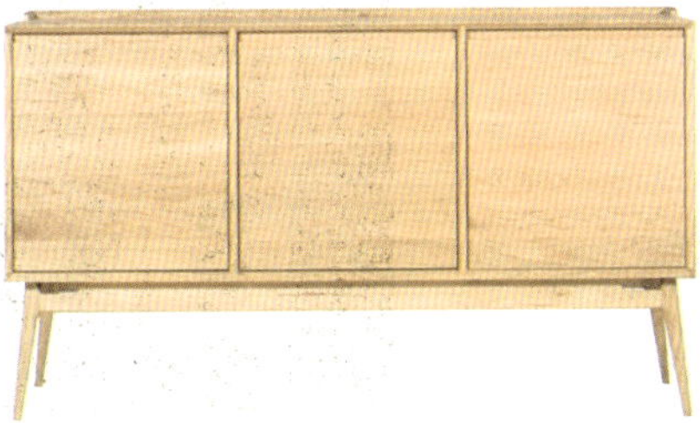

图6-6　家具设计中根据位置主从关系对正面重点处理

图6-7　家具设计中根据体量主从关系的安置方式

图6-8　家具设计中床头、床尾的呼应关系处理/设计：名鼎檀

1. 对比

①线与线、线与形、形与形的对比。在家具形式构图设计中，所用的点、线、面、体常具有不同的形态语义。由于工艺、材料等造型因素的作用，直线、平面和长方体是传统家具造型中最常用的基本形态元素。而现代家具，特别是后现代风格家具中，弧线、曲线、圆等在形态中也常常可见，进而对比的应用更加多样。所以线与线的对比主要表现为曲与直、粗与细、长与短、虚与实的对比等；线与形的对比则表现为曲线与直线的对比，或圆形与方形的组合，以取得形体上的形态对比；形与形的对比则表现为大与小、方与圆、宽与窄等形状的对比。（图6-9、图6-10）

②体量的对比。家具形态设计中，对具有明确分界线的各部件的体积分量进行大与小、轻与重、稳重与轻巧的对比，可使外形变化更丰富，以便突出主要部分的量感，也可使小的部分显得更为细致、精巧，从而形成造型的主次关系。（图6-10a）

③虚实的对比。虚实的对比在家具形态设计中主要表现为凸与凹、实与空、疏与密、粗与细、空间的开敞与半开敞及封闭等关系的对比。虚是指家具产品透明或空透的部位所形成的通透、轻巧感；

a. 座椅/直线与曲线的对比/设计：菲利普·斯塔克（Philippe Stark）

b. 置物架/形与形的大小对比

c. 座椅/线与形的对比/设计：乔治·尼尔森（George Nelson）

图6-9　家具设计中根据线、形对比关系的设计处理

a. 厅柜/体量的对比

b. 厅柜/虚实的对比

c. 藤沙发/材质的对比

d. 桌、凳/大小的对比

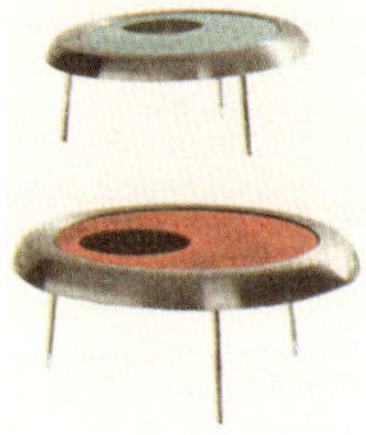

e. 咖啡桌/色彩的对比

f. 书架/方向的对比

图6-10　对比在家具设计中的应用

a. 透空后背架格/连续的韵律

b. 孔雀椅/渐变的韵律/设计：汉斯 · J. 韦格纳

c. 罗汉床/起伏的韵律

图6-11　韵律关系在家具设计中的应用

实是指产品的实体部位所形成的厚实、沉重和封闭感。在设计中，实的部位大多为重点表现的主体，虚的部位起衬托作用。通过虚实形成对比，能使产品的形体表现得更为丰富。(图6-10b)

④方向的对比。家具设计中方向的对比主要表现为水平与垂直、端正与倾斜、高与低等。其中水平与垂直方向的对比用得比较多。(图6-10f)

⑤材质的对比。家具设计中材质的对比主要表现为粗糙与细腻、坚硬与柔软、有纹理与无纹理、有光泽与无光泽、天然与人造等。材质的对比一般不会改变产品的形态，但可以加强产品的感染力，丰富人的心理感受。(图6-10c)

⑥大小的对比。家具设计中利用不同部位形面大小的差异形成对比。常采用较小的形体来衬托一个较大的形体，以便突出重点。(图6-10d)

⑦色彩对比。家具设计中不同的色彩、明度、纯度之间可以形成对比，由此形成整体或局部的冷暖、明暗、进退、扩张与收缩等对比。(图6-10e)

2. 韵律

韵律是一种周期性的律动作用于形体形成的有组织的变化或有规律的重复，且可以被人的知觉器官所感知。在家具设计中，韵律是获得节奏统一的重要设计方法之一，常见的韵律形式主要有连续的韵律、渐变的韵律、起伏的韵律、交错的韵律四种形式。

①连续的韵律。指在造型中由一种或几种造型要素按某种规律连续重复的排列产生的韵律。这种韵律主要是通过其组成部分的重复或它们之间的距离重复而取得的。(图6-11a)

②渐变的韵律。指造型要素按照一定节奏作有规律的逐渐增加或减少时所产生的韵律。它呈现一种阶段性的、调和的秩序。渐变是多方面的，有大小的渐变、间隔的渐变、方向的渐变、位置的渐变、形象的渐变、色彩的渐变、明暗的渐变等。(图6-11b)

③起伏的韵律。指造型中各组成部分作有规律的增加或减少而产生的韵律。它和渐变韵律的区别在于，渐变韵律只是增加或减少其中之一进行，而起伏的韵律则增减同时存在，因而呈波浪起伏状；另外，渐变的韵律无论在增加或减少方面都是缓渐进行的，而起伏的韵律的增减则可大可小，因而起伏明显。(图6-11c)

④交错的韵律。指造型中按照一定的规律进行交错组合而产生的韵律。其特点是造型要素间的对比度大，十分醒目。

第二节　比例与尺度

对于家具设计造型而言，必须要有合适的比例和合理的尺度，这既是其功能的要求，也是形式美最基本、最重要的原则之一。

一、比例

造型设计中的比例是人们在长期的生活实践中所创造的一种审美度量关系，是一种以数比来表现现代生活和技术美学的基本理论。

（1）家具的比例

所有的造型艺术都存在比例的问题，家具造型也是如此。家具的比例是指家具整体或局部构件外形的长、宽、高之间的比例关系及家具与其所处的室内空间之间的比例关系。按比例法则进行的家具外观形式设计，能使家具具有良好的比例，给人以美的感受。

（2）家具比例的形成因素

①功能因素。不同类型的家具有不同的比例关系，同类家具中由于使用对象的不同亦有不同的比例。这种尺度间的关系是千万年来人们在生活和劳动过程中逐渐形成的认知习惯，并转化为自然的美的比例。

②科技水平的变化因素。由于科学技术的不断发展进步，使制作家具所用的材料、结构、设备与工艺条件不断得到改进，随之也会影响到家具的形体比例的变化。

③时代因素。比例是具有时代性的，随着时代的不断发展，人类的审美观也在发生变化，也会产生新的比例关系认知。

④民族习性方面的因素。不同地区不同民族的生活环境和习惯也造成了家具的不同比例。如日本人使用的榻榻米、中国北方的炕桌保留了古代席地而坐的习惯，在形式上比较低矮，具有十分特殊的比例。

⑤政教思想方面的因素。在人类社会发展的历史上，由于某时期社会思想和宗教意识的影响，当时的家具工艺师为了把这些思想意识融于家具形体中，有意地采用了艺术夸张的手法，扩大或缩小家具某些零部件的相对比例和尺寸。如哥特式高靠背椅、皇帝的御座等都是存在特殊比例的，以便渲染某种宗教气氛或至高无上的权威。

⑥人为因素。由于某一特定时期的君王或其他重要人物的喜好变化，或出于某种目的的需要，采用了一些特定的比例，并为大众所采纳，形成某种风格。如路易十四式、路易十五式、安妮女王式、齐宾代尔式风格家具等。

（3）比例法则

通过人们在长期的劳动过程中观察，发现有些数比关系具有良好的视觉认知效果，并经过进一步的探索与应用，逐渐形成了一些良好比例的数学法则。这些法则也被设计师刻意运用于家具造型设计。就几何体而言，某些具有肯定外形的几何形，如果应用得当，可以产生良好的比例。这里的肯定外形即指周边的比例和位置不能改变，只能按比例缩放，否则就会失去其拓扑特征。如正方形、等边三角形等，这些形状在家具造型设计中得到了广泛的应用。对于较常见的长方形，不同的边长比例仍不失长方形本质的形体特征，所以没有肯定的外形，但人们在长期的实践中已摸索出了若干具有美的比例的长方形，如黄金比矩形、$\sqrt{2}$矩形、$\sqrt{3}$矩形、$\sqrt{4}$矩形、$\sqrt{5}$矩形等。另外，还有等比矩形、等差矩形、整数倍矩形及模数法则等。

①黄金分割比例与黄金矩形。黄金分割比例是指任一长度L的直线段AB分成长短两段，使其分割后的长线段AC与原直线段长度之比等于分割后的短线段BC与长线段AC之比，且其比值为一固定值1.618或0.618（图6-12）。则有：

$$x/L=(L-x)/x$$

$$x^2+Lx-L^2=0$$

$$x=0.618L$$

将直线段分割成黄金比的方法很多，实际工作中常采用几何作图法，如图6-13所示，作直线DB与被分割直线AB垂直相交于B点，取BD之长为$AB/2$，构成一个边比为1∶2的直角三角形ABD。以D点为圆心，DB为半径画圆弧交斜边AD于E点。再以A点为圆心，AE为半径画圆弧交于AB于C点，则$BC:AC=AC:AB=0.618$。此两线段之比即构成黄金比分割关系。

用具有黄金分割比例关系的两组线段构成的矩形称为黄金比矩形。求取黄金比矩形一般可以在正方形的基础上进行作图。如图6-14所示，a为正方形外接法作图，作一正方形$ABCD$，取AB中点E并连接EC，以点E为圆心，EC为半径画圆弧交AB延长线于F，过F作AF的垂直线与DC的延长线相交于G，则

AFGD即为黄金比矩形。b为内接法作图。作正方形ABCD，取CD中点E并连接EB，以点E为圆心，EC为半径画圆弧相交于EB于F，再以B为圆心，BF为半径画圆弧交AB于G，过G作水平线GH，则CHGB即为黄金比矩形。

②根号比例分割与根号矩形。根号比例又称平方根比例，其特点是宽与长之比分别为$1/\sqrt{2}$ 、$1/\sqrt{3}$、$1/\sqrt{5}$等一系列比例形式所构成的系数比例关系。其作图方法常用的有外接法和内接法，如图6-15所示。

在上述正方形外接作图法中，正方形的对角线就是$\sqrt{2}$长方形的长边，$\sqrt{2}$长方形的对角线就是$\sqrt{3}$长方形的边长，以此类推可以作出很多平方根长方形。而在正方形内作图法中$1:1/\sqrt{2}$仍为1 : 1.414，$1:1/\sqrt{3}$仍为1 : 1.732，所以是长边为1的平方根长方形，以正方形的边长为半径作圆弧，作为对角线与圆弧相交，过交点所作的水平线所构成的长方形即为$\sqrt{2}$长方形，过$\sqrt{2}$长方形对角线与圆弧的交点作水平线所构成的长方形即为$\sqrt{3}$长方形。以此类推，可作出其他平方根长方形。若从平方根矩形的一角向另外两角的连线（对角线）连续地作垂直线可以将平方根矩形等分。$\sqrt{2}$矩形可以等分为二等份或三等份，$\sqrt{3}$矩形可以等分为四等份或五等份，其余类推。（图6-16）

③整数比例。整数比例是以正方形为基本单元而组成的不同的矩形比例。按正方形的毗连组合就自然形成一种外形比例为1 : 2，1 : 3，…，1 : n的长方形。整数比例是平方根比例中的特例，如$1:2=1:\sqrt{4}$，$1:3=1:\sqrt{9}$。这种比例具有明快、规整的特点，适应于现代大工业化生产的要求，也是现代产品造型设计中使用较广泛的比例形式。但是，在造型设计中，大于1 : 3的比例一般应谨慎采用，因为这种比例关系易产生不稳定感。

④等差数列比例。等差数列比例就是设M为一公差值，即相邻的后一个数与前一个数的差值，若将这组数的长度按图6-17的方式进行排列，可以得到一个等差数列比例。如1，3，5，7，…，其公差为2；1，5，9，13，17，…，其公差为4。在一组形体中，其长边长度与短边长度之差值均为M，那么这组矩形就称为等差矩形，其公差值为M。

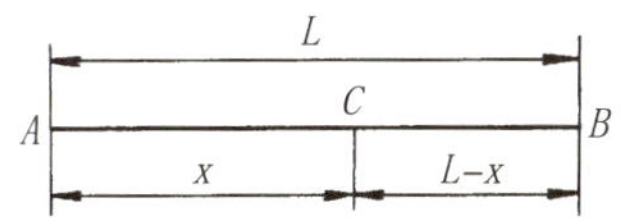

图6-12　线段的黄金分割示意图

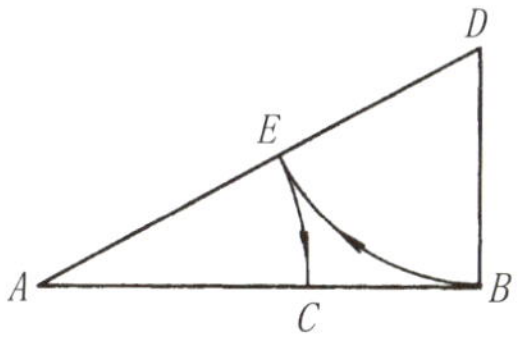

图6-13　线段的黄金分割做法示意图

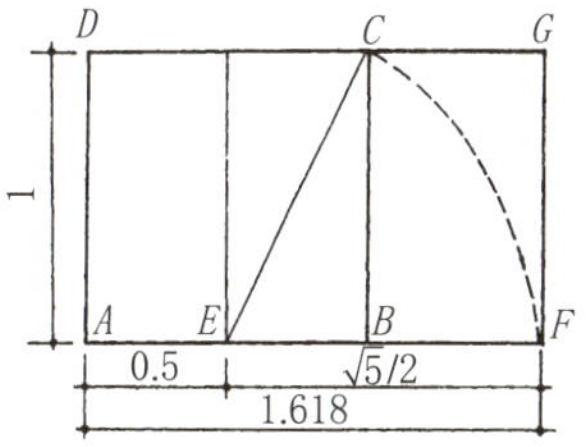

a. 黄金矩形外接作图法

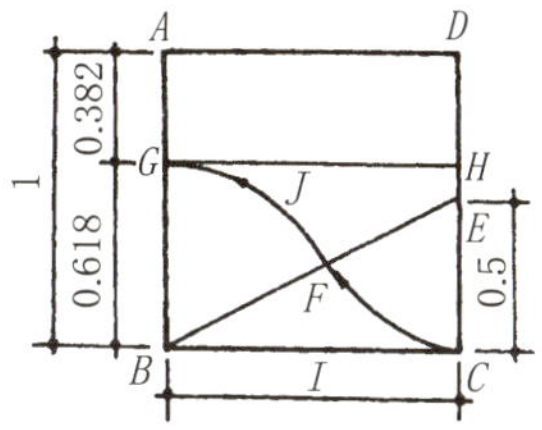

b. 黄金矩形内接作图法

图6-14　黄金比矩作图法

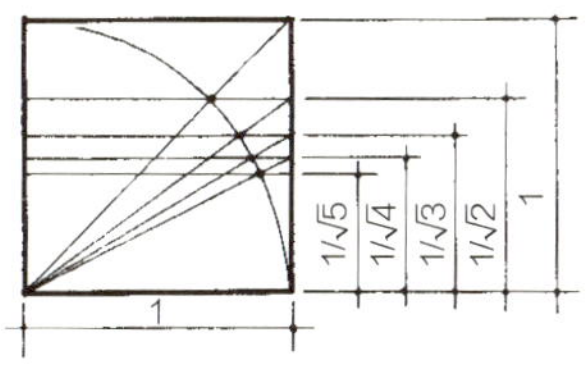

a. 根号矩形内接作图法

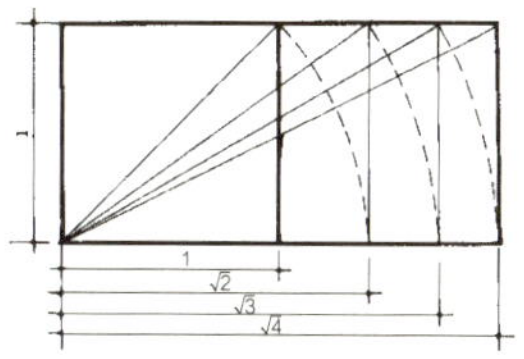

b. 根号矩形外接作图法

图6-15　根号矩形作图法

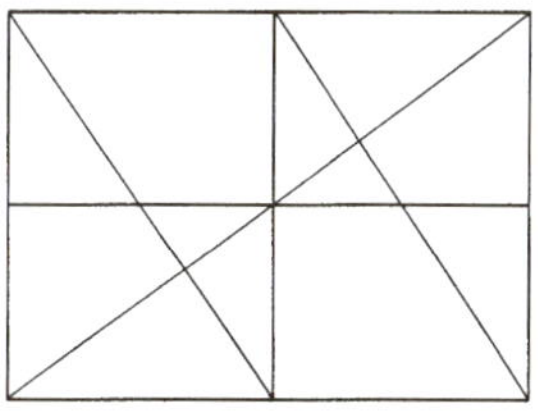

a. $\sqrt{2}$矩形二等分分割作图法

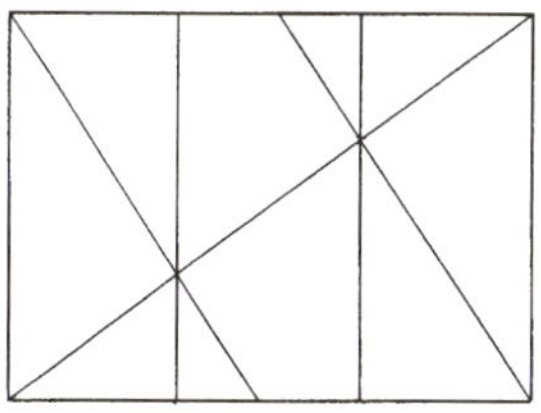

b. $\sqrt{2}$矩形三等分分割作图法

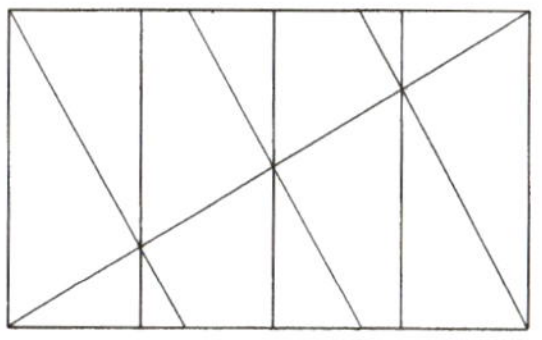

c. $\sqrt{3}$矩形四等分分割作图法

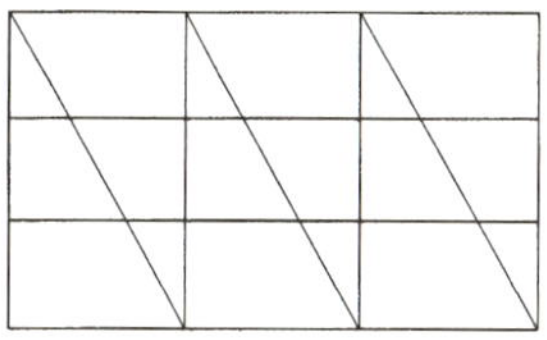

d. $\sqrt{3}$矩形三等分分割作图法

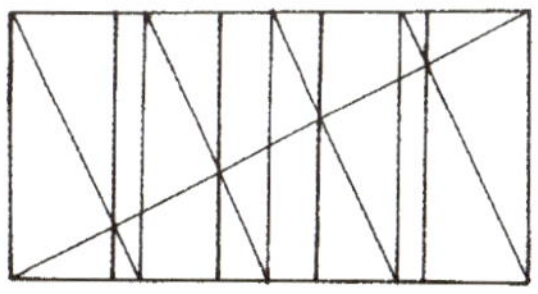

e. $\sqrt{4}$矩形五等分分割作图法

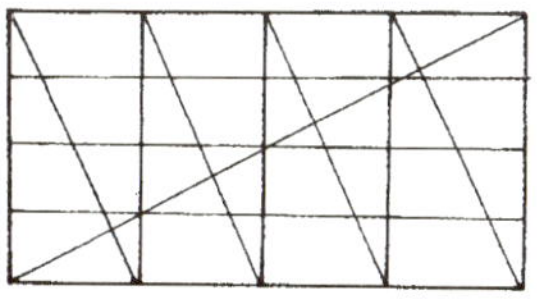

f. $\sqrt{4}$矩形四等分分割作图法

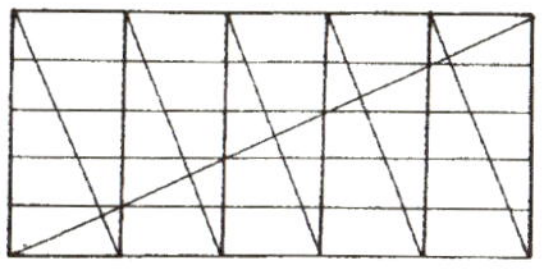

g. $\sqrt{5}$矩形五等分分割作图法

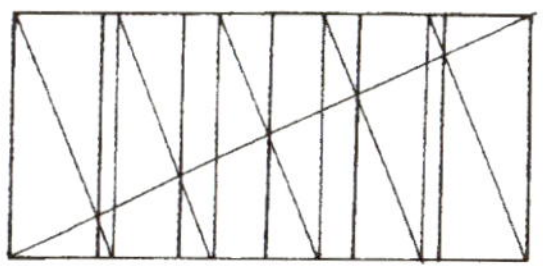

h. $\sqrt{5}$矩形六等分分割作图法

图6-16　根号矩形等分分割作图法

⑤等比数列比例。等比数列比例即假设计首项为1，以N为公比依次乘下去，可得等比数列，即某项与前一项之比的比值为n；若将这组数的长度按图6-18的方式进行排列，可以得到一个等比数列比例。如1，$1 \times N$，$N \times N$，$N \times N \times N$，…；当$N=2$时，则构成的数列为：1，2，4，8，16，32，…。在一组形体中，其长边长度与短边长度之比值均为n或n的整数倍，那么这组矩形就称为等比矩形，其公比值为N。

⑥相加级数比例。相加级数比例是指由中间值比例所得的比例序列，由相加级数构成边比关系的矩形称为相加级数比矩形。相加级数比例的基本特点是前两项之和等于其相邻的后一项（如1，2，3，5，8，13，21）。相邻两项之比为1：1.618的近似值，比例数值越大，相邻两项之比就越接近于黄金比1：1.618（如2：3=1：1.500，3：5=1：1.67，5：8=1：1.600，…）。

二、尺度与尺度感

家具设计中的尺度是以人体尺寸作为度量标准而对产品设计尺寸进行的衡量，用以表示设计对象体量的大小及同其自身用途相适应的程度。每件产品整体结构的纯几何形状是产生不了尺度的。如埃及的金字塔为一个四棱锥体，但可以按比例缩小到制图模型。如果要体现设计对象的尺寸大小特征，就要把某个比较单位引到设计对象中来，这个引入单位的作用，就好像一个可见的尺子，用它来度量产品。如果这个单位看起来比较小，则产品形体就显得比较大；若这个单位看起来比较大，则产品形体就显得小。由于产品均具有服务于人的具体功能，所以当我们看到一件产品时，就会本能地认定它与人体有一个恰当的尺寸关系。这样一来，人体就变成设计对象的度量单位。对于家具而言，尺度是指在进行家具造型设计时，根据人体尺度和使用要求所形成的特定的尺寸范围，家具的比例只有通过尺度才能得到具体的体现。同时家具的尺寸还包含了家具整体与局部、局部与局部、家具贮存空间与贮存物品、外形规格与室内空间环境及其他陈设相衬托时所具有的一种大小印象，这种不同的大小印象给人以不同的感觉，即尺度感。为了获得良好的尺度感，除了从功能要求出发确定合理的尺寸外，还要从审美要求出发，调整家具在特定环境中相应的尺度，以获得家具与人、与物以及与室内环境的协调。

三、比例法则的应用

前面所述的各种比例法则是从不同的角度来阐述家具造型比例美的某些客观标准，单一的比例法则多见于理论研究，如勒·柯布西耶（Le Corbusier，1887—1965年）用黄金比分割的各种矩形（图6-19）。而在实际设计过程中应根据使用功能的需要，有意识、有选择的加以应用，不能为了外形的美观而拼凑尺寸和比例，从而失去使用价值。这就要求设计者根据具体情况选用新的合适比例。因此，比例与尺度的表现既有主观的作用，也有客观的标准，设

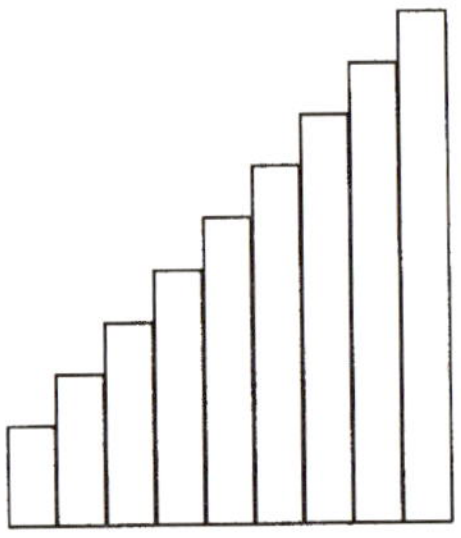

图6-17　等差递增示意图

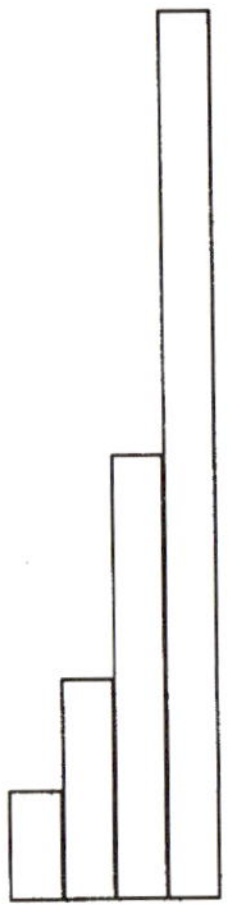

图6-18　等比递增示意图

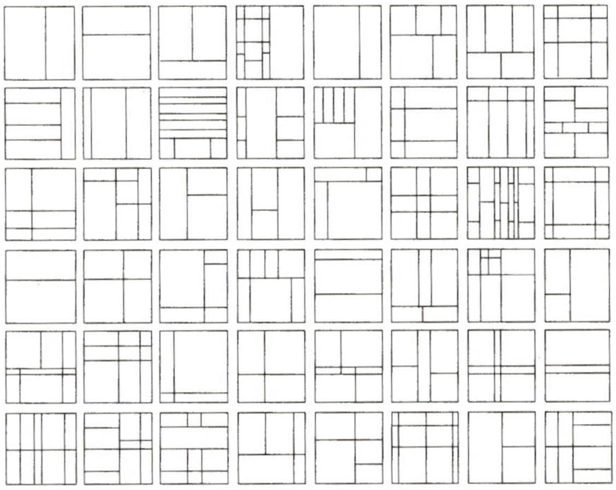

图6-19　勒·柯布西耶根据黄金比例关系分割的各种矩形

a. 倍数分割形式示意图　　b. 自由分割形式示意图

图6-20　柜类产品正面分割形式示意图

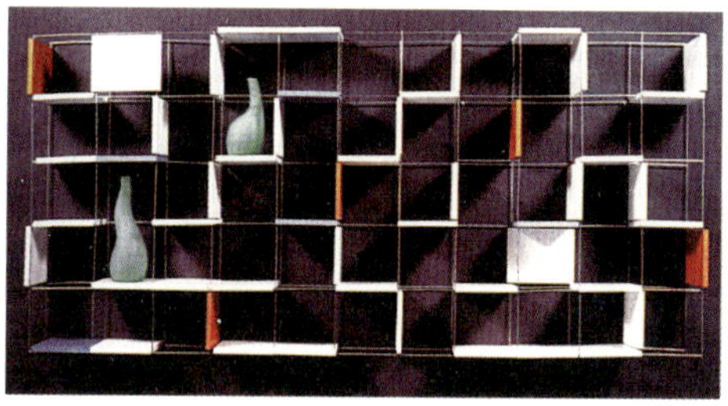

图6-21　比例与尺度在家具分割设计中的应用

计者在处理这些标准时，正确的方式应是以使用功能为前提，通过感性认识和直观表现，直接反映作为客观存在的某些形式美学法则与规律，其反映内容的深浅程度则取决于设计者艺术水平的高低。另外在设计过程中，设计者还要考虑材料、工艺、设备、生产技术等方面的综合因素，要用高度的艺术素养，全面处理好家具造型设计中的比例问题，使其既能满足使用功能的要求，又符合美学法则。在家具设计过程中，与比例关系比较密切的、应用较多的是分割设计，如柜类产品正面的多样性分割（图6-20），其他各类产品体量上的分割等。图6-21为比例与尺度在家具分割设计中的应用示例[5]。

第三节　对称与均衡

由于家具是由一定的体量和不同的材料构成的实体，因而具有一定的体量感。在家具造型设计中必须处理好家具体量感方面的对称与稳定关系。

一、对称

对称是指整体中各个部分通过相互对应以达到空间和谐布局的形式表现方法。对称是一种普遍存在的形式美，是保持物体外观量感均衡，达成形式上均等、稳定的一种美学法则。在自然界及人们的日常生活中，对称是常见的，如人体及各种动物的正面，植物的对生叶子等。

对称的表现形式主要有镜面对称、点对称和旋转对称三种。家具设计中常见的是镜面对称，即以铅垂线（面）为对称线（面）的左右对称，或是以水平线（面）为对称线（面）的上下对称。镜面对称容易得到一种静态的力感和安定的效果，但同时也给人一种呆板的感觉（图6-22）。另外常见的还有旋转对称，就是以一点代替直线作对称中心，将作为原形的主题以一定的角度，如180°、120°、90°、60°等，置于点的周围作回转配列得到的对称图形。一般把旋转180°所得到的图形称为逆对称。旋转对称具有强烈的运动感，逆对称具有丰富的变化因素（图6-23）。

图6-22　左右对称在家具设计中的应用/设计：素元天成

图6-23　旋转对称在家具设计中的应用/设计：候正光

二、均衡

所谓均衡是指物体左、右、前、后之间的轻重关系趋于稳定，也即平衡。它是以支点为重心，保持异形双方力平衡的一种形式；是对称形式的发展，是一种不对称形式的视觉认知、心理感知的平衡形式。均衡的形式法则一般是以等形等量（即前述的对称）、等形不等量、等量不等形和不等形不等量四种形式存在。（图6-24）

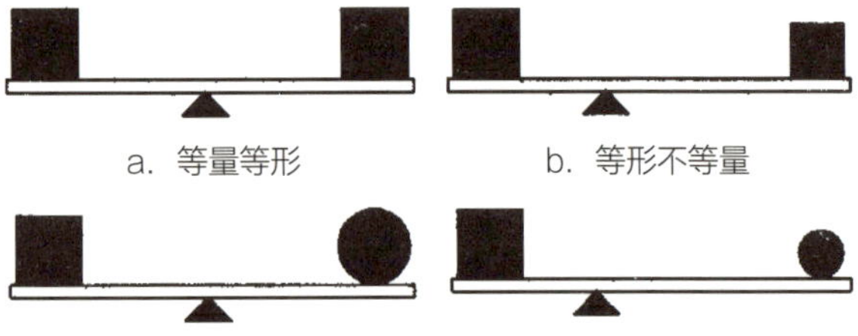

a. 等量等形　b. 等形不等量

c. 等量不等形　d. 不等形不等量

图6-24　均衡关系示意图

保持设计对象外形的均衡，在视觉上会使人感到一种内在的、有秩序的动态美，使纯对称形式更富有趣味和变化，具有动中有静、静中寓动、行动感人的艺术效果。均衡不但包括了对称，而且还是对称形式的发展。由于均衡形式支点两边的力矩是相等的，因此，它实质上又是对称的保持，并隐含了对称的形式法则。可见，对称是最简单的均衡形式。

对称与均衡这一形式美法则在实际运用中，往往是对称和均衡同时使用：有的产品可总体布局用对称形式，局部用均衡法则；有的可总体布局用均衡法则，局部采用对称形式；还有的产品由于功能需要决定了造型必须对称，但在色彩配置及装饰布局中可采用均衡法则。总之，应综合考虑，灵活运用，以增加产品外观形式上的活泼感。（图6-25）

a. 沙发/等量不等形均衡

b. 沙发/等量等形均衡

图6-25　均衡关系在家具设计中的应用

第四节　稳定与轻巧

稳定是指物体上下之间的轻重关系在视知觉上达到平衡。稳定的基本条件是指物体重心必须在物的支撑面以内，且重心越低，越靠近支撑面的中心部位，则其稳定性越大。自然界中的一切物体为了维持自身的稳定，靠近地面的部分在体量上往往重而大。人们已从这些现象中得出一个规律，即重心低的物体是稳定的，底面积大的物体也是稳定的。

一、稳定

稳定有“物理稳定”和“视觉稳定”两类。前者是指物体实体的物理重心符合稳定条件所达到的稳定；后者是指以物体的外部体量关系来衡量其是否满足视觉上的稳定感。由于家具处于人们的生活和工作空间中，出于安全的考虑，两种稳定都是至关重要的。家具设计中只考虑物理稳定，往往造成制造成本和视觉心理上的负担，因而视觉稳定成为设计的方法之一，即在物理稳定的基础上，通过视觉稳定尽量达到形态的轻巧感。任何一件家具，要具备稳定而又轻巧的形式美，就必须采用降低视觉重心，增大落地面，多用直线和下大上小的梯形，下部应用深色等增强物体稳定感的方法。一般情况下，在实际使用中物理稳定的家具在视觉上也是稳定的。具体来讲，在实际使用过程中，家具发生不稳定的情况有两种：一是家具的上部构件超出了支撑范围，若上部构件受到一定的外力作用时可能发生倾倒；二是在侧向推力作用下，当家具的物理重心超出其基础轮廓范围时也将发生翻倒。所以在进行家具设计时，应尽量采取措施加强家具的稳定能力。如在结构上，把家具的脚设计成向外伸展或靠近轮廓范围边缘，底部大一点、体量重一点，上部小一点、体量轻一点。另外，在视觉效果上，一是根据实际使用的经验，使其具有底面积大而重心低的特点；二是在线条的应用上，一般选用具有稳定性的线条；三是在体量的位置处理上，应采用下实上虚的位置配置；四是在颜色的应用上，应在下部施用深色加强视觉稳定性。

二、轻巧

轻巧也是指物体上下之间的大小关系经过配置产生的视觉与心理上的轻松愉悦感，即在满足“物理稳定”的前提下，用设计创造的方法，使造型给人以轻盈、灵巧的视觉美感。在设计上轻巧的主要实现方法有：提高重心、缩小底部支撑面积、作内收或架空处理，适当多用曲线、曲面等；同时还可以在色彩及装饰设计中采用提高色彩的明度，利用材质给人以心理联想，或者采用上置装饰线脚等方法来获得轻巧感。

三、稳定与轻巧在家具设计中的应用

稳定与轻巧是一对矛盾的统一体，所以在设计时既要保持稳定，又要增加设计对象的轻巧感。在处理稳定与轻巧的关系时，应结合产品的功能进行综合考虑。具体应用主要考虑以下几个方面的因素。

（1）物体重心

通常重心较高的物体给人以轻巧感，而重心较低的物体则给人以稳定感。如图6-26所示，同样大小的两个物体，竖放的具有轻巧感，横放的则具有稳定感。

（2）接地面积

接地面积大的形态具有较强的稳定感，接地面积小的形态则具有轻巧感。所以在设计时，对于重心较高的物体，由于其本身具有较好的轻巧感，综合考虑实际和视觉稳定的需要，接地面积在设计上可略大一些；而重心较低的产品，由于本身具备一定的稳定感，接触面积就不易设计过大而产生视觉上的笨重感，应将接地面积适当缩小或架空才有轻巧感。（图6-27）

（3）体量关系

尺寸大的封闭式体量，或是由上而下体量逐渐增加的造型形体，具有稳定的效果；而小的、开放式体量易取得轻巧的效果。（图6-28）

（4）结构形式

一件产品中，结构较复杂的部分，由于其线型多变，具有较强的视觉吸引力，视觉重心自然偏向这部分。

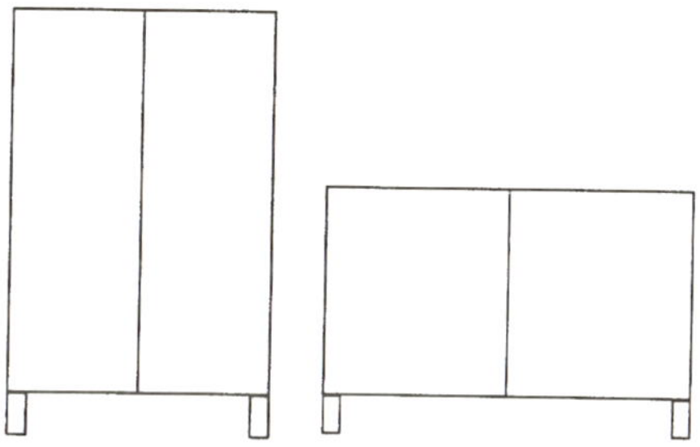

a. 轻巧感强　　b. 稳定感强

图6-26　家具设计中重心与稳定、轻巧间的关系

a. 稳定感强　b. 稳定感强　c. 轻巧感强　d. 轻巧感强

图6-27　家具设计中接地面积与稳定、轻巧间的关系

a. 轻巧感强　　b. 稳定感强

图6-28　家具设计中体量与稳定、轻巧间的关系

（5）色彩组合

明度低的色彩体量感大。因此，低明度的色彩装饰在产品上部，会增加轻巧感；装饰在下部，会带来稳定感。而明度高的色彩，其结果刚好相反。

（6）材料质地

不同质地的材料，在体量上能产生不同的心理感受，如表面粗糙、无光泽的材料比表面致密、有光泽的材料具有较大的量感。同时，金属等密度较高的材料有着概念上的重体量感，在应用时应特别注意形态轻巧感的创造；而密度较低的塑料、有机玻璃等材料，造型时应注意稳定感的创造。（图6-29）

（7）体面分割方式

进行家具设计时，往往要用色彩、材质、线或面等对物体进行分割：有时是根据功能的需要进行分割；也有为了造型的需要将大面积或大体量产品分割成几个部分，使产品产生变化、轻巧和生动的效果。（图6-30）

a. 稳定感强　　b. 轻巧感强

图6-29　家具设计中材料与稳定、轻巧间的关系

a. 稳定感强　　b. 轻巧感强

图6-30　家具设计中体面分割与稳定、轻巧间的关系

第五节　比拟与联想

比拟即比喻、模拟，是事物意象相互间的寄寓、暗示，用以折射某种思想感情。联想则是思维的延展，它是由一事物的某种因素，通过思维延展到另外的事物上，即形成由一种事物到另一种事物的思维的推移与呼应。从起源上来看，人类早期的造型活动都来源于对自然形态的高度概括和模仿。所以在不违背人类工效学原则的前提下，运用比拟与联想的手法，借助生活中常见的某种形体或仿生物、动物的某些原理与特征，进行创造性的构思，是造型设计的又一重要手法。

一、比拟与联想的特性

比拟与联想是产品造型设计中一种风格独特的造型法则，其具有对象明确、直接、容易理解的优点和联想范围较窄的缺点。同时，还可以运用含蓄、隐喻的手法，对形态抽象概括，做到隐而不显，使人产生更多的联想。设计过程中比拟与联想的形成主要有以下几种形式[6]。

（1）模仿自然形态的造型

这是一种直接以美的自然形态为“模特”的造型方法，联想与比拟的对象明确、直接、易理解。但在运用这种方法时，应注意物质功能与产品形式的统一性。

（2）概括自然形态的造型

接受自然形态的启示，对其形体进行概括、抽象，使产品造型体现出一种物象美的特征，这种造型方法注重的是神似，要求形象简练、概括、含蓄。这种概括自然形态的造型也应该是产品物质功能所必需的，如飞机的机翼与飞鸟的翅膀功能相似等。这种概括自然形态的造型方法目前已发展成一门独立的学科——仿生学。

（3）抽象形态的造型

在设计过程中，常见以线、面、体构成抽象的几何形态，并以此作为产品的造型。这种方法所产生的产品形态，并不能直接引起比拟与联想，但由于构成造型的基本要素本身具有一定的感情意义，因而这种以构成方式产生的抽象形态造型也能传递一定的情感信息，如灵巧与粗笨、纤细与臃肿、运动与静止、冷静与热烈等。

二、比拟与联想在家具设计中的应用

在家具造型设计中，常见的比拟与联想的形式与内容如下。

（1）局部构件上的比拟与联想

比拟与联想主要出现在家具的某些功能构件上，在古今中外的家具中常见，如支撑构件中的脚架、床头板、椅子扶手等。有时也不一定是功能构件，而是附加的装饰品。其中有对人体的比拟与联想，也有对动物和植物的比拟与联想，以及人造物之间的比拟与联想。（图6-31）

（2）整体造型上的比拟与联想

用比拟与联想的设计手法使家具的整体外形在意象上模仿某一客观存在的其他物象。其形式可以是具象的，也可以是抽象的，还可以介于两者之间。比拟与联想的对象可以是人造物，也可以是人体本身，还可以是动植物形象等。（图6-32）

（3）表面图纹的比拟与联想

在进行家具CMF设计过程中，常用比拟与联想的手法将各类动物、植物或其他图纹形式描绘在家具板件的面板上，再对家具的表面进行透明装饰或其他简单的裁切加工。这种方式较简单并易于取得较好的模拟装饰效果，并根据民族文化，形态上具有传统风格，内涵上普遍具有良好的寓意。（图6-33）

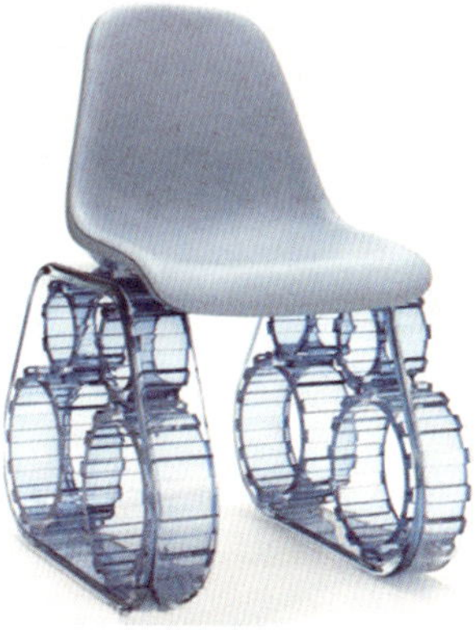

图6-31　家具设计中局部构件设计上的比拟与联想

图6-32　家具设计中整体造型上的比拟与联想

图6-33　家具设计中表面图纹的比拟与联想

本章思政与实践

1. 结合中国传统的哲学思想，分析讨论影响家具形式美的因素。
2. 剖析2~3件经典明清家具，验证其与现代产品形式美法则的契合度。
3. 理解统一与变化的关系，完成统一在家具设计中的应用练习，其中：风格特征的协调4例、线的协调3例、形的协调3例、装饰线+木纹线+形的协调3例。
4. 完成主从在家具设计中的应用练习，其中：位置的主从4例、体量的主从4例。
5. 完成呼应在家具设计中的应用练习6例。
6. 完成对比在家具设计中的应用练习，其中：体量的对比2例、虚实的对比2例、方向的对比2例、材质的对比2例、大小的对比2例。
7. 完成韵律在家具设计中的应用练习，其中：连续的韵律4例、渐变的韵律3例、起伏的韵律3例、交错的韵律3例。
8. 完成比例在家具设计中的应用练习，其中：柜类家具分割6例、其他类家具分割4例。
9. 完成镜面对称练习6例（分柜类、台类、支撑类等）、旋转对称4例。
10. 完成稳定与轻巧在家具设计中的应用练习4例（以比对的形式出现）。
11. 完成比拟与联想在家具设计中的应用练习，其中：局部构件上的比拟与联想4例、整体造型上的比拟与联想4例、表面装饰上的比拟与联想4例。

参考文献

[1] 陈震帮．工业产品造型设计 [M]．北京：机械工业出版社，2004，2：52~80.
[2] 马高骧，王兴竹．现代图案教学 [M]．长沙：湖南美术出版社，1998，4：13~48.
[3] 唐开军．家具装饰图案与风格 [M]．北京：中国建筑工业出版社，2009，5：46~62.
[4] 唐开军．家具设计技术 [M]．武汉：湖北科学技术出版社，2000，1：31~44.
[5] 胡景初，戴向东．家具设计概论 [M]．北京：中国林业出版社，1999，2：171~179.
[6] 薛澄岐，斐文开等．工业设计基础（第三版）[M]．南京：东南大学出版社，2018，11：11~27.

第七章
家具结构设计

第一节 家具结构设计概述

家具结构设计就是按照设计师的造型设计方案，为实现某种使用功能要求，根据材料特征，全面表达零部件各自的形状、相互间的接合方式、装配关系以及必要的工艺技术要求的设计过程。因此，家具结构设计是家具设计的重要组成部分，它包括家具零部件的结构以及整体的装配结构设计。

由于一般的家具是由若干个零部件按照一定的接合方式装配而成，所以家具结构设计的主要内容就是研究其零部件间的接合关系。合理的结构可以提高家具的力学性能，节省材料，提高工艺性，同时不同的结构特性也可以加强家具造型的艺术性。因而，结构设计的任务除了满足家具使用过程中的力学要求外，还必须根据所用材料的特性来寻求力学与美学的统一。如中国明式家具之所以取得成功，其最根本的原因就是结构本身就起到装饰之美，实现了结构与造型的完美统一。

一、家具结构的类型

家具的结构正像人体的骨骼系统，用以承受外力和自重，并将荷重自上而下合理地传到各结构支点直至地面。家具结构是直接为家具功能要求服务的，因此，木材、木质人造板、石材、竹藤、玻璃、金属型材、塑料、皮革、布艺等不同材料，或同一种材料由于不同的使用功能及工艺条件，在满足牢固性和耐久性的要求下，都有着自己不同的结构方式。家具的结构按照所用材料的不同，可分为木结构、金属结构、藤竹结构、塑料结构等；按家具风格的不同，可分为传统榫卯接合结构、现代五金件接合结构；按使用场合或作用方式的不同，可分为固紧结构、活动结构、支撑结构；按装配关系的不同，又可分为装配结构、零部件结构等。具体而言，如木家具的基本接合方式有榫接合、钉接合、木螺钉、胶接合和五金件接合。传统的实木家具多采用榫接合方式，现代的板式家具多采用五金连接件接合。

二、家具结构的设计原则

1. 材料特性原则

材料是构成家具的物质基础，在现代科学技术高速发展的今天，用于家具的新材料也层出不穷，在为家具的造型设计提供了诸多可能性、丰富资源的同时，也增加了家具结构设计的复杂性。因此，在进行结构设计时，应根据不同的材料特性进行有针对性的结构设计。

2. 加工工艺性原则

家具部件接合方式的不同与工艺技术是分不开的。所谓工艺，是改变材料形状、尺寸、表面状态和物理化学性质的加工方法与过程。家具结构设计是在一定的材料和工艺技术条件下，为满足功能、强度和造型的要求，所进行的家具零部件之间连接方式以及整体构造的设计；加工工艺过程是实现家具零部件连接的技术手段。因此，结构设计必须考虑工艺技术能力，应根据所选用的材料，明确适合于材料特性的加工工艺路线和加工方法，使所设计的产品具有良好的工艺性，有利于产品质量控制，从而降低生产成本，提高生产效率。

3. 美观实用性原则

在满足强度和基本使用功能要求的前提下，应为结构设计寻求一种简便、牢固而且经济的接合方式，与此同时，利用不同结构自身的技术特征和装饰功能，加强家具造型的艺术性，赋予家具不同的艺术表现力。

根据家具的结构类型和设计原则，现将家具中常见的结构方式及其技术要求分述如下。

第二节　木家具榫接合结构

一、榫接合的类型

榫接合是中国传统木质框式家具所常用的接合方式，在现代家具的设计生产中，榫的类型发生了变化，但是其基本接合原理是相同的。榫接合是通过榫头压入榫眼或榫槽接合而成[1]。其各部位的名称如图7-1所示。

榫接合有多种类型，而根据其特征的不同，主要分类可归纳如下：

①按照榫头的形状不同可分为直角榫、燕尾榫、圆棒榫、指形榫、圆（弧）榫。（图7-2）

②按榫头的数目多少可分为单榫、双榫、多榫（箱榫）。（图7-3）

③按榫肩的数目不同和切肩形式可分为单面切肩、双面切肩、三面切肩、四面切肩和斜切肩等形式。（图7-4）

④根据接合后能否看到榫头的侧边或榫头是与榫槽还是与榫眼接合，有开口榫、半开口榫和闭口榫之分。直角开口榫加工简单，但强度欠佳，且影响美观；闭口榫接合强度较高，外观也美观；半开口榫介于开口榫和闭口榫之间，既可防榫头侧向滑动，又能增加胶合面积。（图7-5）

⑤按榫头贯通与否，又有明榫和暗榫之分。（图7-6）

⑥按榫头与方材之间的从属关系，可分为整体榫和插入榫。整体榫指榫头直接在方材上加工而成，和方材是一体，如直角榫、燕尾榫等；而插入榫，榫头与主体是分离的，不是统一的整体，如圆棒榫，榫头是单独加工后再装入零件的榫孔中，主要用于零件的定位与接合。

对于生产中常见的圆棒榫，根据其表面的构造及纹理状况不同可分为光面、直纹、螺旋纹、网纹等形式，如图7-7所示。按沟槽的加工方法分有压缩槽纹和铣削槽纹两种。圆榫表面设贮胶的沟槽是为了便于装配时带胶插入榫孔，并在装配后很快胀

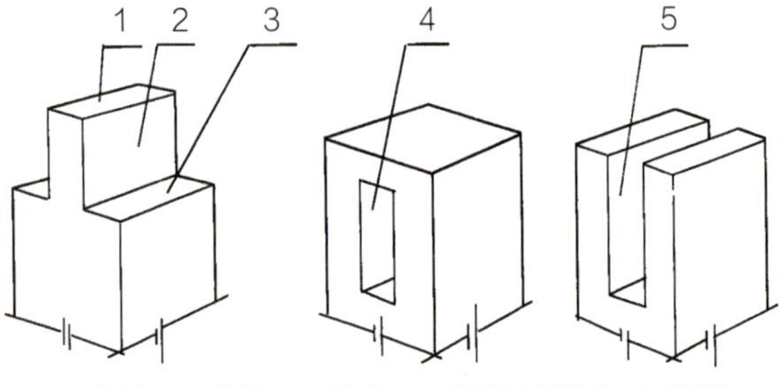

1-榫端　2-榫颊　3-榫肩　4-榫眼（榫孔）　5-榫槽

图7-1　家具设计中榫接合各部位名称

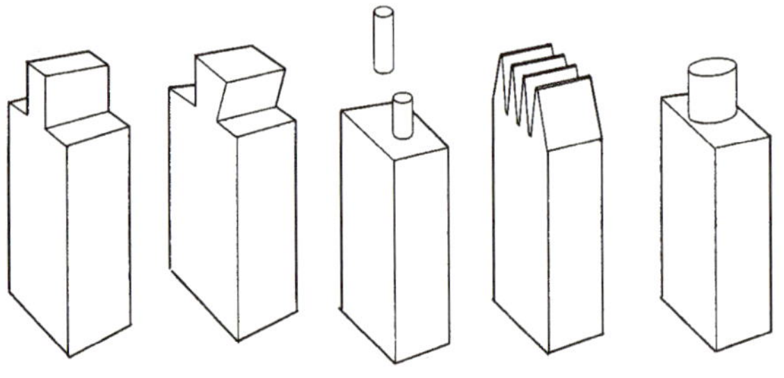

a. 直角榫　b. 燕尾榫　c. 圆棒榫　d. 指形榫　e. 圆（弧）榫

图7-2　家具设计中榫头的形状示意图

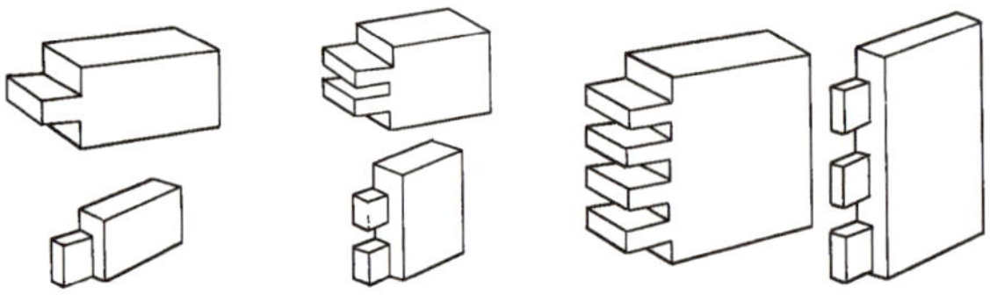

a. 单榫　b. 双榫　c. 多榫

图7-3　家具设计中的单榫、双榫、多榫形式示意图

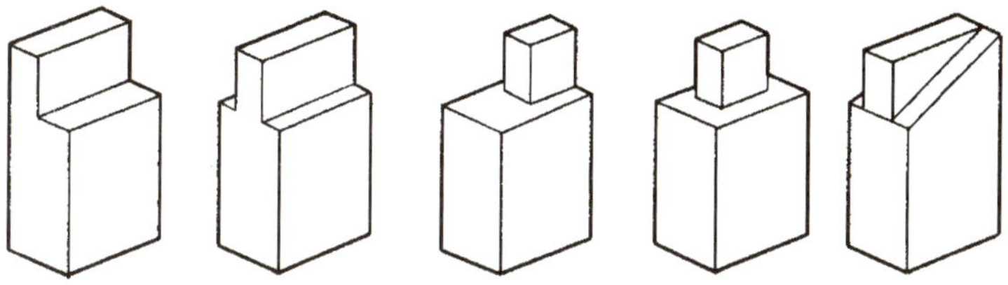

a. 单面切肩榫　b. 双面切肩榫　c. 三面切肩榫　d. 四面切肩榫　e. 斜切肩榫

图7-4　家具设计中榫头切肩形式示意图

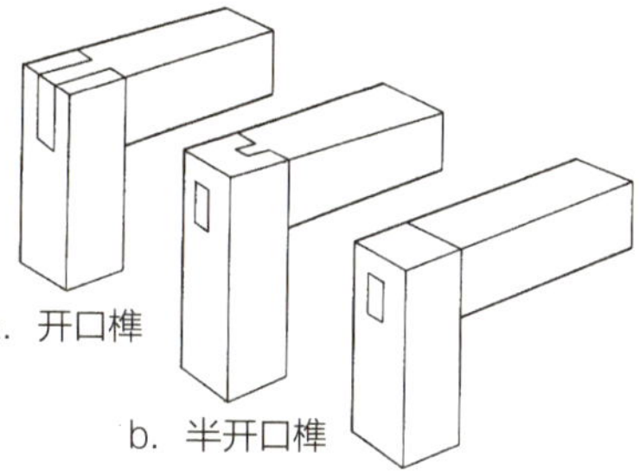

a. 开口榫

b. 半开口榫

c. 闭口榫

图7-5　家具设计中的开口榫、半开口榫和闭口榫示意图

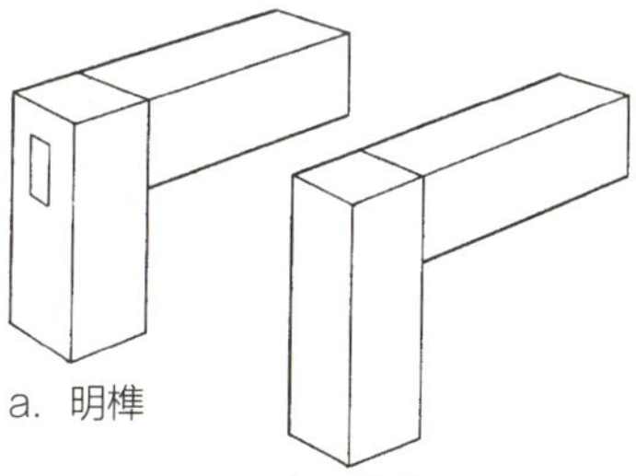

a. 明榫

b. 暗榫

图7-6　家具设计中的明榫和暗榫示意图

“榫接合类型”动画视频

a. 螺旋压纹　b. 网纹压纹　c. 直线压纹　d. 沟槽　e. 螺旋沟槽

图7-7　家具设计中圆棒榫的形状示意图

平，把胶液向整个榫面展开，使接合牢固。在圆榫固定接合中，有槽纹的圆榫比光面的圆榫好，并以压缩螺旋纹圆榫较好，螺旋纹的抗拔力比直纹大而又不像网纹那样损伤榫面。

二、直角方榫接合的技术要求

榫接合的家具受损坏大多数出现在其接合部位。因此，榫接合要保证有足够的强度，其设计和制作就必须符合一定的尺寸和要求。就直角方榫来说，主要的技术要求如下。

1. 榫头的厚度

榫头的厚度应视方材的大小和接合的要求而定，为了保证接合强度，单榫的榫头厚度一般接近于开榫方材断面厚度的1/3~1/2。当方材零件断面尺寸大于40mm×40mm时，应采用双榫或多榫，这样既能增加接合强度又可防止方材的扭动。双榫的总厚度应接近方材宽度（或厚度）的1/3~1/2。由于榫接合采用基孔制，在确定榫头厚度时应将其计算值调整到与木凿或方形套钻规格相符的尺寸，即常用的6mm、8mm、9.5mm、12mm、13mm、15mm等几种规格。如方材厚度为15mm，如果计算出榫头厚度为15mm×0.5=7.5mm，为了与前述的木凿方形套钻规格相符，可把榫头的厚度调整为8mm。在实际加工时，榫头的厚度应比榫眼宽度小0.1~0.2mm，便于形成胶层。如果榫头厚度大于榫眼宽度，装配时既容易挤破榫眼，又不能在接合处形成很好的胶层而降低接合强度；如果榫头的厚度过多地小于榫眼的宽度，装配时间隙加大，胶层加厚，也会降低接合强度。为了便于榫头和榫眼的装配，常将榫端的两边或四边加工成20°~30°的斜棱。

2. 榫头的宽度

家具设计中，榫头的宽度一般比榫眼的长度大0.5~1mm，硬材为0.5mm，软材为1mm，此时榫眼不会被胀破，配合最紧，强度最大。当榫头的宽度大于25mm时，榫头宽度的增大对抗拉强度的提高并不明显，所以当榫头的宽度超过40mm时，应从中间切去一部分，分成两个榫头，以提高接合强度。

3. 榫头的长度

家具设计中，榫头的长度应根据榫接合的具体形式而定：当采用明榫时，榫头的长度应略大于榫眼零件的厚度（或宽度），装配后都应截齐刨平；当采用暗榫时，榫头的长度不应小于榫眼零件厚度（或宽度）的1/2，一般控制在15~35mm时可获得理想的接合强度。暗榫接合时，榫眼深度应比榫头长度大2~3mm，这样可以避免榫头端部加工不精确或涂胶过多顶住榫眼底部，使榫肩接合部位出现缝隙，同时又可以存少量胶液，提高胶合强度。

4. 榫头、榫眼的加工配合

家具设计中，榫头与榫肩应垂直，也可略小于90°，但不可大于90°，否则会导致接缝不严。

5. 榫接合对木纹方向的要求

榫头的长度应顺纤维方向，横向易折断。

三、圆榫接合的技术要求

圆榫是断面形状为圆形的一种插入榫，它主要用于现代板式部件的定位和接合，也可以用于方材的框架接合。与直角榫相比，圆榫的接合强度约低30%，但具有节省木材，简化工艺，提高劳动生产率，适合大批量生产等优点。圆榫接合的技术要求总结如下。

1. 材质要求

应选用密度大，无节痕，无腐朽，木纹通直，具有中等硬度和较好韧性的木材。一般采用水曲柳、柞木、青冈栎、桦木等。

2. 含水率

含水率应比家具用材低2%~3%，在施胶后，圆榫可以吸收胶液中的水分而使含水率提高。圆榫应保持干燥状态，不用时要用塑料袋密封保存。

3. 圆榫的直径、长度

圆榫的直径为板材厚度的0.4~0.5mm，常用规格有直径6mm、8mm、10mm三种，圆榫的长度为直径的3~4倍。目前为了便于现代家具生产过程中的标准化，常用的圆榫长度为32mm。在实木接合时榫头应稍大些，但在刨花板或中纤板上使用时榫头过大就会破坏板材的内部结构。

4. 圆榫接合的配合要求

①圆榫与榫眼径向配合公差：当采用光面圆榫时，采用间隙配合，其间隙为0.1~0.2mm，用于定位（即拆装结构）；当采用带沟纹的圆榫配合时，采用过盈配合，过盈量为0.2mm，用于固定接合（即非拆装结构）。

②圆榫与榫眼轴向配合公差：孔深之和应大于圆榫长度，0.5~1.5mm为宜。

5. 圆榫施胶

涂胶方式直接影响接合强度，圆榫涂胶强度较好；而榫孔涂胶强度要差，但易实现机械化施胶；圆榫与榫孔都涂胶时接合强度最佳。常用胶种按接合强度由高到低分别为脲醛胶与聚醋酸乙烯酯乳白胶的混合胶（又称两液胶）、脲醛胶、聚醋酸乙烯酯乳白胶、动物胶等。

6. 圆榫的数目

为了提高固定接合的强度和防止零件的转动，通常要至少采用两个以上的圆榫进行接合；多个圆榫接合时，圆榫间距应优先采用32mm模数，以利于精确加工。在较长接合边用多个圆榫连接时，榫间距离一般为90~110mm，实际设计过程中可根据此参数值确定圆榫数量。如大衣柜深度为600mm，则旁板与水平板接合需要的圆榫数量如果采用32mm模数计算，榫间距为96mm，这样一排就需要六个圆榫。

7. 圆榫配合孔深

垂直于板面的孔的深度$h_1=0.75B$（B为板厚）或$h_1 \leq 15$mm；垂直于板端的孔深h_2=圆棒总长度$L-h_1+$（0.5~1.5）mm。其中的0.5~1.5mm即为圆榫与榫眼轴向配合公差。

四、传统家具榫接合结构

中国早在七千年前，就出现了完整的榫卯结构，到了明清时期在当时的工艺技术条件下已发展得非常成熟。中国明清家具独特的艺术风格和使用价值，在很大程度上取决于它科学而奇特的榫卯结构。其榫卯设计巧妙合理，做工考究，结构严谨，达到了完美而牢固的功能与审美效果。目前仿古家具市场有许多在保留传统榫卯外观特征的前提下，已有较大的简化，但也有完全忠实沿用传统家具结构的。明清家具的榫卯结构种类繁多，有格肩榫、夹头榫、插肩榫、抱肩榫、粽角榫、楔钉榫、闷榫、穿带榫等[2]。现将应用较多的几种传统榫接合结构形式介绍如下。

1. 格肩榫

格肩榫呈“丁”字形（或“T”形）接合，是一方材端部与另一方材中部的接合。在“T”形接合中很少用平头接合，而大多将表面交接处加工成等腰三角形或把三角形端部截去，并同时用直榫与另一方材榫眼接合，这种接合称为格肩榫（图7-8）。在具体做法上又有“大格肩”“小格肩”“实肩”“虚肩”之分。外表呈三角形的称大格肩；去掉三角形尖头的称小格肩；表面三角形与榫头一体的称实肩，表面三角形与榫头中间有间隙的称虚肩，圆材接合多用虚肩。

2. 夹头榫

夹头榫是从晚唐至北宋时期发展起来的一种榫头，在明清家具中，特别是在桌案类家具结构中被广泛应用。其制作方法就是在腿端上部开口（深榫槽），夹持住案面下的牙条和牙条下的牙头，超出牙条上部的榫头装入案面边框下面的榫眼，与案面相连，形成完整的案型结构。

由于四腿把牙条夹住，连接成方框，上接案面，从而使案面和腿足的角度不易变动，并能将面板的受力均匀分布到四条腿上。这种结构同时适用于方腿和圆腿。（图7-9）

3. 插肩榫

插肩榫和夹头榫一样，也是在腿足上部开口夹持住牙条并装入案面板下的榫眼。不同之处是插肩榫的腿足上端外皮削成三角状的斜肩，牙条与之相交处则加工成三角槽口，装配后便与腿足上端外侧的斜肩夹持住，形成格肩状的相交表面，其腿面、牙条、牙头在一个平面上，装饰效果较好。但加工复杂，精度要求高，在现代家具中很少应用。插肩榫的腿足断面多为扁方形。（图7-10）

4. 抱肩榫

抱肩榫广泛应用在束腰家具的腿足与束腰、牙条相结合处。腿足上端留有长、短两个榫头，长榫插入案面板下大边的榫眼，短榫插入抹头的榫眼。它必须短，以便让大边的榫头从上面穿过。在束腰部位以下，切出45°的斜肩，开凿三角形榫眼，以便与牙条的45°的斜肩及三角形的榫头配合。（图7-11）

5. 霸王撑

霸王是形容这种结构坚实有力，它的做法是将斜撑安在腿足的内侧，另一端承托着家具的面板，像伸臂擎物一样把台板的重量传递到腿部。（图7-12）

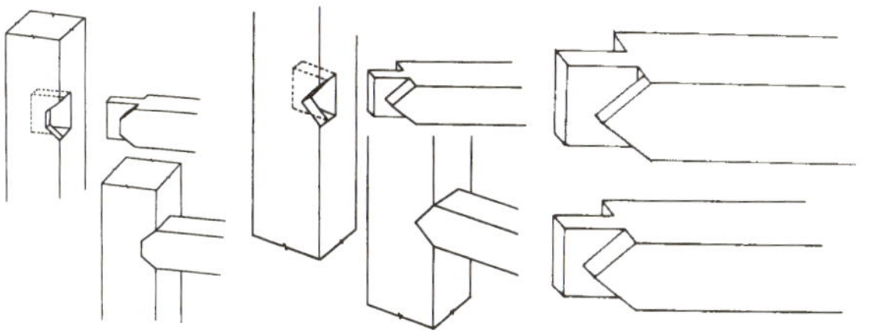

a. 小格肩　　b. 大格肩　　c. 虚肩（上）实肩（下）

图7-8　家具设计中格肩榫的形状示意图

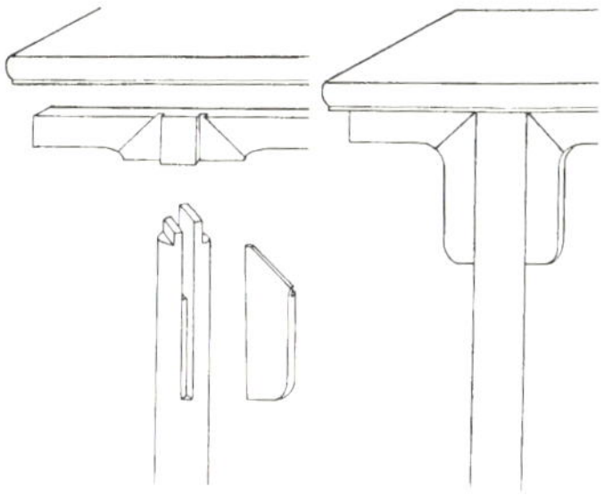

图7-9　家具设计中夹头榫的形状示意图

“传统家具榫接合结构”动画视频

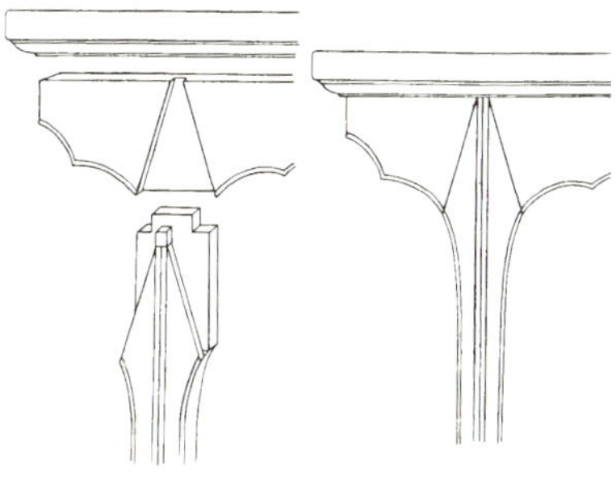

图7-10　家具设计中插肩榫的形状示意图

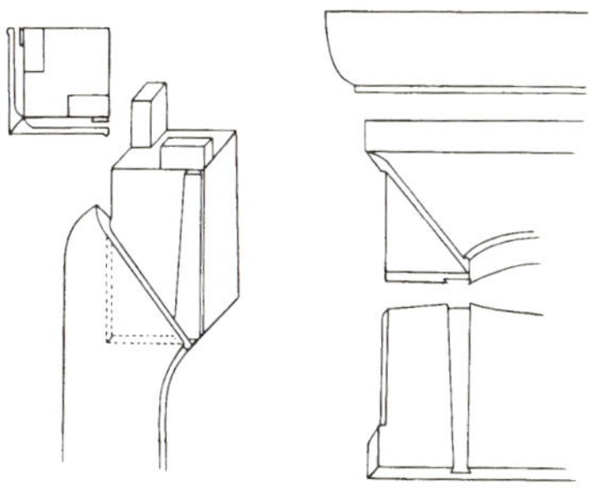

图7-11　家具设计中抱肩榫的形状示意图

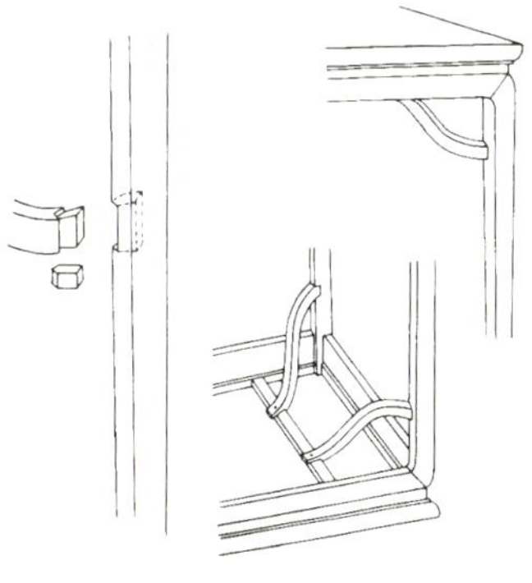

图7-12　家具设计中霸王撑的形状示意图

6. 楔钉榫

楔钉榫常用于零件，特别是弧形零件的接长。最为典型的例子就是圈椅的椅圈，圈椅的扶手对接常采用搭接形式，并在中间加楔钉榫定位，使之不能错动，这样就把两根或更多的曲线零件对接在一起。（图7-13）

木家具常见榫接合受力分析与计算

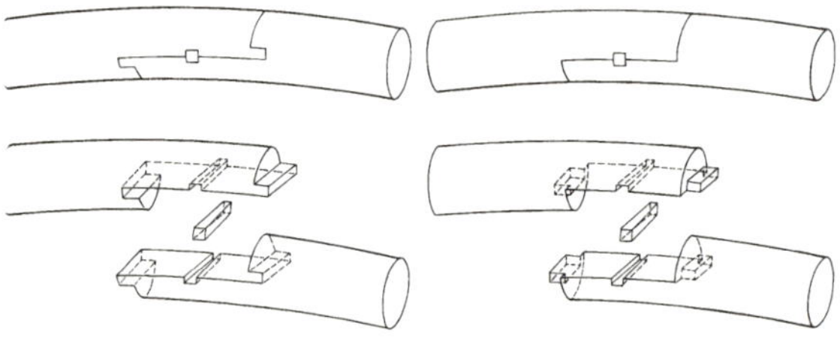

图7-13　家具设计中楔钉榫的形状示意图

第三节　木家具部件结构

木家具的部件由若干零件装配在一起所构成，如门板、面板、旁板、脚架、抽屉等，经过悠久岁月的积淀与优化，早已形成了相对固定的结构形式，现简要阐述于下。

一、木家具框式部件

1. 框架结构

框架是家具的基本构件，也是框式家具的受力构件，框式家具均由一系列的框架构成。最简单的框架由纵横各两根方材通过榫接合而成，有的框架中间镶板或嵌玻璃，木框结构的各部分名称如图7-14所示。框架的框角接合方式，可根据方材断面及所用部位的不同，采用直角接合、斜角接合、中挡接合等。

（1）直角接合

直角接合加工简便、牢固，为常用的接合方式，多采用整体榫。如图7-15所示为直角接合常见形式。

（2）斜角接合

它是将两根接合的方材端部榫肩切成45°的斜面或单肩切成45°斜面再接合，它可以使不易装饰的方材端部不致外露，但接合强度较小，加工较复杂，常用于外观要求较高的家具。（图7-16）

（3）框架的中挡接合

它包括各类框架的横挡、立挡。如椅子和桌子的牵脚档等，常见的接合方法如图7-17所示。

（4）框架嵌板结构

嵌板结构是框式家具中最常用的结构形式，它是将人造板或拼板嵌入木框中间，简而言之，起封闭和隔离作用的结构即称之为嵌板结构。嵌板的装配方式有裁口法和榫槽法两大方面，各自又有很多细部结构形式。如图7-18所示，采用裁口法，嵌板装入后须用带型面的木条借助螺钉、圆钉固定，这种结构装配简单，易于更换嵌板。若用榫槽法，更换嵌板时，则须先将木框拆散再重新安装。嵌板结构在装入嵌板时，需预留嵌板干缩湿胀的空隙，以至于不破坏木框结构。

2. 实木部件的拼宽

将窄板胶拼成所需宽度的板材称为拼板，传统框式家具的桌面板、台面板、柜面板、椅座板、嵌板等都是采用窄板胶拼而成。为了尽量减少拼板产生的收缩和翘曲，窄板的宽度应有所限制，同时，同一拼板中各板块的树种及含水率应一致，以保证形状稳定。

（1）拼宽的接合方法

拼宽的接合方法有平拼、裁口拼、企口拼、穿条拼、插入榫拼等。（图7-19）

（2）拼板的镶端结构

当木材含水率发生改变时，拼板的变形是不可避免的，为了避免端部表面暴露于外部，防止和减少拼板发生翘曲的现象，常采用镶端的方法加以控

1-木框　2-镶板　3-帽头　4-立边　5-横挡　6-立挡

图7-14　家具设计中框架结构示意图

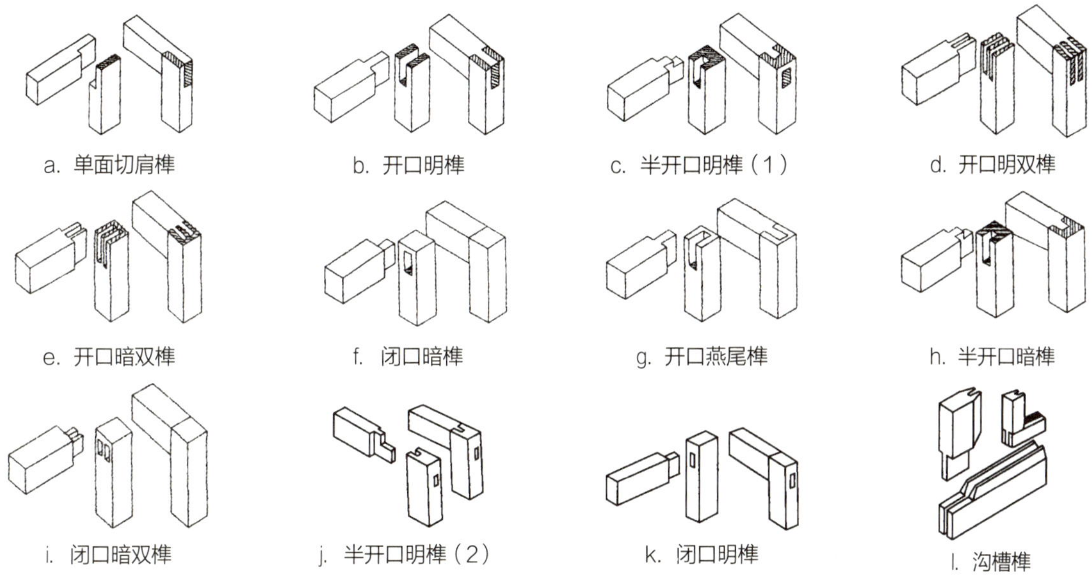

图7-15　家具设计中榫卯直角接合示意图

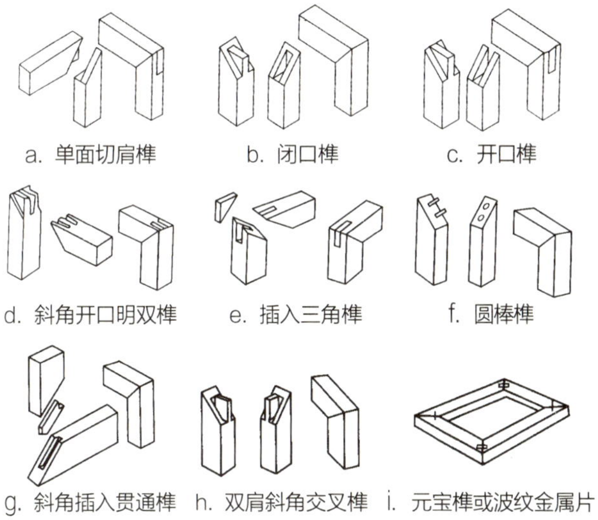

图7-16　家具设计中榫卯斜角接合示意图

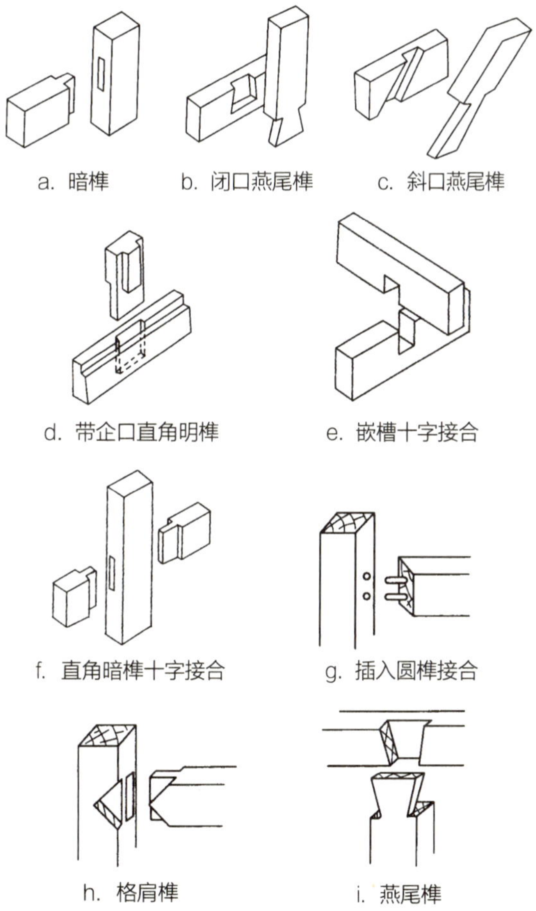

图7-17　家具设计中中档接合示意图

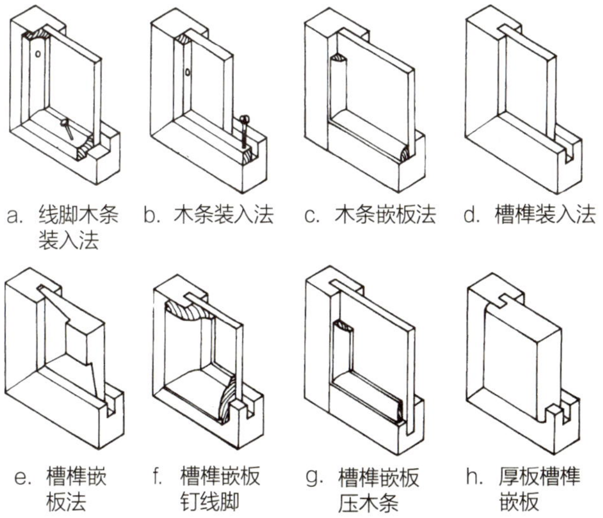

图7-18　家具设计中嵌板结构示意图

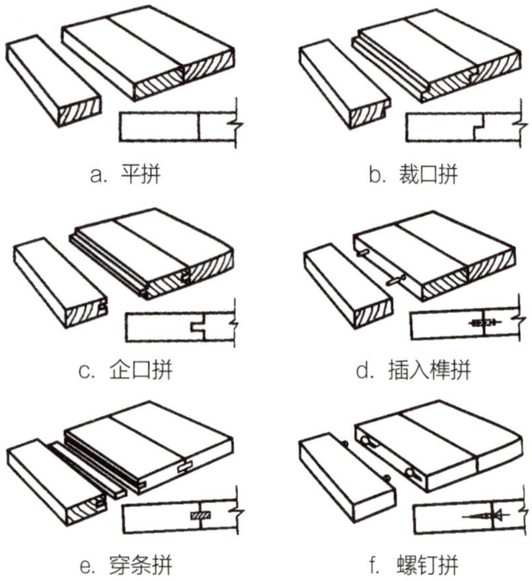

图7-19　家具设计中拼宽接合方法示意图

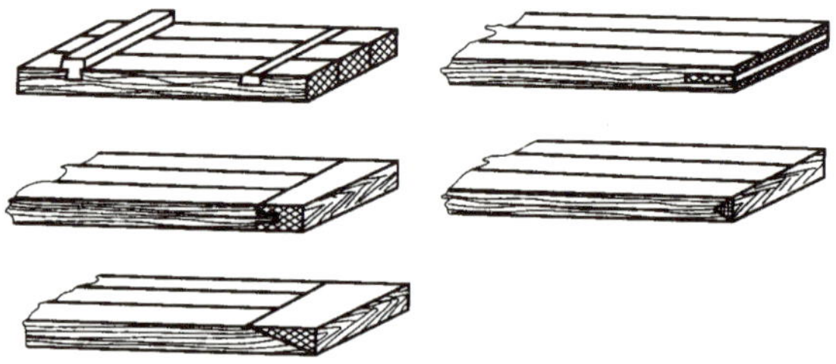

图7-20　家具设计中拼板的镶端结构示意图

制，常用的有装榫法（串带法）、嵌端法、装板条法、贴三角形木条法等。（图7-20）

3. 实木部件的接长

实木材料可以通过各种方式加以接长，从而实现短料长用，节约木材。实木材料的接长主要靠胶接合，为了增大胶合面积，提高胶合强度，接合处常加工成不同的形状，常用的接长方式有搭接、斜面接和齿榫接等方法。搭接加工简单，接合强度较低；斜面接时接合强度随着斜面长度加大而增大，但斜面长度越长，材料消耗越大，接合强度也相应增加；而齿榫接合在方材接长中使用最为普遍，用专用设备加工，接合强度高，加工效率高，材料损失小，它有正面齿榫接和侧面齿榫接两种方法。（图7-21）

4. 实木箱框结构

箱框是由四块以上的板材构成的框体或箱体。如传统的抽屉、衣箱，箱框的构成，中部有可能设有中板，箱框的结构在于箱框的角部接合和中板的接合，常用的接合方法有直角多榫、燕尾多榫、插入榫以及金属连接件接合等方法。（图7-22、图7-23）

5. 实木门结构

实木门种类很多，品种也十分丰富，通常由实木边框和嵌板构成，边框由帽头、立挺、横挡、竖撑挡、横撑挡组成，内嵌实木拼板、薄型人造板或玻璃等。其框架一般采用榫接合，如果采用薄型人造板（如中密度纤维板）嵌板，则表面应贴薄木；如果采用实木拼板，则厚度应比边框小，这样既可节省材料，又可形成造型上的凹凸效果。具体结构见前面图7-18所述的框架嵌板结构。如果门的长度过大，为防变形，可将中间一或二横挡设计为外露形式，将门分割为二段或三段。

为了节约珍贵木材，门的框架和嵌板材料也可以不同，如内部嵌板材料为杉木、杨木，而外部为珍贵树种的薄木或贴面的胶合板，内部材料只要工艺合格其强度是没有问题的，而外部珍贵木材的纹理能够满足人们的审美要求，表面贴面的薄木种类主要根据

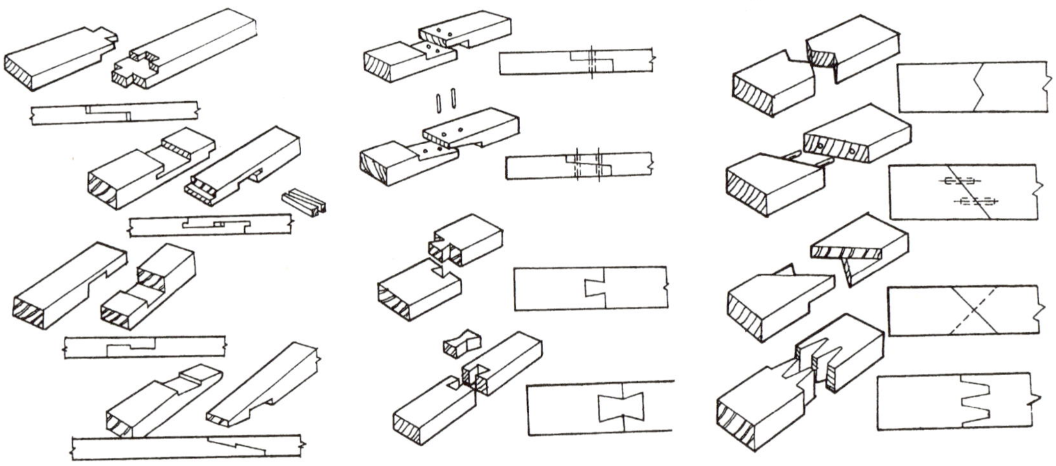

图7-21　家具设计中接长方法示意图

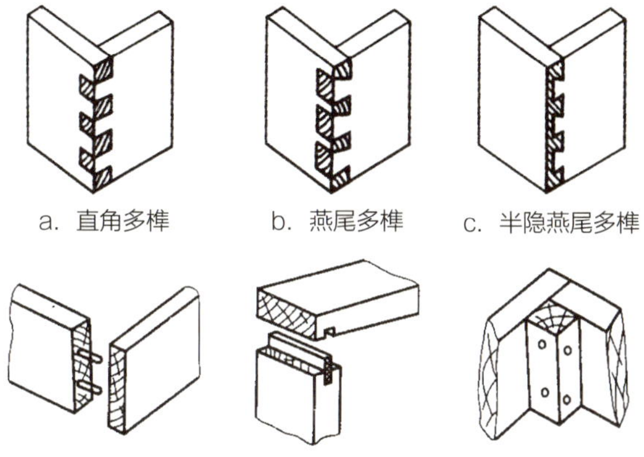

a. 直角多榫　b. 燕尾多榫　c. 半隐燕尾多榫

d. 圆榫　e. 插条　f. 木条

图7-22　家具设计中箱框角部接合结构示意图

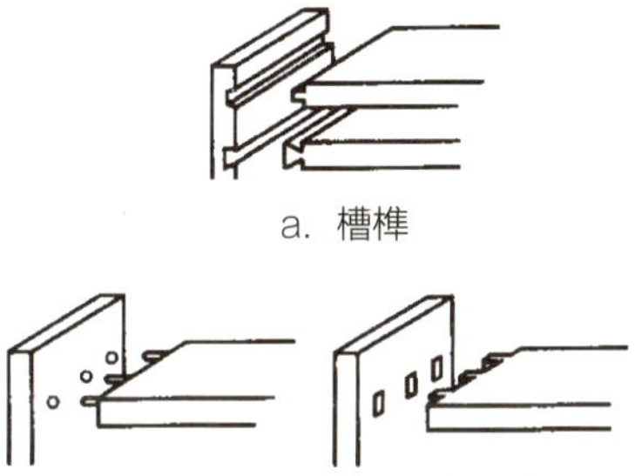

a. 槽榫

b. 圆榫　c. 直角多榫

图7-23　家具设计中箱框中板接合结构示意图

“实木箱框结构”动画视频

消费者的意愿来定，常见树种有胡桃木、樱桃木、橡木、柚木、花梨木、榉木等。当然内外材料不一致对于生产工艺和加工精度要求较高，特别是贴异形面，要用专用模具和设备。在设计过程中，为了增加门的美观性，可采用多种线型进行装饰。

二、木家具板式部件

1. 板式部件结构类型

板式部件结构一般是以人造板为基材，再在表面进行覆面装饰的构件。根据板件的形式不同一般可分为两种——实心板和空心板。

实心板主要以刨花板或中密度纤维板为芯板，表面覆装饰材料，如薄木、木纹纸、胶合板、塑料薄膜（聚氯乙烯薄膜）等。现代板式可拆装家具大多都是这种以人造板为基材的覆面实心板。

空心板是由空心芯板和覆面材料所组成的空心复合结构板材，空心芯板多由周边木框和空心填料组成，空心填料可以保证表板的平直，而不产生凹陷现象。在家具生产中，通常把在空心芯板的一面或两面使用胶合板、硬质纤维板或装饰板等覆面材料胶贴制成的空心板称之为包镶板。其中，一面胶贴覆面的为单包镶，两面胶贴覆面的为双包镶。根据空心填料的不同，空心板可以分为栅状空心板、格状空心板、蜂窝状空心板、波状空心板。（图7-24）

空心板重量轻，节约木材，形状稳定，表面美观，用途广泛。目前最常用的为栅状空心板。

2. 板式部件的封边和包边

板式部件一般都必须封边，这是因为板件侧边若显露出来，不仅影响外观质量，而且在使用和运输的过程中，容易损坏边角部，从而使贴面层被掀起或剥落。特别是刨花板部件侧边暴露在大气中，当环境湿度变化时，会产生缩胀和变形现象。因此，板件侧边封边是必不可少的工序，如图7-25所示是典型的封边结构。

为了增加板件的整体感和美观性，对人造板材也可采用包边覆面形式，它是用规格尺寸大于板面尺寸的覆面材料饰面后，根据板件边缘形状，在已成型的板件边缘再把它弯过来，包住侧边使板面与侧边形成一体。如图7-26所示是典型的包边结构。

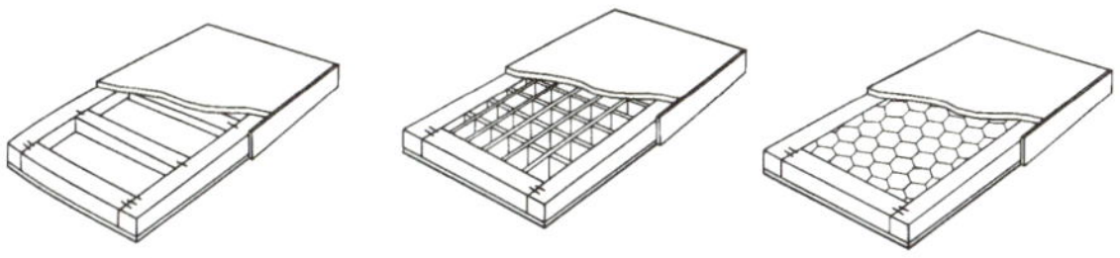

a. 栅状空心板　b. 格状空心板　c. 蜂窝状空心板

图7-24　家具设计中空心板结构示意图

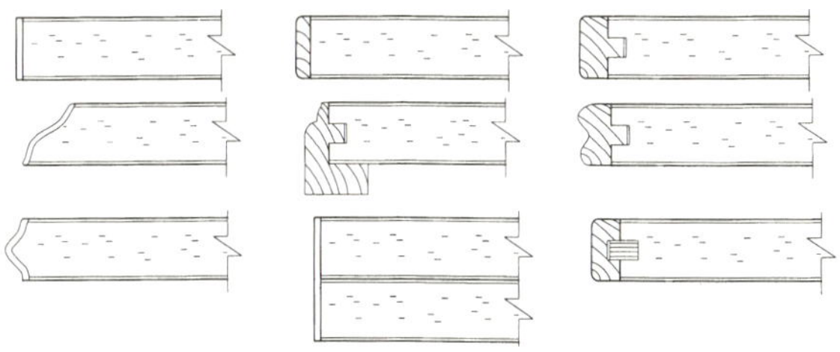

图7-25　家具设计中常见的封边结构示意图

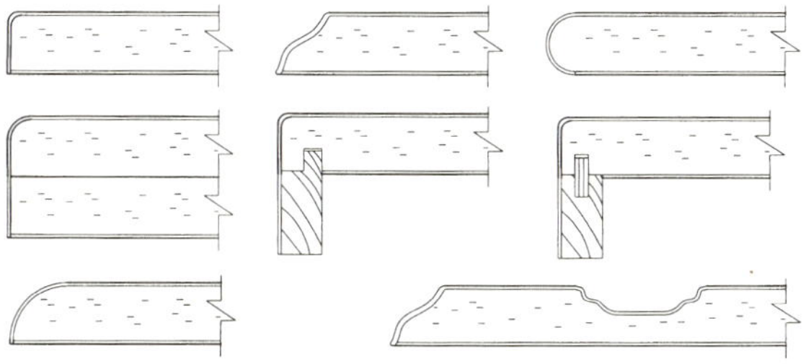

图7-26　家具设计中常见的包边结构示意图

三、木家具抽屉结构

1. 抽屉概述

抽屉广泛应用于柜类、桌案类等家具中。按在家具中的安装位置不同，抽屉分为露在外面的明抽屉和装在柜门里的暗抽屉两种。明抽屉按与所连接旁板的相对关系又分为嵌入式抽屉和盖式抽屉，一般嵌入式抽屉的屉面板与所接的柜体旁板相平，盖式抽屉的屉面板将所连接的柜体旁板覆盖（图7-27）。抽屉是一个典型的箱框结构，由屉面板、屉旁板、屉背板、屉底板构成。抽屉本身的形式又可分为无屉面衬板和有屉面衬板结构（图7-28）。有屉面衬板常用于高档抽屉，它是先由屉面衬板与屉旁板、屉底板、屉背板等构成箱框后，再与屉面板连接而成。传统抽屉采用箱框的接合方法。屉面板与屉旁板常采用半隐燕尾榫、全隐燕尾榫、不贯通直角多榫、圆榫、连接件接合；屉旁板与屉背板常采用直角贯通多榫、圆榫接合（图7-29）。

从材料来看，实木拼板、细木工板、刨花板、纤维板、胶合板等都可以用来制作抽屉。屉旁板和屉背板还可以用聚氯乙烯（PVC）塑料薄膜覆面的刨花板、中密度纤维板开“V”形槽折叠而成，或用铝合金、不锈钢材等制成，并可用木质屉面相配成箱框。屉面板厚度一般为20mm，屉旁板和屉背板厚度一般为12~15mm，屉底板常采用3~5mm厚的胶合板或硬质纤维板，并插入屉旁板和屉背板的槽口中。而现代板式家具的抽屉多采用插入榫（圆棒榫）和五金件接合，材料多采用以刨花板或中纤板为基材的覆面板。

2. 抽屉的安装结构

为了使抽屉便于使用，抽拉时不至于歪斜，并保证结构的牢固性和反复抽拉的灵活性，在每个抽屉的宽度或高度上都应具有滑道或导轨，一般安装在抽屉旁板的底部（托屉）、上部（吊屉）或外侧，如图7-30所示。而现代板式家具中的抽屉与柜体旁板的连接多采用适应“32mm系统”的各种抽屉滑轨（详细结构在本章第五节中另述）。

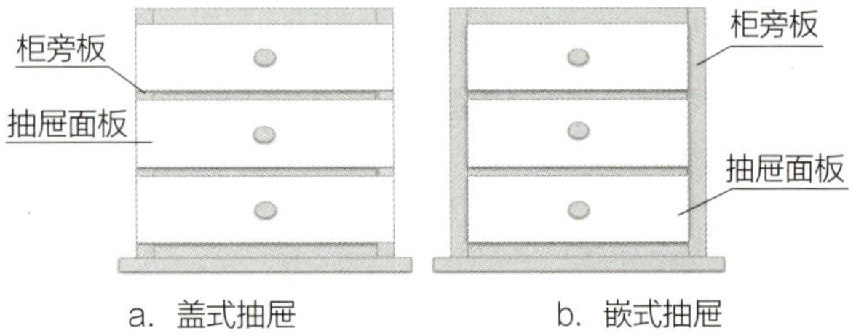

图7-27　家具设计中抽屉与柜旁板关系示意图

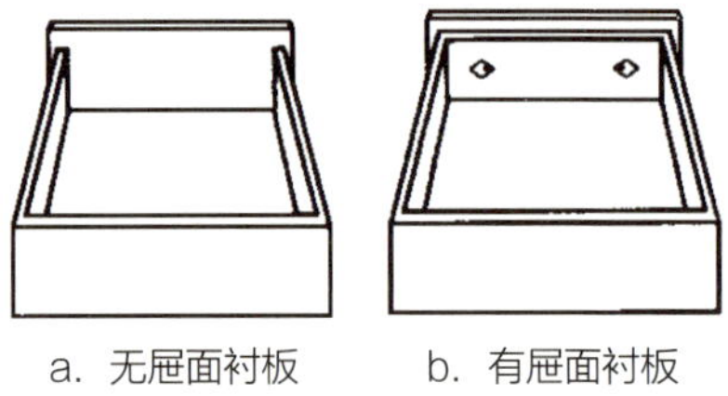

图7-28　家具设计中常见的抽屉形式示意图

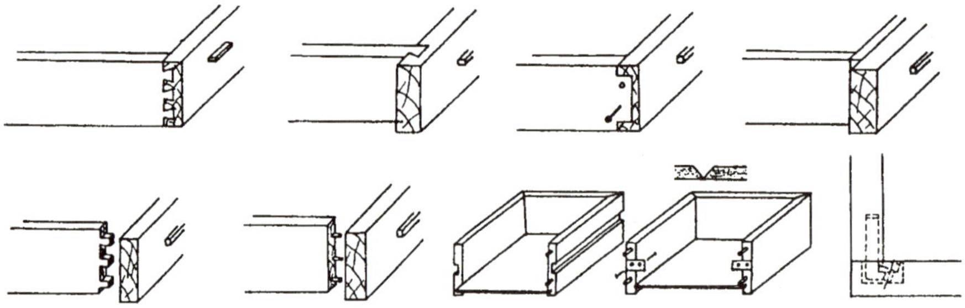

图7-29　家具设计中常见的抽屉结构示意图

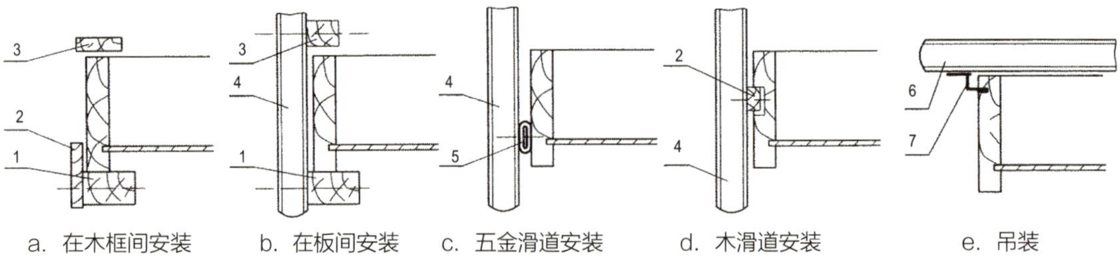

图7-30　家具设计中常见的抽屉安装结构示意图

第四节 “32mm系统”板式家具结构

板式家具主要指以人造板为基材，采用专用的五金连接件或圆榫装配而成的家具。板式家具的主要材料是人造板，包括中密度纤维板、刨花板、胶合板、细木工板等。“部件”加“接口”是板式可拆装家具的主要结构形式，用户可以通过不同部件的自由组合，根据需要组装成不同款式的家具，从而参与设计，因此，板件的标准化、系列化、互换性是“32mm系统”板式家具结构设计的重点。

一、“32mm系统”的概念

“32mm系统”出现于20世纪50年代的欧洲，当时随着建筑业的繁荣，带动了家具产品的需求及家具工业的发展，家具制造业开始寻求一种能工业化大批量的生产方式。当时家具工业中已经开始使用刨花板、塑料贴面材料等，五金连接件也有所发展。家具制造业进而产生了对当时需求量最大的柜类家具进行“模数化生产”的思路，及以其旁板为基本骨架，钻成成排的孔，用以安装门、抽屉、搁板等的新技术。“32mm系统”就在这样的背景下产生了。“32mm系统”是一种国际通用的模数化、标准化板式家具结构设计理念，目前在板式家具的设计中普遍应用。“32mm系统”要求零部件上的孔间距为32mm的整倍数，即应使“接口”都处在32mm的方格网的交点上，以保证实现模数化，并可用排钻一次打出。

简单来讲，“32mm系统”是指板件前后、上下各孔之间的距离是32mm或32mm的整数倍。它在欧洲也被称作“EURO”系统。其中E—Essential knowledge，指的是基本知识；U—Unique tooling，指的是专用设备的性能特点；R—Required hard-ware，指的是五金件的性能与技术参数；O—Ongo-ing ability，指的是不断掌握关键技术。

另外“32mm系统”板式家具在生产上因采用标准化生产，便于质量控制，且提高了加工精度及生产率；在包装运输上，采用板件包装堆放，有效地利用了贮运空间，减少了破损和难以搬运等麻烦。

为什么要以“32mm”为模数呢[3]？原因如下：

①排钻设备主要靠齿轮传动，齿轮间合理的轴间距不应小于32mm，否则，排钻齿轮传动装置将受很大影响。

②欧洲习惯使用英制为度量单位，假若选用1in（25.4mm）作为轴间距，则会与排钻齿轮间距产生矛盾，而欧洲人习惯使用的下一个英制尺寸1 1/4（即31.75mm）取整即为32mm。

③32可以不断被2整除，就其数值而言，在家具设计装配中具有很强的灵活性和适应性。

④32mm作为孔间距模数，并不代表家具的外形尺寸是32mm的倍数，与我国建筑行业推行的300mm模数不矛盾。

二、“32mm系统”结构设计原理

由于部件就是产品，因此，“32mm系统”家具的设计实际上是对标准板件的设计，其中，旁板是设计的核心。这是因为旁板是板式家具中最主要的骨架部件，顶板（面板）、底板、搁板、背板都必须与旁板接合，而且抽屉滑轨、门板也必须与旁板相接合。

旁板上有两种类型的孔：结构孔（Construct hole）和系统孔（System hole）。前者是形成家具框架所必需的接合孔，后者用于装配搁板、抽屉等零部件[4]。在平面坐标中，结构孔在水平线上，即在水平坐标上，而系统孔位于板件的两侧，即在纵坐标上。（图7-31）

1. 结构孔技术参数

上沿第一排结构孔与板端的距离及孔径根据板件的结构形式和选用的连接件而定。若结构形式为旁板盖顶板（面板），如图7-32中a所示，采用偏心连接件连接，则结构孔到旁板端的距离$A=S+d_2/2$，孔径根据所选用的偏心连接件的大小而定；若结构形式为顶板（面板）盖旁板，如图7-32中b所示，则A应根据选用偏心连接件吊杆的长度而定，一般A=24mm，孔径为15mm。下沿结构孔到旁板底端的距离B则和望板高度（h）、底板厚度（d_2）及连接形式有关，如图7-32中c所示，$B=d_2/2+h$。

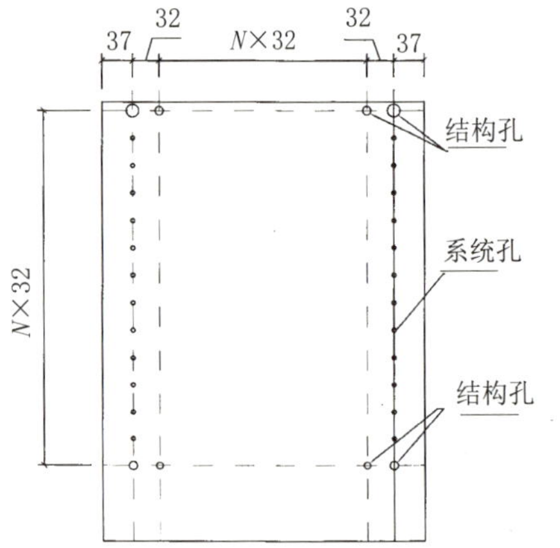

图7-31　家具设计中旁板结构设计实例

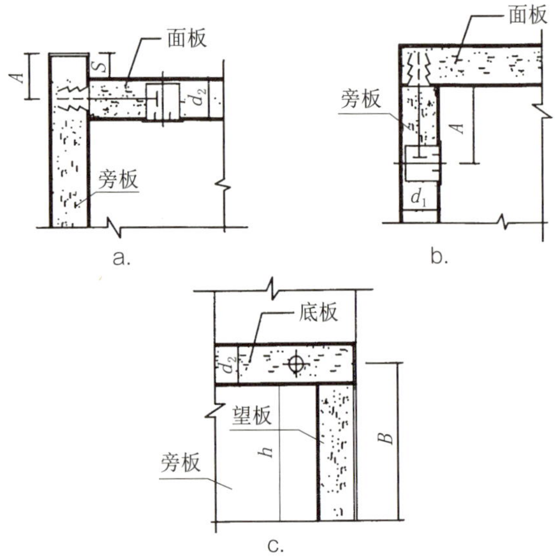

图7-32　家具设计中结构孔的定位示意图

2. 系统孔技术参数

系统孔一般设在垂直坐标上，分别位于旁板前沿和后沿，若采用盖门，前轴线到旁板前沿的距离*K*为37mm（或28mm），若采用嵌门或嵌抽屉，则应为37mm（或28mm）加上门板的厚度。同时，前后轴线之间及其辅助线之间均应保持32mm的整数倍距离。通用系统孔孔径为5mm，孔深规定为13mm，当系统孔用作结构孔时，其孔径根据选用的连接件要求而定，一般常为5mm、8mm、10mm、15mm、25mm等。

3. 旁板的尺寸设计

（1）长度

旁板上面有许多系统孔和结构孔，实际上，当它与顶板、底板的安装方式确定以后，旁板的长度也就确定了。长度$L=A+B+32N$，A、B的取值如图7-32所示。

（2）宽度

若按照对称设计的原则，旁板的宽度$W=2K+32N$，如对于盖门，$K=37$时常用的32mm系统旁板的宽度值可在表7-1中选取。

4. 抽屉的尺寸设计

在“32mm系统”板式家具设计中，较为复杂的还是抽屉的定位设计，抽屉设计的复杂性在于设计过程中需要二次定位：一次是屉面板与柜体旁板的定位，另一次是屉旁板与屉面板的定位。在很多情况下，要求抽屉面板的高度是一致的，在此以托底滑轮式导轨为例，如图7-33所示的是德国海蒂诗（Hettich）FR302系列导轨中的一种，其在旁板上的系统安装孔与抽屉旁板底部的距离为L=11mm，即称为偏移距（不同系列和品牌的抽屉滑轨的偏移距是不同的），此滑轨所需的最小安装高度为16mm。对于上下叠加结构的抽屉，若采用具有自闭性的抽屉滑轨，最上面的屉旁板上沿到柜顶板下表面（或上一抽屉的面板下沿）之间至少留16mm的高度，这时就需要对抽屉进行二次定位处理。

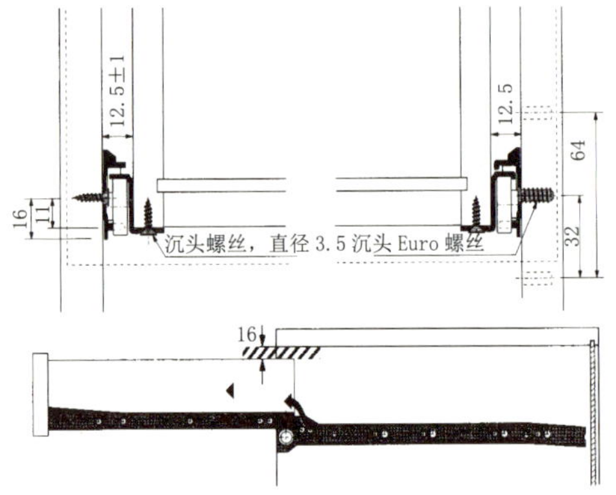

图7-33　家具设计中滑轮式导轨的安装示意图

表 7-1　旁板宽度

N 值	5	6	7	8	9	10	11	12	13	14	15	16	17	18
旁板宽度	234	266	298	330	362	394	426	458	490	522	554	586	618	650

第五节　五金件接合结构

家具五金件是板式家具和拆装家具不可缺少的部分，它起到连接、紧固和装饰的作用，随着DIY家具以及办公室自动化、厨房家具的变革，再一次促进和推动了家具五金工业向高层次发展，使家具五金产品在广度和深度上发生了质的飞跃。

一、五金件的类型

国际标准化组织于1987年颁布了ISO8554-1-1987、ISO8555-4-1987家具配件术语，将家具五金分为九类——锁、连接件、铰链、滑道、位置保持装置、高度调整装置、支撑件、拉手、脚轮。再结合家具五金件的结构及功能特点可分为固定结构件、转动结构件、滑动结构件以及安全结构件（锁）、位置保持装置、高度方向调整结构、装饰件等。

二、固定结构件

固定结构件包括结构连接件和支撑件两类。

1. 结构连接件

“固定结构件”动画视频

结构连接件是拆装式家具上各种部件之间的紧固构成，其材料有金属、塑料、尼龙等。按照其作用和原理不同，可分为偏心式、螺旋式、倒刺式、拉挂式等。其中偏心式连接件应用最广。

（1）偏心式连接件

①结构特点与连接方式：偏心式连接件的接合原理是利用偏心式螺母结构将连接另一板件的连接端部夹紧，从而把两板连接在一起，用于两相互垂直板件间的连接。如图7-34所示，偏心式连接件由圆柱螺母、连接杆及倒刺螺母等组成，使用时，在一板件上嵌入倒刺螺母，并把一端带有螺纹的连接杆旋入其中，另一端通过板件的端部通孔，接在开有凸轮曲线槽的圆柱螺母内，当顺时针拧转圆柱螺母时，连接杆在凸轮槽内被提升，即可实现两部件之间的垂直连接，为了使表面美观，可用装饰盖将圆柱螺母掩盖起来。其特点是拆装方便、灵活，适用于自装配家具，有较大的接合强度。但是偏心式连接件定位性能差，需要用圆棒榫定位，一般每个偏心式连接件需设一个圆棒榫定位。偏心式连接件要求板件加工精度高，现广泛用于各类柜的板件连接。

②技术要求与尺寸：圆柱螺母的直径有12mm、15mm、25mm等规格，柜体结构中常用15mm，可拆装抽屉中常用12mm，倒刺螺母的直径常用的有8mm、10mm。连接杆的长度规格较多，常用的尺寸是使圆柱螺母孔心离板件边缘为24mm或34mm。在设计时，应了解各种的具体参数选用适合的连接件。图7-35为偏心式连接件的技术参数及安装示意图。

（2）倒刺式连接件

倒刺式连接件就是将外周有倒刺、内周有螺纹的螺母预埋在板件中，然后用一根螺杆将其与另一板件连接在一起，主要用于两垂直板件间的接合。按螺母上倒刺的形状特点不同，倒刺式连接件又有

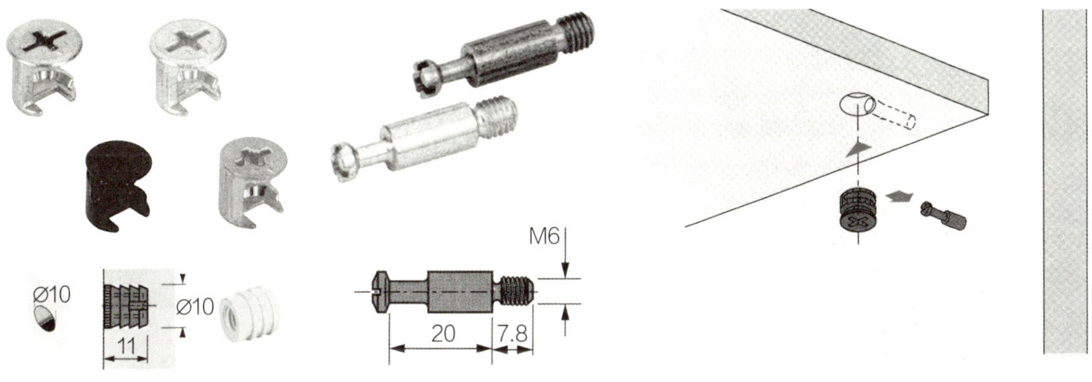

a. 倒刺螺母　　b. 连接杆　　c. 接合示意图

图7-34　家具设计中偏心式连接件的安装示意图

直角式、排刺式。（图7-36）

（3）螺旋式连接件

螺旋式连接件的接合原理同倒刺式连接件，采用带内螺纹的空心木螺钉螺母、圆柱螺母、五眼板或三眼板螺母等取代倒刺螺母，主要用于两垂直板件间的接合，如衣柜、文件柜等柜类家具的顶板、底板和旁板的连接。比较常用的是圆柱螺母连接杆，由圆柱螺母、螺栓连接杆和垫圈组成。使用时，先在板内侧连接处钻好安装圆柱螺母的圆孔，孔径应比圆柱螺母外径大0.5mm，再在板的端面钻出螺栓孔，使之与圆柱螺母的螺母孔相通。安装时，将圆柱螺母放入板的侧孔内，并使螺母孔朝外，跟螺栓相对，然后将螺栓穿过板端上的螺栓孔，对准圆柱螺母孔旋紧即可。其结构特点是接合强度高，且不需要借助木材的握钉力来提高接合强度。（图7-37）

（4）拉挂式连接件

拉挂式连接件是利用固定于某一部件上的片式连接件上的夹持口，将另一部件上的片式或杆式零件夹住，且所受力越大，夹持越紧，主要用于两垂直板件间的接合。其结构简单，使用过程中拆装方便。（图7-38）

（5）背板连接件

对于背板，除了采用在旁板和顶、底板开槽嵌入固定之外，还可以采用专用的背板连接件进行连接，如图7-39所示。应用时，可根据需要选择紧固方式，如夹固、旋固等。

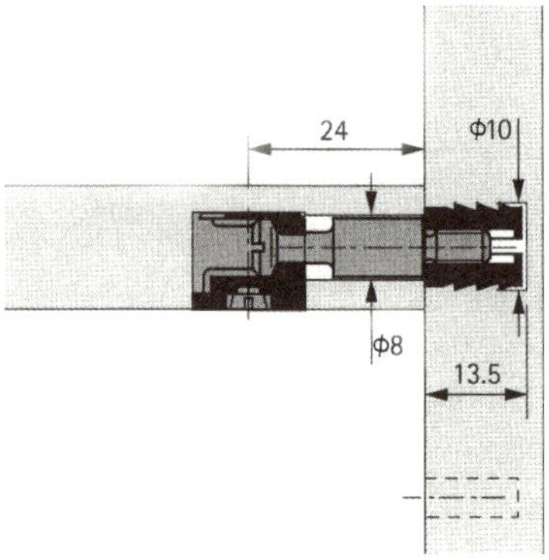

a．圆柱螺母孔心离板件边缘为24mm

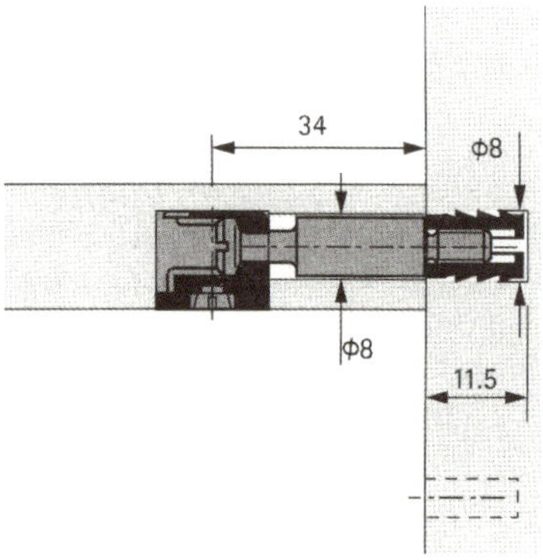

b．圆柱螺母孔心离板件边缘为34mm

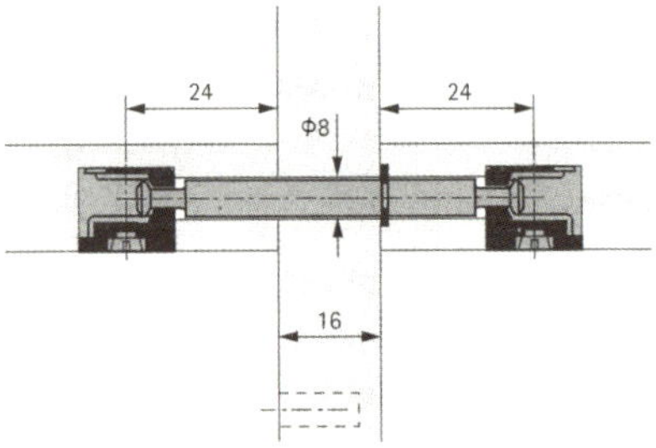

c．双侧面安装连接杆连接

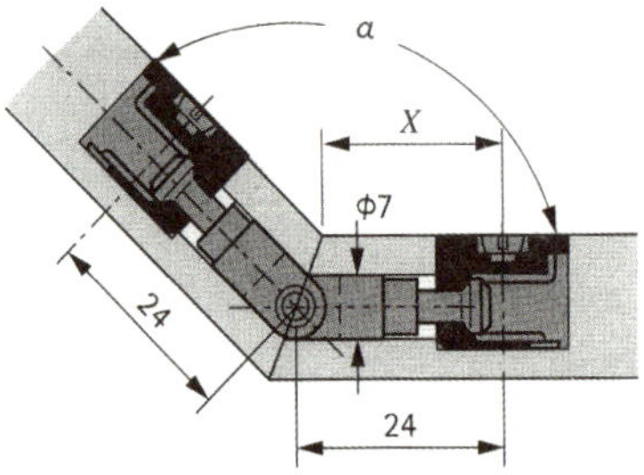

d．活动连接杆连接

图7-35　家具设计中偏心式连接件的技术参数及安装示意图

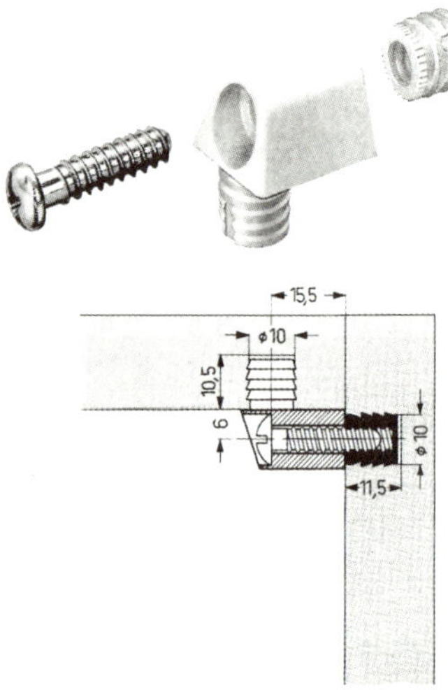

a．直角式倒刺螺母连接件

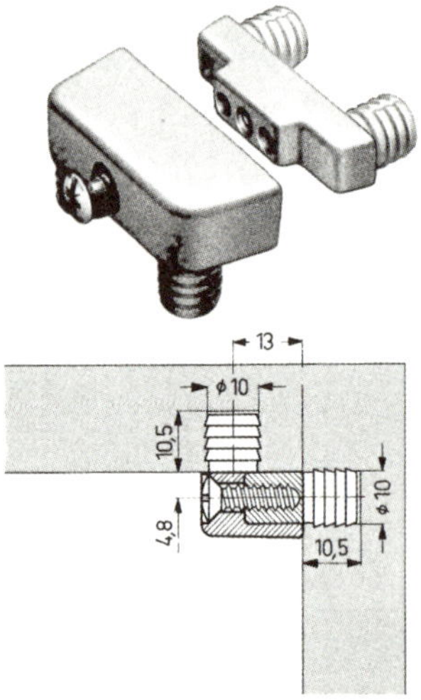

b．排刺式倒刺螺母连接件

图7-36　家具设计中倒刺螺母连接件的安装示意图

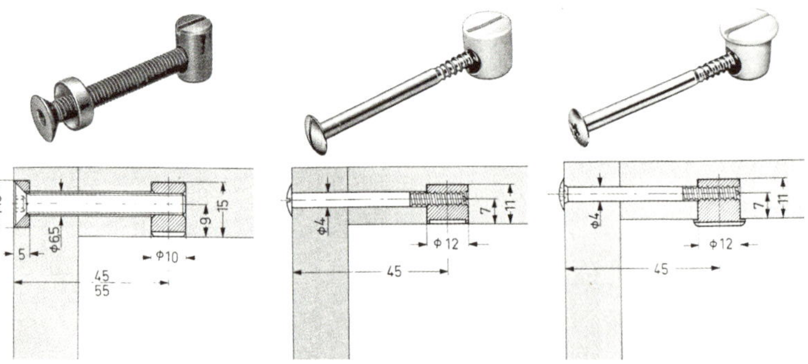

图7-37　家具设计中圆柱螺母连接的安装示意图

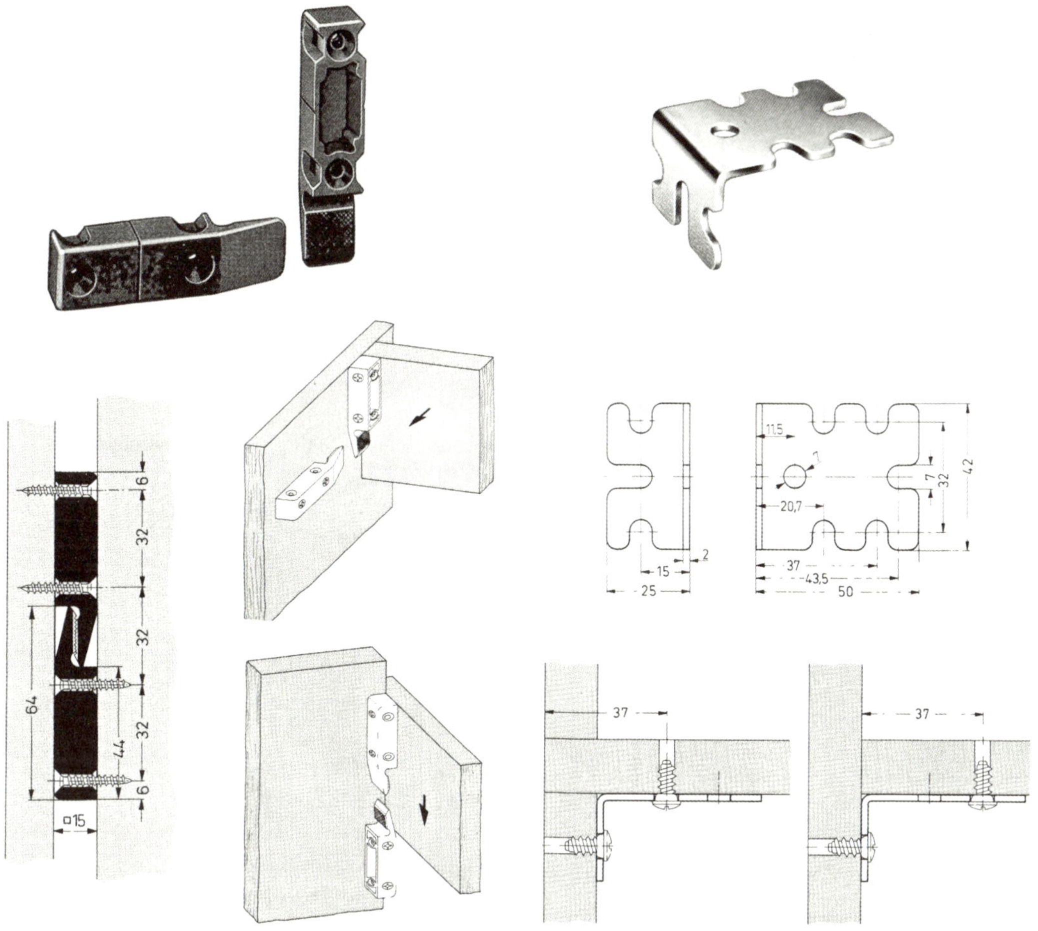

图7-38　家具设计中拉挂式连接的安装示意图

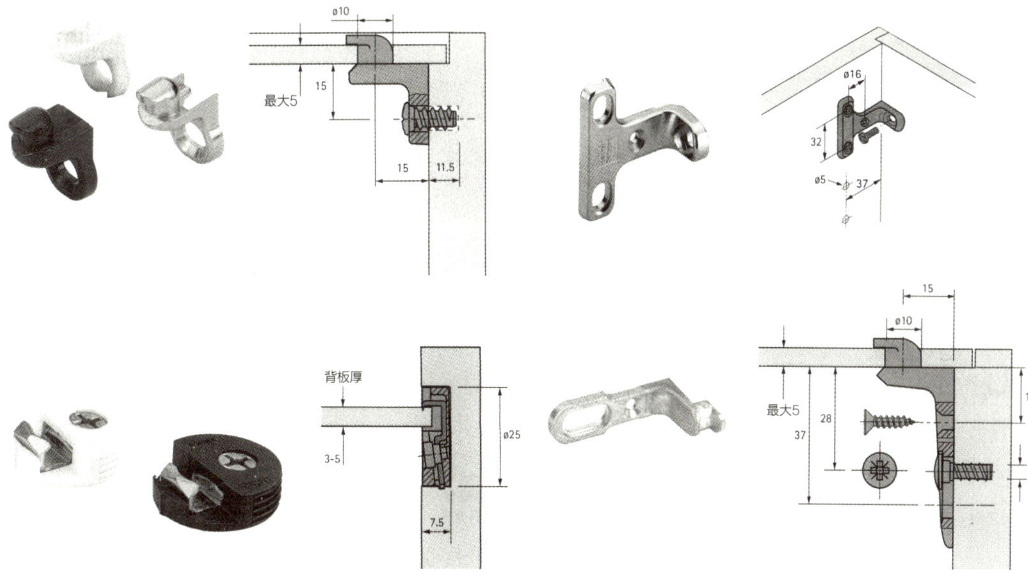

图7-39　家具设计中背板连接件的安装示意图

2. 结构支撑件

结构支撑件主要用于支撑家具部件，如搁板支撑件、衣棍支座等。（图7-40）

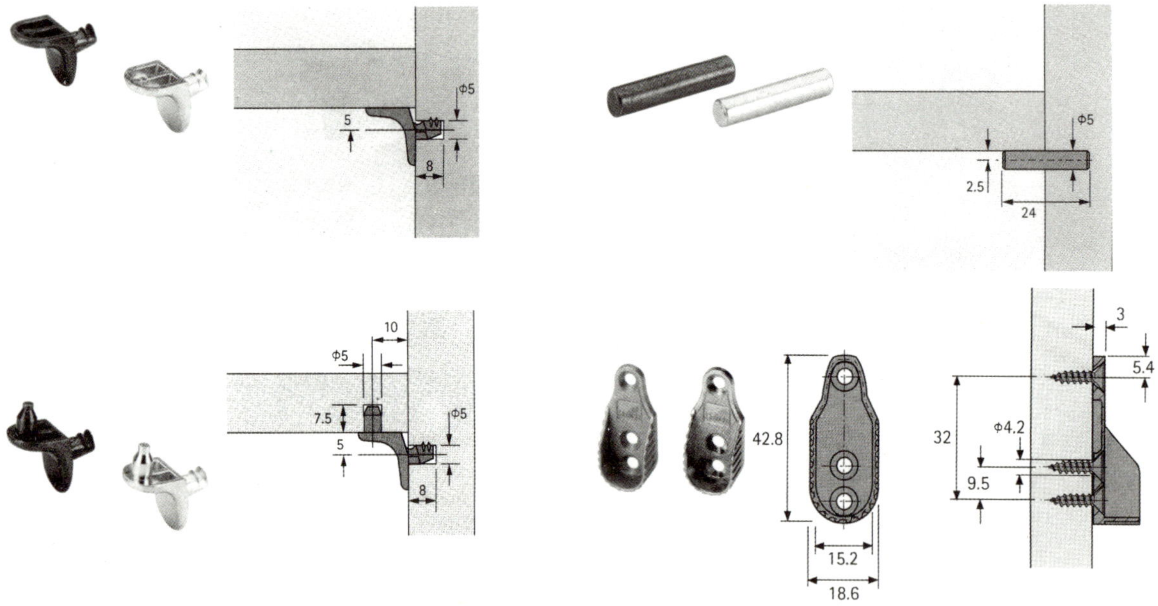

图7-40　家具设计中常见结构支撑件的安装示意图

三、转动结构件

转动结构件主要用于门板与箱体的活动连接，形成门的开启和关闭运动。按构造方式不同，可把转动连接方式分为门单侧边转动和门两端头转动两种形式，转动轴线有垂直方向（开门）和水平方向（翻门），相应的连接件有合页、杯形暗铰链、玻璃门铰链、门头铰链等（图7-41）。在此对杯形暗铰链的结构设计及技术参数重点介绍。

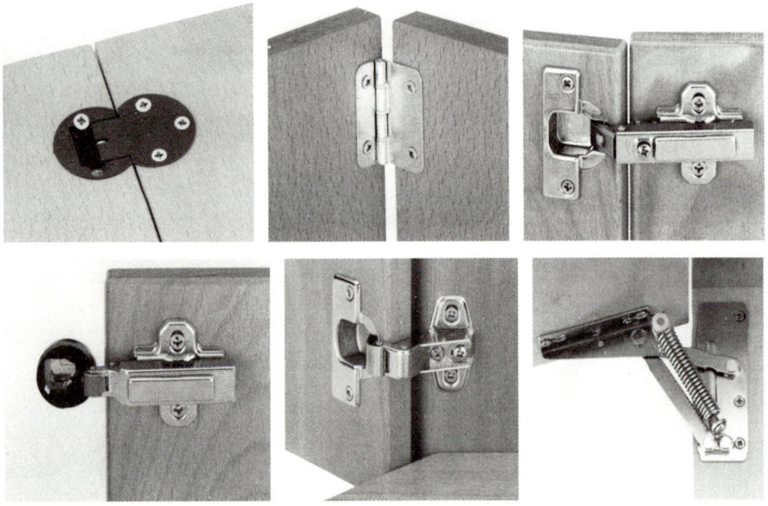

图7-41　家具设计中常见转动结构件的安装示意图

1. 杯形暗铰链转动安装结构

杯形暗铰链为常见的柜类家具门转动连接件，安装时完全暗藏于家具内部而不外露，具有隐蔽性好、安装方便、便于拆装和调整、自闭性强等优点，使家具表面清晰美观，如图7-42所示。按使用时门开启角度的不同可分为90°、110°、135°、180°等；按材料不同可分为金属型、塑料型和混合材料型；按结构不同可分为有自

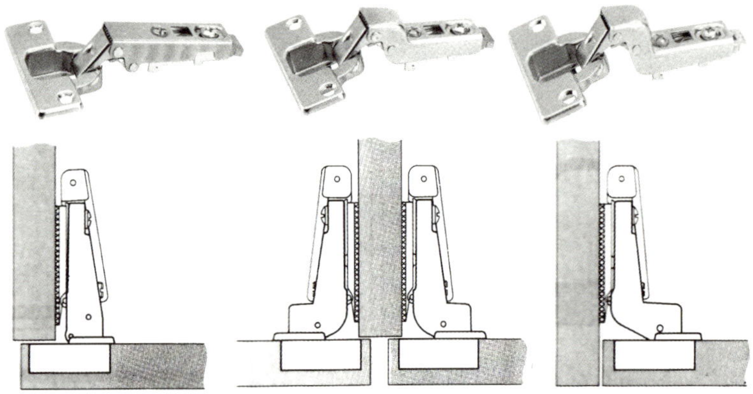

图7-42　家具设计中杯形暗铰链的安装示意图

锁型和无自锁结构型；按安装后门侧边与旁板侧边的相对位置不同可分为全盖门、半盖门和嵌门，即直臂、小曲臂和大曲臂；按杯形直径的不同又有26mm和35mm两种规格，其中35mm为常用规格[5]。

（1）杯形暗铰链的启闭运动分析

杯形暗铰链靠四连杆机构转动，单四连杆的暗铰链门的开启角度为92°~130°；双四连杆的暗铰链最大可以开到180°。一般情况下装暗铰链的门在开启过程中会向前移位，开成90°时，门的内侧将超出旁板的内侧面；在关闭过程中，当门转动关闭到小于45°时，由于暗铰链具有弹性，门会自动关闭，这也就是常说的暗铰链的“自闭性”；安装完成后还可以通过调节螺钉进行适当的调整，以消除安装误差。

杯形暗铰链的转动结构原理就是一个简单的四连杆机构原理[6]，如图7-43所示是其0°~90°启闭运动轨迹。从图7-43中可知，杯形暗铰链系统通过节点*A*、*B*、*C*、*D*构成的四连杆机构实现转动，其中*AB*为主动运动杆，*AD*、*BC*为从动（摆动）杆，*CD*为固定杆。当门自关闭到90°开启位置时，*AB*杆到达*A'B'*的位置，并且*AB*⊥*A'B'*。同时，门的侧边*ab*也转至*a'b'*位置，*ab*⊥*a'b'*。

“杯形暗铰链”动画视频

A、*B*两点的运动轨迹分别是两段圆弧。而且处在同一平面内的*a*、*b*两点，其运动轨迹出现了不同程度的变形。*aa'*、*bb'*两段曲线分别为*a*、*b*两点从0°~90°位置（到达*a'b'*两点）时的运动迹线。

设曲线*aa'*越过门边*ab*外侧，到达的最远距离为Δt_x，曲线*bb'*越过门内侧面*bc*外侧，到达的最远距离为Δt_y。如图7-43中所示，$\Delta t_x>0$、$\Delta t_y=0$，当暗铰链的靠边距*C*及门的厚度改变时，*aa'*、*bb'*曲线将发生变化。因此Δt_x及Δt_y的值也会发生变化。一般地，当门开启至90°时，门的内侧面将处在超出旁板内侧面一段距离的位置上，所以在设计柜内部空间尺寸时应注意这个问题。

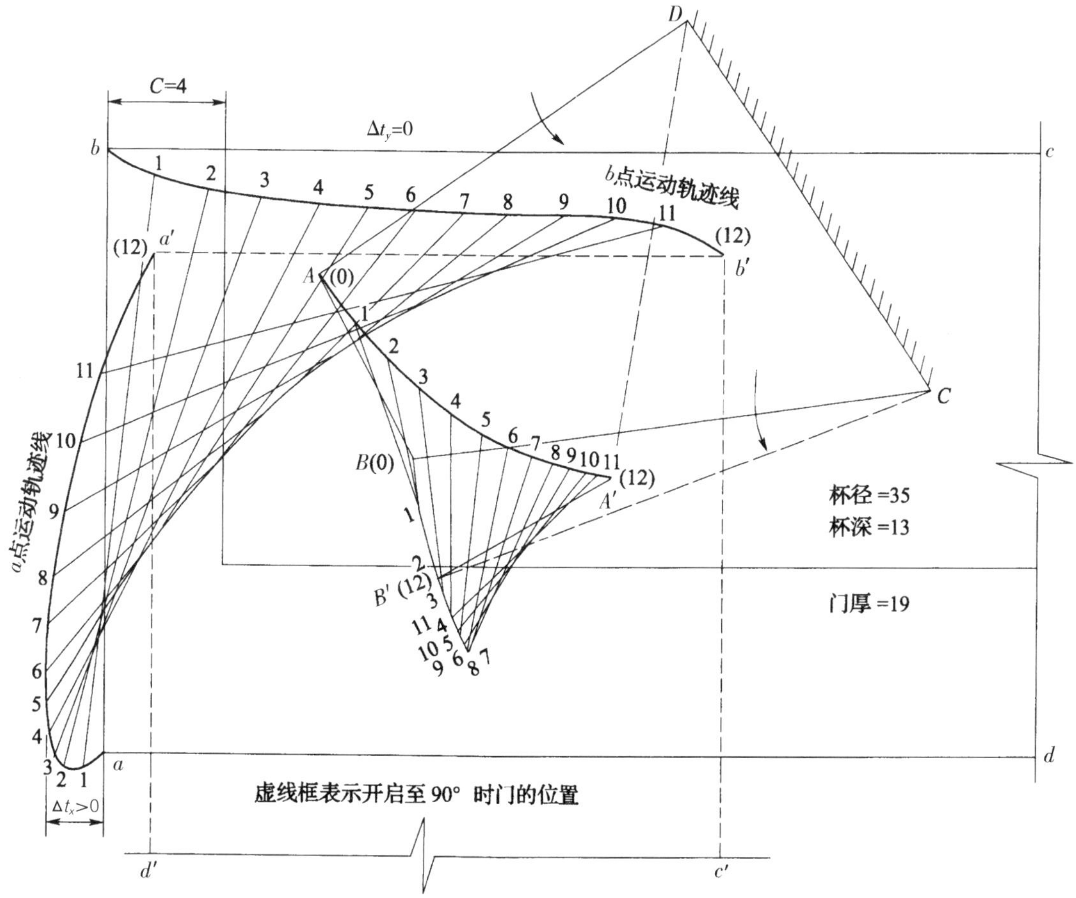

图7-43　家具设计中杯形暗铰链0°~90°运动轨迹图

对于全盖门、半盖门、内嵌门而言，从旁板内侧面至90°开门，内侧面之间的距离将逐级增大。若要解决不同间距条件下铰臂与底座之间的连接问题，可以通过增加铰臂向旁板内侧面弯曲的程度以及调整底座的高度来实现。

（2）杯形暗铰链的特征参数（图7-44）

①零底座：底座有不同的高度，当对底座高度进行系列化设计时，所确定的具有最小特征高度（h_0）的底座，应被命名为“零底座”。系列中其他底座（h_x）的命名应称作（h_x-h_0）mm底座。由此可见，零底座的高度值并不为零。

②零底面：当底座处在安装位置，调节螺钉处在调零位置，并且底座的底平面与门的内侧面保持垂直时，该底平面被称为“零底面”。

③参量A：表示门与旁板之间相对安装位置的设计参量。当门处于0°关闭位置时，自门侧边至旁极内侧面之间的距离即为A；门与旁板相离为正，相叠为负。

④参量B：表示铰臂弯曲程度，以适应不同A值的设计参量。当门处于0°关闭位置时，自零底面至杯铰外侧面之间的距离即为B。一般根据弯曲程度，分为直臂、小曲臂、大曲臂三类，对应的B值分别为B_1、B_2、B_3。以杯径35mm的暗铰为例，如果直臂铰的零底面偏离铰杯中心4.5mm，则其B值应为B_1=35/2-4.5=13（mm）。如果同一系列的小曲臂铰比直臂铰向前弯曲10mm，则B_2=B_1-10=3（mm）。如果同一系列的大曲臂铰比直臂铰向前弯曲16.5mm，则B_3=B_1-16.5=-3.5（mm）。

⑤参量C：表示铰杯孔与门侧边之间保持相对位置的设计参量，即暗铰安装后的靠边距。自铰杯孔至门侧边之间的最小距离即为C。对不同性能的暗铰产品，C值有不同的取值范围。C的最小取值理论上可以达到0，但实际使用时为考虑木质材料边部的强度，一般应使C的最小取值C_{min}≥3mm，C的最大值取值由于受转动间隙Δt_x、Δt_y的限制，以合理为度。另外，在已确定的C的取值范围内，如C=3~6mm，虽然允许C在此范围内，取任意值，但为了适应参量H的规范化取值的需要，而且设计时不考虑暗铰在H方向上的可调整量，所以C的取值以3mm，3.5mm，4mm，4.5mm，5mm，5.5mm，6mm，即保持0.5mm的级差为宜。

⑥参量H：自零底面至旁板内侧面之间的距离为H，它实际上是底座垫片厚度。H的最大取值一般小于12mm，过高的H值会影响底座的安装强度和稳定性。

⑦参量Δt_x：表示装铰门侧的各个凸出部位（边棱）在X轴向上所需的最小转动间隙。根据不同的门厚和C值的不同取值，将有一定的Δt_x值与之相对应。（该对应关系应由厂家向用户提供）

⑧参量Δt_y：表示装铰门侧的各个凸出部位，在y轴方向上所需的最小转动间隙。一般情况下，Δt_y≤0，因此，可不予考虑。只有在C的取值较大的情况下，有可能出现Δt_y>0的情况。

⑨参量L：表示门开启后与旁板保持的相对距离。当门开至90°位置时，自门内侧面至零底面（或H=0时，至旁板内侧面）之间的距离即为L。对应于

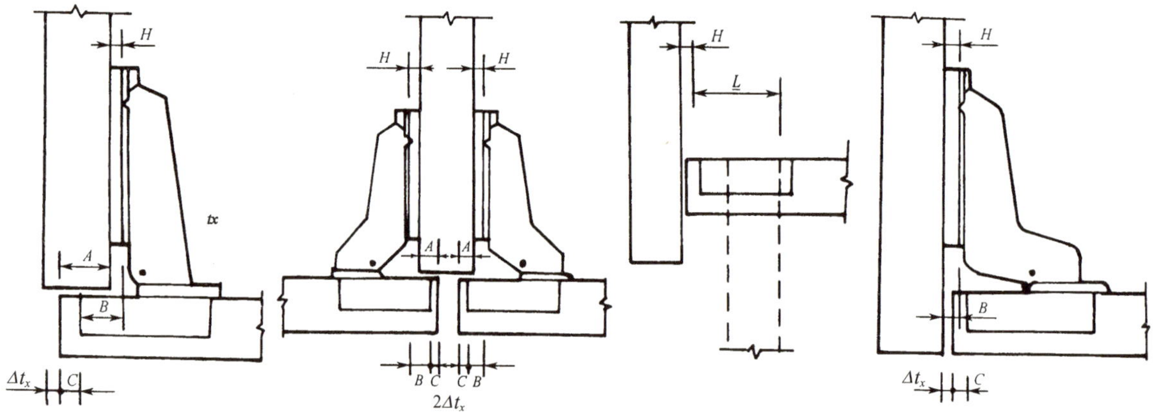

a. 全盖门　b. 半盖门　c. 90° 开启　d. 内嵌门

图7-44　家具设计中杯形暗铰链特征参数示意图

B的系列参数值，将有L的系列参数值，且（$B+L$）应是一个定值。

（3）参量关系式

对于前述的参数，在设计过程中是相互关联的，并存在一定的量化关系，即：

$$H=A+B+C$$

对于A值，盖门时为负，嵌门时为正。对于零底面未超出铰杯外侧面的铰链，B为正值；对于零底面已超出铰杯外侧面的铰链，B为负。C总是正值，当$H\geq 0$时，为有效参数值。参量A、B、C的设计取值应分别为0.5mm的整数倍，参量H由A、B、C求和时取得，H的系列化取值应与之相吻合，而不应依赖于暗铰自身在H向上的可调节量来获得补偿。

（4）用户$A-C-H$表的编制

杯形暗铰链最终的安装设计主要是与A、C、H这三个参量的取值相关，为了更简捷可靠地完成安装设计，可以编制运用$A-C-H$表。为了让用户对A值有充分选择的余地，制表时，可将A列为用户主动取值参数（即自变量），而C和H则在参量有效配平的条件下随A的变化而变化（即C、H为因变量）。在$A-C-H$表中，对于每一个规范化的A的取值，都将有一个在允许范围内的C值和一个有效的H值与之相匹配。

$A-C-H$表的编制过程是：

①设计选定某牌号杯形暗铰链，并从其安装说明书中取得B值，如B_1=13mm，B_2=3mm，B_3=-3.5mm；H=0，1.5，3，5，7.5，9，10.5杯形铰链系列。

②用户设计取值为用户主动取值，但要合乎规范。设柜旁板厚19mm，对全盖门最大A值，$|A_{max}|<$（旁板厚-Δt_x），根据Δt_x值表（表7-2），可以取A_{max}=-18mm。对于半盖门$|A_{max}|<$（1/2旁板厚-Δt_x），根据Δt_x表，取A_{max}=-9mm。对于嵌门，$\Delta t_x<A\leq 1$，根据Δt_x表，取A_{max}=1mm。

表7-2　Δt_x取值表　　单位：mm

C	门厚					
	16	19	21	24	25	28
3	0	0.1	0.4	2.9	4.7	6.4
4	0	0.1	0.3	2.4	4.2	5.8
5	0	0.1	0.3	2.0	3.7	5.3
6	0	0.1	0.3	1.6	3.2	4.8

③将参量关系式换为参量配平式$A+C=H-B$。对参量配平式进行运算。

④如对盖门（B_1=13mm）取A值为-17.5mm时，可用配平式得出每一个C所对应的H值；再如对嵌门用B_2=3mm的暗铰，A取0.5mm时，对应每个C又可得出相应的H值等。

⑤$A-C-H$表计算的有效值列成$A-C-H$表（表7-3至表7-6），放置于办公室手头边，以便工作中遇到此种品牌的杯形暗铰链即可直接套用上述计算好的$A-C-H$某一组值。

表7-3　B_1=13mm用于盖板

A	C	H
-18	5	0
-17.5	6	1.5
-17	4	0
…	…	…

表7-4　B_2=3mm用于半盖板

A	C	H
-9	6	0
-8	5	0
-7.5	6	1.5
…	…	…

表7-5　B_2=3mm用于嵌板

A	C	H
1	5	9
0.5	4	7.5
1.5	3	7.5
…	…	…

表7-6　B_2=-3.5mm用于嵌板

A	C	H
1	4	1.5
0.5	3	0
0.5	6	3
…	…	…

（5）客户订货参数K

设参量配平式$A+C=H-B=K$，对用户而言，当A、C确定后，K即确定。从用户设计图来看，K值可定义为铰杯外侧至旁板内侧面之间的距离。只要客户提出具体K值，制造厂即可据此选备配好的H、B值，并配套向用户提供。

（6）单扇门所需的铰链数量确定

单扇门所需的杯形暗铰链数量取决于柜门的高度、柜门的宽度和柜门的材料质量，其用量最小值为2个。如图7-45所示是杯形暗铰链数量与柜门高度和重量关系。具体安装时，单扇门上铰链的安装顺序原则上是通过从上到下的交叉顺序来完成，最上部的铰链承担门全部的重量。而拆卸过程正好相反，是从下往上进行的。

2. 合页安装结构

合页是早期使用的门转动五金件，由于其在安装使用过程中档次较低，现已较少使用。合页可分为长铰合页与普通合页。长铰合页与所安装的门高度相同，每扇门只需安装一个，主要形成装饰效果，由于长铰合页成本较高且门的高度规格受限，若非特殊要求则不选用。普通合页铰链的长度一般为40~60mm，门的高度若小于1200mm，则只需安装2个合页，若超过1200mm，则根据超过程度可安装3~4个合页，其安装结构如图7-46所示。

3. 门头铰链安装结构

门头铰链来源于传统建筑中的木门开启结构，属于暗铰链的一种，安装于门的两端头，要求两端铰链的转动轴在同一条中心线上，在门绕铰链转动开关时，门的侧棱需要一定的转动间隙，故需要将门对应的旁板处铣成一条弧线，弧的半径应大于门侧棱至铰链中心线的垂直距离。由于门头铰链价格便宜，安装拆卸方便，现仍广泛应用。其安装结构如图7-47所示。

4. 折合转动结构件

折合转动结构件常用于折叠门的安装。它是将滑动装置与铰链结构结合起来，即能够沿轨道移动并折叠于柜体一边，以实现柜门的开启。折叠门也可将柜体全部打开，取放物品比较方便，并且滑动轻，幅度大。对于柜体较大时，采用折叠门可以减少因柜门较大所占有的柜前空间。目前，折叠门多用于衣柜、壁柜或用以分隔空间的整体墙柜。

①折叠门的结构特点与安装方法：高档柜类折叠门的安装一般采用专用的折叠门配件。以海蒂诗WingLine770双扇折叠门配件为例。其具体的安装方法为：先将滑动部件、导向部件和折叠门铰链用木螺钉固定在折叠门上，将导向槽安装在底板下侧表面外沿；接着在没有安装滑动部件和导向部件的门上安装门铰链，将门与柜体的侧板相连；最后将折叠门的滑动部件装在滑动槽中，将带导向轮的导向部件固定在导向槽中。其结构如图7-48所示。

②折叠门安装的技术参数：一般要求单扇折叠门宽度不大于500mm，单扇门扇重量不超过20kg。

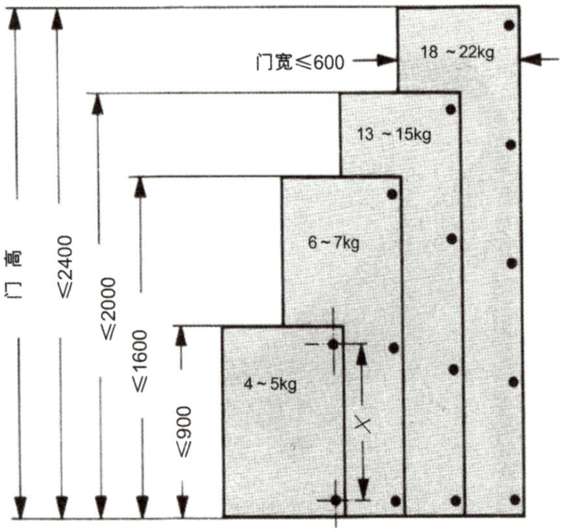

图7-45　家具设计中杯形暗铰链数量的确定示意图

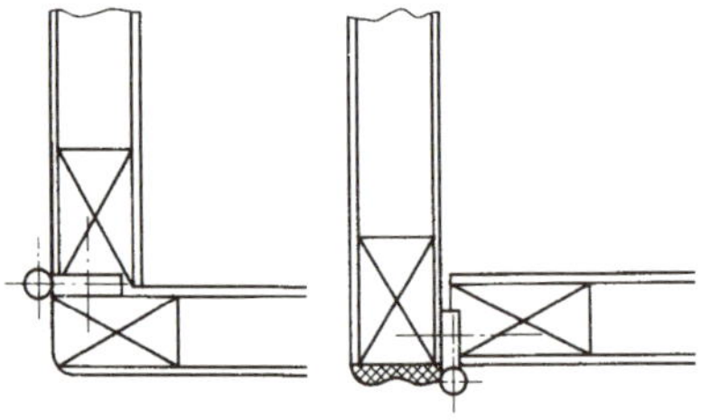
图7-46　家具设计中合页铰链安装结构示意图

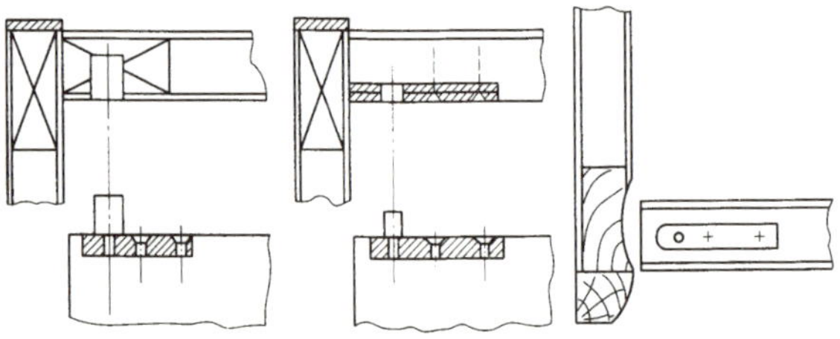
图7-47　家具设计中门头铰链安装结构示意图

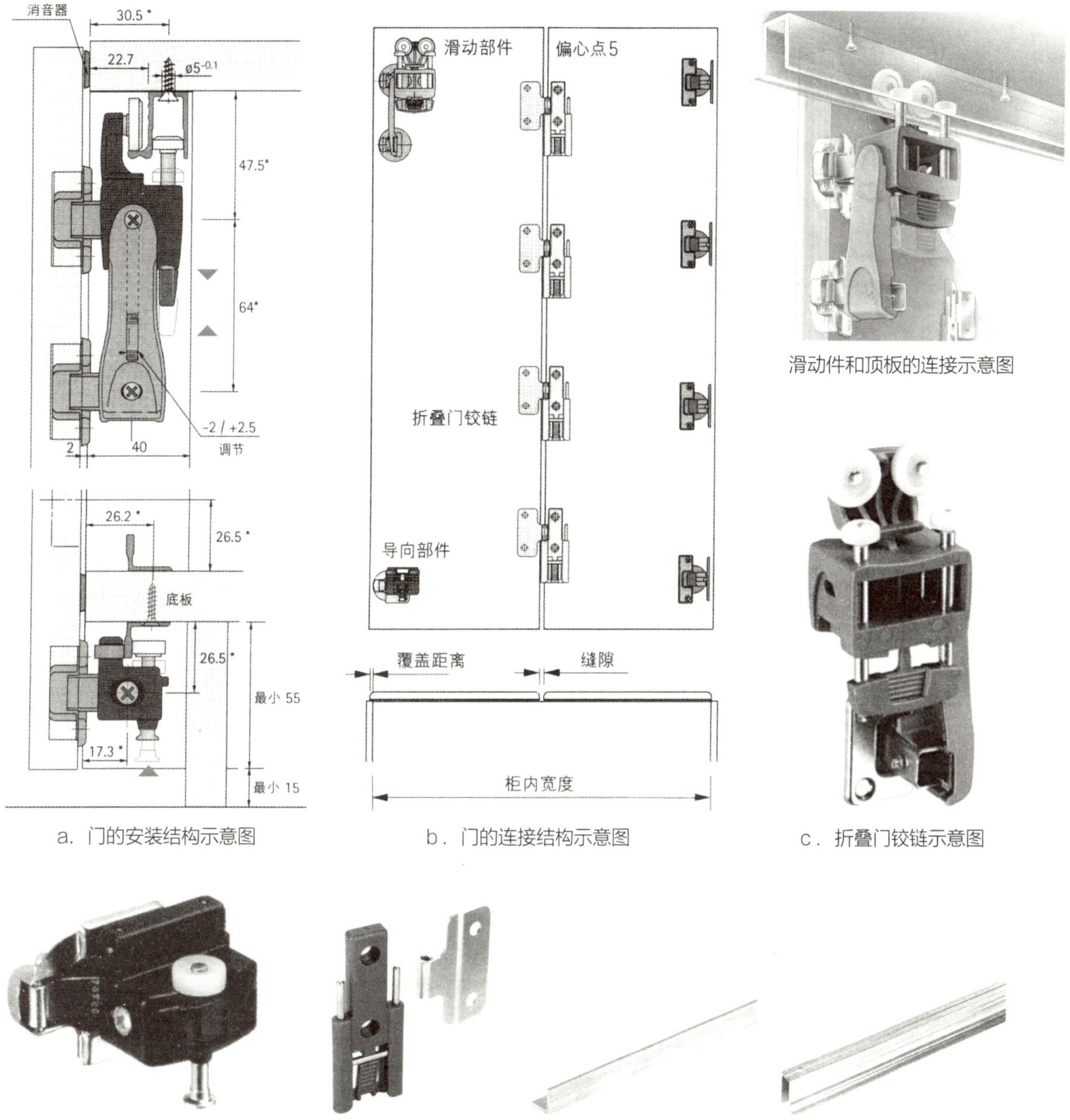

a. 门的安装结构示意图　b. 门的连接结构示意图　c. 折叠门铰链示意图

d. 导向部件示意图　e. 滑动部件示意图　f. 导向槽　g. 滑动槽

图7-48　家具设计中折叠门的结构与安装示意图

四、滑动结构件

滑动结构件最常用的为抽屉滑道和推拉门滑道，此外还有电视柜用的转盘装置，家具底部的滑轮等。

1. 抽屉滑道

抽屉滑道根据其滑动的方式不同，可以分滚轮式和滚珠式；从抽出程度看，有半拉出和全拉出的；从载荷量看，有轻载、中载、重载之分；从安装方式看，有侧面式、托底式、嵌槽式、抽底式；从结构特点看，有两节轨、三节轨、自回弹隐藏式滑轨等。抽屉滑轨长度有多种规格，可以根据抽屉侧板的长度自由选择。一般抽屉的长度到柜体背板至少应留3~5mm的空隙。（图7-49）

"抽屉滑轨"动画视频

以最常用的托底滑轮式滑轨为例，一般抽屉滑轨由两部分组成，与旁板相连接的部分有两种类型的孔眼，分为自攻螺钉孔以及便于调节上下位置的

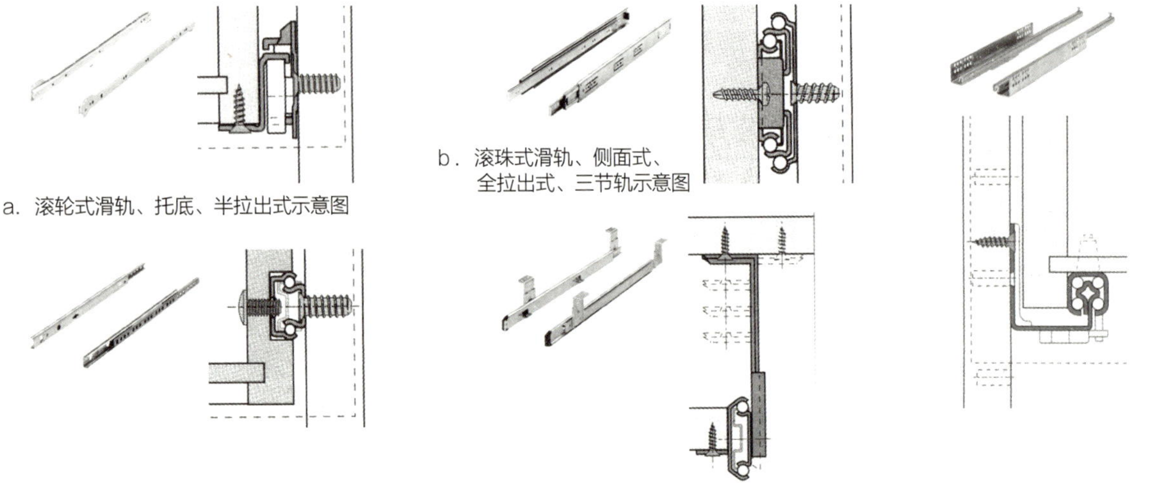

a. 滚轮式滑轨、托底、半拉出式示意图

b. 滚珠式滑轨、侧面式、全拉出式、三节轨示意图

c. 滚珠式滑轨、嵌槽式、半拉出式、二节轨示意图

d. 滚珠式滑轨、半拉出式、二节轨示意图（常用于键盘托）

e. 滚珠式滑轨、抽底式、自回弹隐藏式滑轨示意图

图7-49　家具设计中不同类型的抽屉滑轨结构与安装示意图

椭圆形孔。安装孔的位置均按“32mm系统”设置，第一个孔离滑轨端部26mm，第二个孔离滑轨端部35mm，加上2mm的安全间隙（防止轨头冒出旁板边缘），刚好适合“32mm系统”中28mm或37mm靠边距的系统安装孔，其他的孔距也均为32mm或其倍数（图7-50）。与抽屉相连的部分，用3.5mm自攻螺钉钉于抽屉侧板的底部。

2. 推拉门滑道

推拉门滑道主要用于移门、卷门和折叠门等的滑动开启。

（1）移门结构

移门为向水平方向移动开启的形式，有木质门和玻璃门两种常用材料。移门启闭时不占柜前空间，可充分利用室内面积，但每次开启只能敞开柜体的一半，开启面积小。移门宜用于室内空间较小处的家具，也适用于难以用铰链直接安装的门，如玻璃门。

移门滑道有多种类型，较简单经济的是在柜顶板、底板或搁板上直接开槽，用作推拉门的滑道，但由于长期使用，易磨损，故此结构适用于质量较轻的移门；较高级的家具多选用塑料、铝合金及带有滚珠、滚轮的滑道，以便有效地减少移门推拉的摩擦力，使之推拉轻便；而对于高度大的重型移门，多采用吊轮滑道进行安装。

单轨道移门一般采用单行道的滑动系统，适用于书架或其他装饰类家具；双轨道移门指两扇门或

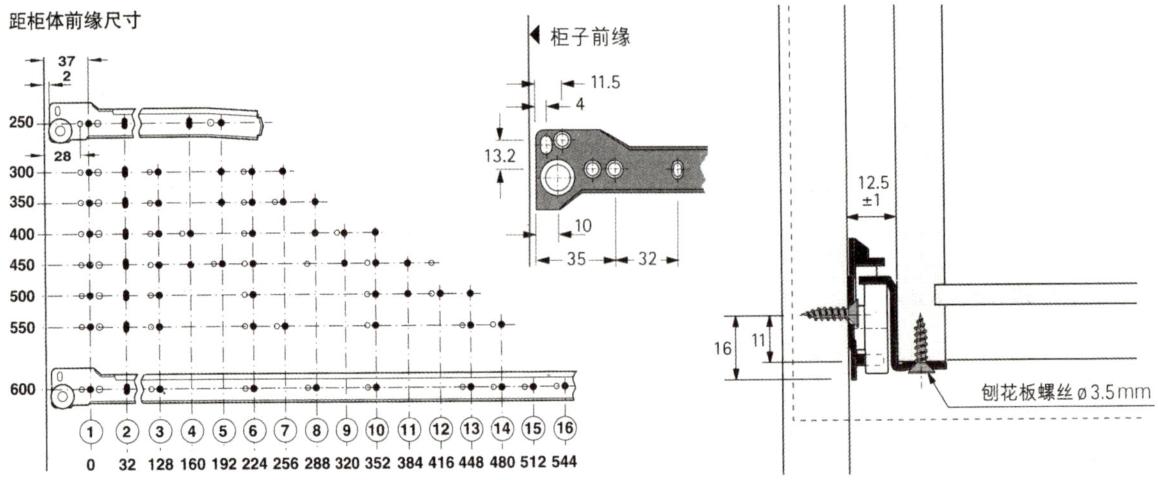

图7-50　家具设计中托底滚轮式滑轨的安装尺寸示意图

两扇以上门的前后错开、分别在平行的滑道内滑动；三轨道移门适用于柜体特别宽或隔断空间较大的情况。如图7-51所示为各种移门滑道结构形式[7]。

（2）卷门结构

通过推拉可沿导槽滑动而卷曲开闭的门即为卷门，其既可以左右移动开启，也可以上下移动开启。卷门一般采用半圆木条胶钉在柔性和强度较好的织物上制成，木条半径为7.5mm左右，相互间距不大于1mm，木条两端加工成榫肩。卷门风格独特，装饰效果好，但制造成本高，一般用于高档家具。如图7-52所示为卷门结构形式。

3. 电视机转盘

为了适应电视机能够任意角度旋转的要求，可在电视机下安装转盘，其结构如图7-53所示。

4. 滑轮

滑轮常装于柜、桌的底部，以便移动家具。根据连接方式的不同，可分为平底式、丝扣式、插销式三种形式，又可以装置刹车，当踩下刹车，可以固定脚轮，使其不能滑动。平底式采用螺钉接合，丝扣式采用螺丝和预埋螺母接合，插销式采用插销与预埋套筒接合。

五、安全结构件（锁）

“抽屉连锁”动画视频

家具的安全结构件，主要是指各种锁具，常用于门和抽屉，使门和抽屉关闭后能够锁住，以保证物品放置的安全。家具形式发展至今，锁的形式也已多种多样，但主体机构主要还是在门或抽屉面与外框架之间建立连接。如现代办公家具中（尤其是写字台），为了同时锁紧几个抽屉，而产生了连锁，连锁分为正面连锁和侧面连锁，连锁的安装，需要在桌、柜旁板上开一定宽度和深度的槽，把锁传动杆装入其中，并利用32mm系统的系统孔固定，同时为每个抽屉配上相应的挂钩装置（图7-54）；还有一种儿童安全锁，由两部分组成——锁及磁性按钮，固定锁安装在门的内侧，在锁紧的状态下，只有当按下按钮时，门才能打开，并对家具的外观不会产生影响，这种安全保护是隐藏的（图7-55）。

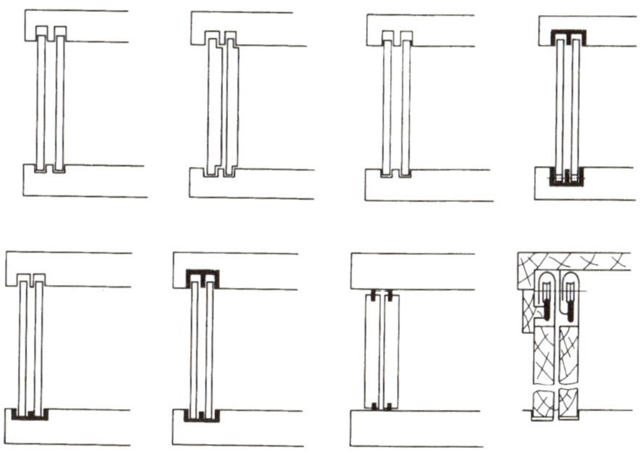

图7-51　家具设计中移门滑道结构示意图

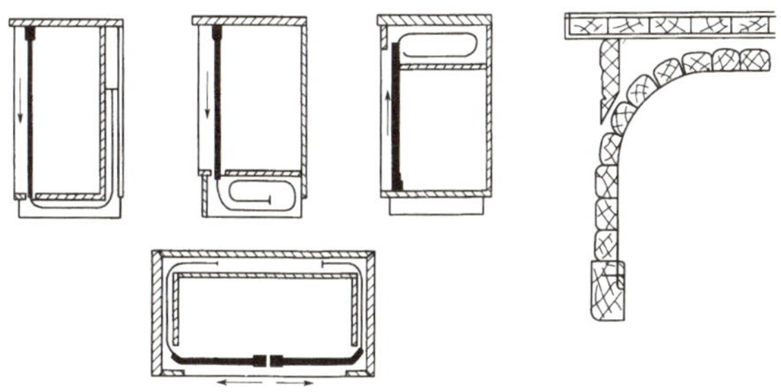

图7-52　家具设计中卷门滑道结构示意图

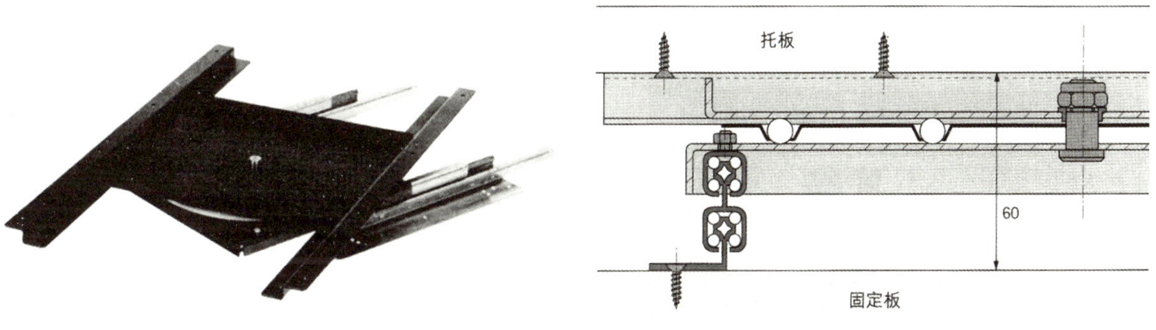

图7-53　家具设计中电视机转盘结构示意图

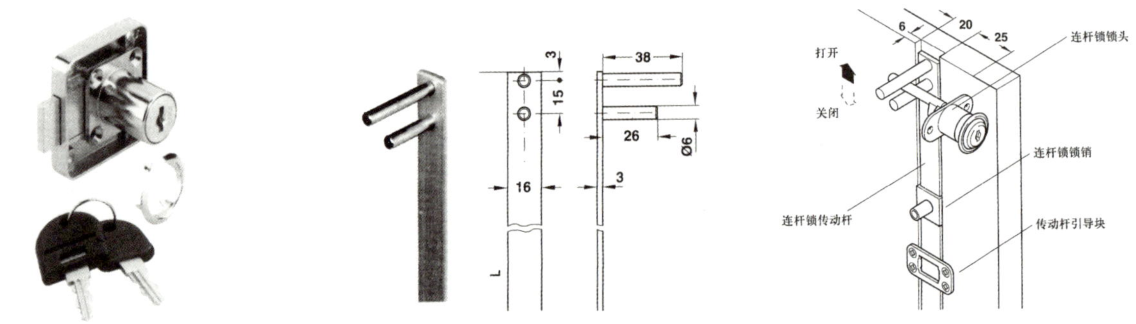

a．普通抽屉锁及柜门锁　　b．锁传动杆　　c．连杆锁安装示意图

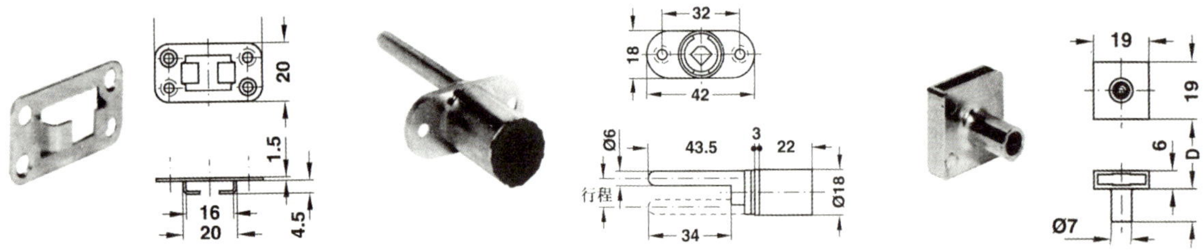

d．传动杆引导块　　e．连杆锁的锁头　　f．锁销

图7-54　家具设计中连锁及其安装示意图

六、位置保持器

位置保持器主要用于活动构件（主要是门）的定位，如前后平开门用碰头、门吸，翻门拉杆（又称牵筋拉杆）等。碰头、门吸的作用是使柜门关闭时减少门与框之间的反弹力以及碰撞时的噪声，不至于接触的瞬间门被弹开，常用的有磁性门吸、磁性弹簧门吸、钢珠弹簧门吸、塑料弹簧门吸等（图7-56）。翻门拉杆主要用于橱柜、酒柜、书柜等的翻门（或翻板），使翻门绕轴旋转，打开后被控制或固定在水平位置，翻门拉杆分为上翻门式和下翻门式，需要配合翻门铰链使用，一般上翻门拉杆带定位功能，以保证上翻门打开后不会随意落下，下翻门可以作搁板或台面使用（图7-57）。

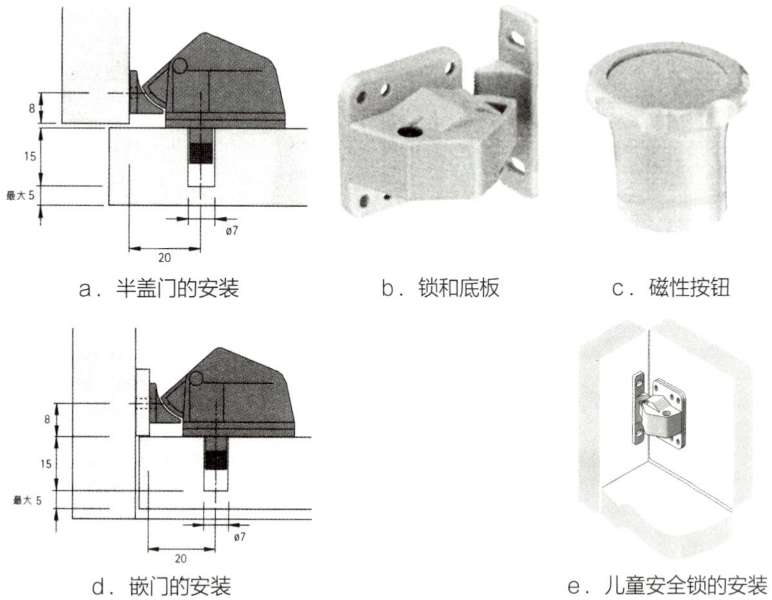

a．半盖门的安装　　b．锁和底板　　c．磁性按钮

d．嵌门的安装　　e．儿童安全锁的安装

图7-55　家具设计中儿童安全锁的结构示意图

七、高度方向调整结构

高度方向调整结构的作用在于通过自身的上下调节或厚度调节，使家具的横向平面达到水平或一定角度，主要形式如脚钉、脚垫、调节脚以及为办公家具特别设计的鸭嘴调节脚等。地脚的直径一般为80mm，地脚高度方向调节范围为80~180mm。（图7-58）

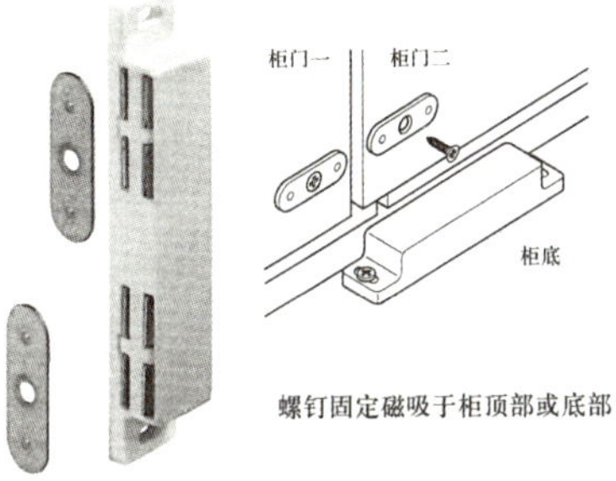

a．双门磁吸及安装示意图

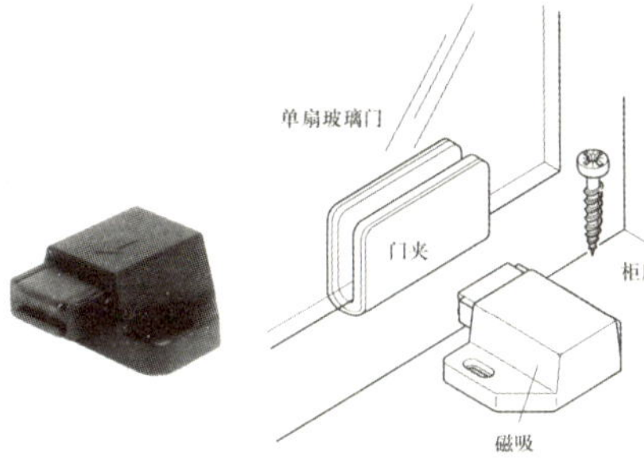

b．单玻璃门磁吸

c．单门磁吸

d．弹簧压扣

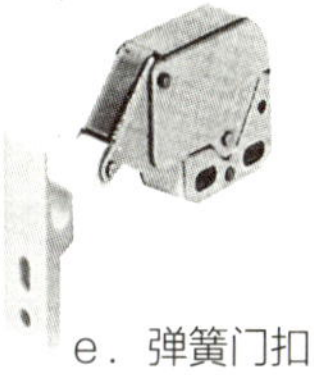

e．弹簧门扣

图7-56　家具设计中门用碰头安装结构示意图

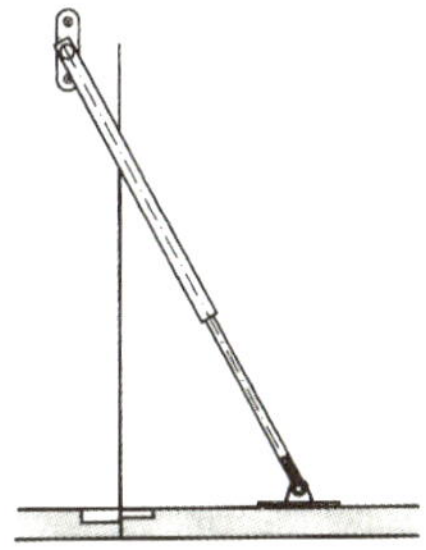

a．单杆式

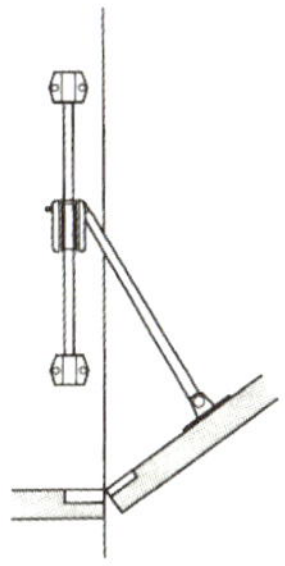

b．双杆式

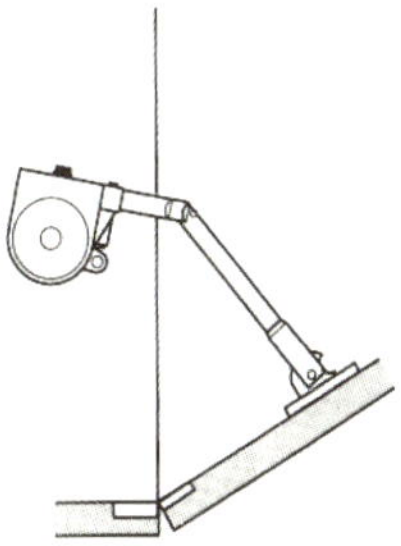

c．铰接式

图7-57　家具设计中翻门拉杆的结构示意图

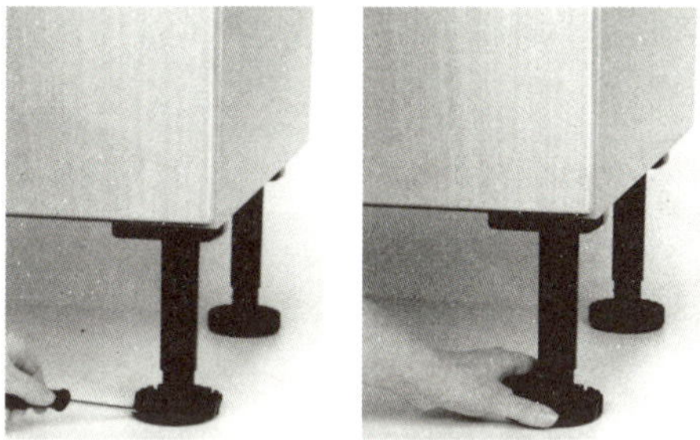

a．用螺丝刀从正面调节高度

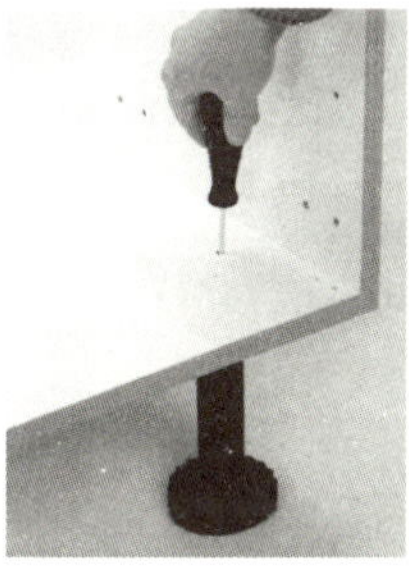

b．用手调节高度

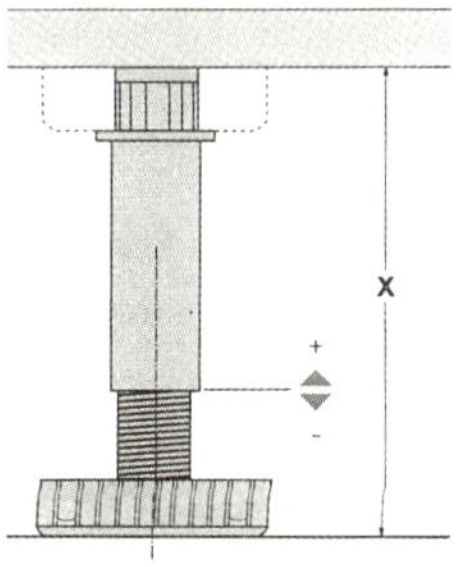

c．用螺丝刀从上面调节高度

图7-58　家具设计中地脚的调节及结构安装示意图

第六节　金属家具结构

主要部件由金属所制成的家具称为金属家具。金属家具有全金属家具（如保险柜、档案柜、金属床）及金属与其他材料结合而成的家具，如金属与木结合、金属与塑料结合、金属与竹藤材料结合、金属与玻璃结合、金属与织物等软体材料结合的家具等。

一、结构形式

根据金属材料的特点，金属家具的结构形式可分为固定式、拆装式、折叠式、插接式。

①固定式。通过焊接的形式将各零部件接合在一起。此结构受力及稳定性较好，有利于造型的整体性设计，但表面处理较复杂，占用空间较大，摆设不够灵活，运输不便。

②拆装式。各主要部件之间采用螺栓、螺钉、螺母以及其他连接件连接（加紧固装置），便于包装、运输。要求零部件加工精度高、标准化程度高，以利于实现零部件、连接件的互换性。

③折叠式。可分为折动式、叠积式，常用于桌椅类家具。折动式结构是利用平面连杆机构原理，

以铆钉连接为主，使家具可以折叠存放，占用空间小，便于携带存放。叠积式结构的设计主要从脚架与背板的空间位置上来考虑，其结构设计越合理，家具叠积的件数越多。叠积式家具最常见的是椅类，此外还有桌台类、床类等，此结构形式能够节省占地面积，方便搬运。

④插接式。零部件通过套管和插接头（二通、三通、四通）连接，将小管的外径套入大管的内径，用螺钉连接固定。要求插接的部位加工精度高、标准化高，零部件、连接件具有互换性。

二、连接方式

金属家具根据其结构形式，连接方式主要分为焊接、铆接、螺钉连接、销连接等[8]。

1. 焊接

焊接可分为气焊、点焊、电弧焊、储能焊。这种连接方式牢固性及稳定性较好，多用于固定式结构的全金属家具，所连接的金属零部件之间主要受剪力作用，载荷较大。（图7-59）

2. 铆接

用铆钉接合主要用于折叠结构或不适宜焊接的金属零件之间，如轻金属材料。根据构件之间是否有相对运动，可分为固定式铆接（图7-60）和活动式铆接（图7-61）。此种连接方式可先将零件进行表面处理后再装配。

3. 螺钉、螺栓连接

用螺钉、螺栓连接主要应用于拆装式家具，一般采用标准化程度高的紧固件，且一定要加防松装置。（图7-62）

4. 插接连接

插接连接主要用于插接家具两个零件之间的滑动配合或紧固配合。（图7-63）

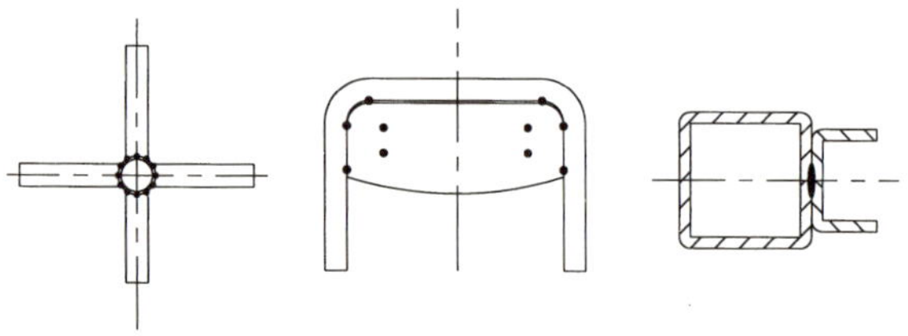

a. 钢管之间全焊　b. 钢管与钢椅背之间断续焊　c. 钢管与配件之间点焊

图7-59　家具设计中焊接方式示意图

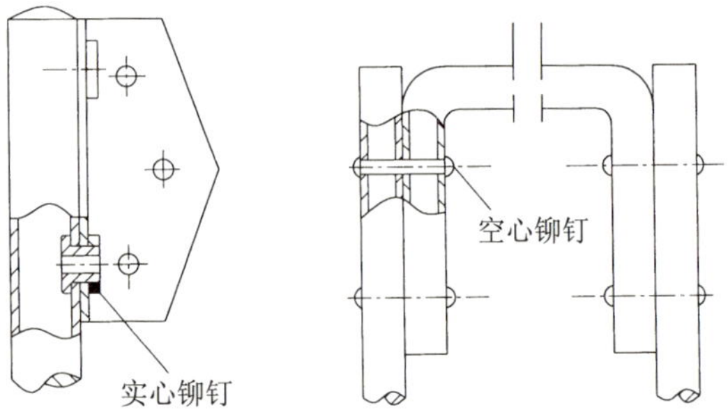

a. 钢管与配件之间的铆接　b. 钢管与钢管之间的铆接

图7-60　家具设计中固定式铆接示意图

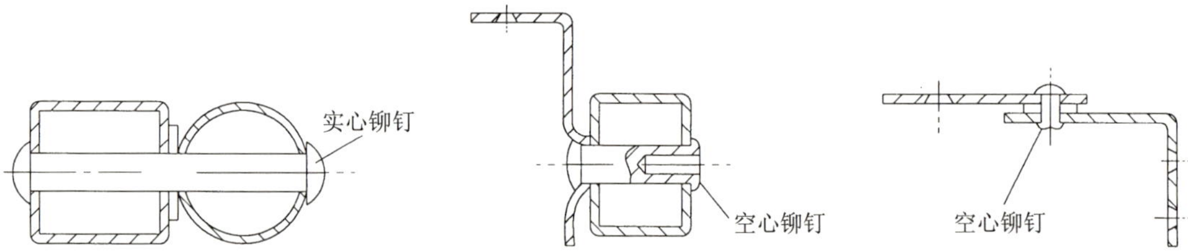

a. 钢管与钢管之间的铆接　b. 钢管与配件之间的铆接　c. 配件与配件之间的铆接

图7-61　家具设计中活动式铆接示意图

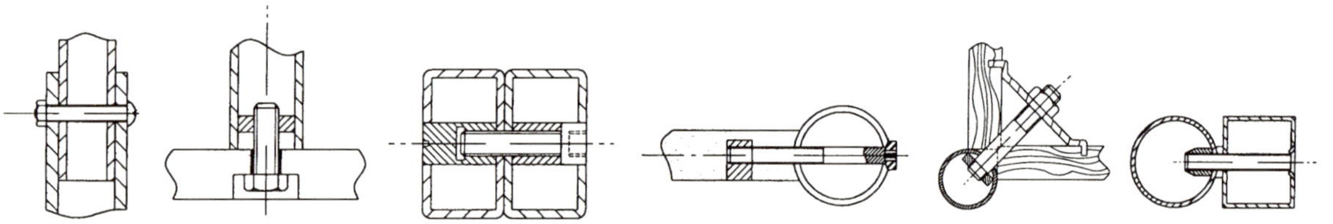

a. 半圆头螺钉、螺母连接　b. 螺栓、螺母片连接　c. 圆柱头内六角螺钉、螺母芯连接　d. 平头内六角螺钉、圆柱螺母连接　e. 双头螺柱、螺母片连接　f. 沉头螺钉、铆螺母连接

图7-62　家具设计中螺钉、螺栓连接示意图

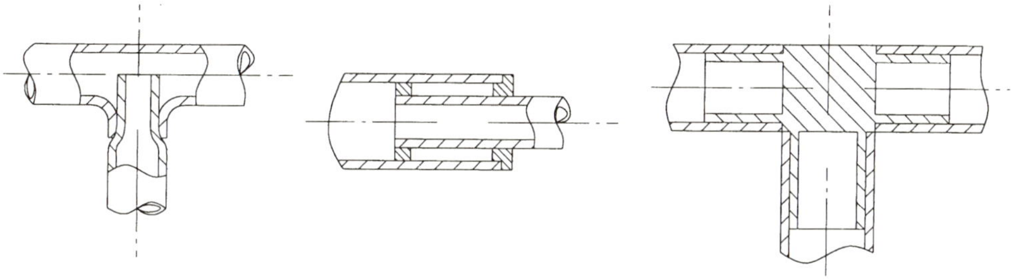

a. 缩口插接　　b. 滑动插接　　c. 三通插接

图7-63　家具设计中插接结构示意图

第七节　竹藤家具结构

我国是一个人均木材资源较少的国家，但却是世界上竹藤材蓄积量最多的国家之一。木材资源的严重短缺致使作为速生材的竹藤更有被开发利用的价值。竹藤材与木材一样，都属于天然材料，竹材坚硬、强韧，藤材表面光滑，质地坚韧，富有弹性。竹藤材可以单独用来制作家具，也可以同木材、金属等材料配合使用。

一、框架结构

竹藤家具的框架不仅用来体现家具的外观造型，而且还是主要的受力部件，因此，框架结构的合理与否，直接影响到家具的审美功能与使用功能。竹藤家具的框架结构形式有弯曲接合和直材接合两大类。

1. 框架的弯曲结构

（1）加热弯曲结构

加热法工艺快捷、省时、省力，既可保持竹藤材质的天然美，又能保持材料的强度基本不变，所以竹藤家具框架多采用这种形式，特别适用于小径竹藤材料的加工制作，但不宜用于大径竹藤材料的弯曲加工，容易烧坏竹藤段秆皮，影响美观[9]。

加热的方法有多种，常用的是火烧加热法。为了避免竹藤段秆皮烧黑损坏，一般不用产生黑烟的燃料，多用炭火，温度一般控制在120℃左右，当秆皮上烤出发亮的水珠——竹油时，再缓缓用力，将竹藤弯曲成符合设计方案要求的弧度，然后用冷水或冷湿布擦弯曲部位以促使其降温定型。工业化大批量生产时，竹藤可烤软后放入定型模具中，再降温定型。还可采用水蒸气加热，即先把竹藤放入热容器中的机械模具中，再通入水蒸气，使机械模具在高温下慢慢弯曲至预先设定的弧度，然后冷却定型。

为了减少弯曲过程中竹段因受力变化而产生破裂或扭曲，可先打通竹段内部的节隔，装进热砂，将竹子缓缓弯曲至要求的曲度，再冷却定型后倒出热砂。

（2）开凹槽弯曲结构

此法多用于竹藤家具框架的腿脚的弯曲和水平框架的弯曲。加工过程相对复杂，而且在一定程度上影响竹藤框架的受力强度，多适用于大径竹藤材的弯曲。若对水平构件进行弯曲，要注意所有的凹槽口都应在节间位置上，并保持在一条纵线上，不左右交错歪斜，否则将无法装配或使产品变形开裂，影响成品质量。开凹槽弯曲的结构方式很多，根据不同的弯曲角度，分类归纳如下。

①并头弯曲。

如图7-64所示，被弯曲部件的直径D大于等于头的半径的4/3倍，并头弯曲有单头、双头和多头之分，它们的开料尺寸如下（假设有n个箍）。

凹槽深度：$D/2 \leq h \leq 3D/4$；

凹槽弧段半径：$R=r=h$；

凹槽长度：$L=2\pi r+2(n-1)r-2R$。

②方折弯曲。

方折弯曲的种类较多，若折成成品后为正三角形，称其为三方折，为正四边形，称其为四方折（图7-65），依次类推，若折成某一角度α，称其为“α角折”，计算方法如下（常用数据见表7-7）。

凹槽长度：$L=2\pi r-\alpha\pi r/180$；

凹槽弧段半径：$R=r$；

凹槽深度：$h\leqslant r+r\sin(\alpha/2)$；

折角：$\beta=90+\alpha/2$。

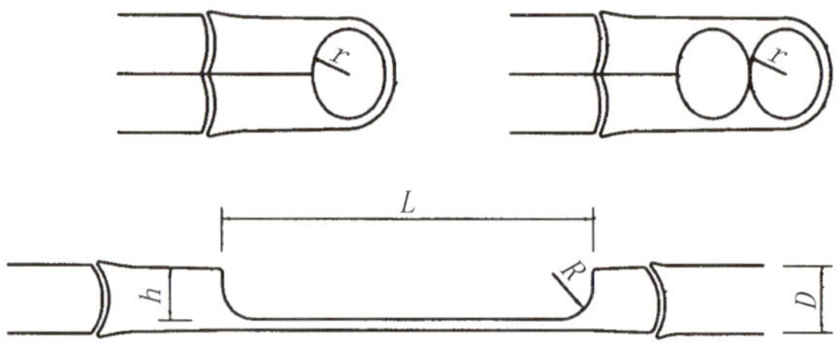

图7-64　家具设计中并头弯曲结构示意图

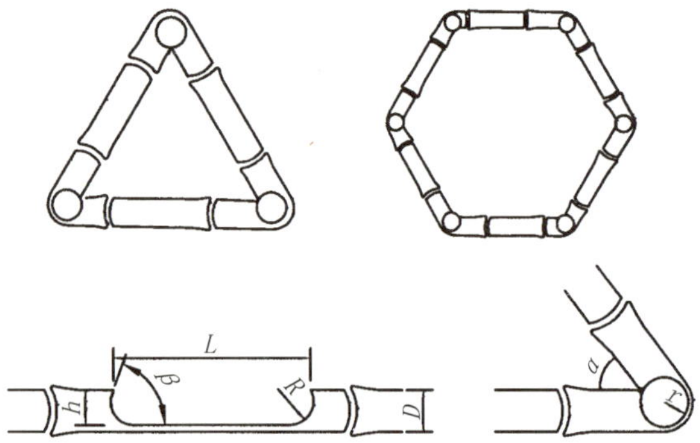

图7-65　家具设计中方折弯曲结构示意图

表 7-7　家具设计中方折弯曲 α 角折技术参数值

名称	角度 α	长度 L	角度 β	高度 $h\leqslant$
3 方折	60°	5.23r	120°	1.50r
4 方折	90°	4.71r	135°	1.71r
5 方折	108°	4.39r	144°	1.81r
6 方折	120°	4.17r	150°	1.87r
8 方折	135°	3.92r	157.5°	1.92r
12 方折	150°	3.66r	165°	1.97r
18 方折	160°	3.49r	170°	1.98r

（3）开三角槽弯曲结构

在竹藤段弯曲部位的内侧，均匀的锯三角形犬牙状槽口，在用火烤弯曲部位后，将竹藤段向内侧弯曲，冷却定型后即可。此方法也适用于弯曲大径材。其不足之处也是易使竹藤段强度受到破坏，且加工复杂，工艺要求高。其有正圆弯曲和角圆弯曲两种类型。

①正圆弯曲：把竹藤段弯曲后形成正圆形，如图7-66所示。如圆椅座板、圆桌面等构件，一般正圆弯曲构件多有外包边，其计算方法如下（总共开槽数为n个）。

外包边料长：$L=2\pi R$+接头长；

外包边料净长：$L_{净}=2\pi R$；

开口深：$D/2\leqslant h\leqslant 3D/4$；

开口宽：$d=2\pi h/n$；

开口间隔：$i=2\pi(R-r)/n$。

②角圆弯曲：将竹藤段弯曲后成某一角度，如图7-67所示。应用角圆弯曲结构的常见产品有沙发扶手、圆角茶几面外框框架等，其计算方法如下（总共开槽数为n个）。

弯曲部位长：$P=\alpha\pi R/180$；

开口深：$D/2\leqslant h\leqslant 3D/4$；

开口宽：$d=\alpha\pi h/180n$；

开槽间隔：$i=\alpha\pi r/180n$。

用开三角槽弯曲法加工，划线时先划长度、后划节数、再划口距，同时槽口线要让开竹藤节，竹藤节也不能车的过平；一般一次划线难以成功，要反复划线；并且要求开口处加工光滑，没有倒刺丝皮；若开口过大，要准备竹片和胶水作加垫。

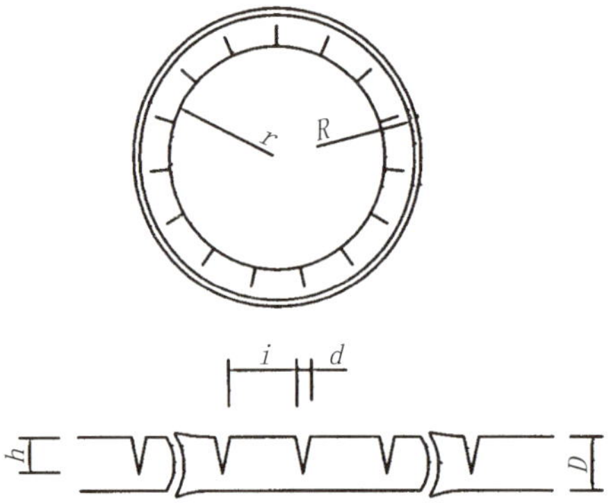

图7-66　家具设计中正圆弯曲结构示意图

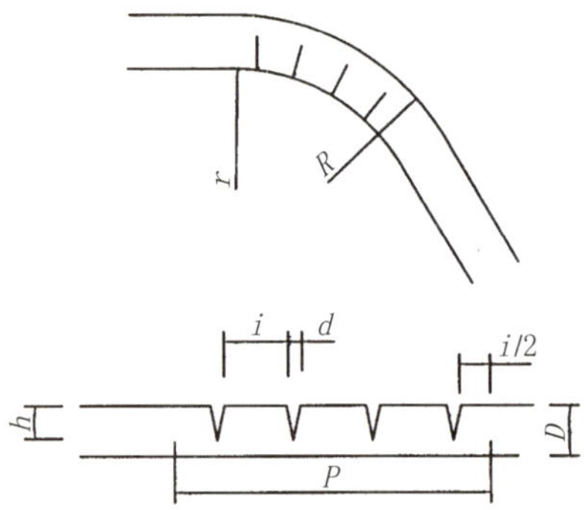

图7-67　家具设计中角圆弯曲结构示意图

2. 框架连接结构

竹藤段弯曲后，再与其他部件连接才能组成真正的家具框架。连接的形式很多，一般常用的有棒状对接、“丁”字接、“十”字接、“L”字接、并接、嵌接和缠接等。同时要使用圆木芯、竹钉、铁钉、胶合剂等辅助材料才能取得良好的效果。此种连接的框架受力性能良好，但稳定性较差，容易在接合处脱落。（图7-68）

①棒状对接：把一个预制好的圆木芯涂胶后串在两根等粗的竹段空腔中，如图7-68a所示。若端头有节隔，需打通竹节隔后再接合。这种方法适用于延长等粗的竹段的长度或者闭合框架的两端连接。

②“丁”字接、“十”字接：一根竹段与另一根竹段呈直角或某一角度相接，称为“丁字接”，如图7-68b所示；而“十”字接是将两根竹段或者三根竹段接合成十字形，如图7-68c所示。同径竹段相接，可在其中一根上打孔，将另一根的端头做成“鱼口”形，把预制好的木芯涂上树脂胶后进行连接；不同直径的竹段间连接，可在较粗的竹段上打孔，孔径的大小与被插入的竹段直径相同，涂胶后进行连接。如果竹段上有竹节留在孔外，则要把它削平以便于穿过孔洞。

③“L”字接：把同径竹段的端头按设计的角度连接。被连接的竹段端头要削成预计角度，且光滑平整无倒刺。将预制好的成一定角度的圆木芯涂胶，分别插入预制竹段的端口连接即可，如图7-68d所示。

④并接：把两根竹段和两根以上的竹段平行接起来，以提高竹家具框架的受力强度，增强造型美。削平预备好的同径竹段接合面的竹节，使其相互紧密靠近，再打孔、销钉即可。打孔、销钉的方向不宜平行，应互相交错，以防止相并竹段间错动。对于并接弯曲的框架，则要求每根竹段的弯曲弧度相同。这种方法常见于竹家具的靠背、扶手、腿脚等框架的制作。

⑤嵌接：选上下径相同的竹段，两个端头纵向各应锯去或削去一半，弯曲一周之后，再把保留的另一半相嵌而接。嵌接的端头有正劈和斜削两种，如图7-69中a为正削、b为斜劈。无论正劈还是斜削，都要有一个尖头插入相垂直的另一根竹段中，再打孔销钉以增强强度。这种连接方法是竹家具的面层框架和水平框架的制作中常见的接合方式。

⑥缠接：在竹家具框架中相连接的部位，用藤皮、塑料带等缠绕在接合处使之加固，用到的辅助材料有竹销钉、原木芯、树脂胶等。缠接的方式很多，如图7-70所示，常见的有束接缠接、弯曲缠接、端头缠接、拱接缠接、成角缠接等。

二、板状结构

竹藤家具通过板状结构把一个个单一的、零碎的竹制构件结合成面积较大的面层（板），充分显露竹藤材料的质感特征。此种结构在功能上和装饰上都很重要，因此必须经过精心加工才能达到设计和使用的要

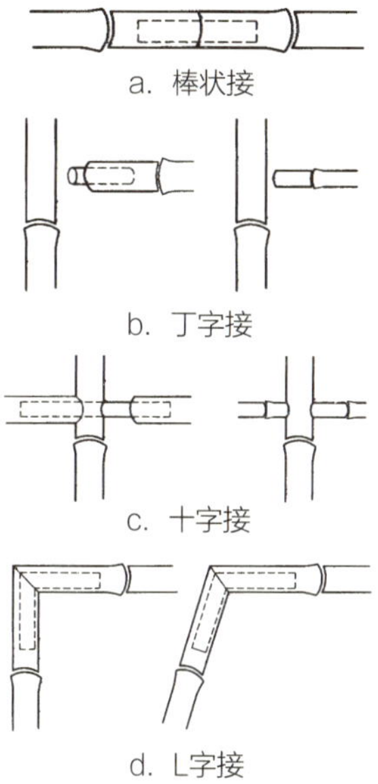

图7-68　家具设计中竹家具框架连接结构示意图

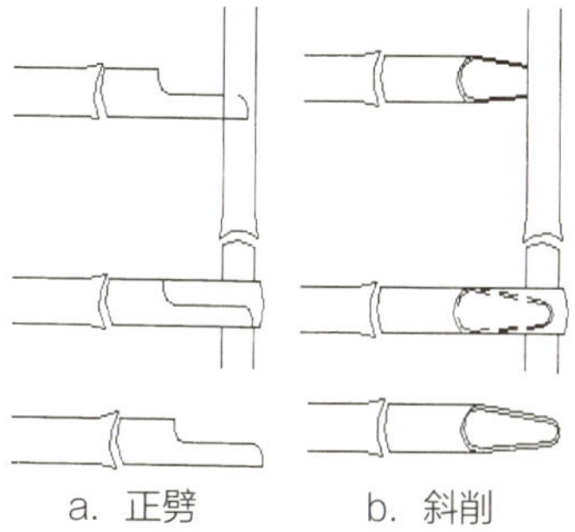

图7-69　家具设计中竹家具框架嵌接结构示意图

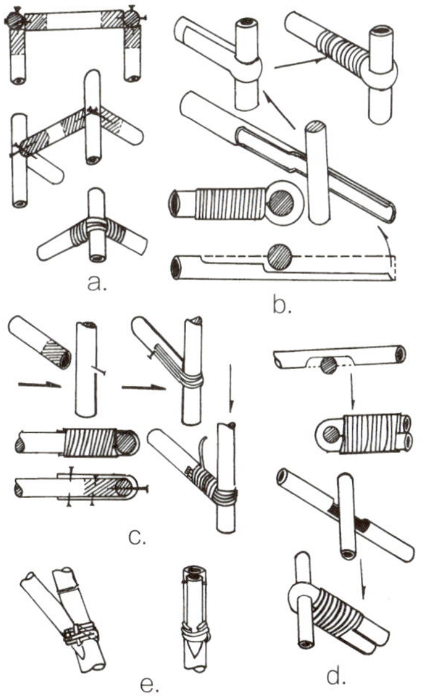

a. 束接缠接　b. 弯曲缠接　c. 端头缠接　d. 拱接缠接　e. 成角缠接
图7-70　家具设计中竹家具框架缠接结构示意图

求。板状构件多种多样，对应着一定的工艺方法，常用的有竹条板、竹排板、圆竹竹片连板、编结板和胶合板等。

①竹条板：用一根根竹条平行相搭组成，它是竹家具中很常见而又很简单的型板。一般是在与竹家具的框架相对应的两边，打上相对应的空洞，在竹条上制作榫头，然后涂胶组合即成。竹条板常见的榫接合方式有月榫接合、方榫接合、双月榫接合、半圆榫接合、尖头榫接合等，它们的接合通常都要用竹销钉加固。

②竹排板：竹排板是大型竹桌、竹床及普通竹家具最常用的板件。一般选用直径较大、竹壁较厚的毛竹、斑竹等材料，把它们截成所需要的长度后纵劈成两半，除去节隔，再对两端进行多次反复的细劈后，拼接而成。

③圆竹竹片连板：这类板件用作一般的层板和椅类的座板、靠背板与竹条席子等。圆竹竹片连板用料以直径为6mm左右为宜，它可以充分利用小径竹材，并且受力性能比较好。一般是先把竹材劈成断面为矩形的竹条，再用铁丝或尼龙绳等穿结而成。

④编结板：在家具的框架上，用藤条、竹篾、尼龙绳等以经纬方向排列编结而成的板件。一些竹藤家具的座面、靠背采用这种板件。编结的图案非常丰富，如四方眼、蝴蝶结、吉祥结、十字花、人字孔和文字编等。编结物与框架的连接方法有很多

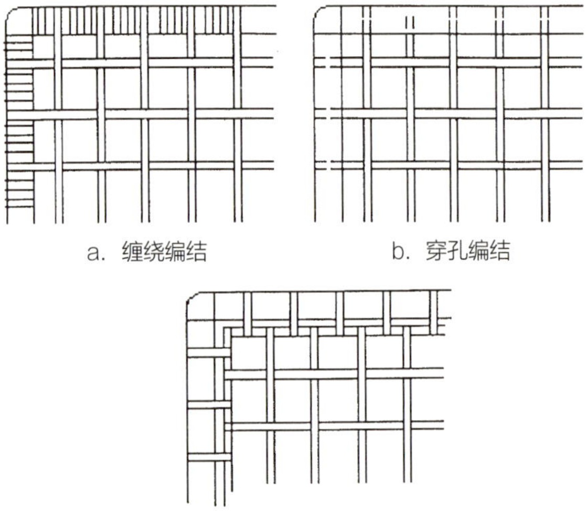

图7-71 家具设计中竹家具面状编结形式示意图

种，常用的有三种。最简单的是直接把竹篾藤条等编结物编结在框架上；第二种是穿孔编结面层，在框架上打孔，将编结物穿过孔洞进行编织，此种编结面稳定，不易变形，强度大；如果编结图案复杂，或者在造型上要求高，可采用第三种方法——压条编结法，取一细竹条与框架平行放置，用编结物把它与框架固定，再将编结材料编结于其上。（图7-71）

⑤胶合板：现代竹家具除了利用原竹外，还可以利用人造薄木技术，对竹材进行旋切或刨切，形成单板，再贴在中密度纤维板或刨花板上，以取得良好的表面装饰效果，提高竹材的利用价值和利用范围。

第八节 塑料家具结构

塑料家具是指以塑料为主体材料而设计生产的家具。由于塑料种类繁多，属性各异，并可通过挤出、注塑、压制、吹塑、发泡等工艺一次成型，所以塑料家具既常以简单形态出现，也可与织物、金属等材料相结合，形成相对较复杂的形态。

一、连接类型

由于塑料家具的规格较大、形状较复杂，或因某些特殊的需要，常会将不同的塑料件之间或塑料件与其他材料制件之间需要固定其相对位置的作业称为塑料连接。常用的塑料连接方法有机械连接、粘接和焊接三种[10]。

1. 机械连接

塑料的机械连接即借助机械力的紧固作用，使被连接的部件之间相对位置固定的连接方式。塑料的机械连接与粘接和焊接相比，其优点是具有可拆卸性、无污染，缺点是需要在连接的塑料件上进行钻孔和切螺纹等加工，由此产生的应力集中，会降低塑料制品的力学性能。塑料常见的机械连接方法有压配连接、卡扣连接、螺纹连接、铆接。

①压配连接：压配连接是用压力将一被连接件

压入另一被连接件内，借助过盈配合产生的摩擦力阻止被连接件间的相对运动，可用于各种塑料件之间和塑料件与金属件之间的可拆卸机械连接。

②卡扣连接：卡扣连接是指通过集成在零件上或分离的定位功能件和锁紧功能件上的共同作用，对零件形成特定的约束连接方式，其中锁紧功能件在装配过程中会发生变形，随后又会恢复到它的原始位置，从而提供锁紧并提供保障力。

③螺纹连接：塑料螺纹连接分为螺栓连接和螺钉连接两类。螺栓连接是在被连接件上先准备好通孔，再将作为连接件的螺栓穿过通孔并用螺母加以紧固；而螺钉连接要求一个被连接件上带有螺纹孔，与另一个被连接件间的紧固依靠螺钉旋入螺纹孔中实现。

④铆接：用铆钉铆合塑料制品的方法叫铆接。与压配、卡扣和螺纹连接不同，铆接是一种不可拆卸的机械连接方法。在用铆接法进行连接时，要先在被连接件上加工出相同直径的光孔，将两孔对正后插入铆钉，然后将无帽端的钉杆镦粗形成所需形状的锁紧头部，即可使被连接件紧固。连接塑料件所用的铆钉，可以用有良好塑性的金属制造，也可以用各种热塑性塑料制造。

2. 粘接

粘接是指在溶剂或胶合剂的作用下，使塑料与塑料或其他材料彼此间连接的方法。常用的粘接方式有溶剂粘接与胶粘剂粘接。其中溶剂粘接是指溶剂溶解塑料表面使塑料表面间材料混合，当溶剂挥发后，就形成了接头；而胶粘剂连接是指同质或异质物体表面用胶粘剂连接在一起的技术。

3. 焊接

焊接是指利用热塑性塑料受热熔化而使塑料部件进行接合的技术。热塑性聚合物受热后可转变到黏流态，黏流态下的聚合物大分子通过链段运动，可从一个塑料件的连接部位越过界面层扩散到另一塑料件的连接部位之中，冷却固化后即焊接在一起。常用焊接方法有热风焊接、外加热工具焊接、感应焊接、超声波焊接等。

二、结构要素

塑料家具设计与其他类家具一样，是一个复杂的过程，特别是其形态特征与结构组成必须充分考虑到塑料的特性、成型工艺特点、使用功能、内在质量要求等方面的因素。这就要求设计师对塑料家具结构要素有一些必要的了解，便于进行更加合理的塑料家具形态设计，形成更加经济实用、安全合理、经久耐用的塑料家具。在塑料家具及其他类产品的设计过程中，其结构要素包括产品壁厚、脱模斜度、加强筋、洞孔、圆角、支撑面、金属嵌件、分模线、螺纹、凹凸纹等。

1. 壁厚与圆角

塑料的成型工艺与使用要求均对塑料家具的壁厚有严格的限制，壁厚的大小取决于塑料家具需要承受的外力、是否作为其他零件的支撑、承接柱位的数量、伸出部分的多少以及选用的塑料种类。若壁厚过大，不仅会因用料过多而增加成本，延长硬化和冷却时间，降低生产效率，而且容易产生气泡、缩孔、凹陷等缺陷，削弱产品的刚性及强度。反之，若壁厚太薄，则熔融塑料在模具型腔中的流动阻力增大，成型困难；同时因为壁厚过薄，产品强度也差。因此，在保证壁厚的情况下，还要使壁厚均匀，以免在成型冷却固化过程中造成收缩不均等缺陷，并在产品内部产生较大的内应力。

在设计塑料家具时，最理想的壁厚分布无疑是切面在任何一个地方都是均一的厚度，但有时为满足功能、结构上的需求必须改变壁厚时，从壁厚到壁薄交界处应尽可能顺滑、过渡缓和，避免有锐角，厚度应沿着塑料成型时流动的方向，在不超过壁厚3：1的比例下逐渐减少（图7-72），以免太突然的壁厚过渡转变导致冷却速度不同和产生乱流，从而造成尺寸不稳定和表面质量问题。另外，还可

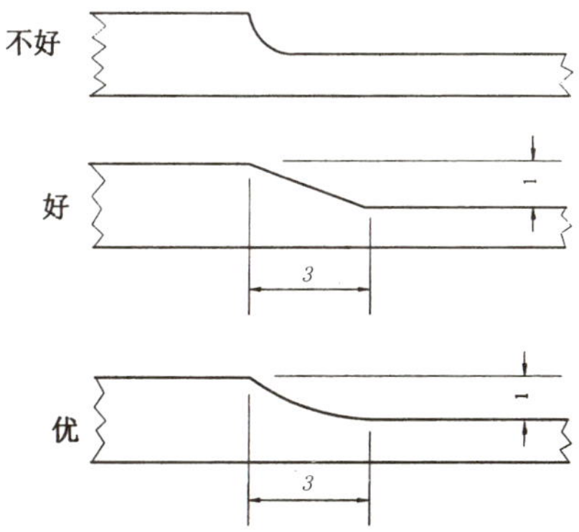

图7-72 壁由厚至薄过渡原则示意图

以从结构形式的改变进行壁厚优化处理（图7-73）。塑料家具产品相邻壁厚差的关系（薄壁:厚壁）为：热固性塑料压制成型1：3，注射成型1：5；热塑性塑料注射成型1：1.5。

采用注射成型的生产方法时，模具的流道、浇口和产品模腔设计应使塑料由厚料的地方流向薄料的地方。这样使模腔内有适当的压力，以减少在厚料的地方出现收缩及避免模腔不能完全填充的现象。

塑料家具产品壁厚与其外形尺寸密切相关，一般来说产品外形尺寸大，壁厚亦大；塑料件的厚度同时也决定了产品的重量、强度等。在实际设计中，塑料家具产品的壁厚可以根据材料的不同以及产品外形尺寸的大小来选择，其范围一般为0.6~6.0mm。

2. 脱模斜度

塑料家具在设计上为了能够轻易地使制品从模具中脱离出来，需要在边缘的内侧和外侧各设计一个倾斜角，即为脱模斜度。若产品附有垂直外壁，并与开模方向相同，则模具在塑料成型后需要很大的开模力才能打开，而且在模具开启后，制品脱离模具的过程亦十分困难。如果在设计的时候，已预留出脱模角，脱模就变得轻而易举。因此，脱模斜度是塑料家具设计过程中不可或缺的。

脱模斜度的大小，与塑料的性质、收缩率、摩擦因数、产品壁厚和几何形状有关。硬质塑料比软质塑料脱模斜度大；形状较复杂或成型孔较多的产品取较大的脱模斜度；产品高度较大、孔较深，则取较小的脱模斜度；壁厚增加、内孔包紧型芯的力大，脱模斜度也应取大些。有时，为了在开模时让制品留在凹模内或型芯上，而有意将该边斜度减小或将斜边放大。

另外不管是凸、凹模与嵌块甚至滑块都要有斜度，通常脱模斜度最少为0.5°，一般来说，以1°以上为好，其方向则以机台的顶杆顶出或油缸动作的方向为准。尤其是当凹模面有蚀纹的时候，更应该注意脱模的斜度问题。

为了保留产品有修理的余量，当产品为柱状时，主要保证产品的大端尺寸，脱模斜度从产品尺寸大的一端向尺寸小的方向取；产品为孔时，则保证小端尺寸，尺寸由孔小端向孔大的一端方向取。高度与脱模斜度的关系如图7-74所示。

3. 加强筋

加强筋在塑料家具上是不可或缺的功能部位。加强筋可以有效地增加塑料家具的刚性和强度而无须大幅增加构件切面面积，对一些经常受到压力、扭力、弯曲的塑料家具尤其适用。此外，加强筋还可以充当内部流道，促进模腔填充，对帮助塑料流入构件的支节部位起很大的作用。加强筋一般被放在塑料构件的非接触面，其伸展方向应与构件所受的最大应力和最大偏移量的方向一致。加强筋的长度可与构件的长度一致，两端相接于构件的外壁，或只占据构件的部分长度，用以局部增加构件某部分的刚性。若加强筋没有相接于构件的外壁，则末端部分亦不应突然终止，应该逐渐地将高度减低，直至完结，从而减少出现困气、填充不满及熔接痕等问题。表7-8中是加强筋设计的典型案例。

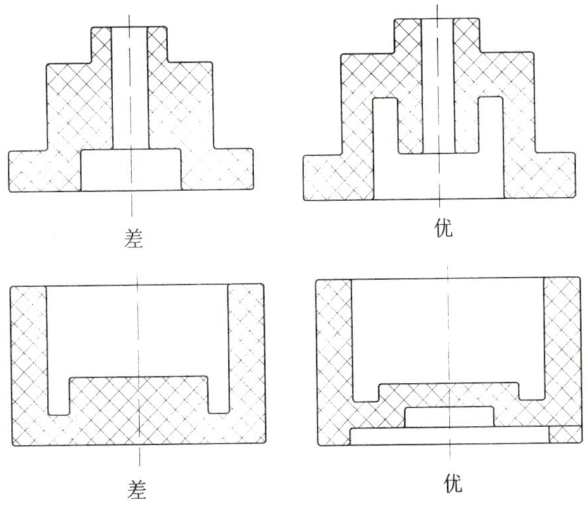

图7-73 壁厚优化处理

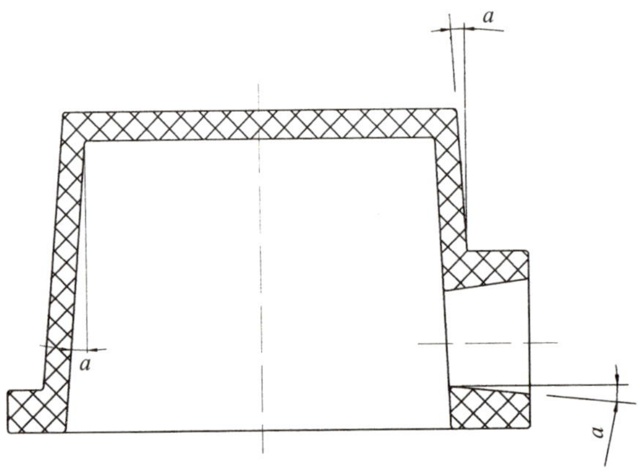

图7-74 高度与脱模斜度

表 7-8　加强筋设计的典型案例

序号	不合理	合理	说明
1	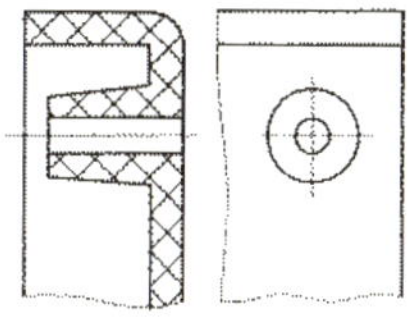	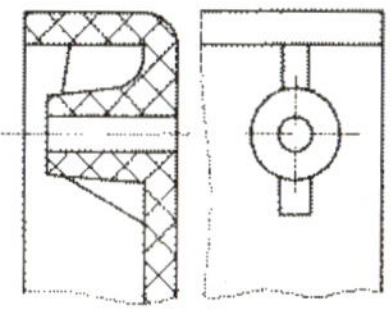	增设加强筋后，可提高构件强度，改善料流状况
2	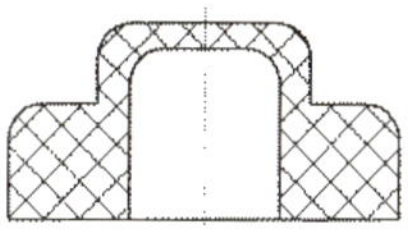	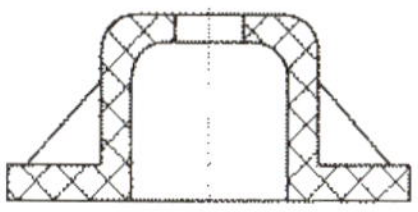	采用加强筋，既不影响构件强度，又可避免因壁厚不匀而产生气孔
3	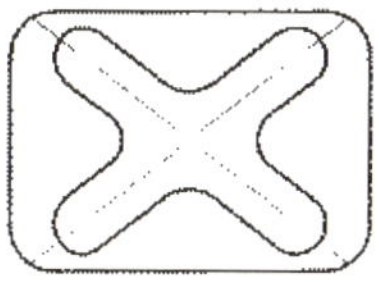	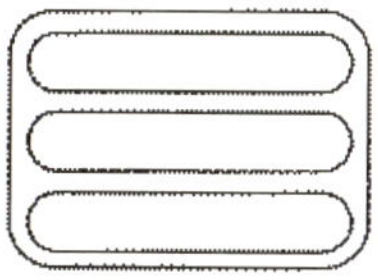	平板状构件，加强筋应与料流方向平行，以免造成充模阻力过大和降低构件韧性
4	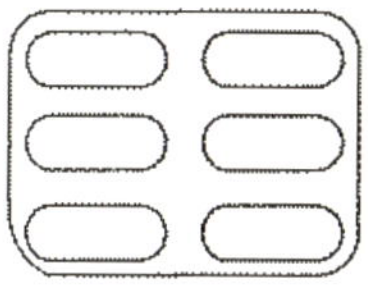	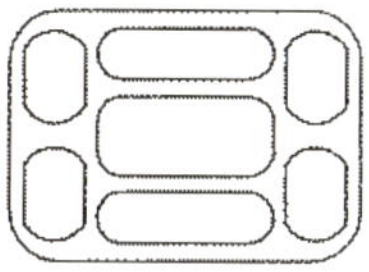	非平板状构件，加强筋应交错排列，以免构件产生翘曲变形
5	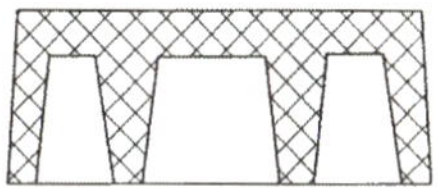	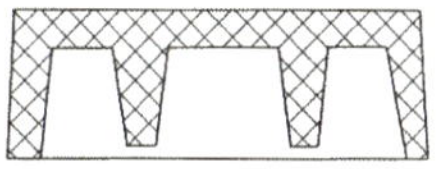	加强筋应设计的矮一些，与支撑面应有大于 0.5mm 的间隙

加强筋应按比例正确布置，注意避免应力集中，同时加强筋的厚度应小于制品壁厚，并与模壁间采用圆弧过渡。加强筋的形状尺寸如图7-75所示。若制品壁厚为t，则加强筋高度$L=(1\sim3)t$，筋条宽$A=(1/4\sim1)t$，筋根过渡圆角$R=(1/8\sim1/4)t$，收缩角$\alpha=2^\circ\sim5^\circ$，筋端部圆角$r=t/8$，当$t\leqslant2$mm时，取$A=t$。加强筋端部不应与构件支承面平齐，而应缩进0.5mm以上。

4. 洞孔

在塑料家具上开孔使其和其他部件相接合或增加产品功能上的组合也是塑料家具常用的设计手法，洞孔的大小及位置应尽量避免对产品的强度构成影响或增加生产的复杂性。塑料家具中常见孔的类型有盲孔、通孔、异形孔（形状复杂孔）。原则上而言，这些孔均能用一定的型芯成型，但孔与孔之间、孔与壁之间应留有足够的距离。其间的相互关系见表7-9。

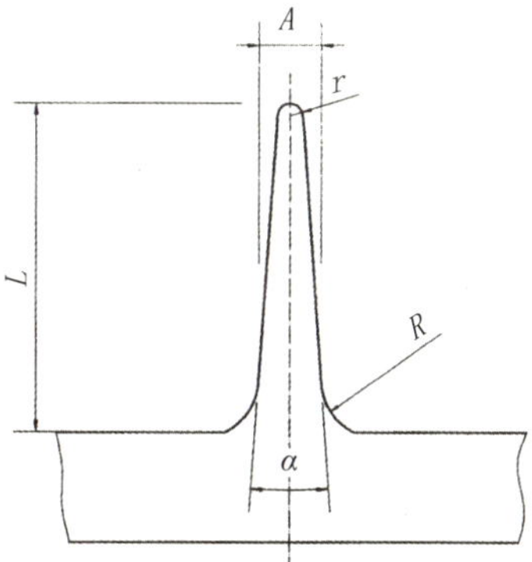

图7-75　加强筋的形状尺寸

表 7-9　孔间距、孔边距与孔径的关系　　单位：mm

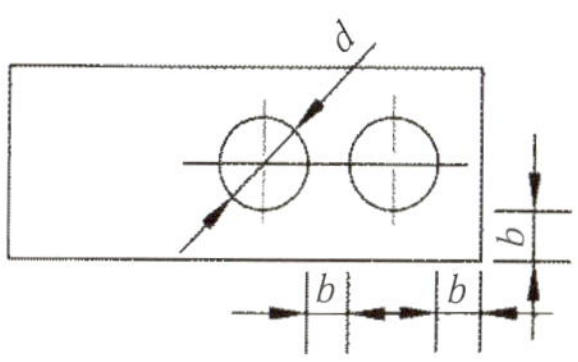	孔径 d	<1.5	1.5~3	3~6	6~10	10~18	18~30
	孔间距、孔边距 b	1~1.5	1.5~2	2~3	3~4	4~5	5~7

注：1. 热塑性塑料按热固性塑料的 75% 取值。
2. 增强塑料宜取上限。
3. 两孔径不一致时，则以小孔径查表。

孔与孔边缘之间的距离应大于孔径，塑件上的固定用孔和其他受力孔周围可设计凸边进行加强，如图7-76所示。

图7-76 塑料孔的加强形式

（1）盲孔设计

塑料家具产品上的盲孔是靠模具上的镶针形状而成型的，而镶针的设计只能单边支撑在模具上，因此很容易弯曲或变形，造成盲孔出现椭圆的形状或其他缺陷，所以镶针的长度不能过长。盲孔深度最大是直径的3倍，考虑到模具镶针强度，要求盲孔直径最小为0.8mm。

（2）通孔设计

从塑料家具装配的角度来看，通孔的应用远较盲孔多，而且较盲孔容易生产。通孔的设计在结构上亦较方便，因为用来通孔成型的镶针两端均可受到支撑。通孔的做法第一种是靠单一镶针两端同时固定在模具上，第二种是两枝镶针相对接而各有一端固定在模具上。一般来说，第一种方法被认为是较好的；应用第二种方法时，两条镶针的直径应稍有不同以避免因为两条镶针轴心稍有偏差而导致构件出现倒扣的情况，而且相接的两个端面必须磨平。

对于塑料家具，接合线处强度较弱，受力时容易破裂。当通孔处于构件边部，同时有配合受力要求时，要求孔壁距离外侧壁应大于1.5mm。

（3）孔洞边缘要求

为便于尺寸管理及模具加工，孔洞的边缘应预留最少0.2mm的直边。另外，相连孔洞的距离或孔洞与相邻构件直边之间的距离不可少于孔洞的直径；孔洞的壁厚应尽量大，否则通孔位置容易产生断裂。若孔洞内附有螺纹，设计上的要求则变得更加复杂，因为螺纹的位置是容易形成应力集中的地方，要使螺纹孔边缘的应力集中减低至安全水平，螺纹孔边缘与构件边缘的距离必须大于螺纹孔直径的3倍。

本章思政与实践

1. 分析比较中国传统榫卯结构与现代五金件结构的优缺点。
2. 思考中国传统榫卯结构的现代应用。
3. 简述榫接合的类型、直角方榫接合的技术要求。
4. 简述框式部件、板式部件结构类型及应用。
5. 简述抽屉结构类型及应用。
6. 简述32mm的含义与其结构设计原理。
7. 简述五金件结构的类型及其应用。
8. 简述偏心连接件、杯形暗铰链的设计参数。
9. 简述金属家具结构形式及其连接方式。
10. 简述竹藤框架弯曲结构的设计参数。
11. 简述竹藤框架连接结构类型、板状结构类型。

参考文献

[1] 胡景初. 现代家具设计 [M]. 北京: 中国林业出版社, 1992, 3: 262~340.
[2] 王世襄. 明式家具研究 (文字卷) [M]. 香港: 三联书店 (香港) 有限公司, 1989, 7: 109~119.
[3] Dick Hall. BASIC ELEMENTS FOR 32mm [J]. Wood & Wood Products, 1998, V93 (1): 59~62.
[4] Dick Hall. 32mm PANEL CONCEPT [J]. Wood &Wood Products, 1998, V93 (3): 46~51.
[5] 唐开军. 家具设计技术 [M]. 武汉: 湖北科学技术出版社, 2000, 1: 103~106.
[6] 文嘉. 杯装暗铰链的应用设计 [J]. 家具, 1991, V59: 3~6.
[7] 邓背阶, 陶涛, 孙德林. 家具设计与开发 [M]. 北京: 化学工业出版社, 2006, 9: 85~98.
[8] 于伸. 家具造型与结构设计 [M]. 哈尔滨: 黑龙江科学技术出版社, 2004, 6: 160~161.
[9] 唐开军, 史向利. 竹家具的结构特征研究 [J]. 林产工业, 2001, V28 (1): 27~32.
[10] 唐开军. 产品设计材料与工艺 [M]. 北京: 中国轻工业出版社, 2020.5: 109~111.

第八章

家具CMF设计

第一节 CMF设计概述

CMF设计是赋予产品外表“美”的品质的创造性设计活动，从某种意义上而言，它属于传统的表面装饰设计的拓展和延伸，但实质上，2000年左右起源于欧洲的CMF设计概念将传统的产品表面装饰设计带入了一个新的领域，形成了以材料学、色彩学、工程学、心理学、美学等为知识体系，将流行趋势、工艺技术、创新材料、审美观念等设计元素进行交叉融合，进而赋予产品时尚品质的表面形态设计过程。

人类进入工业化社会后，家具也由传统的手工制作逐渐融入工业生产的行业，并蕴涵着现代产品的共性属性。因此，应现代产品市场化需求和商业化需求而衍生的CMF设计，必将以宽泛的知识体系、系统的设计思维方法、交叉包容的创新形式，重塑现代家具的表面形态与整体品质。

一、CMF设计的基本概念

CMF是英文Color（色彩）、Material（材料）、Finishing（工艺）三个词的第一个英文字母的缩写。因此，CMF设计可以直观地理解为产品表面色彩、表面材料和表面处理工艺（或表面装饰工艺）三位一体的综合性设计。其中，色彩和材料一词比较直观和肯定的理解为产品的表面色彩和所选用材料即可，但工艺一词涵盖内容就比较广，它可包括成型工艺、连接工艺和表面处理工艺等多个工艺阶段和多种工艺类型，而Finish一词的含义，主要指材料或工件的后期阶段或最终阶段的处理工序（通常为表面处理），即对应于产品完成时所形成的外观效果和品质性能，若要包含产品全部的、系统的工艺过程，其对应的英文词汇应该是Processes [1]。

可见，CMF设计中的F所强调的内容具有特殊的内涵：一是与产品的外观效果、品质或与产品功能关系密切的工艺，而不是所有的工艺；二是针对工艺效果和品质进行设计，而不是对工艺过程和参数进行设计；三是通过结构工艺化思维和装饰化应用方面的拓展，把纺织、榫卯、微孔等一些特定的结构和透明或半透明效果等纳入CMF设计范畴，从而模糊材料表面与材料内部之间的边界，以便产生特定的质感效果。实际上，CMF是由跨学科交叉集合的新概念逐渐演变为约定俗成的一个专业术语。CMF设计不是简单地将三者罗列，更重要的是色彩、材料、工艺三者之间的“关系”对产品最终效果的优化。

概括而言，CMF的基本内涵为“对色彩、材料和表面处理工艺进行集成与优化，以赋予设计对象最佳的外观形态、功能和品质”。CMF设计是基于CMF基本内涵衍生出的针对现代产品色彩、材料、表面处理工艺以及隐含于表面处理工艺之中的图纹（Pattern）这四个设计元素的最优化综合解决方案，它使设计对象在现代设计法则与情感交互理论的基础上，形成了美观与功能的最佳平衡，并形成了最优化的用户体验。据此可知，CMF中的色彩、材料、表面处理工艺等要素决定了产品外观的整体效果，并且符合用户最佳的体验需求，形成如图8-1所示的用户体验与CMF设计之间的关系模型。从图8-1中可以看出CMF设计的一般思维过程，即依据市场调查发现的用户需求作为CMF设计的起始点，并作为选择产品色彩、材料、表面处理工艺的依据，而完成CMF设计后的产品应该最大限度地符合用户体验需求，反馈给市场和用户，回到设计的起始点。

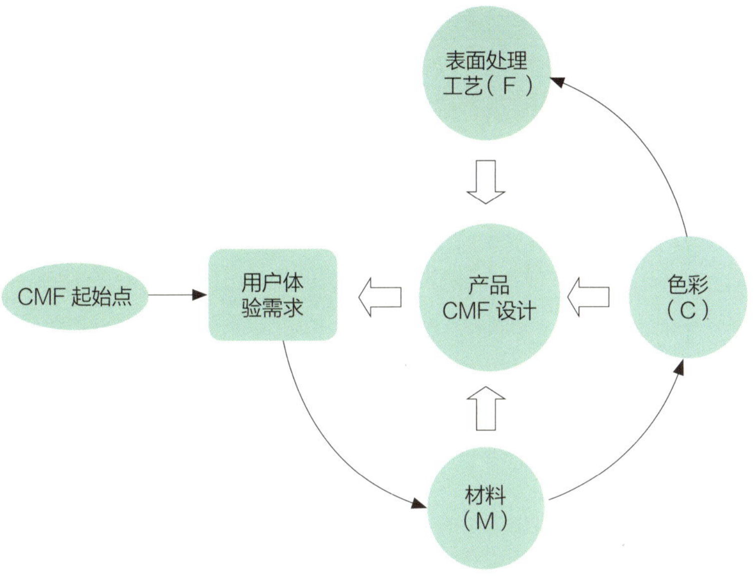

图8-1　用户体验与CMF各要素之间的关系模型

二、CMF设计的构成要素

虽然CMF从字面上只有“色彩、材料、表面处理工艺”三个要素，但在CMF设计的实际过程中，图纹（Pattern）设计也是整个CMF设计中不可分割的重要部分。因此，CMF设计实际上应该包含有“色彩、材料、表面处理工艺、图纹（Pattern）”四个方面的要素，即CMFP；只是由于图纹的内容或呈现形式一般与表面处理工艺密切相关，可以认为是表面处理工艺的拓展和延伸，一般归属于表面处理工艺的范畴。

总体而言，CMF要素由色彩、材料、表面处理工艺、图纹四个要素构成，并形成CMF设计的初始方案。但这种物质性的初始方案，需要通过感官特性的检验，契合用户情感体验，满足用户精神层面需求，形成由“实”到“虚”，“实”与“虚”相融合的终极CMF设计方案。其中色彩、材料、表面处理工艺、图纹是CMF中“实”的要素，设计师面对这些要素构思出初始的CMF方案，并由此延伸出“虚”的感官特征，再以人体的五感为桥梁，进行情感体验测试，过渡到CMF的终极目标——用户情感体验需求上，形成如图8-2所示的CMF设计构成要素与用户情感体验之间的逻辑关系图。

图8-2可以清晰地反映出CMF字面上的色彩、材料、表面处理工艺等直观要素与图纹、感官特征、情感体验等隐含或衍生要素之间的逻辑关系，并以人体感官所形成的视觉、听觉、嗅觉、味觉、触觉为桥梁，打通了产品与消费者之间情感交互的通道，延伸了CMF的内涵，与消

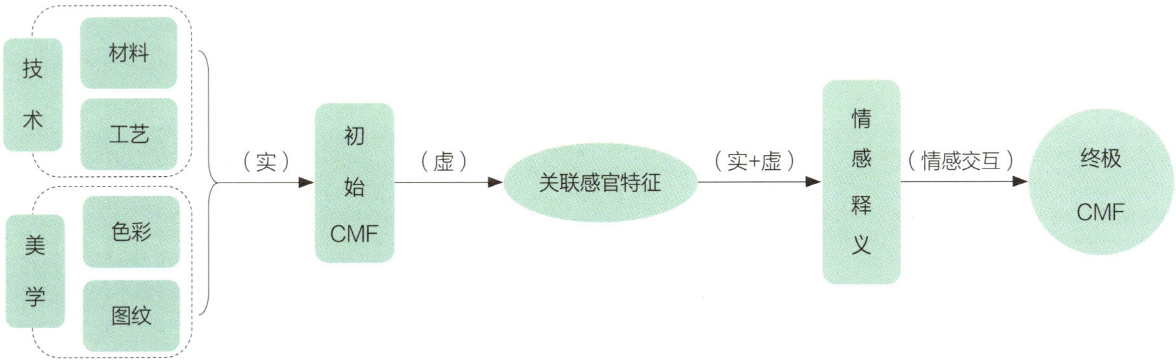

图8-2　家具CMF设计构成要素与用户情感体验之间的逻辑关系图

费者的喜、怒、忧、思、悲、恐、惊等情感释义相关联。

尽管对于不同类别的产品，CMF各要素的内容或许会有细微的差异，但其主题内容却是一致的，都是由色彩、材料、表面处理工艺、图纹构成，并且以色彩为主表现产品形态的视觉体验，以材料为主表现产品形态的感官体验，以表面处理工艺和图纹的应用直接呈现色彩与材料是否完美地表达了设计意图。因此，将CMF设计原理与方法运用到家具表面形态设计中，可以更好地理解色彩、材料、表面处理工艺、图纹与家具表面形态设计的关系。图8-3为家具CMF设计各要素及其内容简要解析。这也是实现家具CMF设计的独特性与家具悠久的历史和文化沉淀相契合，呈现家具内涵的个性化与多样化的特性，使家具从传统的物质层面走向更高的精神层面，从家具CMF设计的表面形态，渗透到家具的灵魂性内涵，从而迎接情感消费时代的到来。

三、CMF设计的程序

随着社会的进步，常规的基于产品功能和外观造型为主、重点关注人与产品之间物质关系的产品设计活动，已经不能满足消费者的需求，而基于信息技术、物联网技术衍生的用户体验设计、情感交互设计等越来越受到消费者的青睐。如今消费者的关注点已经从产品的易用性、实用性、高效性转向产品是否具有时尚性、个性化、情感共鸣等方面的特征，具体而言，除了关心产品使用界面的识别度、操作与清洁及维修方便与否外，更加注重产品的色彩与图纹的寓意、材料的质感档次及与整体环境的协调性。而这些都可以通过对产品材料、色彩、表面处理工艺、图纹形式等方面进行综合设计的方法来实现，从而赋予产品某种精神品质或灵性[2]。新的消费需求、新的产品特性是由新的设计思维方法和设计程序保障的，在此将CMF设计的程序归纳陈述，如图8-4所示。

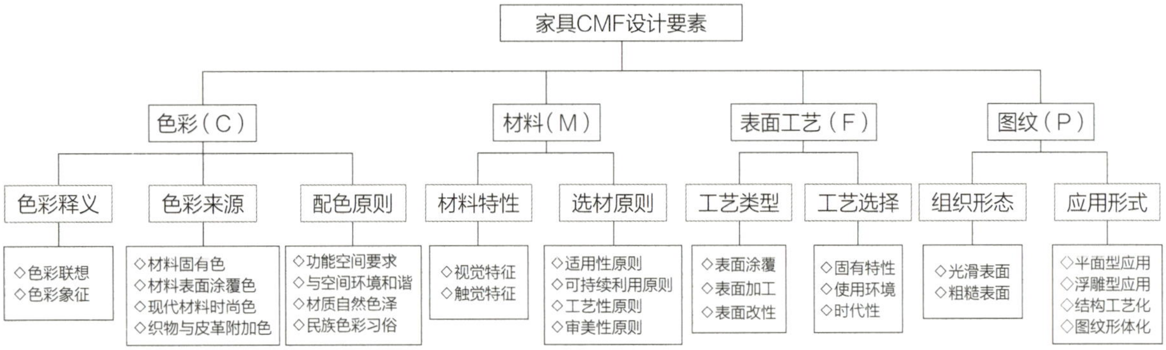

图8-3　家具CMF设计各要素及其内容解析

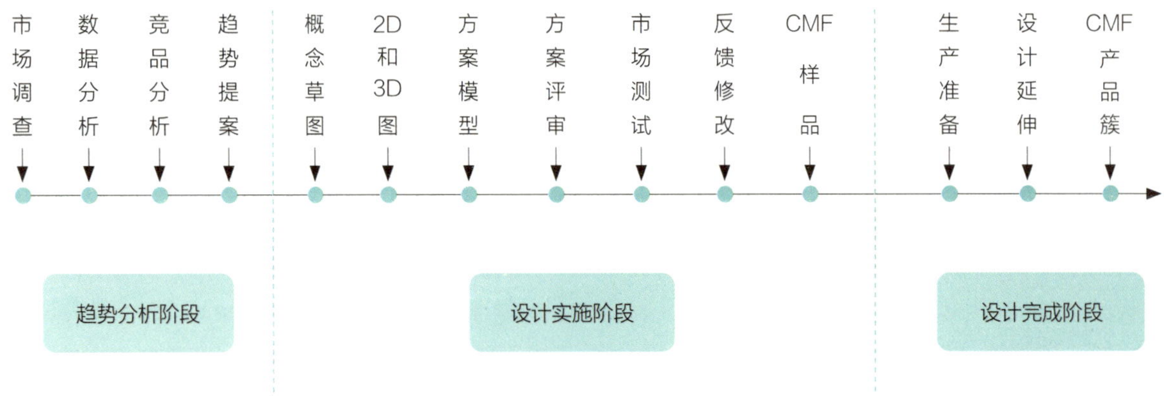

图8-4　家具CMF设计程序与步骤示意图

在图8-4中，将完整的CMF设计过程分为三个阶段，即消费趋势分析阶段、设计实施阶段和设计完成阶段，现分述如下。

（1）趋势分析阶段

任何事物的存在与演进过程都有其或隐或显的某种规律。家具CMF设计的第一阶段就是在一定范围内，通过对研究对象进行资料收集、对比、分析，发现研究对象的形态趋势、工艺技术趋势、材料趋势、色彩趋势，从而预测研究对象在未来一段时期内的变化规律，提前布局产品在未来市场中的定位，把握未来市场中产品竞争的主动权。并在趋势的研判过程中，确定CMF设计的触点、方向与价值域，并以完整、规范、合格的趋势分析报告（文案）作为该阶段结束的标识。趋势分析报告主要包括主辅材料变化趋势、主辅色彩变化趋势、纹理或图案变化趋势、工艺技术的发展趋势等内容，其具体呈现一般采用报告册、PPT、视频、实物样品等。可见，趋势分析阶段是整个CMF设计的前提基础，决定方向的依据，决胜市场终端的关键。

（2）设计实施阶段

设计实施阶段就是根据前述的趋势分析报告，结合产品具体定位，对产品表面形态整体和局部细节进行CMF设计方案的构思和实施的过程。其主要内容包括CMF设计的概念草图、2D或3D方案图、方案模型、方案评估、市场测试、反馈修改、CMF方案样品等。其中的部分内容与产品形态构思过程相似，只是在设计对象上，一个是产品的实体形态设计，而CMF仅着眼于相应产品的表面形态设计。

在具体的设计实施过程中，首先应全面研究和理解第一阶段的趋势分析报告，从中获得灵感与设计触点，进行思维发散，并通过草图的形式对有意义的方案进行记录，然后再从中选取2~3个可行度较高的草图方案进行深化设计，形成较规范的二维和三维方案视图，并在条件允许时制作出模型。之后则进入常规设计流程中的方案评估、修改，市场测试、再修改等环节，并以CMF方案样品评审、测试合格作为本阶段结束的标识。

（3）设计完成阶段

家具CMF设计完成阶段是多个部门协同作业的过程：一方面，管理部门、技术部门等要进行与CMF相关联的设备与工具的准备；另一方面，CMF设计师应根据前阶段所确定的CMF设计元素进行系列性的延伸设计，完善CMF产品簇系，迎接新产品接踵而来的批量生产、投放市场。

第二节　家具CMF设计中的材料

材料是家具构成的物质基础和前提，不仅以其自身的特性影响着家具设计，维持着家具的功能形态，满足着家具的功能要求，而且还是家具色彩、表面处理工艺、图案纹理的唯一载体，并通过材料的自身特性成为使用者感官触及的唯一对象。家具具有悠久的用材历史，经过物竞天择、优胜劣汰的过程，逐渐形成现今的家具材料簇系。在现今的各种产品类别中，家具用材种类繁多、配搭自由、贵贱相宜、简繁处置得当。此外，材料特征的不同也促成了不同的成型工艺、连接结构、表面处理方法等。在此仅叙述与家具CMF内涵相关联的材料方面的特征。

一、家具材料的构成

从材料来源不同可以发现家具是由天然材料和人工材料构成。天然材料是指不改变材料在自然界中的原始状态，未经加工或基本加工就可直接使用的材料，包括木材、竹材、皮革、皮毛、秸秆等天然有机材料和石材、黏土等天然无机材料两类，其中木材、竹材、石材是家具的传统天然用材。图8-5是由天然有机材料之一——实木构成的椅子。人工材料是相对于天然材料而言的，是指自然界以化合物形式存在的、不能直接使用的，或者自然界不存在的，需要经过人为加工或合成后才能使用的材料。家具中常用的人工材料有木质人造板材、天然纤维/织物、金属、塑料、玻璃、人造革、人造石

图8-5　实木构成的椅子/设计：中岛胜寿

图8-6　铝合金构成的凳子/设计：
奥托·瓦格纳（Otto Wagner）

材、复合材料等。图8-6是由人工材料之一，铝合金板材与管材构成的凳子。

家具用材十分广泛，且材料的不同属性也赋予了其在家具中的不同用途。有的宜作为家具的主体结构性用材，用于家具中的受力构件，如木质材料、金属、玻璃、塑料、石材等；而有的材料却只能依附于受力构件，起修饰美化作用，即为装饰用材，常见的有涂料、贴面材料、软质蒙面材料、电镀材料、封边材料等。另外，还有用于维持或促进形成实体家具的一类辅助材料，其本身并不能构成实体家具中的一部分，但却必不可少，常用的有胶粘剂、五金配件等。如图8-7所示的蝴蝶凳，其主体结构性材料为木质模压胶合板和金属拉杆，装饰材料为表面油漆，辅助材料为金属五金件。

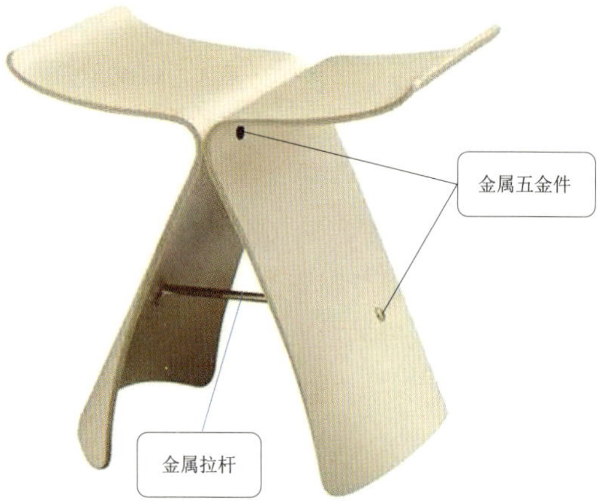

图8-7　蝴蝶凳材料构成示例/设计：柳宗理

总之，在家具的构成材料中，尽管装饰材料、辅助材料不如结构材料那般重要，但基于CMF内涵的特殊性，却与CMF设计的关系更为密切。

二、家具材料的感官特征

感官即感觉器官，一般指眼、耳、鼻、舌、身等。感觉器官能分别接受外界的不同刺激而产生视觉、听觉、嗅觉、味觉、触觉等；感官具有客观性与普遍认同性，不因人的意志而发生改变或转移，也是外界事物与人发生交互作用的一种通道。

家具材料的感官特征又称材料质感，它建立在生理基础上，是人通过感觉器官对材料做出的综合评判。尽管人有视觉、听觉、嗅觉、味觉、触觉等感觉器官，但对于家具而言，人们仅关注材料的视觉、触觉、嗅觉特征，而且当材料无异常气味时，人们会基本忽略材料的嗅觉特征。因此，在家具CMF设计中，材料的质感主要通过人的触觉和视觉进行体验交互[3]。

1. 家具材料的属性

尽管家具用材种类繁多，但却均具有生理和物理双重质感属性；其生理属性是相对于人而言的，主体是人，当人通过触觉和视觉系统触及材料表面时，会产生粗犷与细腻、粗糙与光滑、温暖与寒冷、华丽与朴素、浑厚与单薄、沉重与轻巧、坚硬与柔软、干涩与滑润、粗俗与典雅、透明与不透明等刺激信息，形成材料的生理感觉特征。材料的物理属性则是指材料的固有特征信息，主体是材料，如材料表面的肌理、色彩、质地、光泽等。图8-8所示的中国椅，其生理属性为天然、质朴、温暖、粗糙、凉爽等，物理属性为实木、淡雅自然的色彩、温润的光泽、天然优美的纹理、起伏变化等。

2. 家具材料的触觉特征

家具材料的触觉特征是指人通过手和皮肤触及材料而感知到的材料的表面特性，它与材料表面组织构造不同所表现的机械特征、温度特征或化学特征间的差异密切相关。材料表面微元的几何构成形式千变万化，不同的构成形式会使人产生不同的触觉感受。一般情况下质地构成粗糙的材料给人以朴实、自然、厚重、温暖的感觉；质地构成细腻的材料给人以光滑、冰冷、坚硬、人造的感觉。因此，在家具CMF设计中，设计师应熟练地运用材料的粗与细、凸与凹、软与硬、冷与暖、大与小、轻与重等触觉特征，并且通过不同质地材料的组合、不同局部的特殊处理，来丰富家具表面的形态与内容，给用户带来更多新的感官体验。图8-9所示的悬挑钢管椅，由高光钢管和藤编构成，把朴素、自然、温馨的藤编与光亮、坚硬、冰冷、现代的人造金属有机地融为一体，把材料的粗与细、软与硬、人造与天然、冷与暖、轻与重等触觉特征发挥得淋漓尽致。

3. 家具材料的视觉特征

家具材料的视觉特征是指人通过视觉器官来感知到的材料的表面特性，是材料被人的视觉感受后经大脑综合处理产生的一种对材料表面特征的感知和印象。当人们通过眼睛捕捉材料信息时，会根据材料的光泽、色彩、肌理、透明度等的不同而形成材料的精细或粗糙感、自然与人造感、素雅与低俗感、华丽与质朴感、细腻与粗犷感、均匀与杂乱感、光洁与毛糙感等。

尽管视觉质感是触觉质感的综合和补充，但相对于触觉质感却具有经验性、遥测性、间接性、知觉性和不真实性。对于已经熟悉的材料，可以根据以往的触觉经验通过视觉印象判断该材料的材质，从而形成材料的视觉质感。利用这一特点，可以应用各种表面处理工艺方法，以近乎乱真的视觉效果达到触觉质感的错觉。例如：在工程塑料上烫印铝箔，形成金属质感；在纸上印刷木纹、布纹、石纹等。

三、家具材料的情感释义

情感一般解释为受到外界刺激时产生的比较强烈的心理反应、动作流露，同时也表示对人或事物关切、喜爱或厌恶的心情。在家具CMF设计中，当人们受到材料的感官特征刺激后，会产生喜、怒、哀、惊、恐、乐等心理反应，即由感官特征衍生出某种情感。一般而言，根据材料的感官特征不同，可把材料的情感归为两类，即快适情感和厌憎情感。

材料的快适情感一般是指光洁的金属与晶莹的玻璃表面，光滑的塑料、绸缎、高级皮革，精美的陶瓷釉面等所带给人的细腻、柔软、光洁、湿润、

图8-8 “中国椅”感官特征分析/设计：汉斯·韦格纳（Hans J. Wegner）

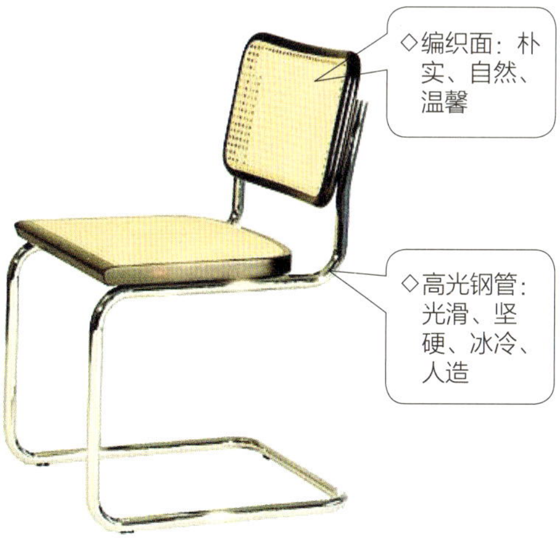

图8-9 悬挑钢管椅触觉特征分析/设计：马塞尔·布劳耶（Marcel Breuer）

凉爽等感受，并使人产生舒适如意、兴奋愉快的情感。而另一方面，厌憎情感是指粗糙的砖、石、未干的油漆、锈蚀的金属等所带给人的粗、粘、涩、乱、脏等感受，并使人产生不愉快、造成反感甚至厌恶的情感心理。

在家具CMF设计中，不同的材料呈现着不同的感官特征，并给人以不同的心理感受，形成不同的情感释义。木材给人自然纯朴、纹理别致、轻松舒适感；花岗石质地坚硬、给人厚重、稳定、庄严、雄伟感；钢铁给人坚硬、挺拔刚劲、深沉稳重感；塑料给人轻巧别致、色彩艳丽感；玻璃给人质硬性脆、晶莹剔透感；丝织品给人顺滑柔软、轻快华丽感；皮毛则给人柔软、亲切、温暖和高贵感。表8-1是不同材料的感官特征与情感释义的归纳。

表 8-1　不同种材料的感官特征与情感释义

材料类别	感官特征	情感释义
木材	天然、亲切、温暖、传统、手工、粗糙、感性	轻松舒适
金属	现代、笨重、坚硬、光滑、冷漠、凉爽、人造	时尚豪华
塑料	人造、轻巧、优雅、细腻、艳丽、低档	廉价低俗
玻璃	明亮、光滑、时尚、洁净、晶莹、活泼	活泼轻快
陶瓷	高雅、高贵、时尚、传统、精致、凉爽	高贵雅致
皮革	柔软、感性、浪漫、手工、高档、温暖	高雅舒适
棉织物	柔软、温暖、浪漫、时髦、感性、易脏、易燃	温馨浪漫
大理石、岩板	时尚、高档、奢侈、天然、朴实、凉爽	高雅朴实

四、家具材料的选用原则

现代家具的材料十分丰富，除了常用的木材、金属、塑料外，还有藤、竹、玻璃、织物、装饰板、皮革、海绵等，应有尽有。然而，当具体到某一件或一系列家具时，并非任何材料都可以随意选用，而是要进行精心的配搭设计。因为，正确用材不仅是家具整体设计的关键，也是CMF设计的基础。这就要求选用的材料既要保证在家具使用过程中的良好工作能力，满足功能的结构性要求，又要考虑材料美观性、加工工艺性、成本控制等方面的因素。

1. 适用性原则

家具选材的适用性包括材料与人、材料与物两个方面。从材料与人的因素而言，家具选材虽然丰富多样，但每一种材料都具有有别于其他材料的独特属性，而不同的属性给人以不一样的感官刺激。设计过程中应该充分利用这一特性，并通过材料间的配搭把它们有机地结合起来，使其综合美感深化或产生质变，从而获得多样化的美感体验。如常见的皮革与金属的组合，织物与实木的组合，藤编或草编与实木或金属的组合等。如图8-10所示的是由“钢管框架（亮光）+织物面（粗糙）+皮革线条（半哑光）”构成的“安乐椅”，体现出平静、自然、安定、舒展的内涵。材料与物是指材料与设计对象之间的适用性，这也是保证家具完成其自身相应功能的必要条件，主要考虑家具在使用状态下，由材料所构成零部件的力学强度、物理性能和化学性能等因素。这就要求设计者既要熟悉不同材料的感官特征，又要掌握各类材料的理化特性，正确界定结构性材料、装饰性材料、辅助性材料的本质和功用。另外，还要通过材料与新工艺、新技术的结合，把高新技术导入家具中，体现家具的时代性特征。

总之，家具选材是有目的、为了表达一定的创意、塑造一定的形象与内涵的设计过程，它使材料的适用性与家具的形态、功能、工作环境相匹配，在获得最佳设计效果的同时给人美的感受。

图8-10　组合用材的“安乐椅”/设计：马歇尔·布劳耶

图8-11　批量生产的新型竹凳

2. 资源可持续利用原则

资源可持续利用不仅是家具，而且是整个社会经济可持续发展的基础，是人类长期生存和发展的物质保障之一。尽管自然资源具有可用性的基本属性，但它同时还具有稀缺性、有限性、地域性、不可替代性等特征。因此，在选择家具用材时，一是应具有保护意识，保护是可持续利用的前提，要不过度追求某种材料的稀缺性，利用资源的再生能力维持其一定的稳定性，不能只顾眼前利益，过度甚至掠夺性地使用。同时，应结合新技术开发利用生长周期短的竹材或其他资源较丰富且价格低廉的材料等。如图8-11所示的竹凳就是应用现代技术突破竹制品传统手工制作的瓶颈，实现竹家具机械化批量生产的实例。二是应当因地、因时制宜，根据不同地区、不同时期家具用材资源的具体情况，针对某一特定用材设计家具，科学合理地建立资源“利用—保护—再生”的良性循环。三是倡导资源节约型设计。一方面在设计时始终贯彻节约性的理念，在满足使用功能的前提下，避免粗大的构件，避免多余的构件和装饰等；另一方面，保证在家具使用过程中对易损件的便捷维修和使用后的回收再利用等，从多个方面来提高现有资源的利用价值。

3. 工艺性原则

这里的工艺性，严格地来说应该是指工艺的可行性。任何一类材料都有其自身固有的特性，而这种特性决定了其设计中的形式及相应的加工方法，具体到家具设计中则体现在各零部件的造型以及应用工具和设备进行批量化生产之间的统一性上。这其中包含了以下几个方面的含义：一是成型性，即要熟知材料特性所限定的造型边界，设计构思的形可以无边界，但当形与材料结合时，就应受到由材料特性所固有的造型边界限制；不同类别材料的既定造型能力虽然给设计带来了限制，但也增加了设计创新的魅力值。二是形的可加工性，当材料与形一定时，首先要考虑是否有成熟的加工工艺进行批量化、高效率、低成本的生产；其次是现有的技术与设备能否满足加工过程的要求。三是评估表面处理工艺的可行性及装饰效果。如图8-12所示，只有熟知木材特性和加工工艺的设计师，才能设计出这一弧度优美、新奇时尚、端庄优雅、美观大方的现代曲木家具产品。

图8-12　优美、时尚的现代曲木家具

4. 外观形态的美观性原则

材料的质地和肌理决定了产品的外观形态的特殊情感。家具的传统材料以实木为主，这不仅是由于木材的天然属性带给人们的纹理自然、美观、形象逼真、触感好等感受，而且还源于木材的易加工、易着色等工艺特性，再加上得天独厚的自然资源，使得木材自人类有造物活动以来，即受到青睐。人类进入近现代社会后，逐渐熟悉了金属、塑料、玻璃等材料的特性，并通过坚持不懈的探索，在传统的天然材料和现代的人工材料之间找到了恰当的契合点，形成不同材料间的配搭组合，产生不同材料家具外观形态的审美体验。如图8-13所示的玄关台，是由楸木与方钢管配搭构成，设计者利用楸木心材和边材的深浅色差及加工过程中形成的自然质感与肌理，与镀铬高亮光的方钢管配搭，形成既符合玄关台功能属性需求，又独具特色的效果。

5. 尊重传统用材习惯原则

人类栖息地地域辽阔，环境气候丰富多变，不同地区资源的差异化，逐渐形成了家具用材的地域特色。如果仅从家具服务于人类行为需求和情感体验的角度而言，家具用材在满足其要求的材料固有特性的同时，还应充分尊重不同地域历史上沉淀的传统用材习惯，充分体现不同地区人类对自然资源的利用能力和改造能力。譬如北方对榆林、水曲柳等木材的认可，南方对榉木、竹藤材料的认可，明代上流社会家具用材以黄花梨为主，清朝贵族家具用材以紫檀为主，西方古典家具喜用胡桃木，美国传统家具多用橡木等都是在特定的历史背景下，不同区域形成的传统用材习惯。

图8-13 金属与楸木配搭构成的玄关台

6. 经济性原则

家具用材的经济性包括材料的价格、材料的加工消耗、材料的利用率及材料资源的丰富性等因素。木材虽然具有天然的纹理等优点，但随着需求量的增加，木材蓄积量不断减少，资源日趋匮乏，与木材材质相近的、经济美观的材料将广泛地用于家具中。

五、家具材料的美感

材料美是家具形态美的一个重要方面，当人们通过视觉与触觉、感知与联想来体会材质的美感时，不同的材料给人以不同的触感、联想、心理感受和审美情趣。另外，材料的美感与材料本身的构成、性质、表面结构及使用状态密切相关，即通过色彩、光泽、肌理、质地、形态等特点表现出来。因此，在家具CMF设计中，应充分考虑材料的不同特性，进行巧妙的配搭应用，充分展现材料各自的美感，形成符合人们审美追求的各种感官特征和情感释义。

1. 色彩美感

一件家具首先映入眼帘的不是造型，也不是肌理，而是色彩。材料与色彩间是相互依存的，材料是色彩的载体，色彩不可能游离于材料而存在，但可以反过来衬托或强化材料的质感。家具材料的色彩美首先应体现在材料、色彩与居室空间的整体协调性方面。进入现代社会后，居室空间除了家具外，还有各类现代家用电器、生活或工作用品，此时的家具用材及其色彩与家用电器色彩间的协调则凸显出重要性，家具色彩不但要体现在不同材料间、不同用品间的配搭与和谐上，还应考虑室内空间的风格与色彩。另外，尊重历史用材也是家具材料美的范畴，由于特定的历史原因形成的某种固有的用材与色彩习惯，并与图纹、风格融为一体，沉淀为风格的文化内涵之一。

不同的材料，会呈现不同的色彩美感，在设计时为了达到理想的色彩效果，一般会把材料和色彩一同思考，如应用现代金属、塑料材料的单色家具，不仅适于工业化大批量生产，而且单一色彩更显简单时尚。现代材料色与现代家具的简约、整洁等特征也是协调一致的，除去了繁杂的雕刻和拼花等图纹，有助于把设计重点放在家具的人性化内涵上，充分挖掘受到广大消费者欢迎的、利用天然与淡雅色彩的材料而形成宁静、清纯、静穆、素雅的现代简约家具的时代性内涵。总之，综合思考家具与其他各类用品间的和谐关系，把握消费者的心理需求，不断地研究新的材料领域，并运用色彩原理和现代设计法则进行材料色彩的协调应用，才能丰富家具材料的色彩美感，这也是家具CMF设计的要义所在。（图8-14）

2. 肌理美感

肌理是指物质材料因物理属性而表现出的表面组织构造，是材料的表面形态在视觉或触觉上可感受到的一种表面材质效果。肌理具体入微地反映了不同材质的差异，体现材料的个性和特征，是家具形态美构成的要素，在家具CMF设计中具有极大的艺术表现力。

不同的材料表面都有其特定的肌理形态，而不同的肌理会对心理反应产生不同的影响，形成不同的情感释义，从而产生不同的审美品格和个性。有的肌理粗犷、坚实、厚重、刚劲，有的肌理细腻、轻盈、柔和、通透。即使是同一类别的材料，不同的品种也有微妙的肌理变化。如不同种类的木材具有细纹理、粗纹理、直纹理、山形纹理、波浪形纹理、螺旋形纹理、交替纹理等千变万化的肌理特征。这些丰富的肌理为家具表面形态美的塑造提供了多样化的可能性。

根据材料表面形态的构造特征不同，可把肌理分为自然肌理和再造肌理。自然肌理是指材料自身所固有的肌理，它包括天然材料的自然形态肌理（如天然木材、石材等）和人工材料的固有肌理（如钢铁、塑料、织物等）。自然肌理突出材质的自然之美，以“自然”为贵。如图8-15所示的明式花梨木方角柜，其具有天然的清香，花纹天然偶成、变幻莫测，表面肌理细腻光滑、美不胜数。再造肌理是指材料表面通过运用喷、涂、镀、贴面等表面处理工艺所形成的肌理特征，是材料自身非固有的肌理形式，它通过改变材料原有的表面材质特征，形成一种新的表面材质特征，以满足现代家具CMF设计的多样性和经济性需求，在现代家具CMF设计中被广泛应用。

在家具CMF设计中，可以通过两种方式体现材料的肌理美：一是相同材质不同工艺，即当产品整体为同一种材质时，产品会呈现单调乏味的CMF效果，如果运用不同的工艺方式在产品的局部或小型功能构件（如拉手、抽屉面板等）上，进行与整体不同的工艺处理，便可通过工艺方式的差异化形成点缀性装饰；二是不同材质间的组合，在部分家具中，因功能方面的需要常需进行不同材质间的配搭组合，如座具中的软体接触面与刚性支撑体等，也有部分家具没有功能方面的需要，但为了外观形式

图8-14　现代家具材料与色彩美

图8-15　明式花梨木方角柜的肌理美

的美观性需求，设计时可以有意识地进行不同材质间的配搭应用，形成丰富多样的CMF效果。

3. 光泽美感

光泽泛指材料表面上反射出来的亮光，取决于材料表面对光的镜面反射能力。光是造就各种材料美的先决条件，材料离开了光，就不能充分显现出自身的美感。光的角度、强弱、颜色都是影响各种材料美的因素。光不仅使材料呈现出各种颜色，还会使材料呈现不同的光泽度。材料的光泽美感主要通过人的视觉感受而获得其在心理、生理方面的反应，引起某种情感，产生某种联想从而形成美感体验。根据材料受光特征不同可分为透光材料和反光材料。

透光材料是指受光后能被光线直接透射，呈透明或半透明状的材料。这类材料常以反映身后的景物来削弱自身的特性，给人以轻盈、明快、开阔的美感。家具中常见的透光材料是玻璃、透明度较高的塑料及其衍生品，通过不同的工艺处理，形成明快晶莹、隔而不断、层层叠叠的朦胧美感。

反光材料是指受光后能把光线进行反射，呈现高亮光泽的材料，如抛光大理石面、金属抛光面、一些亮光油漆面等。反光材料受光后按反光特征不同分为定向反光材料和漫反光材料。定向反光材料一般给人以生动、活泼的美感；漫反光材料也称亚光材料，如木质面、皮革面、织物面、毛石面等，给人以质朴、柔和、含蓄、安静、平稳的美感。如图8-16所示的天鹅椅，由高亮光的金属与亚光的皮革配搭构成，把现代金属材料的时尚、明快与皮革的质朴、高档有机地融为一体。

图8-16　天鹅椅光泽美感/设计：安恩·雅各布森（Arne Jacobsen）

4. 质地美感

质地也是家具材料美感体现的一个重要的方面。材料的质地美是材料本身的固有特征所引起的一种赏心悦目的心理综合反应，是材料内在的本质特征，主要由材料自身的构成、结构、物理化学特性来体现，一般表现为材料的软硬、轻重、冷暖、干湿、粗细等，具有较强的情感因素。另外，表面特征（光泽、色彩、肌理）相同的材料，其质地可能完全相悖，如无机玻璃和有机玻璃，虽具有相近的视觉质感，但其质地完全不同，分属于无机材料和有机材料，具有不同的物理、化学性能和触觉质感。

材料的质地可分为天然质地与人工质地。天然质地包括未经人工加工的天然材料的质地（如毛石、树皮、砂土及动物毛皮等）和以天然材料为基材经人工加工而成的材料质地（如经切割、打磨、刻画、抛光等加工的木材、石材等）。而人工材料所反映的质地为人工质地，如各种金属、塑料、玻璃等材料的质地。在家具CMF设计中，材料质地特性及美感的表现力主要是通过材料的选择和配搭来实现的。

六、材料的情感表达示例

在家具设计中，一般有三种用材方式：一种是既定用材方式，即在设计开始之前已经指定了家具用材类别，如木材类、石材类或金属类等，也是日常设计中较常见的方式，多见于常规产品的创新设计或产品的迭代升级设计；二是自由用材方式，即在设计开始之前没有明确指定家具用材，而由设计师根据设计意图确定用材，这种用材方式多见于原创类产品或概念性产品创新设计中；三是主材既定、辅材待定方式，如主材为木材或金属，但与之相配搭的辅助材料可根据设计意图确定，具体内容延伸可参阅本章“第五节家具CMF设计集成”中的陈述。但不管是上述的哪一种用材方式，当用材确定后，设计师应以前期市场调查所获得出的用户情感需求为依据，充分理解用户情感需求的内涵，结合材料的情感特性与材料的适宜性进行CMF设计构思，并结合CMF的内涵与设计表达规范，进行材料的情感分析，系统地提炼出家具产品的材料美。

下面以明式四出头官帽椅为例，进行家具CMF设计中材料及其相关情感特性与内容等方面的分析示例。四出头官帽椅是明式家具中的经典产品之一，历经600余年的传承至今仍不失其在世界家具艺术中的巅峰地位，凝聚着中国古人的智慧和哲学思想精髓，给人们一种素净、高雅之感。四出头官帽椅在用材上多以花梨木或大红酸枝木等贵重、高档、稀缺木材为主，是服务于文人雅士、社会名流等的奢侈品。基于明式四出头官帽椅用户体验方面的内涵，可以看出其一直以来一般选用高档木材，属于前述的三种用材方式中的第一种，即既定用材方式。无论是黄花梨木，还是红酸枝木，或是其他种类的木材，尽管材料特性略有不同，但基本可以保证四出头官帽椅的材料情感特性内涵的相同或相似性。

试想，如果设计师打破四出头官帽椅的传统用材思维边界，而跨类别选择现代不锈钢材料，又会是一种什么样的情感特征与用户体验呢？表8-2分别以黄花梨木四出头官帽椅和不锈钢四出头官帽椅为例说明家具材料的情感表达与用户体验内容。通过对表8-2中内容的理解，读者可延伸思考分析如果用亚克力（有机玻璃）为材料制作四出头官帽椅的情感特性与用户体验内容。

表 8-2　四出头官帽椅 CMF 设计的材料表达与内容规范

材料类别	家具图例	材料及其情感特性			用户体验
		材料样板	物理属性	生理属性	
黄花梨		 M—黄花梨 产地：中国海南	国标红木、淡雅的色彩、自然的纹理、温润的光泽等	天然、亲切、温暖、质朴、传统、手工、感性	形体完美、优雅大气、质朴自然、温馨亲切、经典高雅
不锈钢		 M—不锈钢 产地：中国	现代人造材料、高雅的金属色、明亮光洁的表面、时尚的金属光泽等	现代、时尚、光滑、坚硬、凉爽、奢华、冷漠、人造	现代时尚、优美大方、青春活泼、个性别致、奢华贵重、冷漠艳俗

第三节　家具CMF设计中的色彩

一般而言，某物体给人的第一印象首先是色彩，其次才是形态，最后才是质感。由于色彩是消费者对于产品感知的首要因素，自然也是CMF设计中的重点。在产品的CMF设计中常常通过运用色彩以取得赏心悦目的效果，甚至上升到色彩设计战略的层次，具体到家具CMF设计中也不例外。

一、色彩的概念与分类

对于人，色彩是物理、生理、心理的综合体现，是物质与精神的混合体。大千世界万紫千红，人往往是通过色彩来辨认自然界的万事万物。色彩除识别功能外，合理的色彩设计还可以引起人们的审美愉悦，获得美的享受。而产品的色彩设计，不仅是一个美学问题，也是一个综合性的科学问题，它还涉及光学、化学、生理学、心理学、材料学、社会学等相关学科，渗透于人类生活的各个领域，对于此，需要设计师投入更多的关注与实践。现实生活中，人通过视觉接触到的色彩可分为色光和色料两大类。

1. 色光

色的本质是光，人们日常见到的色是物体对于各种色光反射或吸收的选择能力的表现，而并非物体本身具有的颜色。艾萨克·牛顿（Isaac Newton，1642—1727年）在1666年研究了光与色的关系，他在暗室中将一束太阳光通过三棱镜投射到屏幕上，结果看到了红、橙、黄、绿、蓝、靛、紫的光谱。他又将各种颜色的光线通过三棱镜聚合在一起，结果又复原成接近太阳光的白光，从而奠定了现代色彩学的理论基础，说明了色彩的物理现象是受光制约的，其光波与各种物体接触，被折射、吸收、反射，从而反映出各种物体的色彩，即我们见到的物体的色彩是当光照到物体表面时除该物所呈现的色被反射外，其他色大部分被吸收的一种现象。

1802年英国生物学家托马斯·杨（Thomas Young）根据人眼的生理特征，提出了色光理论，发现了色光三原色为红（Red）、绿（Green）、蓝（Blue），即RGB色彩模式，如图8-17a所示为色光三原色原理。在色光三原色体系中，不同原色光的混合规律为：红光+绿光=黄光；绿光+蓝光=青光；蓝光+红光=品红光；红光+绿光+蓝光=白光。

2. 色料

色料是以自然界各种有机物或无机物为原料研磨而成的染色剂，可大致分为天然色料和人造色料两大类。天然色料的原料主要取自于自然界，绝大部分是自然界本身存在的色彩，且种类相对较少。在人工染色剂发展之前，天然色料稀有、珍贵，一度是财富与地位的象征，并随着社会文明的发展，被赋予宗教、艺术、政治等方面的含义。人造色料是指通过人工加工所得到的颜色，广泛用于现代社会中的颜料、染料、油漆、水彩、水粉、油画等染色剂。如图8-17b所示，色料的三原色为红、黄、蓝。

二、色彩的基本特性

色彩的明度、色相、饱和度是色彩构成的基本要素。人们平常对任何一种色彩的感知都是基于这三种要素的综合效果。

1. 色相

色相又称色别、色性，是指各种颜色的相貌和彼此间的区别，或者说色相就是色彩的名称。由于颜色千变万化，种类繁多，因此有必要在众多的颜色中挑选出有限的几种基本色彩进行组织排序，便于应用。常见的，代表色彩的六个色相一般为光谱中的红、橙、黄、绿、蓝、靛、紫七种分光色。光谱的色有一个起点，一个终点，不形成闭合环，而在两端的红、紫间插入紫红，就能形成闭合环。如此形成的色环如同音乐中的音阶一样，具有完全合理的顺序，尽可能平均地分割色相距离，构成7色环、8色环、10色环、11色环、12色环、24色环等色彩顺序，并加以命名。

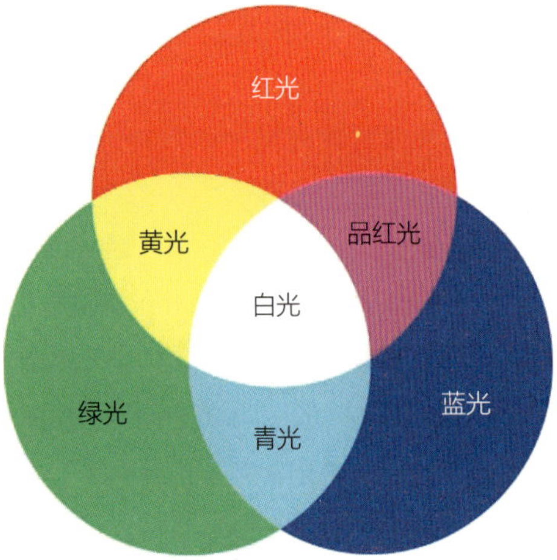

a. 色光三原色（RGB模式）

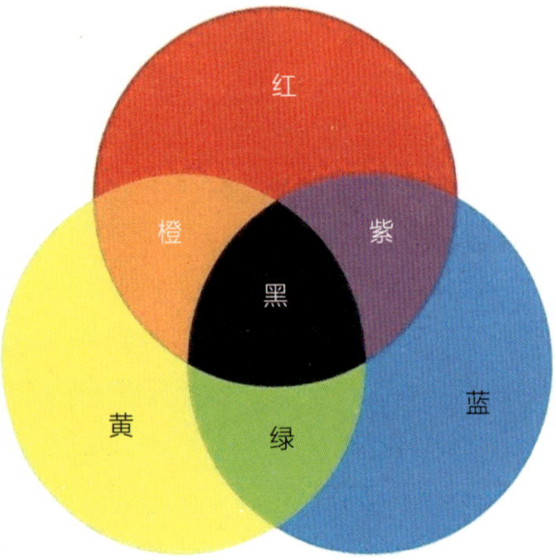

b. 色料三原色（CMYK 模式）

图8-17 色彩三原色原理

在日常交流中，人们一般用最直观的色相来描述家具或其他产品的色彩，即用家具外表占据最大面积的色相来描述，如淡黄色的椅子、棕色的柜子，但其中的拉手、垫脚等可能是其他颜色。

2. 明度

明度又称色度，是指色彩的深浅程度或明暗程度。它有两方面的意义，一是指不同色彩相比较的明暗程度，二是指各种色彩本身的明暗程度。如红、橙、黄、绿、蓝、靛、紫中，黄色明度最高，红、绿次之，蓝、紫色更低。色彩明度是配色层次感、立体感和空间感的灵魂。在实际应用中，明度还与家具材料表面的不同肌理的粗糙度、不同的光线环境等因素密切相关。

3. 纯度

纯度也叫色度、彩度或饱和度，是指色彩的鲜艳程度，即某一色彩中所含彩色成分的多少。鲜艳的色彩纯度高，发暗的色彩纯度低；不加黑、白、灰的纯度高，反之纯度低；距离光谱色越近的色，纯度越高，反之纯度低。

4. 原色

原色亦称第一次色，即能混合调和出其他一切色的原料。色料（CMYK模式）中以红、黄、蓝为原色，色光（RGB模式）中以红、绿、蓝为原色。

5. 间色

间色也称为第二次色，即由两原色混合而成。色料（CMYK模式）中的间色是橙、绿、紫三种色彩。即：红＋黄=橙色；黄＋蓝=绿色；红＋蓝=紫色。色光（RGB模式）中的间色是黄、青、品红三种色彩。即：红＋绿=黄；绿＋蓝=青；红＋蓝=品红。

6. 复色

复色也称第三次色，两间色相加即成复色，或是原色与灰色混合，也是复色。色料（CMYK模式）中的复色为：橙＋绿=橙绿；橙＋紫=橙紫；紫＋绿=紫绿。

7. 补色

补色也称互补色、余色，三原色中的原色与其他两原色混合成的间色即互为补色，如色料（CMYK模式）中的红色与黄、蓝混合成的间色——“绿色”即互为补色，也就是说红是绿的补色，绿也是红的补色，黄与紫、蓝与橙也互为补色关系。一般来说，补色必然是对比色，但对比色不一定是补色，如黑白是明度上的对比关系，但不是补色。

8. 无彩色

无彩色是指黑、白、灰、金、银不带颜色的色彩。无彩色系列可以和任何颜色配搭而不起冲突，也被称之为万能调和色，属于专色系列。除此之外的色彩也统称为有彩色。

三、色彩的感官特征

色彩的感官特征是指不同波长色彩的光信息作用于人的视觉器官，通过视觉神经传入大脑后，经过思维，与以往的记忆及经验产生联想，从而形成一系列的色彩心理反应。相对于家具而言，色彩的感官特征不仅涵盖了家具的色彩、外形、规格、图纹、肌理等多种信息，还包括了色彩的冷暖、软硬、收缩、膨胀等特性。它既有色彩物质的特征属性，也是人的生理和心理综合反应的结果。

1. 色彩的体积感

色彩的体积感与色彩的波长相关，由于人眼晶体对于不同波长的聚焦点不完全在一个平面上，导致光在视网膜上形成的影像存在清晰度上的差异。红色、橙色、黄色等长波长的色彩在视网膜上所形成的影像容易模糊，具有扩散性，给人以膨胀的感觉；蓝色、绿色、紫色等短波长的色彩影像就具有收缩性，给人以缩小的感觉。无彩色中的黑色具有收缩感，白色具有膨胀感。

2. 色彩的距离感

色彩的距离感与色相、明度有关，在同一视距条件下，明亮色、鲜色和暖色有比实际位置更向前、凸出、接近的感觉，称为前进色；而暗色、灰色、冷色和明度低的色彩有后退、凹进、远离的感觉，称为后退色。另外，前进色还具有膨胀感，后退色则具有收缩感。

3. 色彩的冷暖感

色彩的冷暖感既有生理原因，也有心理原因，但以心理原因为主。根据色彩的冷暖程度不同，可以分暖色、冷色和中性色。暖色是指红、橙、黄等以及由此构成的色调；冷色是指青、蓝等以及由此构成的色调；中性色是指绿、紫、黑、白、灰。图8-18是

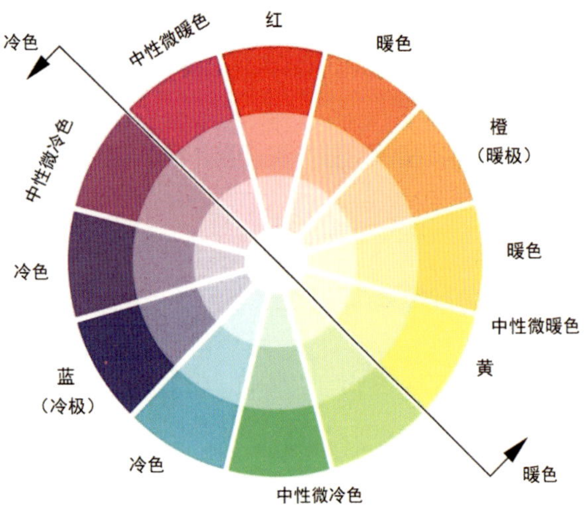

图8-18　色彩冷暖色环分布参考图

色彩冷暖色环分布参考图。色彩的冷暖在家具CMF设计中的重要性主要体现在不同功能空间及其家具上，如卧室用家具一般不采用暖色系的色彩。

4. 色彩的软硬感

色彩的软硬感不仅与色彩的明度有关，而且还与色彩的饱和度相关。明度高、饱和度高的色彩具有坚硬的感觉；暖色给人以柔和感，冷色给人以坚硬感；中等明度和中间纯度的色彩较为柔和；无彩色中，黑色与白色给人以坚硬的感觉，而灰色则具有柔软感。在色彩组合中，对比强烈的色彩给人以坚硬感；色彩间细腻微妙、对比弱，则具有柔软感。如淡绿、淡蓝、浅黄、粉红、灰色有柔软感，纯度高和明度低的色彩令人感到坚硬，黑色、白色均为坚硬色。另外，色彩的软硬感还与材料的种类、质感等因素有关联。

5. 色彩的轻重感

色彩的轻重感主要取决于明度，即明度高的色彩感觉轻，具有膨胀感，明度低的色彩感觉重；其次是纯度，在明度、色相相同时，纯度高的感觉轻，具有膨胀感，纯度低的感觉重。在无彩色中，白色给人感觉轻，黑色给人感觉重。从色相的不同来看，黄、橙、红等暖色给人的感觉轻，具有膨胀感；而冷色中的蓝、蓝绿、蓝紫给人感觉重，具有收缩感。色彩的轻重在家具CMF中突出体现在家具的上下位置关系方面，若是有彩色之间组合，一般在家具的下部用低明度的色彩，上部用高明度的色彩，强化家具的稳定感。

6. 色彩的质感

色彩既可以给人华丽雍容的感觉，又能给人朴实无华的韵味。色彩的华丽感主要取决于色彩高纯度的对比配置，其次是明度和色相的微妙变化。凡是鲜艳而明亮的色彩都具有华丽感，而浑浊、深暗的色彩则具有朴素感。另外，色彩华丽感还体现在对质感和肌理的合理运用上，表面光滑、闪亮的色彩容易呈现华丽的视觉感染力。

四、色彩的情感释义

色彩在本质上作为自然界的客观存在，只是一种物理现象，本身并不具有思想和情感。然而，具有成熟思想和情感的人类，却生活在一个色彩斑斓的世界中，当人的思想与情感与色彩不断发生碰撞时，就会赋予色彩某种特定的情感或思想，成为人们寄托情思、宣泄情绪的载体。色彩的情感属性主要包括色彩的固有情感、联想情感和象征情感，以及人们对色彩的好恶心理。

1. 联想情感

联想情感是指当人们看到某一色彩后，会联想到自然界、生活中某些事物。色彩本身只是一种物理和视觉现象，甚至不属于我们常规认识中的物质范畴。其之所以会对人们产生心理和生理作用，一方面在于色彩本身对于人们视觉的刺激，另一方面在于当人们看到色彩时常常会联想起与该颜色相关联的事物，进而产生相应的情绪和情感变化，也即形成色彩的联想情感。

2. 象征情感

象征情感是指当人们看到某一色彩后，会联想到高贵、理智等某些抽象概念。色彩本身可以给人某种概念性的认知，因基于某种社会、宗教心理与目的，人们对某种色彩赋予某一特定的内涵，成为色彩的象征。某个色彩在人类的某一区域文化的某个历史阶段用以表示某种特定的内容，久而久之这个色彩就逐渐成为该事物的象征色。表8-3为常用色彩固有情感、联想情感、象征情感的归纳。

表 8-3　常用色彩固有情感、联想情感、象征情感归纳

序号	色彩	色板	色彩性格	固有情感	联想情感	象征情感
1	蓝色		镇静色	清新、宁静、朴素	大海、蓝天、宇宙	和平、安静、纯洁、理智、希望
2	绿色		安全色	平静、安全、健康	草原、植物、苹果	自然、和平、希望、安全
3	黄色		醒目色	华丽、热烈、喜庆	金子、皇权、香蕉	光明、希望、高贵、愉快、辉煌
4	橙色		警界色	收获、成熟、喜庆	橙子、晚霞、秋季	温暖、华美、丰收、健康
5	红色		兴奋色	革命、力量、血腥	太阳、血液、火焰	喜庆、胜利、警觉、危险、禁止
6	紫色		神秘色	华贵、甜蜜、爱情	紫罗兰、紫丁香、葡萄	神秘、高贵、优雅、虔诚
7	黑色		坚硬色	黑暗、死亡、恐怖	夜晚、污泥、不洁	庄严、肃穆、坚强、孤独
8	白色		轻柔色	哀思、空白、贫穷	白云、浪花、雪地	纯洁、朴素、高雅、圣洁、高贵

由此可见，色彩在家具CMF设计中具有重要的表现力，恰当的色彩设计，既极具视觉冲击力，同时又易引起人的情感反应与变化。而对色彩的准确应用则是CMF设计成功与否的关键因素，这就要求设计师具有科学的色彩运用技巧，有丰富的色彩理论知识和对色彩细致敏锐的洞察力，以及熟知家具历史发展过程中形成的与色彩之间的某些关系和规律。

五、家具色彩的设计原则

家具的色彩可分为主色彩与辅助色彩，主色彩是家具中面积较大或主体部件的色彩，辅助色彩则是家具中面积较小或次要部件的色彩。应用不同材料构成的家具，主色彩与辅助色彩一般随材料的不同而不同，如果是由同一种材料构成的家具，则主色彩与辅助色彩一般相同，但也有少数不同。合理的家具色彩能对人的生理、心理产生良好的影响，促进使用者的身心愉悦，克服或缓解疲劳，提高工作效率或休闲质量。因此，家具色彩的设计就很重要。在进行家具色彩设计过程中，应考虑以下几个方面。

1. 遵循功能空间的属性要求

在选择家具色彩时，首选要考虑家具的色彩与其所处功能空间的属性要求，同一类家具处于属性不同的功能空间中时，其在色彩上的选择也不同。如图书馆、办公室用的家具，应从阅读、办公的功能属性为出发点，选择色调明亮但却偏冷的色彩组合，营造出宁静、清新的环境氛围；剧院、礼堂等场合的家具色彩选择应迎合热烈、欢快的属性要求，使用红色、橘色等暖色；医院家具、卧室家具应以淡雅的冷色调或中性色调为主，给人以沉静感和安宁感，利于休息、睡眠。如图8-19所示的卧室家具与空间色彩。

2. 与空间环境和谐

家具色彩与所处的室内界面、室内其他陈设品的色彩共存于一个空间中，如果整个空间环境相互协调，形成有机的整体，会使人产生愉悦的美感，反之，则会杂乱无章。因此，家具色彩要和整体的室内色彩相协调，综合考虑，在遵循家具与空间功能属性要求的前提下，与所处空间的整体氛围统一，并在此基础上进行局部的色彩变化处理，形成统一与变化的和谐效果。如图8-20所示的餐厅家具。

3. 保持材质的自然色泽之美

家具中的每一类材料，都有其独特的色泽、肌理与质感。其中感官特征最丰富的是传统天然材料，其独有的天然生长而形成的美丽纹理与色泽，独一无二的自然特征可以赋予家具的形式、结构、色彩、质感、工艺等无限的美感。家具材料的和谐自然之美不仅来自于它的色泽、纹理、光泽等视觉特征，还来自于它给人带来的心理和生理的感受，如冷暖感、粗细感、软硬感等触觉特征，甚至还有嗅觉特征，这些都极大地丰富了材料之美的内涵。因此，在进行家具色彩设计时，在尽可能地利用好材料的自然色泽、质感与肌理的同时，还应采用适当的工艺技术使其更加突显。特别是要避免采用不透明的覆盖或其他不当的表面处理工艺。图8-21为天然色泽的白蜡木家具。

4. 尊重民族色彩习俗

不同国家和地区、不同民族之间，由于受政治、风俗、信仰、文化等因素的影响，对色彩情感释义的认同感也有差异，因此形成了不同的色彩习俗。不同的民族由于文化传统与风俗习惯的不同，对色彩的反应与态度也各不相同。例如同是哀悼追思，欧洲人多用黑色表示，黑色的低沉寂寞十分符合悼念者的心情与氛围，而中国自古以来都习惯用白色

图8-19　冷色调的卧室家具与空间

图8-20　与环境色和谐的餐厅家具

图8-21　天然色泽的白蜡木家具

来进行祭奠，这时的白色有悼愿亡灵升天的隐喻。而对于结婚等喜庆事件，中国的传统习惯多是用红色以取吉祥，西方则让新娘穿上白色婚纱以示纯洁高尚。信仰伊斯兰教的民族，对绿色特别亲切，视之为生命之色，但却讨厌黄色，因为黄色易与不毛之地的沙漠联系在一起；在信奉基督教的国家，黄色被认为是叛徒犹大的服装色，视为卑鄙可耻之色；而在中国，黄色作为帝王之色受到尊重，用于现代家具中也给人高贵典雅之感，如图8-22所示的黄色沙发。

可见，尽管不同的宗教信仰使各民族对色彩形成不同的喜恶，但这种对色彩的认同或否定，实际上已超越了个人的心理作用范畴，而是民族与文化在长期的历史积淀中形成的集体意识，其象征意义远远大于心理作用。

图8-22　高贵典雅的黄色沙发

六、家具产品色彩的形成

家具一般置于某种特定的生活或工作环境中，涉及人与物品、人与空间环境、人与人、人与社会等方面的关系。因此，应该从空间环境、人的心理、社会的时代性等方面来研究家具色彩的配置。在现实工作与生活中，家具的色彩主要来源于以下几个方面。

图8-23　加深材料固有色的扶手椅

1. 材料的固有色

材料不仅是构成家具的物质基础，还是家具色彩的载体，家具色彩不能游离于其构成材料而存在。材料的色彩可以分为两类：一类是材料本身具有的自然色彩，不需要在制造过程中进行色彩加工，如石材、木材、竹材等。这样既可发挥千变万化天然材料自身的色彩美感，表现其独特的自然色调，又可以利用其独有的天然纹理，给人一种亲近、温润的情感。另一类是根据家具与环境等的需要，通过表面处理工艺进行色彩处理，调整色彩的明度、纯度、色相之间的关系，以调节材料的本色，强调或烘托材料的美感。如图8-23所示的扶手椅，通过表面油漆工艺技术加深木材的固有色，使产品整体更趋沉着稳重，增强了产品的工艺感和价值感，但却弱化了时尚感。

部分金属、普通玻璃、塑料等人造材料构成的家具也可应用其材料的固有色，但这类人造材料的色彩比较单一，多与木材、皮革与织物、草织等配搭使用，以便丰富人造材料固有色彩的美感属性和家具的总体色彩效果。

2. 材料表面涂覆色

表面涂覆是在基材表面上形成一种膜层，以改善表面性能的工艺技术，如油漆、电镀等。表面涂覆具有物质和审美双重功能，一方面是为了保护基材免受或减少大气温度、湿度和阳光照射的影响，延长其使用寿命；另一方面，涂覆层的色彩也起着重要的美化装饰作用。

就家具产品而言，其表面涂覆分为透明和不透明两大类，同时又各自形成亚光、半亚光和亮光几种效果。在实际应用中，除造型要求外，基材的种类和质量也是决定采用透明或不透明涂覆的重要因素。基材材质好、色彩与纹理亮丽，一般采用透明涂覆；反之，则采用不透明涂覆。不透明涂覆则是将家具产品基材的固有色彩、纹理等完全覆盖，由不透明的油漆或装饰性贴面材料形成全新的质感与肌理，主要用于金属、木质人造板材、低档木材等为基材的家具产品。如图8-24所示为不透明涂饰的红蓝椅。

3. 现代材料的时尚色

随着科技的发展，家具产品早已突破了传统木质材料的范畴，金属、玻璃、塑料等现代材料广泛地用作家具的基材，充分体现了现代家具的时尚色彩。电镀工艺处理的金属、抛光工艺处理的不锈钢、静电喷涂工艺处理的铝合金、晶莹剔透的玻璃、鲜艳色彩的塑料等现代时尚的材料与色泽，已成为现代家具中不可缺少的设计元素；且大多数的木材、金属、塑料、玻璃、软包之间能形成恰当的配搭，并从材料色彩、肌理与质感等方面形成互补衬托、相映生辉的艺术效果。图8-25为镀铬金属与天然木材组合构成的椅子，兼具时尚、自然的色彩特征。

4. 织物与皮革的附加色

随着用户对家具舒适性体验要求的提高，软包已经成为现代支撑类家具中的常见构成，按软包在家具中占的比例或部位的不同，可分为主体软包和部分构件软包两类。由于软包具有柔和的质感，舒适温馨的使用体验，且具有可清洗或更换面套清洁上的便利，越来越受到消费者的喜爱。软包主要由柔性芯料和包覆材料组成，常见的包覆材料有皮革和织物（布艺）等，而包覆材料的色彩与图纹对家具的整体美感效果起着重要的作用。另外，软包还常与木材、金属、藤竹等材料配搭使用，形成舒适性好、色彩丰富、现代时尚的家具形态。（图8-26）

七、色彩表达规范与内容示例

在此延续前述的“表8-2四出头官帽椅CMF设计的材料表达与内容规范”中的内容，在表8-2中仅陈述了材料方面的内容，现将色彩方面的内容续入，形成表8-4所示的官帽椅CMF设计的材料和色彩表达与内容规范。同时延伸思考红色、橙色、蓝色、黑色等色彩的不锈钢四出头官帽椅的情感特性。

图8-24　不透明涂饰的红蓝椅/设计：格里特·托马斯·里特维尔德（Gerrit Thomas Rietveld）

图8-25　现代材料的时尚色彩/设计：朱小杰

图8-26　织物软包的附加色彩/设计：杰弗里·伯妮斯（Jeffrey Bernett）

表 8-4　官帽椅 CMF 设计的材料和色彩表达与内容规范

材料类别	家具图例	材料			色彩			用户体验
		材料样板	物理属性	生理属性	色彩样板	固有情感	象征情感	
黄花梨		 M—黄花梨 产地：中国海南	国标红木、淡雅的色彩、自然的纹理、温润的光泽等	天然、亲切、温暖、质朴、传统、手工、感性	C- 棕黄色；RGB：218，165，105	华丽、热烈、喜庆、温暖	高贵、愉快、辉煌、光明、希望	形体完美、优雅大方、质朴自然、温馨亲切、经典高雅、贵重奢华
不锈钢		 M—不锈钢 产地：中国	现代人造材料、高雅的金属色、明亮光洁的表面、时尚的金属光泽等	现代、时尚、光滑、坚硬、凉爽、奢华、冷漠、人造	C- 银灰色 RGB：192、192、192	庄严、坚定、静止、冰冷	单调、坦率、纯洁、浑厚、冷漠	现代时尚、优美大方、青春活泼、个性别致、奢华贵重、冷漠艳俗

第四节　家具CMF设计中的表面处理工艺

表面处理工艺即运用物理或化学的方法，对材料及其制品按使用要求和审美要求所进行的表面加工处理过程，使其形成具有某种或多种特殊性质的表层，以提升产品外观、质感、功能等多个方面的性能。一般而言，家具材料表面所呈现的色彩、光泽、肌理等特性，除少数材料有时直接呈现其原始表面形态特性外，大多数是通过各种表面处理工艺获得，所以表面处理工艺的合理运用对于产生理想的表面形态十分重要。

一、表面处理的目的

仅从家具CMF设计的角度而言，表面处理有三个目的：一是保护产品，即保护材料自身的固有特性及其赋予产品表面的光泽、色彩、肌理等免受使用环境的影响而受到侵蚀损坏，保证产品外观质地美的持久性；特别是对于涂饰或其他特殊表面处理工艺，有时甚至可以强化其表面肌理的呈现，从而提升产品的品质与美观性。二是根据产品的设计意图，改变产品表面状态、赋予产品表面不同的色彩、光泽、肌理等，提高表面装饰效果；同时改善表面的物理性能（热性能、电性能、光性能等）、化学性能（防腐蚀、防污染等）及生物学性能（防虫、防霉等），使产品表面有更好的感官特性。三是通过表面处理工艺改变材料的肌理特性，使某一种材料能呈现出另一种材料的肌理特性。如在中密度纤维板或刨花板表面进行贴面装饰或在塑料表面进行电镀装饰，模拟天然木材或金属的肌理，实现劣材优用，低材高用。

二、表面处理工艺类型

在家具CMF设计应用中，根据工件表面处理的性质不同，可把表面处理工艺分为表面涂覆处理、表面加工处理、表面改性处理三类，其具体内容与含义见表8-5。其中：表面涂覆是指在原有工件表面形成新物质层的处理方式，主要目的是为了通过新物质层起到保护作用，如耐腐蚀、耐氧化、防潮等，同时还形成所需的装饰与着色效果，常用的方法有表面电镀、涂饰、贴覆等；表面加工指将工件表面加工成平滑、光亮、美观和具有凹凸肌理的表面状态，使工件表面具有更加理想的性能和更加精致的外观，常用的工艺方法有雕刻、研磨、机械抛光、蚀刻、喷砂、拉丝等；表面改性是指通过物质扩散原理在原有工件表面渗入新的物质成分，改变原有工件的表面结构，从而改善工件表面性能，提高耐蚀性、耐磨性、着色性等，常用的方法有氧化着色、化学抛光、热处理、钢化处理等。

表 8-5　家具常见表面处理工艺分类

类别	工艺名称	适用材料	简要工艺说明	处理效果
表面涂覆处理	涂饰	木材、竹材、普通钢材等	把涂料涂覆在工件的表面，用以美化和保护工件的表面处理技术。根据涂饰后的效果可分为透明涂饰、半透明涂饰和不透明涂饰	强化质感，色彩悦目，掩盖缺陷，提升品质
	电镀	普通钢材、塑料等	利用电解作用使普通工件表面附着另一层铬、铜、金、银等贵重金属膜的表面处理工艺	表面光亮，品质高档，防腐、耐磨
	贴覆	木质人造板材、塑料等	在工件表面贴覆印刷装饰纸、优质木材单板或薄木、织物、金属箔等的表面处理工艺	增强质感与肌理的自然感
	印刷、彩绘	塑料、木材、玻璃、竹材、陶瓷	在工件表面印刷或绘制图纹和防伪等的表面处理工艺，常见的有丝印、移印、烫印和转印等	形成较好的装饰或美化作用
	釉饰	陶瓷	覆盖在陶瓷坯件表面的无色或有色的玻璃质薄层，增加工件力学性能和使用性能	形成光洁细腻，色彩多样的表面效果
表面加工处理	雕刻	木材、竹材、石材、玻璃、陶瓷	在工件表面形成浮雕、圆雕、透雕、平刻等凹凸不平的肌理图纹	形成装饰题材丰富，栩栩如生的效果
	研磨、砂光	金属面、油漆面、玻璃面等	利用磨料或砂粒，在一定压力下通过相对运动对工件表面进行的精细加工；可加工各种类型的表面	形成光滑细腻，品质高档的表面
	物理抛光	金属面、油漆面、玻璃面等	利用抛光介质对工件表面进行的修饰加工，以获得光滑、平整的表面	光亮平整，表面品质高档
	拉丝	不锈钢、铝合金等金属合金	利用研磨工艺在工件表面形成线纹的一种表面装饰工艺，根据纹路不同可分为直纹、乱纹、波纹、旋纹拉丝等	消除表面瑕疵，形成非镜面金属光泽
	磨砂、喷砂	玻璃	利用机械研磨或高压喷射金刚砂将玻璃表面处理成粗糙不平整的平面	提高光洁度，柔和透光性
	激光雕刻	塑料、金属、木材	或称激光打标，利用激光原理对工件表面进行处理	精确细致，持久耐磨
	镶嵌、堆贴	木材、金属、竹材、陶瓷	将一个小件物体嵌入另一个大件物体的表面空隙中形成固定形式的装饰	色彩、题材、内容丰富，栩栩如生
	锻打、拍打	陶瓷、坯体、金属	通过敲打工件，在工件表面留下随机痕迹的一种表面肌理的工艺方法	偶然性肌理，极具个性化，手工感强
	蚀刻	金属、玻璃等	通过曝光制版、显影后，剔除待蚀刻区的保护膜，再应用化学溶液腐蚀，形成凹凸或镂空的图纹	细微加工，特殊效果
	咬花	塑料	利用化学药品对塑料成型模具内部进行腐蚀，形成特殊纹理并转移到工件表面的一种工艺方法	表面质感强，手感好、防滑
表面改性处理	化学抛光	玻璃	利用化学药品对工件表面进行修饰加工，以获得光亮、平滑的表面	提高光洁度、透明度和折射率
	氧化着色	金属	利用电化学原理，在工件表面形成一层具有防护性、装饰性、耐磨性的特殊氧化膜	色彩鲜艳、自然、美观
	热处理	金属、玻璃、陶瓷	利用材料的熔融性，改善工件的内在性能和表面品质的处理工艺	提高稳定和表面物理力学性能
	钢化	玻璃	利用物理或化学的方法，在玻璃表面形成压应力，从而提高玻璃的各项性能的工艺处理	提高力学强度与热稳定性，光洁、透明
	火焰抛光	玻璃	利用火焰来处理玻璃制品表面的印痕或缺陷的处理工艺	提高光洁度、透明度和折射率

另外，若按表面处理过程中工件表面特征的改变不同，还可以把表面处理工艺分为去除工艺、堆积工艺、塑性工艺、等量工艺四类。去除工艺是指在工件表面处理过程中，将多余的部分除去而获得所需的表面形态，如雕刻、研磨、抛光、砂光、蚀刻、拉丝、激光雕刻、磨砂等。堆积工艺是指在工件表面处理过程中，通过材料间的堆积而获得所需的表面形态，如镶嵌、涂饰、贴覆、釉饰、印刷与彩绘等。塑性工艺是指在工件表面处理过程中，不发生量的变化，只发生形的变化而获得所需的表面形态，如锻打、拍打等。等量工艺是指在工件表面处理过程中，既不产生量的变化，也不产生形的变化而获得所需的表面形态，如热处理、热抛光、氧化着色、钢化处理等。

综合分析上述的各类产品的表面处理工艺，可发现其中有些表面处理工艺仅适用于品质要求较高的小件精致型产品，如电子类、穿戴类等产品的表面精致处理。而家具一般属于大件粗放型产品，较少用到如金属热处理、氧化着色、热处理着色，玻璃表面镀膜、防指纹涂层等表面精致处理工艺，常运用如表面涂覆、表面加工等通用型的表面处理工艺即可满足需求。

三、表面处理工艺的选择

家具CMF设计中表面处理工艺方法虽然很多，但具体到实际应用中，应根据具体情况进行综合分析，合理选择适当的表面处理工艺。影响家具表面处理工艺选择的因素主要有以下几个方面。

1. 材料固有特性

由于家具常用材料的固有特性不同，其表面处理工艺的内容和要求也不尽相同。对于钢铁及化学性质活泼的有色金属，表面处理工艺的主要目的是提高其耐蚀性和抗氧化能力，现实产品中多运用表面镀膜或不透明涂饰等涂覆工艺，表面肌理的品质也取决于涂覆工艺的技术水准。对于木质材料、竹材等有机天然材料，表面处理的首要目的是提高其防潮性能，减少使用过程中的干缩与湿胀引起的变形、开裂等缺陷产生，常见的表面处理有透明或不透明涂饰、贴面装饰等工艺；在此基础上再根据产品设计意图考虑雕刻、镶嵌等表面处理工艺的叠加运用，通过透明涂饰的工艺特性使其呈现天然材料的肌理之美。对于石材、玻璃等无机类材料，一般只需进行表面的研磨、抛光，强化其固有的肌理特性即可。由此可见，在选择表面处理工艺时，应根据不同材料的固有特性进行差异化思考。实际上，在人类长期不断的造物活动过程中，已经根据不同材料的固有特性总结出了相应的表面处理工艺供后人借鉴运用。

2. 家具的使用环境

家具的使用环境可分为室内与室外，或分为公用（商用）空间与居室空间。由于空间功能属性的不同，对家具表面处理工艺的要求也有差异。如果家具是用于室外空间，经常要经受较大的温差变化、强烈的日光照射、雨雪沙尘等自然条件的影响，对家具表面的耐蚀性、耐候性等方面的要求就会提高，则相应的表面处理工艺也应以提高表面层的耐蚀性能，增强保护能力为重点；而对于在室内使用的家具，表面处理的耐蚀性要求一般会低一些，选用的表面处理工艺也可相对简单一些。另外，相对于公用（商用）空间与居室空间而言，由于公用（商用）空间中家具的共享属性，只需满足主要功能即可，应尽量采用简洁、明快的表面处理工艺；而居室空间中的家具由于其私人的专属特性，在满足使用要求的同时，对家具表面处理的品质、装饰性等方面的要求也相应提高，从而导致了两种空间家具表面处理工艺的差异化。

3. 工艺的时代性

纵观家具的发展历程，尽管表面处理工艺发展与变化比较缓慢，但却通过工艺水平和装饰内涵的不同承载着不同时代的物质文明与精神文明。可见家具表面处理工艺的时代性是指其在某个时期的功能、工艺技术、材料应用等物质属性和文化观念、审美意识等精神属性共同影响下的家具表面形态，包括形式、内容、材质、色彩和肌理等因素综合后给人们带来的情感体验。而现代家具表面处理工艺的时代性特指当代的社会背景、科学技术、经济状况、文化状态给人们的综合心理反应。因此，在选择家具表面处理工艺时，要综合考虑家具的时代性特征，以时代化的高科技手段，科学合理的工艺参数，简洁、单纯且内涵丰富的图纹与表面工艺效果，展现当代家具的时代性审美内涵与科技水平。

对于家具表面处理工艺的选择，除了上述的材料固有特性、家具的使用环境、工艺的时代性等因素外，还需考虑家具或表面处理的使用寿命、成本以及环境保护等方面的因素。

四、图纹

如前所述，在CMF设计中，由于图纹的内容和呈现形式一般与表面处理工艺密切相关，可以认为是CMF设计中表面处理工艺的拓展和延伸，而归入表面处理工艺的内容范畴。另外，在此摒弃了常用的“图案”一词，而用“图纹”一词则赋予其新的内涵，通过结构工艺化、软质面料装饰化处理，把榫卯、皮革、纺织物、微孔、构件线型等一些特定的结构和材料纳入CMF设计范畴。

1. 图纹的组织形态

图纹通常是指对器物的形态结构、色彩、纹饰进行工艺处理的预先设计，并在工艺、材料、用途、美观、经济等条件的制约下，形成图样和处理方案的统称。一般将图纹形态限制在一定的区域内，整体形象按单纯、明确、协调、比例适当、疏密有序等原则呈某种特定的轮廓。

对于图纹的组织形态，传统思维是以设计的构图原理和审美法则作为构思和评价的切入点，较少考虑生产过程中图纹的工艺过程和结果呈现。而在CMF设计中则突出要求体现表面处理过程和结果呈现，从而弥补了传统图纹设计的缺陷，完善了图纹设计过程的各个环节。根据表面处理后的呈现结果不同，可把图纹的组织形态分为光滑表面、粗糙表面、凹凸表面三类。表8-6是图纹类别与表面处理工艺。

从表8-6中可知，在家具CMF设计中常见的光滑表面包括素面光滑表面和图纹光滑表面两类，其中图纹光滑表面常见于木材、竹材、石材等天然材料表面，也可以人工绘制图纹；而素面光滑表面是指没有图纹且材质一致的表面，常见于金属、玻璃、细腻织物等人工材料表面。粗糙表面是相对于光滑表面而言的，包括有图纹的粗糙表面和素面粗糙表面，其图纹可以是天然的，也可以是人为加工的。而凹凸表面则类似于雕刻表面，图纹起伏较大，图纹多为人为加工，也有少数天然材料生长过程中形成的表面起伏。无论是光滑表面，还是粗糙或凹凸表面，其人为加工的图纹均可与天然的图纹叠加呈现。

表 8-6　图纹类别与主要表面处理工艺

类别		常见材料	图纹来源	表面处理工艺方法
光滑表面	素面光滑表面	金属、玻璃、塑料、陶瓷、木质人造板材、细腻织物	人工	电镀、不透明涂覆、研磨、抛光、釉面等
	图纹光滑表面	木材、竹材、大理石、塑料、陶瓷	天然、人工	透明涂饰、绘画、拼嵌、砂光、研磨、贴花、抛光等
粗糙表面	素面粗糙表面	金属、玻璃、塑料、陶瓷、皮革、织物	人工	机械加工、磨砂或喷砂、咬花、无釉等
	图纹粗糙表面	木材、竹材、金属、玻璃、塑料、皮革、织物	天然、人工	特种纹理工艺、蚀刻、磨砂或喷砂、咬花等
凹凸表面	天然凹凸表面	树瘤、竹节、虫孔等	天然	机械加工、砂光、油漆等
	人工凹凸表面	木材、竹材、金属、大理石、塑料、陶瓷	人工	雕刻、镶嵌、切割、堆积等

2. 图纹的应用形式

已有研究表明，在人类的各种感官中，视觉最为重要，人们在认识事物的过程中有60%是靠视觉获取的。因此，具有使用功能和审美功能双重属性的家具，在使用功能相同或相近时，通过审美功能的差异化来满足消费者的个性化需求就显得特别重要。而图纹则是人们认可的在外观上对家具形式美进行视觉表现的一种重要方法，能够直接吸引消费者从外观开始了解家具的功能、特色、品质等信息，从而把强烈的视觉冲击力和产品的其他特征融合为一体，产生购买意向。

家具的形态设计作为一项具有明确目的和目标的专业性设计过程，也具有明确的设计属性，即必须与社会发展的物质生活需求相适应，满足并引导社会主流审美需求。而要达到或实现这一设计目的或目标，在一定程度上取决于依附在家具主体上的装饰图纹，通过图纹的主题内容、风格特征、文化内涵等附加价值，美化家具主体，增强主体的价值感，即通过装饰图纹增加家具的外在特性，起到提升家具市场竞争力的关键作用。在现代家具CMF设计中，图纹的应用主要包括平面应用、浮雕转换应用、结构工艺化应用、图纹形体化应用几个方面[4]。

（1）平面应用

平面应用包括两个方面的含义：一是指平面型图纹；二是指家具构件是平面型的，如桌类的台面、柜类的门板与侧板等。其中的图纹既可以是天然的，也可以是人工的。如果是天然图纹，设计者应该根据材料的固有特性，尽可能地展现出材料的色泽、纹理之美；而人工图纹则要通过转印、绘画、贴覆、油漆等表面处理工艺将各种平面图案添加到构件表面上。

（2）浮雕转换应用

与图纹的平面应用相似，浮雕转换应用包括了平面浮雕和曲面浮雕两种类型，但无论是平面还是曲面浮雕图纹均是由简单的平面图纹开始，通过雕刻工艺转换而成，既能保持家具主题形态不变，又可以形成凹凸有致、栩栩如生的图纹装饰美感。

（3）结构工艺化应用

结构工艺化是指在设计中打破传统的结构概念边界，通过贯穿外露结构部位的不同切面图纹或不同材质、色泽等方式，与主体部位形成对比、点缀。结构工艺化的依托是高精度的机械化加工技术形成的工艺美，或现代材料的时尚美。（图8-27）

（4）图纹形体化应用

图纹形体化应用类似于仿生的原理，只不过在此不是仿拟自然生物形态，而是仿拟由人类归纳概括的图纹来设计家具的形体，这种通过图纹引发设计灵感而设计出的家具，在内部功能、加工工艺等方面往往会突破常规的限制，给人们带来某些惊喜。如图8-28所示为仿拟多边形图纹构成的陈列架。

3. 图纹属性

图纹本身是中性的，只有当图纹的题材内容与人们的情感释义相关联时，才会产生某种善或恶的寓意或象征，而在家具设计中一般引用图纹的善意，增加产品的美观度。因此，从狭义的角度而言，图纹只具有精神属性，以不同的形式附属于家具表面，美化家具的外观。但当图纹与构成家具的材料、家具中的不同零部件或部位等因素相关联时，就会附加某种功能，延伸出图纹的物质功能与精神功能并存的双重属性。图8-29是图纹属性类别的综合归纳。

图8-27　结构工艺化图纹

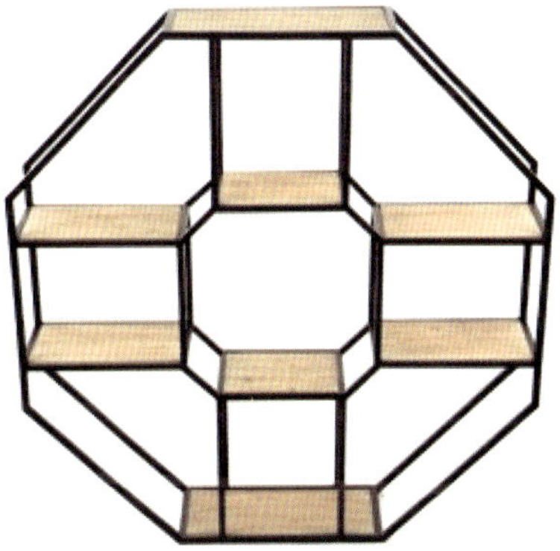

图8-28　仿拟多边形图纹构成的陈列架

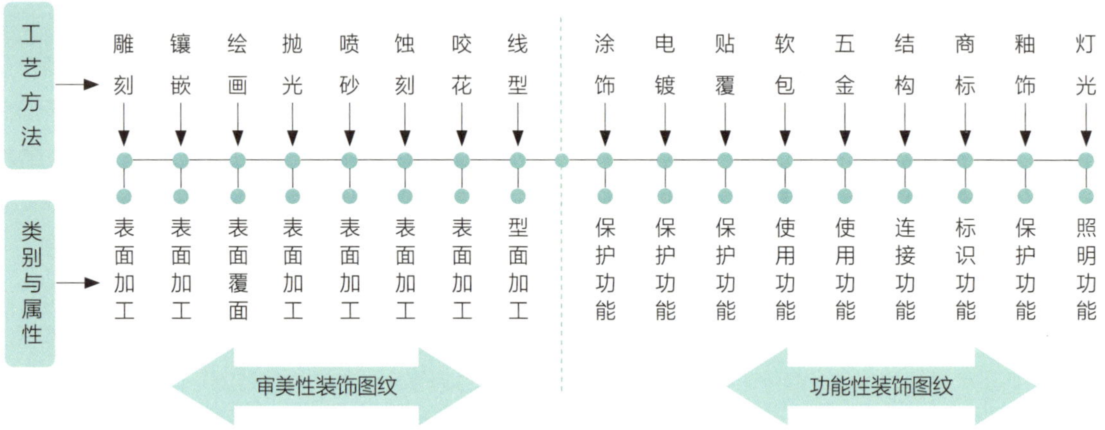

图8-29　图纹属性类别的综合归纳

（1）审美性装饰图纹

家具表面图纹装饰的本源就是对家具的局部或整体进行美观化处理，属于必须基于家具整体功能和形态的表面装饰设计范畴。因此，在设计中，如果仅仅局限于家具的表面图纹或构件线型等局部，则这些图纹装饰就失去了全局性的实际意义，只有将图纹装饰与家具的形态、功能、材料、工艺、文化内涵、风格特征甚至生产效率、市场利润等因素综合在一起思考，才能从增加产品美感，提升产品形象等方面综合体现或突出图纹装饰设计的价值。如图8-30所示的柜门采用银色图纹装饰，既增加了产品的外观装饰性，使呆板的柜门变得空灵、时尚，又从整体上提升了产品的品质，提高产品的市场竞争力。

（2）功能性装饰图纹

家具中除常见的涂饰、贴覆装饰等既具有表面装饰功能，又能对基材起到有效的保护功能外，还有拉手、软包面料、合页、结构件等辅助功能构件亦是如此，具有使用功能和装饰功能并存的属性。因此，设计时应该重视这些辅助功能构件的表面图纹和细节处理，既能对整个产品形态起到画龙点睛的点缀作用，又可丰富家具的总体层次感，形成独具特色的材质美和工艺美。如图8-31所示的官皮箱直接外露黄铜合页、包角等功能五金件，在点缀平淡外观的同时还满足了相应的功能需求。

至此，已经对家具CMF设计的各要素分别进行了叙述，对家具色彩、材料、表面处理工艺与图纹也有了一个基本的认识和了解，读者可尝试把表面处理工艺和图纹的内容续入前述的表8-4中，形成四出头官帽椅CMF设计中C—色彩、M—材料、F—表面处理工艺、P—图纹各要素完整的CMF要素表达与内容规范表。

图8-30　柜门银色图纹装饰

图8-31　外露黄铜五金件的官皮箱

第五节　家具CMF设计集成

在进行家具CMF设计实践过程中，常常需要根据主体材料或主体色彩的不同，结合设计意图进行CMF的不同要素之间的有机融合与配搭，形成综合效果协调、多样化与个性化并存、目标消费群青睐的家具表面形态，通过家具CMF设计集成的方式实现设计创新。

一、家具CMF设计创新领域

家具CMF设计的过程，也是追求创新的过程，这种创新可能是渐进式的或跃迁式的，也可能是技术型的或风格型的；但无论是哪种形式的创新，都需要围绕着CMF的不同方面、不同细节进行设计。综合而言，可把家具CMF设计创新领域分为文化型和技术型两个方面[5]。

1. 文化型创新

家具CMF设计文化型创新的基本原理就是利用某种文化构成的符号系统以及符号所承载的特定信息，运用现代设计的构成方法，进行色彩、材料、表面处理工艺与图纹等要素之间的融合构思，形成符合时代性特征、多样化与个性化共存，设计师与普通消费者共识的外观形态。

综合而言，与家具相关的技术发展与变化是相对缓慢的，而市场和消费者追求家具个性化、多样化的需求则一直处于频繁变化之中。长期以来，这种技术发展变化远远滞后于消费需求变化的现象，导致了家具设计师在技术型设计创新方面的困惑，而多从家具的文化特征等方面进行创新设计工作，形成了以家具的文化型创新设计为CMF常规工作内容的现象。实际上，文化型创新只是家具CMF设计创新的一个方面，主要是通过色彩、材料和表面处理工艺等之间的融合配搭，满足不同时代、不同社会背景、不同地域、不同消费群的短期审美需求。

2. 技术型创新

与家具CMF设计相关的技术主体有以下几个方面：一是与表面处理工艺相关的技术，以便保证CMF所需的物理形态、理想的色彩效果和高品质的材料质感等方面得到顺利实施。例如利用新技术改变传统材料的固有特征，形成良好的材料表面与用户体验之间的互动效果；应用现代技术对色彩进行调配和管控，有效地处理材料本色与涂覆附加色叠加后的色彩差异变化，形成协调统一的产品色彩视觉感官特征。二是通过改变结构方式和构件截面形状（或称构件线型）形成新型外观形态的工艺技术，保证结构改进后的力学强度。

当然，家具CMF设计创新的最佳境界是文化型创新和技术型创新同时并举。因此，在进行家具CMF设计创新的过程中，应打破已经存在的、固有的思维定式，不断探寻新的文化内涵和工艺技术方面的突破点。

二、家具CMF设计配搭方式

家具CMF设计配搭方式意指产品中色彩、材料、表面处理工艺、图纹之间的组合关系。配搭的主要目的除了满足部分特殊的功能需求外，更重要的是为了在遵循统一的原则下寻求某种对比关系，形成丰富多彩的外观形态效果。家具CMF设计中常用的对比方法是结合产品的功能属性和材质特性，形成色彩对比、材质对比、软硬对比等，而且大部分材料的这些特性是相互关联的，其在色彩、材质、软硬度等方面都能很好地满足要求。根据对比效果对于视觉感官的影响不同，在此引用“对比度”的概念把家具CMF设计配搭方式分为零度对比配搭和调和对比配搭两类[6]。

1. 零度对比配搭

所谓的零度对比包括两方面的含义：一方面是CMF的形态为相同或不同材质，但须同一色彩、同一表面处理工艺与图纹，如同一种木材的座椅、台桌、柜子等，相同色彩、相似质感的皮革与人造革配搭的全软包沙发或凳子等；另一方面是材料间形成“无彩色”配搭对比，前面叙述过“无彩色”的定义，即指黑、白、灰、金、银不带颜色的色彩，由于“无彩色”系列可以和任何颜色配搭而不起冲突的属性，从理论上讲也属于零度对比。然而，在实际应用中则以黑、白、灰较为常见，黑与白、黑与灰、中灰与浅灰的配搭，会产生高雅素净的现代感。如图8-32所

图8-32　无彩色配搭的沙发

示的沙发以灰色织物为主，扶手处饰以黑色装饰边线，若再置于现代白色室内空间中，可形成黑、白、灰的无彩色配搭。总体而言，零度对比的配搭易产生过于素净、乏味的单调感。

2. 调和对比配搭

调和对比是指按照现代设计的审美法则进行的不同材料及其所承载的不同色彩、图纹等之间的配搭设计。在实际设计中，一般以家具的结构性构件为主材，而采用拉手、结构连接件、脚轮等辅助功能性构件形成点缀型配搭对比，或采用不同材质的部件进行混合配搭对比。这种配搭的目的是为了衬托主体结构性材料，即常见的木材、金属、竹材、塑料、玻璃等。当结构性材料、辅助功能性配搭材料均确定后，CMF设计应着重挖掘材料自身的固有特性，努力实现通过设计把材料与当代技术、社会潮流、当代审美观、文化内涵等方面形成有机融合。特别是通过材料的形态、特性、质感、色泽及其文化内涵的延伸达到不同部分之间和谐平衡的理想状态。

由于家具用材源远流长，从天然材料到人工材料几乎是无所不用，这既为家具CMF提供了丰富的设计素材，满足缤纷多彩的外观形态需求，也为CMF设计带来了一定的繁杂性。在此，仅以家具中常用的木质材料、金属材料和塑料为例，利用材料可以承载不同的色彩、不同的表面处理工艺和图纹、满足不同的软硬度需求等多元化特性，以材料作为主题，叙述木质材料、金属材料和塑料在家具CMF设计集成中的配搭方式。

三、木质家具CMF设计表达

众所周知，木材是大自然恩赐于人类的天然材料，也是人类最早用于造物活动的材料之一。在人类漫长的造物活动过程中，木材根据其不同的固有特性衍生出不同的应用领域、不同的加工工艺、不同的文化属性。

1. 木材的情感属性

木材具有物理和生理双重情感属性，天然、绿色、可持续的自然特性是其最突出的物理属性之一，它拥有生生不息、周而复始、延绵不绝的旺盛生命力，可以几年或几十年的快速、短周期成材，且拥有低廉、简易的加工成本，被视为家具设计的理想用材。木材以其高大通直，色泽多样、纹理美观自然的外观，吸湿保温，冬暖夏凉，保健治病的属性根植于人类的血脉之中，随着人类的繁衍而传承。

古今中外，人类已经习惯于根据消费者的不同年龄、不同消费能力来选择不同色泽的木材；但在实际应用中，面对五颜六色、缤纷斑斓的各种木材，往往又很难做出决断。因此，在进行CMF设计时，可以根据木材的天然色彩，由浅入深地设计一个简易的常用木材色谱，如表8-7所示。在表8-7中，以丹麦设计师汉斯·韦格纳（Hans J. Wegner）设计的Y形椅为实例，当Y形椅由淡色、浅色、深色三类色彩深浅不同的木材构成时，其所表达的情感特征也会有较大的差异，并对应于不同的消费群体。如果欲进一步突显Y形椅的前卫性，适用于追求现代、时尚的青年人聚集的酒吧、会所、公寓等场所，可将Y形椅色彩系列拓展至图8-33所示的品红色、浅紫色、海蓝色或草绿色等人工色彩。但拓展后的色彩由于超出了人们所认知的木材天然色泽范畴，失去了自然、亲切的属性，反而给人以轻飘、低档之感。

总之，对于木材、竹材、石材、草编等天然材料，在CMF设计时，应尽可能地保持其天然的色泽、纹理等自然特性，通过材料的自然之美满足用户的情感体验。

表 8-7　木材色谱、属性与适宜消费群关系分析实例

木材色谱	常用木材	色彩类别	情感特征	家具示例	适宜消费群
	白蜡木、水曲柳、橡木、松木	淡色	清新、自然、亲近、轻松、青春、活泼		青年，时尚群体
	椴木、柚木、楸木、楠木	浅色	自然、平静、祥和、正式、宁静、端正		中年，稳重型成功人士
	鸡翅木、大红酸枝、黑胡桃木、黑檀木	深色	古典、高贵、优雅、高档、安稳、贵重		中、老年，雅士群体

图8-33　Y形椅拓展色彩

2. 木质家具材料配搭

木质家具是指构成家具的整体或主体构件为木质材料的家具。在现实生活中应用最广泛的木质家具材料配搭方式为零度对比配搭，也称之为一元配搭，即家具整体完全由某种单一木质材料构成，或虽然为不同材料构成，但其色彩与质感相同或同属无彩色。这种材质相同或不同，但同色、同质感或同属无彩色的配搭方式尽管能满足用户的基本使用功能需求，但所呈现的呆板、沉闷、单调等情感特征却无法满足现代消费者的审美情感需求。

随着家具用材的多元化，木质材料与金属、玻璃、皮革、织物、石材、编织等材料之间的两种或三种或同种木质材料间的有彩色配搭逐渐形成，这种配搭也称之为二元或三元配搭，其设计的关键在于主体的木质材料与其他配搭材料之间的材质或色彩形成调和对比。在现代审美观的影响下，只有通过木质材料与其他材料进行二元或三元配搭，形成调和对比的家具CMF体系才能满足用户对于木质家具多元化的情感体验需求。

仅仅从字面上理解，木质材料与其他材料之间的配搭似乎很简单。实际上，由于木质材料种类的多样性，以及与木质材料相配搭的材料在种类、色泽、工艺方式等方面的多样性，可以形成超乎想象的多样化配搭形式，其繁杂程度可见一斑。如果仅从材料类别或色彩差异方面来看，可把木质材料与其他材料之间的配搭方式分为两种：一种是不同材料间的配搭；另一种是不同色彩间的配搭。但无论是哪一种配搭方式，都应该遵从以木质材料为主、相应的配搭材料为辅的原则。

由于参与配搭的金属、玻璃、石材、塑料、皮

革、织物等材料的固有特性各不相同，配搭后这些材料在木质家具中所起的辅助属性也不尽相同。当与金属材料配搭时，木质材料多用于构成家具中的主体功能构件，如桌面、台面、座面等；而金属材料多以线状或带状形式用于构成家具中的支撑构件，如桌腿、椅腿等。与此相反的是，当与皮革、织物、玻璃、石材等配搭时，辅助的配搭材料多用于构成家具中的主体功能构件，如玻璃或大理石台面、软包座面等；而木质材料此时多用于构成家具结构支撑构件。图8-34为木质家具配搭类型综合分布图。

从图8-34中可以看出木质家具材料配搭的广泛性和多元性，理论上可以和各类材料间进行无障碍配搭，这主要得益于木质材料自身的种类、色彩与纹理的多元化天然属性。但在实际设计中，设计师会根据“用户体验需求-材料-色彩-表面工艺”体系进行综合思考，平衡用户体验需求与产品成本之间的关系，以期实现综合效益最大化。图8-35以丹麦设计师汉斯·韦格纳（Hans J. Wegner）设计的“三角贝壳椅（Three-Legged Shell Chair）”为实例，分析其中木质材料与软包座面和靠背间的CMF关系。例中的主体结构材料是木质模压多层胶合板，与之配搭的是织物或皮革软包。通过主体结构材料、配搭材料间不同色彩、材质、工艺图纹，形成各类情感体验的“三角贝壳椅”CMF设计方案。

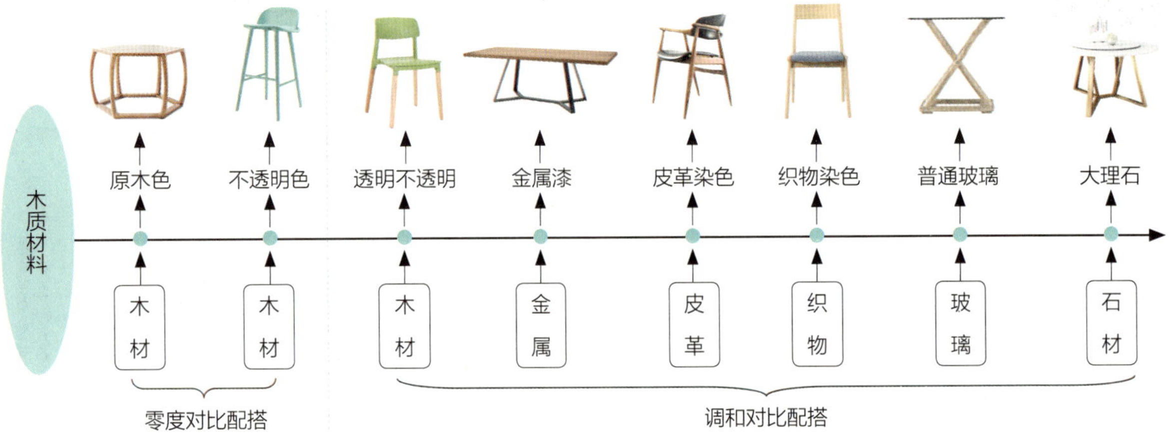

图8-34 木质家具材料配搭类型综合分布图

图8-35 “三角贝壳椅”CMF设计实例分析

四、金属家具CMF设计表达

尽管早在公元前8世纪的古罗马时期就出现了青铜家具，但直到20世纪初期，德国包豪斯学院的马塞尔·拉尤斯·布劳耶（Marcel Lajos Breuer）突破金属材料应用的传统思维束缚，运用钢管弯曲工艺技术，设计制作了世界上第一把钢管椅——瓦西里椅（1925年），才标志着金属材料家具真正走进人们的生活与工作之中。

1. 金属材料的情感属性

家具中常用的金属材料有铝合金、铜合金、不锈钢等，相应的表面处理工艺以电镀或油漆最为常见。人们通过视觉和触觉的感知，发现金属材料具有光滑、坚硬、结实、凉爽、冰冷、笨重等共性物理属性，并由此衍生出现代、人造、时尚、科技、理性、冷漠等共性生理属性。但具体到不同的金属材料，其情感特性也有个性化的差异，如图8-36所示的“椅子1号”，虽然用的是铝合金材料，却在其表面应用喷涂工艺使之呈现出钢铁般的材质，既借用了黑色金属的厚重、结实、坚硬、永恒之良感，又有机械、冷漠之忧虑。另外，银白色的铝合金具有现代、时尚、轻盈、雅致之感；黄铜具有高级、贵重、富贵之感；青铜具有古朴、高雅、经典之感；特别是集现代、时尚、科技、高雅于一体的不锈钢材料，把金属材料的优良特性推崇到高位。

图8-36 “椅子1号”/设计：康士坦丁·葛切奇（Konstantion Grcic）

家具用金属材料的常见色彩多为银灰色或白色，也有少数彩色办公文件柜或商用贮物柜。总体而言，金属不如木材那般色彩斑斓、缤纷多彩，质感也不如木材那般千变万化。特别是金属材料冷漠、理性的情感属性与温馨的家庭氛围相悖而受到消费者排斥。所以，罕见金属作为主体结构性材料大量地用于居室家具中，多作为辅助功能性构件材料形成点缀。但在商业或公共空间中，金属材料坚固、结实、安全等方面的属性，因符合这类空间的功能属性需求而逐渐得到认可，越来越多地用于各类商业家具或办公家具中，并通过不透明多彩的涂覆工艺，逐渐形成特有的新兴金属家具体系。表8-8为金属材料家具常见色彩、情感属性与使用场所之间的关系分析实例。

2. 金属家具材料配搭

金属家具是指构成家具的整体或主体构件为金属材料的家具。由于金属材料在情感特征方面的冷漠、坚硬等属性，若作为支撑类或凭倚类家具用材时，会因金属表面直接与人体接触时易产生不适的触感而受到排斥。因此，在支撑类或凭倚类金属家具中，与人体的接触面多会配搭其他材料，以便改善触感，从而形成金属材料与其他材料间的配搭。而对于金属收纳类家具，在收纳行为过程中，几乎不与人体长时间接触，受金属材料负面情感属性的影响不大，可将设计的重点放在其使用功能和视觉体验上。

金属家具材料间的配搭方式与木材相似，亦即为零度对比配搭与调和对比配搭两种形式。根据零度对比配搭与调和对比配搭的含义，在进行金属家具CMF设计时：零度对比配搭的表现形式为金属材料的同质同色、异质同色或金属与其他不同材料之间的进行无彩色配搭；调和对比配搭的表现形式为同质或异质金属材料及金属与其他材料之间的有彩色配搭。金属材料作为家具中的主体结构型部件可与木材、塑料、织物、皮革、草编等材料进行配搭，且根据所配搭的材料属性不同，呈现出不同的情感体验。如图8-37所示为金属家具配搭类型综合分布图。

表 8-8　金属材料家具常见色彩、属性与适宜场所或用户关系分析实例

金属色谱	常用金属与工艺	色彩类别	情感特征	家具示例	适宜场所或用户
白色、银色	铁涂覆、铝合金、不锈钢	淡色	现代、雅致、轻盈、明快、活泼		白色、镀铬亮光色泽是金属家具的基础色，不锈钢主要用于特种防腐要求的家具
黄铜色、金黄色	铜合金、铁镀铜、镀金	浅色	华丽、富贵、柔和、温暖、高贵、奢华		多用于高档公共场所或住宅用高档家具
橘黄、松绿、深红、群蓝	铁或铝合金彩色油漆	彩色	清新、热烈、青春、活泼、轻松、自然		常用于办公文件柜类或商用空间的贮物柜类
黑色	铁油漆	深色	凝重、坚实、庄严、肃穆、规整		与白色、镀铬亮光色泽类金属家具相似，但情感特征差异较大

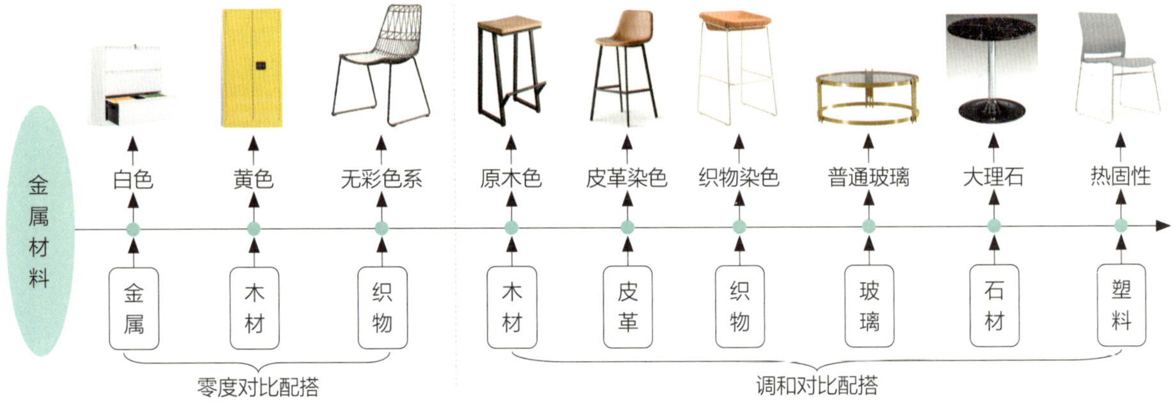

图8-37　金属家具材料配搭类型综合分布图

五、塑料家具CMF设计表达

塑料是一种以合成树脂或天然树脂聚合物为基础原料，可根据需要加入各类辅料的可塑性材料的简称。尽管塑料是20世纪初才发展起来的一类综合材料，但却以其丰富的品种、优良的特性、广泛的用途、低廉的成本等优势迅速发展，服务于人们日常生活与工作。

1. 塑料的情感属性

由于人们日常接触频次较高的一般是便捷型塑料制品，导致塑料制品逐渐就给人们一种低廉、大众、再生的印象。实质上，自20世纪上半叶以来，随着塑料生产理论和加工技术的突破，塑料便作为一种十分重要的材料逐步应用于机械仪表、国防军工、交通工具、航空航天、医疗器械、家居用品等高端或普通领域。总体而言，塑料具有光滑、细腻、柔软、凉爽、冰冷、弹变、色变、轻巧、隔绝等物理属性，琳琅满目的塑料制品也给人们带来了丰富的情感体验，现代、华丽、通透、晶莹、明亮、活泼、时尚、优雅、人造、低廉、艳俗等褒贬均沾。

尽管塑料种类繁多，但从其质感透明度不同可分为透明塑料和不透明塑料两类，从色彩的不同可分为无彩色塑料和有彩色塑料两类。部分的无彩色塑料亦即透明塑料，若在其基础上加入着色剂即可形成有彩色塑料，大多数有彩色塑料亦为不透明或低透明度的塑料。类似玻璃透明度的塑料晶莹剔透，给人以现代、时尚、优雅、新潮、明亮、洁净的情感体验，特别易爱到追求新潮、时尚的年轻消费者喜爱。如图8-38所示的有彩色、透明PVC椅子，尽管在使用时触感冷漠，但却仍能以其现代、时尚的魅力征服大批的年轻消费者。而有彩色不透明塑料尽管可以根据需要调配不同的色彩，多以鲜艳的红色、蓝色、黄色或绿色等形成动感、可爱、现代、亲切的情感内涵，但消费者固有的低档、廉价观念长期阻碍其登入高雅之堂。图8-39是同款多色、可叠置塑料扶手椅。

2. 塑料家具材料配搭

塑料家具是指构成家具的整体或主体构件为塑料材料的家具。由于塑料的固有特征决定了塑料制品工艺多为模具一次成型，与其他材料配搭时易产生结构接合方面的缺陷。因此，常见的塑料制品、塑料家具多为零度对比配搭，尽管生产简便、成材低廉，但也凸显了塑料家具的冷漠、低档的情感特性。

只有实现塑料和其他材料间的调和对比配搭，才能更好地丰富塑料家具的情感体验。现有技术的解决方法是在塑料模具成型过程中，通过在结构接合部位预埋木块或金属块的方式，实现塑料与其他材料构件、特别是金属构件间的有效连接，形成塑料与其他材料间的调和对比配搭。图8-40是芬兰设计

图8-38 有彩色透明PVC椅子

图8-39 同款多色、可叠置塑料扶手椅

图8-40 酒杯椅CMF设计方案简要分析

师艾洛·阿尼奥（Eero Aarnio）设计的酒杯椅，其葡萄酒杯状的壳体为强化玻璃纤维增强树脂塑料（俗称“玻璃钢”）、壳体内侧与人体接触部位内置软包、圆盘底座和可升降支撑杆为钢材镀铬，葡萄酒杯状的壳体和内置的软包部分可根据需要进行不同的色彩配搭，与下部圆盘底座和高度调节金属支撑体形成材质、色彩方面的对比，延伸出一系列不同CMF设计效果的酒杯椅。如果从材料方面进行不同的置换，把葡萄酒杯状的壳体材质由玻璃钢换成织物或皮革覆面，底座和支撑杆采用镀铜或镀金覆面，请读者思考置换后所延伸的酒杯椅的另一类系列产品CMF设计效果。

综上所述，当家具等传统行业产品随着历史的发展进入现代社会后，尽管其服务于人类的本质没有改变，但其属性却增添了时代化的新内涵，这也为当代家具设计从业者提出了新要求。目前，在家具CMF设计中还需做以下几个方面的改进：一是要建立以交互设计理论为基础的家具CMF设计体系，改变传统家具设计用材与表面装饰设计相分离的状况，突破家具用材的传统思维边界，形成以材料为载体、集“材料、色彩、表面处理工艺、图纹、情感交互”为一体的系统化家具CMF设计体系；二是要根据CMF内涵建立与现代社会现状、时尚审美观、情感消费理念相适应的家具CMF设计流程与评判系统，提升材料的固有特性与家具产品之间的适宜度、材料情感释义与用户情感交互之间的契合度；三是规范家具CMF设计的内容与形式，以便家具用材及其所承载的色彩、表面工艺与图纹等情感要素有机地融入到家具的灵魂与内涵之中，从而把家具的物质品质和精神境界推向极致，迎接家具情感消费时代的到来。

本章思政与实践

1. 归纳分析中国不同历史时期的造物色彩、材料、图纹等的特征与内涵。
2. CMF的基本概念、内涵与内容是什么？
3. 简述家具CMF设计中材料的选用原则与情感特性。
4. 简述家具CMF设计中色彩的基本内容、选用原则与情感特性。
5. 简述家具CMF设计中表面处理工艺、图纹的设计原则与情感特性。
6. 家具CMF设计的创新方式、对比配搭方式有哪些？
7. 试对软体（织物或软包）家具材料配搭形式进行综合分析。

参考文献

[1] 左恒锋. CMF：从哪里来，到哪里去？[J]. 南京艺术学院学报（美术与设计），2020.01：97~104.
[2] 李亦文，黄明富，刘锐. CMF设计教程 [M]. 北京：化学工业出版社，2019.11.22~38.
[3] 唐开军. 产品设计材料与工艺 [M]. 北京：中国轻工业出版社，2020.05.10~13.
[4] 常悦. 产品设计中的装饰图案应用 [J]. 大众文艺，2010，19:48.
[5] 汪玉莹，潘伟. CMF的设计创新策略与方法研究 [J]. 科技创新与应用，2020.01：98~99.
[6] 林峰. 现代家具色彩的功能与配色设计研究 [D]. 东北林业大学，2010.4：30~33.

第九章
家具设计专题

对于设计师而言，在工作中，家具设计的实践活动最终落实在设计专题上，即根据家具的产品分类或特性进行的某项具体设计。如前所述，根据材料、功能、结构、风格特征、使用场合等，家具有不同的分类方式。如按基本功能的不同可分为支撑类家具、收纳类家具、凭倚类家具等；按使用场合的不同可分为卧室家具、客厅家具、书房家具、餐厅家具、儿童家具、办公家具、宾馆家具等。由于任何类别的产品都有其特殊的使用功能和使用场合，因此按其设计特性和基本功能进行专题设计分类、分析更具有代表性，而在具体工作中，往往是多种分类方式之间的综合考虑，同时也需要结合其他分类方式中的个别有代表性的产品进行专题设计分析，才能使一件产品的最终设计方案符合实际需要。

另外，家具设计专题也可理解为家具的成套设计或系统化设计，即通过一定的设计手段或技术措施使不同家具间产生某种内在联系或相关性。而这种设计手段反映在外观形式上就是通过某种设计元素、设计标准使不同功能的家具间相互协调与配套。本章主要叙述家具概念设计、收纳类家具设计、支撑类家具设计、凭倚类家具设计等专题内容。

第一节　家具概念设计专题

概念是人对能代表某种事物或发展过程的特点及意义所形成的思维结论，而概念设计则是利用所提炼出的概念，并以其为主线贯穿全部设计过程的系统设计方法。概念设计在任何人造物的设计和制作过程中都是必不可少的，区别只在于其是显意识的，还是无意识的。

家具概念设计则是为了彰显家具的优势与最大市场竞争力而进行的由分析用户需求到生成概念的一系列有序的、可组织的、有目标的设计活动，是一项完整而全面的设计过程。家具概念设计不同于概念家具设计，前者是设计师通过理性的综合分析，赋予家具某种鲜明特色定位，使产品与某种社会热点或现象以及消费者的期望相吻合从而使家具具有更强的市场竞争力；而概念家具设计则是设计师通过所提炼的概念将繁复的感性和瞬间思维，上升到统一的理性思维，从而完成某一家具设计的过程。

由此可见，家具概念设计是基于用户需求而建立的，同时也是在创新的基础上完成的，设计师不仅要满足消费者对于家具的功能需求，而且要满足消费者对于家具新颖外观形式以及文化内涵等方面的个性化追逐。家具概念设计的合适与否，既是对家具在目标市场中的适应性与满意度的评估与验证，也是实施家具生产、销售、服务等后续计划的主要技术支撑。

家具概念设计的关键是设计过程中某种概念的确定与设计呈现，既能满足消费者的共性需求，又与产品的利益点与技术支撑一致。这就要求设计师除了要具有精准地提出需求点与设计的进行方向等方面的能力，还应具有独立的专业思维素养，产生一系列的设计构思，把所确定的家具概念贯穿于“设计—制造—市场”中的各个环节[1]。

一、家具概念设计的特征

在家具设计过程中，概念不仅是家具的灵魂，也是其市场热点与卖点或未来趋势。因此，在进行家具概念设计时，应体现以下几个方面的特征。

1. 创造性

创造性是概念设计的核心，既是创造性思维的一种体现，又是探索设计的无限可能性的途径之一。因此，家具产品概念设计的目标就是通过对其不断创新来满足消费者在物质和精神方面的新需求，并无限拓展人类的生活空间与精神世界，并使之与时代化的发展同步协调。

家具产品概念设计的创造性可体现在其形态创新、功能创新、材料创新以及结构创新四个方面。其中，以形态创新最为常见，但其时效性较短，因为任何形态对人的视觉刺激都有一定的时效性，当产生刺激疲劳时，就会失去消费者对家具形态的新鲜度，这也是设计过程中不断追求家具新形态的主要原因。如图9-1所示的茶几由磨砂玻璃、铝合金线状支撑架、红白双色面的铝塑板等材料构成，其中形态优雅自然的曲面铝塑板既突破了传统支撑腿的构成形式，与白色磨砂玻璃台面形成形态和色彩的对比，又具有一定的收纳功能，形态新颖、现代时尚。

另外，家具经过源远历史长河的沉淀，其主要使用功能基本上已经格式化，并根植于消费者的常规意识之中。一般而言，家具某一新功能可随时代发展所带来的人们生活方式的变化而呈渐进性导入，因此，突变性功能创新尽管有时更具有科学性，更容易使家具贴近人们的理想需求与生活常态，但由于使用习惯等因素导致消费者的惯性使然，不易快速推广传播，仅对追求新鲜感的一部分消费者形成一种比较长远的可持续的消费刺激。如图9-2所示的跪坐椅，通过改变人们传统的坐姿，把坐时的臀部承重科学地分散到臀部与膝部，既可减轻坐姿的疲劳，又能保证坐姿时人体上身的挺拔，减少脊椎、颈椎的畸形与病变，但却难以普及应用。

家具材料的使用则是与地域资源状况、习俗与文化、物质文明等因素密切相关，进入现代社会后，家具材料也由原来单调的少数天然材料进入到天然材料与人工材料并存、五彩缤纷的智能材料或应变材料时代，为消费者呈现了前所未有的家具材料选择与应用范畴。而结构在家具中变化较缓慢，从古至今只经历了从框式固定结构到板式可拆装结构的转变，但也正是这种转变却给家具的形态与功能带来了无限的可能性。综合而言，当家具功能一定时，新材料与新工艺对形态创新促进作用较大。如图9-3所示的是马赛尔 · 布劳耶于1925年设计的世界第一把钢管椅

图9-1　形态新颖、现代时尚的茶几

图9-2　科学健康的跪坐椅/设计：彼得 · 奥布斯威

图9-3　瓦西里椅

图9-4　智能概念办公台

（瓦西里椅），借鉴自行车把手的形态与技术原理，运用新型钢管材料和弯曲与焊接工艺技术形成坚韧轻盈、光滑流畅的椅子框架，配搭以柔软感性的皮革，结构简洁、形式轻巧优美；既适应了工业革命初期的工业化、标准化、批量化生产的需求，又是新材料、新工艺与新形态相互融合的典范。

2. 前瞻性

前瞻性是指往前看、往远看，即展望、预测未来还未发生而又有可能发生的事情。因此，家具概念设计即是一种超越现存的思维定式，去探索、去发现未来设计趋势的尝试。但是，这种探索与发现也不是漫无目的，毫无规律可循的，首先要求设计师能预测家具的未来发展趋势。即通过综合研究家具的过去与现在，进而能正确地分析出家具的未来趋势，并把这种趋势直接体现在新产品的设计上，从而让新产品一面世就能自带优良的成长基因。

其次是科学、客观地研究市场现状。从市场现有家具入手，了解现有家具的优缺点，并进行产品市场细分和消费者的需求愿望分析，为前瞻性概念设计提供市场依据，从而使新产品能满足不同消费群体的需求愿望。

最后是密切关注人类形为方式的改变对家具功能的新需求。由于家具以配置于不同功能空间中的方式服务于人类的行为过程，因此，设计师可以通过对人类行为方式、不同功能空间等方面的分析与场景模拟，发现家具未来的新型功能需求，而后设计与这种新型功能需求相适应的产品，以便满足部分前卫型消费者的使用体验。

由此可见，家具概念设计的前瞻性需要设计师有敏锐的时代性触觉与嗅觉，在日常事物与社会现象中发现那一闪即逝的未来迹象与机会，关注消费者内心深处的需求，在时代的前端探索各种设计的可能性。如图9-4所示为具有前瞻性的智能办公台，除具有传统办公台的基本功能外，还融入了智能化的健康办公、娱乐、环境控制等时尚功能。家具概念的前瞻性并非是对现有产品的彻底革命与摒弃，而是应该很好地把握概念的超前度，适度地、有延续性地保持产品的前瞻性。

3. 时代性

时代是以经济、政治、文化等状况为依据而划分的时期，是不同时期影响人们意识的客观时空概念。而家具概念的时代性是指在特定的时空中逐渐形成的具有一定共性或内涵的思维结论。因此，家具概念设计在不同的社会历史发展阶段，其所呈现的文化内涵与属性是不同的，并具有鲜明的时代性，是人类家具文化发展与进化的动力，也是形成家具文化多样性的原因之一。家具概念设计的时代性特征主要体现以下几个方面。

①依托于时代性的科学技术。无论哪个时代的设计都根植于当时的社会生活，以当时的物质文明为基础，受其科学技术所左右，每当科学技术有所突破，设计就有了广阔的拓展空间，同时也会迭代更新产品概念，创造出与时代同步的生活方式。如图9-5所示的“郁金香”椅是20世纪塑料材料及其成型技术的发展与完善，形成了以当时的新工艺、新技术为主题的“有机形”概念家具设计的典范，

图9-5　有机形概念“郁金香”椅/设计：艾罗·沙里宁（Eero Saarinen）

以其简洁优美的造型、价廉物美的品质服务于当时人们优雅的生活方式。

②引领时代性的价值观与审美意识。人类由最初的手工时代跨入工业革命时代，技术的巨大进步，生产力前所未有的提高，为人类带来了巨大财富的同时，也使人类的生存环境遭受了空前的危机。因此，未来的家具概念应倡导信息文明、生态文明的内涵，形成以“服务设计”“人性化设计”“绿色设计”等概念为宗旨的新型时代性内涵。

4. 多样性

概念设计的多样性主要体现在其内涵的多样化和设计方案的多样化方面。家具概念设计可以根据不同时代的市场需求，形成不同的功能定义，不同结构与工作原理，不同的产品形态与文化内涵等多样化的概念内涵。另外，由于设计师不同的设计思路和设计方法，从而在家具概念设计中产生各种不同的解决方案，形成缤纷多样的概念呈现。

家具概念设计的多样化，不仅是概念类型的多样化，更主要的是体现在同一类别概念，可通过不同设计构思所形成的多样化呈现。

二、家具概念的类别

家具概念的类别是多元化的，既有以物质为内核的概念，也有精神型的概念主题。具体可归纳为以下几个方面：

1. 文化类概念

文化在家具中主要通过外观形式所呈现的产品风格特征来体现，不同时期所流行的家具风格应体现主流消费者的共识，如现代简约风格、西方古典风格、中式古典风格、现代中式风格等曾经流行或正在流行的家具风格即属于文化类概念。如图9-6所示为简练时尚、深受年轻消费者青睐的现代简约风格家具。另外，除利用设计手法赋予家具某种文化概念外，还可以通过品牌策划来凸显或附加某种文化概念。

2. 时尚科技类概念

时尚科技不仅应体现在家具产品外观形式的时尚现代上，更主要的应该体现在对于功能、材料、结构等方面传统边界的突破上，把其他领域中应用现代技术形成的智能、智慧、新型材料等时尚概念导入家具中，通过时尚科技引领、改变、服务于人类当代的生活与工作方式。图9-7为集远程控制、居室空间物联网一体化的智能家居系统。

图9-6　简练时尚的现代简约家具

图9-7　智能家居系统

图9-8 电动助力马桶架

3. 社会现象类概念

人类社会在不同时期的某一区域，总会产生或存在与社会发展密切关联的共同现象。其中有些社会现象除政策性引导外，还可以通过特定类别产品的开发，弱化或减缓、健康有序地引导其向纵深发展，从而形成与某一社会现象相关联的消费群体的共识性消费，并形成相应的产品概念。目前与家具密切相关的社会现象类概念主要有康养（养生、养老）、小空间居室等。图9-8为具有养老概念的电动助力马桶架，使用时通过智能感应上下调动支撑架，助力行动不便的老年人如厕。

4. 资源节约类概念

资源节约是一个永恒的主题，特别是人类进入当代社会之后，对资源的无度索取与过度消耗，更是加剧了资源的供需矛盾。而作为耐用消费品的家具，部分消费者还停留在与资源节约相悖的旧有消费习惯中。因此，可从建立新时期东向雅致生活方式、健康养生、环境节约的新型材料等方面与绿色设计形成复合概念，向人类社会引导一种新的消费理念。

表9-1是基于家具服务于人的物质属性或精神属性特征，归纳了目前家具常见的概念类别及其概念特征。

表 9-1 家具常见的概念类别及其特征

类别	名称	呈现形式或特征
文化类	现代中式概念	现代、时尚、中式
	现代简约概念	现代、简约、时尚
	纯手工概念	榫卯结构、传统工艺、高端、价值感强
时尚科技类	智能、智慧概念	智能、智慧技术融入家具（或家居）产品中
社会现象类	养老概念	符合老年人的行为需求
	健康养生概念	保健、治病、长寿等药用或医疗效果
	小空间居室概念	符合青年人居住空间与消费需求
	崇洋概念	贴上欧美风格、进口产品标签等
	环保概念	纯实木、无甲醛胶、水性漆等
资源节约类	绿色设计概念	符合绿色产品的“3R 原则”
	可持续设计概念	材料可持续或循环利用

从表9-1中所述的各类概念中可知，有一些是家具的核心概念，是家具成为合格产品的必备条件，如社会现象类的环保概念、资源节约类的绿色设计概念等；还有一些则代表着家具的未来发展趋势，是应提倡或推荐的概念，如文化类概念中的现代中式概念、时尚科技类概念中的智能与智慧概念等；当然也不排除是为追逐商业机会与市场热点而形成的短期辅助性概念，如崇洋概念、养生概念、纯手工概念等。

另外，还可以从家具自身的构成方面划分其概念类别，如功能类概念、结构类概念、材料类概念、风格特征类概念等。在进行一般的家具概念设计时，除必须具有核心概念外，还应导入至少一种或两种以上的辅助性概念。

三、家具概念设计的过程

完整的家具概念设计过程应包括概念市场定位、概念功能规划和描述、概念形态构成和色彩描述、概念的用材以及结构与工艺的确定，甚至营销和服务的策划等方面的内容。具体而言，可归纳为“概念的提出或提炼、概念的设计融合、形成市场卖点”三个阶段，如图9-9所示。

1. 概念的提出或提炼

概念的提出或提炼则是设计师针对设计对象进行一系列感性思维、归纳与精炼后所形成的思维总结。因此，在设计前期，设计师必须对市场做周密的调查与策划，分析消费者的具体需求及其目的与意图，特别是要准确地总结出其中的刚性需求与辅助性需求，进行精准的概念定位；然后再经过设计师独有的专业思维形成一系列家具与消费需求之间的解决方案，即形成初步的概念方案；通过综合评估后才能确认为最终的设计概念。具体思考过程如图9-10所示。

2. 概念的设计融合

通过综合评估确定概念之后，在进行相应的家具设计时，应该把所确定的概念巧妙地融入其中，体现产品的概念特征。在概念设计的融入过程中，首先应根据功能、材料、结构、造型风格等对所确定的概念进行归类；然后再结合不同类别概念的内涵进行相应的设计融合。

对于功能类概念，因其存在主、辅功能的区别，处理方式也各不相同。在现实设计中，突破主功能的概念比较罕见，一旦出现必定会带来某方面革命性的变化。而较常见的均为一些辅助性功能概念，但这些辅助性功能概念却能带来家具层次上的差异，形成家具的市场卖点。如床（主功能）+健康睡眠（辅助功能），鞋柜（主功能）+杀菌除臭（辅助功能）等形成相应的市场卖点。在设计中可以通过结构的构思、材料的选择、技术的导入等方式实现辅助性功能概念的附加。

材料是家具构成的物质基础，既屈从于功能，又在一定程度上决定了工艺与结构的选择，新材料往往相伴新工艺、新技术而伺，能充分体现产品的时代性特征。传统材料中的一部分，经过历史长河的积淀，亦形成了不同内涵的文化属性或使用习惯，并在一定程度上支撑着家具的造型风格及特定的文化内涵。因此，材料在家具文化概念的呈现或表达方面具有某些特殊的意义。

结构包括了家具的内在接合方式与家具的主题构成两个方面。一般而言，不同类别的材料对应于某种固定的结构形式与工艺过程。另外，结构还为家具功能概念多元化提供了可能性。家具的结构类概念一般是隐性的或者说是常规性的，如拆装结构是大件家具方便搬运的必备结构形式，不宜过度突显。但有时可应用某种特定的传统结构与工艺形成传统文化类概念，如中国的传统榫卯结构、大漆工艺等。

造型风格以展现家具的文化类概念为主，也是一个时期的主观和客观条件综合形成的时代精神体现。在家具设计中，家具造型风格是由其主体与局部的构成、装饰形式与内涵、材料的选用与肌理、色彩的应用等方面所决定，并且根据风格自身“简—繁—简”的变化规律，结合市

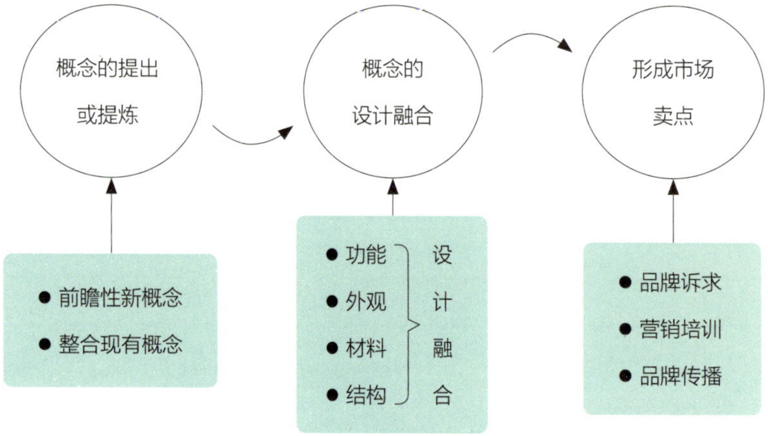

图9-9 家具概念设计过程示意图

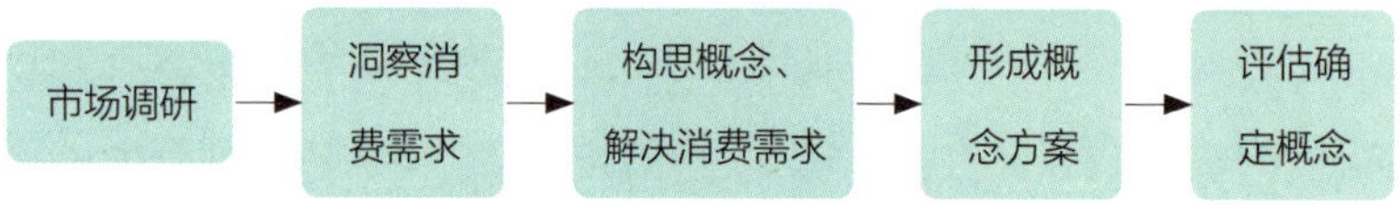

图9-10 概念的提出或提炼过程示意图

场上的家具风格现状、产业的技术条件，进行家具主体与局部的构成与装饰设计，选择相宜的材料与工艺，形成“现代、时尚、地域化”的风格概念内涵。家具概念的设计融合途径如图9-11所示。

在家具概念设计的融合过程中，设计师还应对设计概念在生产过程的工艺或技术可行性以及实现成本等方面进行综合性的评估。特别是依托于结构类或新技术类的概念，应先对其中的关键技术进行可行性调查，谨慎评估后再决定概念的取舍。表9-2是时尚科技类概念中的智能家具概念设计的技术与成本评估示例。

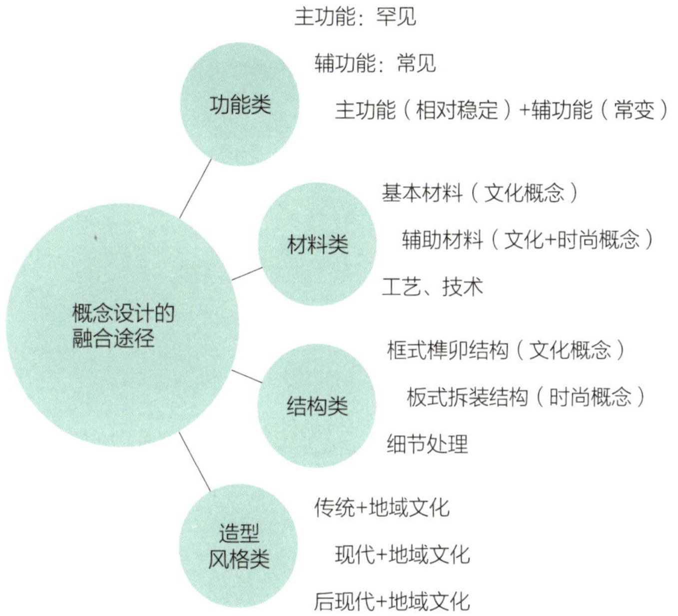

图9-11　家具概念的设计融合途径简图

表 9-2　智能家具概念设计的技术与成本评估表

家具类别	关键技术	解决途径	难易程度	成本评估	备注
餐台类	健康餐饮智能模块	协作	难	较高	可调整技术要求
床类	健康睡眠智能模块	协作	难	较高	可调整技术要求
衣柜类	存取物品智能记忆模块	协作	易	中	
沙发类	健康休闲智能模块	协作	易	中	
茶台类	保健饮茶智能模块	协作	难	较高	可调整技术要求

3. 形成市场卖点

完成概念的设计融合后，概念设计的主题工作也基本完成，此时只需将概念的形式与内涵传递给品牌策划与市场营销部门即可。后续则由品牌策划人员根据企业（产品）文化和产品概念形成品牌诉求。市场营销部门则随即进行营销培训和品牌宣传等产品上市场前的准备工作。

四、家具概念设计的构思方向

在进行家具概念设计的方向性构思时，应该紧紧围绕着“需求”作为概念设计的关键点。这种需求无论是在物质的，还是精神的，均具有两方面的内容：一是满足或解决社会性问题的需求；二是满足消费者当下或未来的基本需求。

1. 满足社会现象的需求

社会现象是指所有与人类共同体有关的活动，特别是与人类生存和社会发展密切关联的现象。根据社会现象对人类发展有利与否可分为积极社会现象和消极社会现象。对于家具设计师而言，应该时刻关注社会现象，了解其规律性特征，用专业的思维方式去分析其中的社会性需求。目前与家具概念设计相关联的社会现象见表9-3。

表 9-3　与家具概念设计相关联的社会现象

社会现象	关联概念设计	需求内容
人口老龄化	适老、养老概念	老年人普遍或特殊需求
养生与长寿	健康养生概念	保健、养生、治病需求
独生子女	益智成才概念	青少年健康学习、娱乐需求
高房价	小空间居室概念	空间功能多元转换需求
资源匮乏	绿色、可持续设计概念	减少资源的消耗
追求个性	时尚流行概念	年轻人个性化消费需求
……	……	……

在满足社会现象需求的家具概念设计中，其中的关键是对需求点的精准提出和恰当满足。完整的思考与设计过程如图9-12所示。

2. 创造多样化的使用体验

我们已经处于一个被设计了的世界，放眼周边的各类物品及室内外环境与设施，无不可见精心设计的印记。优良的设计，使我们平淡的日常行为更加便利且富有内涵。因此，在进行家具概念设计构思时，应把引领人们未来行为方式变化，以便契合自身的生活需求而自由选择家具，把实现家具多样、便捷的使用体验放在重要地位。特别是应该从新的行为方式对家具的新需求、新技术所引领的使用体验、保健养生、提高行为效率等方面进行重点思考。

家具概念设计一方面通过正确反映人类的行为方式服务于人类，另一方面，也为人类的行为方式带来变化，促进社会的发展进步。从历史的角度看，人类的行为方式尽管变化缓慢，但却一直处于不断的迭代进化中。特别是当人类进入现代社会后，人们在衣、食、住、行等方面的行为方式变化更是日新月异。因此，在进行家具概念设计的过程中，应对人的行为方式进行仔细的观察和思考，了解新的行为特征对生活方式产生的良性影响，并从中总结出规律，萌发新的家具概念。同时，通过这种新概念家具服务于人类的新行为，从而引导某种新型生活方式的普及。

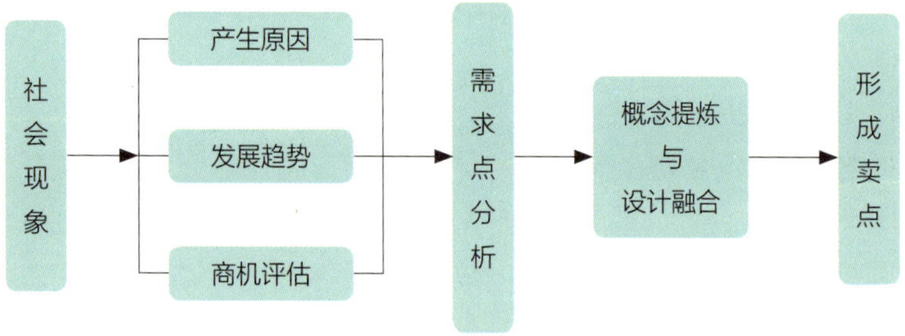

图9-12　满足社会现象需求的家具概念提炼过程

一般而言，人类趋于更简单、便捷、舒适的行为方式，如网络技术实现了购物行为的便利性，远程办公或移动办公颠覆了传统的工作方式。电器、电子产品的普及，使人们日常烹饪、起居行为更便捷、舒适，如图9-13所示的网点状厨房用燃气灶，智能系统会自动根据放在上面的锅及其大小，打开各燃气出口，既可以防止燃气浪费，又可以提高效率，为使用者带来了不同的烹饪体验。可见，在未来的人类活动中，随着科学技术的不断进步，改变人的行为方式将给家具概念设计带来更大的空间。

新技术所引领的使用体验是指家具功能的技术化。长期处于高压力、快节奏的繁忙工作中的人们，对于能够减轻行为负担、便捷简明地提供快速服务的家具特别渴求。而当代比较成熟的、广受消费者青睐的智能化或智慧型概念产品可以达成其愿望，既能方便掌握其使用方式，在一定程度上节省时间，又能给人轻松自如的使用体验，成为当代时尚科技在现代生活中应用的首选。

图9-13　网点状厨房用燃气灶

从另外一个角度而言，科技是为惠及全人类，提供更加贴心、便捷的服务而存在和发展的。如智能手机、智能家具、智能驾驶等蓬勃发展与日趋普遍的智能或智慧型产品，除了带来新型产品外，更重要的是改变了旧有产品的传统使用方式，赋予人与物之间关系的新内涵。

互联网、人工智能与智慧等技术为每一个现代人提供了世界在眼前、世界在桌面、世界在掌中、行为在意识和语言等方面的便捷。假想一个场景：当你下班回家，坐在沙发上，它会知道是你回来了，并且询问你需要什么服务；是休息一下，还是准备晚餐？还能根据你的身体参数告诉你今天适合吃什么，冰箱里面有什么，如何进行具体的调配。晚上可以根据你的精神状态提供娱乐、看书、社交等环境。这便是未来智慧型家居时代，让家具、家电等家居类产品能够与人进行沟通，轻轻一触按键或发出口令，一切均可就绪，消费者乐享其成；通过新技术彻底改变现在的生活方式，形成全新的人与物之间的使用体验。但我们也应该清楚地认识到无论家具的技术含量有多高，所有的功能和使用体验都是以人们的需求为中心，不能凌驾于人们的需求之上，甚至脱离人类的掌控。

保健养生、提高行为效率是家具形成与演进的本源，家具是应人类行为的便利、舒适需求而产生，并且在发展过程中进行不断的完善与拓展。进入现代社会后，健康养生理念也越来越受人们关注，并从行为方式、居家保健、健康饮食、家用医疗等方面付诸行动。而与家具关联度较大的保健养生行为主要体现在三个方面。

①预防型，即通过对当代人们的各类形为过程的调查分析，搜寻出对人体健康影响较大，容易形成疾病的行为方式。如长期站立工作方式对腿、腰等人体部位的损伤；长期坐姿或伏案工作对腰、颈椎、脊椎等部位的损伤；长时间坐姿不正对视力、脊椎等部位的影响。在进行保健养生类概念定位时，可采取技术手段、结构方式等进行人性化的使用时间提醒、坐姿纠错提示、或强制性终止使用等处理方式，以便预防各类相关疾病的产生。如图9-14所示是可以预防颈椎病、肩周炎、近视眼的平板电脑支撑架，简单轻巧、携带方便。

②治疗型，若有不幸患上颈椎、腰椎、视力障碍等疾病的人群，除了日常行为过程中的劳累外，还会常伴随有疾病所带来的痛苦。这时可将缓解上述疾病的医学知识，结合技术条件，通过设计构思转变为在使用家具的同时，还可以伴随着某种物理治疗过程。如图9-15所示为用于矫正学生驼背、近视等的写字桌椅，通过高度升降、强制束缚、桌面倾斜等科学设计，达到矫正脊椎畸形、近视等疾病的目的。

③监测型，现代医学把人类的健康状况细分为各类生理指标，如身高、体重、血压、血脂、血糖等，对人一天的健康饮食成分也有一定的参考指标。根据这些原理，可以构想当人使用坐具或床时，可自动监测这些生理指标。还可通过餐具和餐桌监测饮食成分，若发现异常或超标，则自动提出警示，以便引起注意。

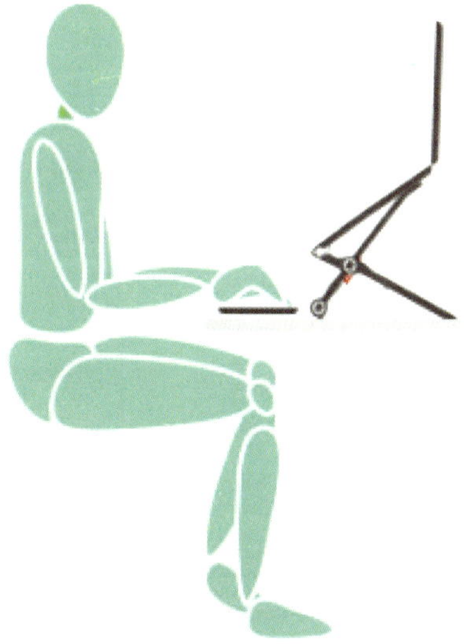

图9-14　便携式平板电脑支撑架

图9-15 学生用桌椅

3. 创造丰富的精神体验

任何产品设计在满足使用功能的同时，还需要努力满足用户的精神需求，引导消费者品味生活中的幸福感，体验到人生的乐趣。因此，我们在提炼家具概念时，还应该洞察消费者精神需求方面的动向，然后通过系统、专业的设计方法进行提炼、融合，形成普通消费者认可的、社会化的家具形式语言，从而满足或实现用户的精神需求。

随着社会、经济的发展，物质财富的富足，人们在精神方面的追求也发生了巨大的转变，这种转变可简要归纳为“从古到今”“从外到内”；即从崇尚传统走向现代、从崇尚国外转向国内。由此可见，在思考如何创造丰富的精神体验时，可从以下两个方面着手。

①追随主流风格，突出个性化特征。在咨询发达、信息传播快捷的现代社会，家具主流风格的任何变化与发展都会短期遍及全球，形成同质化的风格，造成普遍性的审美疲劳，这也是现代家具款式生命周期短、风格特征转变快的原因之一。因此，设计者应该时刻关注社会大众的主流思潮，从中解析出具有超前概念的审美主旨，形成时代化的美学元素，融入家具设计之中。在具体设计实践中，可以“国际潮流的地域化、传统文化的现代化、传统习俗的时尚化”等为基本原则，形成与当代生活方式同步演进的现代中式家具或后现代中式家具。

②突出家具的感官体验。产品设计的感官体验可分为视觉、触觉、听觉、嗅觉感官体验。具体到家具设计应用中，是指以一种感官为主，其他感官为辅的设计；一般以视觉（形与色）或触觉（质感与肌理）感官为主，其他感官为辅，即通过家具的形态要素、色彩要素、材质要素，应用互动式设计理论，结合相关的技术要素，创造出奇妙的、前沿性的个性化设计。在使用过程中，形成灵动的视觉效果，带给使用者悠远绵长的心灵感动。图9-16是平仄家具借鉴中国传统的景泰工艺和传统提盒器物，应用现代工艺技术，推出的引领时代潮流的简约、轻奢、现代的小件家具。

图9-16 时尚的小件家具/设计：平仄家具

第二节 收纳类家具设计专题

收纳类家具是指各种用来存放物品的柜类家具，它是人们日常生活中收藏和整理衣物、器物、食品、饰品、书籍等所必需的一种用具。其典型特征就是具有中空（收纳空间）的三维立体空间形体，且具有至少一个方向在存取使用状态时为通透形式，在使用时有开启功能的构件（门或抽屉）。在实际使用过程中，按存放物品的不同，主要有衣柜、床头柜、书柜、装饰柜、文件柜、餐边（具）柜、客厅柜及其他组合柜等。由于收纳类家具构成的相对统一性，为了便于高效生产，设计时应遵从家具模数概念。

一、模数概念及其应用

模数是现代工业文明的标志性事物之一，是一种为协调造物对象各部分间的构造、尺寸和比例关系而拟定的一种尺寸单位。在家具设计中，模数既是家具设计时确定尺寸的标准度量，又是产品产、供、销等各个职能部门之间相互协调的依据之一。它像一把链条把家具设计、材料加工、部件生产、技术工艺、质量管理、装配运输等连为一体，有助于推进家具生产现代化，实现家具产品和零部件尺寸及安装位置的相互协调。

1. 家具模数的制定方法

现代家具的模数一般设定为基本模数，其值为50mm，以M表示，即1M=50mm，由此产生出两个导出模数，即“扩大模数”和“分模数”。“扩大模数”是基本模数的整数倍，而“分模数”则是“基本模数”的分数倍。当家具的部件或单体尺寸较大时，其尺寸应以“扩大模数”为单位，较小时其尺寸应以“分模数”为单位。

家具模数系列的制定，现在还只是在柜类或部分桌类产品中得到广泛实施，对于椅、床等家具产品的模数系统性应用还不成熟，需要进一步的探讨与实践。因此，以下所述家具模数系列，多限于柜类家具。家具模数的制定有三种方法[2]。

①根据产品的外形尺寸确定模数系列。这种方法的优点是便于与常用家具标准协调一致，有利于产品互换组合，方便室内布置，但不利于每个部件的协调一致，规格尺寸较多。

②根据产品的几种主要板块部件尺寸确定模数系列，其优点是减少了部件的规格尺寸，加强了部件的互换通用性。但它不能使单体的外形尺寸也符合模数系列。因板部件的厚度使其难以实施模数系列。

③为了克服以上两种方法的缺点而博取其优点，还可以根据柜类产品的外形尺寸与主要板部件尺寸确定模数系列，但这种方法到目前为止尚未广泛推广应用。

2. 柜类家具模数及其应用

结合现代家具行业的实际情况，考虑到产品尺度大小与人类工程学的关系，根据柜类家具用材的常用规格尺寸，从有利于家具在室内空间中的布局出发，经过研究、比较、筛选，结合产品实样鉴定，一般确定柜类家具的基本模数为50mm，扩大模数的扩大系数为“3”，扩大模数即为150mm。模数确定后，也就给定了柜类家具宽度的设计取值规范，常用的有：300mm、450mm、600mm、750mm、900mm、1050mm、1200mm等。 综合国内外的资料介绍和近些年我国家具设计的发展情况来看，现在普遍采用分别按水平系统（柜的宽度）和垂直系统（柜的高度）来确定家具的模数系列。目前水平系统大多数采用150mm作为扩大模数的模数系列。既与建筑模数300mm相关联，又与主要家用电器、橱柜类家具与厨房水槽、排抽烟罩等设备模数相协调。另外，为了合理地利用4ft×8ft（1220mm×2440mm）的木质人造板材，还有一种200mm的水平模数系列（400mm、600mm、800mm、1000mm）现在也常被设计者采用。

在垂直系统中，当前最有影响的就是32mm模数系列，与水平系统不同的是，垂直系统的总高度可以是32mm的倍数，也可以不是32mm的倍数，但是除去顶部（帽檐）及底部（底脚围板）的高度后，必须体现出与32mm之间的倍数关系。这样在三维尺度上采用混合模数制，尽管使板块在组合过程中的灵活性在一定的范围内受到限制，但考虑到在一般情况下，组合柜的款式变化是由水平板的不同位置、数量、门板及抽屉的变换来决定的，所以影响并不大。总之，在柜类家具的设计过程中要从科学的角度出发，合理、统一、简洁、明确、切合实际地制定产品的模数，从而方便产品的生产。

3. 柜类家具的类别与主要尺寸

柜类家具属于空间功能型或产品功能型家具。例如客厅柜因其一般置于客厅空间中，属于空间功能型家具；衣柜则因其具有收纳衣服的功能，属于产品功能型家具。不同柜类的规格尺寸也有较大的差异，在此结合柜类宽度扩大模数“150mm”和高度模数“32mm”，对不同柜类规格尺寸统一归纳为表9-4，以便设计时参考。

表 9-4　柜类家具主要参考尺寸　　　　单位：mm

品名		参考尺寸（宽 × 高 × 深）	单门宽		抽屉正面高	模数值	
			开门	推拉门		宽度	高度
衣柜	大衣柜	（900~1350）×（1800~2400）×600					
	小衣柜	（600~1200）×（600~1200）×（450~550）					
	组合衣柜	（≥1800）×（1800~2400）×600					
	整体衣柜	（≥1800）×（墙面高）×600					
床头柜		（450~600）×（500~700）×（400~450）					
客厅柜		（1500~2400）×（多样）×（400~450）	≤500	≤900	≤160	150 或 200	32
餐具柜		（600~1200）×（800~1200）×（400~500）					
书柜	移动书柜	（600~900）×（1800~2200）×（300~400）					
	整体书柜	（≥1800）×（墙面高）×（300~400）					
文件柜		（600~1050）×（1800~2200 或 700~1200）×（400~450）					

二、柜类家具的共性特征

从使用与造型两方面综合来看，柜类家具设计有以下几个方面的共同特征。

1. 构成要素统一，功能分区明确

柜类家具的构成要素基本相同，可归纳为基本构成要素和拓展构成要素两大类。基本构成要素有柜侧板、顶板、底板、背板和柜脚；拓展构成要素有门板、抽屉、望板、水平搁板、垂直隔板、拉手、塞角及其他附件。在柜的实际造型设计中，基本构成要素是必不可少的，而拓展构成要素则可根据产品的用途不同进行选择性组合应用。

柜类家具的功能分类明确，通常按使用功能的不同对其命名，如前述的大衣柜、书柜、餐具柜等，也有按柜类所处的空间功能属性来命名。而不同功能的柜类具有不同的空间形式和外观尺度，即使同一柜的内部，由于收纳对象的不同与尺寸上的差异，也有不同的功能区域划分，以便于存取，有利于减少疲劳和提高工作效率。在设计柜类的收纳空间时应处理以下几个方面的关系。

（1）收纳空间与人的关系

人们在实际生活或工作过程中，会根据需要不时地存放或整理物品，这样收纳空间就与人体产生了间接的尺度关系。这个尺度关系是以人体站立或弯腰及下蹲时手臂上下或向前动作的幅度为依据的，通常认为在以肩为轴、上肢为半径的范围内为人的存放物品最方便、视线最好的区域。因此，就把使用频率最高的物品存放在这个区域，而把不常用的物品存放在肢体所能及的其他区域。图9-17是人体站立时上肢活动空间[3]，图9-18是收纳空间高度区域划分。从此图中可以看出，如果柜高超出1800mm则在使用时需要借用凳子来增加高度，否则将不便正常使用。如图9-19所示，可以看出人体立姿时最易或最省力的最佳操作位置。图9-20是搁板深度与视线范围。

（2）收纳空间与物的关系

要确定收纳类家具内部贮存空间的尺寸，首先必须了解收纳的内容，即所收纳的物品的尺寸。在现代社会，人们的生活用品极其丰富，从衣服鞋帽到床上用品，从食品容器到各类器物容器，从书刊到各类数字娱乐品，以及日常生活中其他日杂用

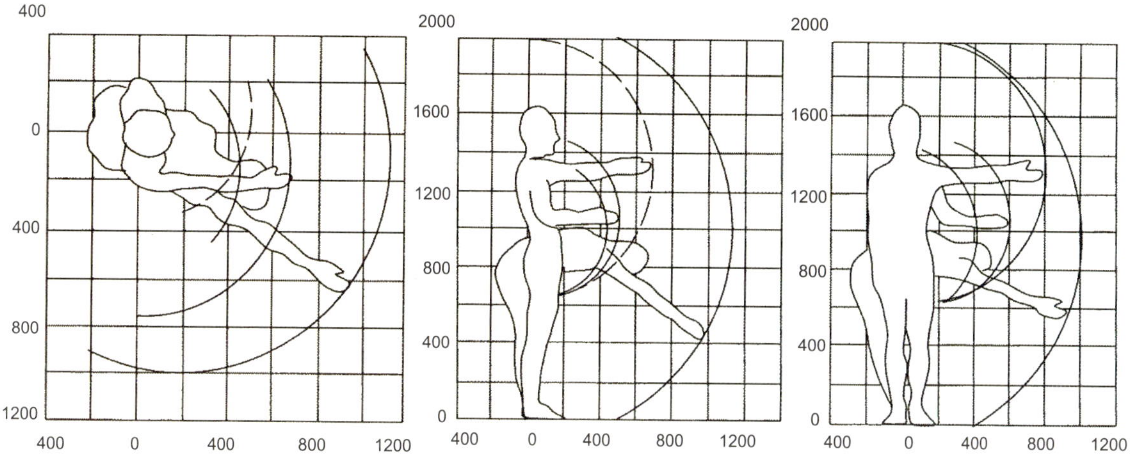

图9-17 家具设计中人体站立时上肢活动空间示意图（单位：mm）

区间	高度
	1880
伸手能及的高度（第四区间）	
	1530
举手超过肩膀取物的高度（第二区间）	
	1240
立姿时容易取物的高度（第一区间）	940
	590
前屈或下蹲取物高度（第三区间）	
	300
必须蹲才能取物的高度（第五区间）	
	0

图9-18 家具设计中收纳空间高度区域划分（单位：mm）

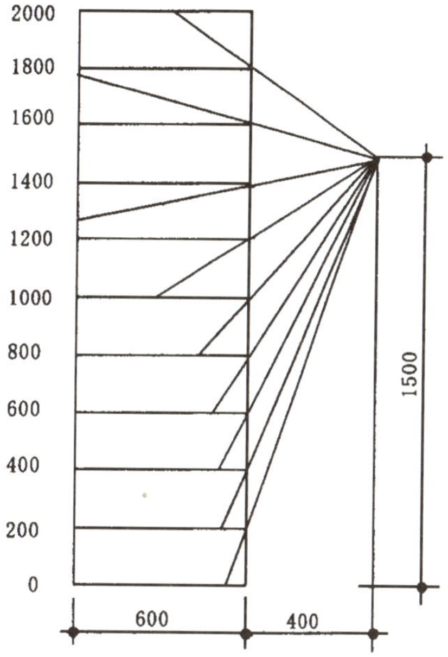

图9-20 家具设计中搁板深度与视线范围示意图（单位：mm）

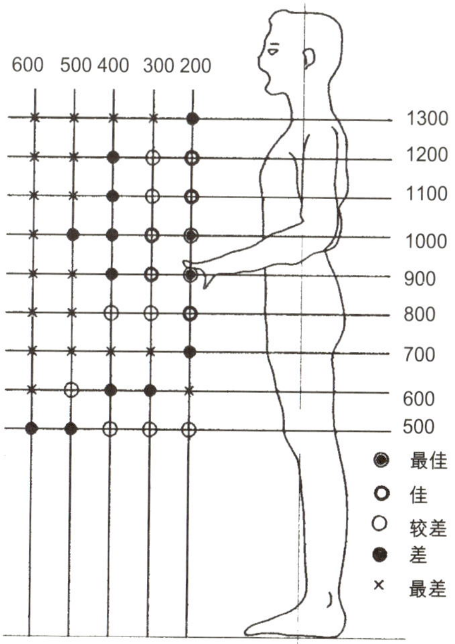

图9-19 家具设计中人体立姿操作最佳位置示意图（单位：mm）

品，只是各类物品数量有所不同。不同类型的柜类主要收纳的物品分类如下。

①衣物、被褥等起居用品→衣柜。

②电视、音响等电器用品→客厅柜。

③餐具、食品等饮食用品→餐具柜。

④书刊、碟片等娱乐用品→书柜、装饰柜。

⑤文件、资料等办公用品→文件柜。

2. 空间形态构成相似

柜类的空间类似于建筑，有外空间和内空间之分，外空间就是柜体的外形及其在室内环境中所占的相对位置，它体现了柜体的总体外形特征。而柜体的内空间是指柜体总体形式中所包含的空间形式，是设计者研究的直接对象和设计的最终标的。一般把柜体的内空间简称为柜类家具的空间。

根据柜类家具的空间构成形式和柜门的材料特征，可分为封闭空间、开放空间和半开放空间。封闭空间就是指正面由门、抽屉等形成的不透明的空间形式；正面没有任何遮盖的空间称为开放空间；而半开放空间则是正面应用玻璃等透明材料进行遮盖的空间。

在柜类家具的使用过程中，封闭空间可以达到阻光、防尘、防潮、隐秘等目的，尤其是对季节性的物品，大小混杂的物品及贵重的物品更是如此。但若遇到一些需要经常使用的或外形美观的物品，特别是一些装饰品，就需要把它们放在开放或半开放空间中，否则会给日常使用增添麻烦，而且也会使这些物品失去观赏价值。

由于柜类家具的体量比较大，如何选择、组合、应用这三类空间就显得比较重要。如果应用不当，造型就死板僵硬，没有生机，既给家具的造型蒙上消极的意义，也使家具在功能的发挥上受到影响。所以在进行柜类家具的空间设计时应考虑以下几个方面的审美要素。

①要考虑空间体量虚实的均衡关系：由于开放空间与封闭空间会形成体量感的大小和形体的虚实关系，从整体上应使这种虚实关系和谐、平衡，既要求有视觉上的生动、活泼、轻巧和灵活的效果，又要有平稳、严肃、规整和秩序感。

②要考虑开放与封闭空间的节奏感：由于人的视觉认知对物体蕴含的节奏感十分敏感，节奏感会使本来平淡无味的形象产生神奇的韵味。因此，在处理家具的开放与封闭空间的关系时，要让它们形成良好的节奏感。在柜类家具空间的实际设计过程中，可以应用块面的重复、线条的渐变、形状的交错等方式形成大的节奏关系。也可以利用拉手、抽屉、门等构件形成点、线、面的局部变化，进而利用局部来点缀和丰富整体，创造节奏感。

③空间大小与所收纳物品的关系：开放空间的物品放置是很讲究的，放置得当，能与整个家具相映生辉，起到画龙点睛的作用，放置不当就会破坏家具的整体效果，产生杂乱、琐碎、拥挤、眼花缭乱等不良感觉。所以在进行空间设计时应考虑物品的大小与空间的大小关系，此外物品的色彩应与家具形成一定的色彩关系；物品的形与形之间及物品与家具的形之间的关系要协调，应该布置得高低、大小错落有致。

3. 设计重点集中

由于柜类家具具有特定的基本形体和使用功能，其处理重点集中在柜体内部空间的功能模块和外观整体与局部、局部与局部的比例关系及柜体的正面分割形式。特别是根据收纳物品的类别不同，分别对其内部贮存空间进行科学、合理的设计尤为重要。柜类家具常见设计构思过程如图9-21所示。

4. 柜门构成形式相似

门是柜类家具中的通用构件之一，柜类门的开启结构有开门、推拉门、翻门三种形式，但这三种结构形式的选用与门的长宽比例有关。如图9-22所示，当A/B大于或等于1时，多采用开门或推拉门，

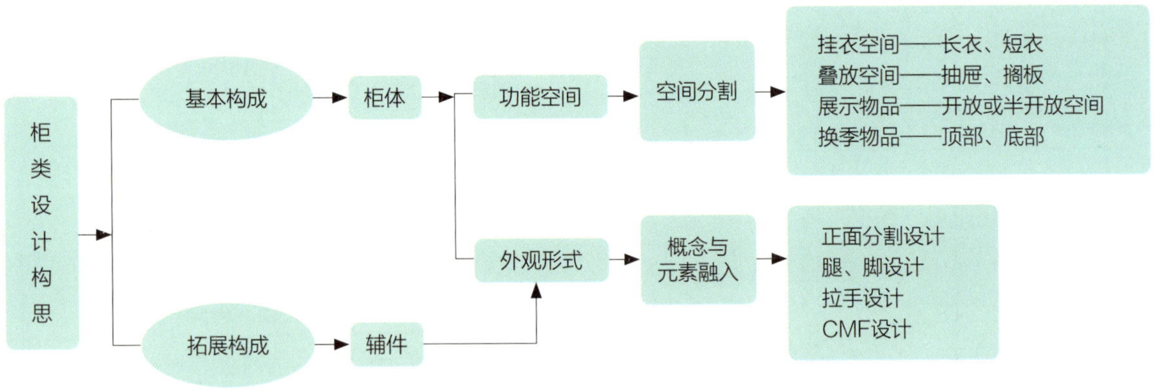

图9-21 柜类家具常见设计构思过程导图

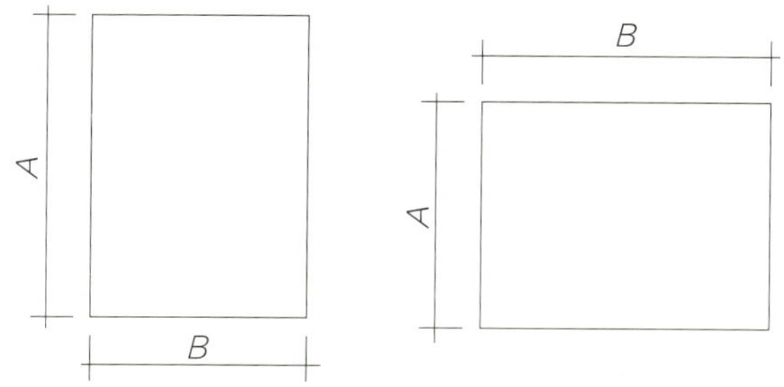

图9-22　家具设计中柜门比例与开启方式的关系示意图

当A/B小于1时，多采用（上或下）翻门。柜类家具中，对于开门，要求单扇门板的宽度应小于或等于500mm，高度视实际需要而定；对于推拉门，要求单扇门板的宽度应小于或等于900mm，高度以2000mm以内为宜，且重量不宜过大；对于翻门，要求单扇门板的长度应不大于750mm。

5．脚形构成的相似性

为了增大柜类的收纳空间，柜类的脚形一般具有低矮的特点，偶尔也见有高脚形式。柜类的脚形可分为亮脚和包脚两种形式。

①亮脚：柜的亮脚是传统框式家具中的通用脚形，高度一般为120~200mm，由四个脚部构件通过拉挡形成脚架后再与柜体接合，或各自独立与柜体接合[4]（图9-23），当采用独立与柜体接合形式时，多配有塞角以加强脚体接合的稳定性。亮脚形式由于柜体下方空间较大，所以其造型也丰富多样，是柜类家具设计时重点研究的部位之一。

②包脚：包脚至少由正面和两侧面组成，即三块或三块以上脚板围合而成的箱框结构。在现代板式家具中，很多包脚由两侧脚板直接下延和望板构成。如图9-24所示的是包脚的基本构成形式。在实际中，包脚并不是线形接地，而应在接地面的中部切削出高为20mm左右的凹口，或在四角加钉5~10mm厚的脚垫，形成柜体四角的“点”状接地形式，这样既方便柜体在不平整的地面上放置时能保持平稳，也便于柜体下部的通风透气。

包脚与亮脚各有优缺点，亮脚造型显得轻巧灵活，柜体底部通风透气性较好，但在搬运或使用等过程中，脚部易损坏。而包脚虽然在造型方面不如亮脚，柜体底部的透气性也差，但包脚的底部能承受较大的载荷，并且稳重大方。

③塞角：塞角附属于主体构件而存在，从结构上来看，主要是为加强脚部接合的稳定性，有暗塞角和明塞角之分。暗塞角用在家具的内部，从外面不能直接看到，明塞角既可从外面直接看到，又与家具的其他构件一起形成家具的外观形体。由此可见，在造型中，明塞角既可以增加产品的结构强度，又可以增加造型的装饰性，其规格可视脚的高度和脚的体量感来设定。

6．拉手的通用性

拉手是安装在家具的门和抽屉等部件上，使用时通过手指接触来传递启闭力的家具构件，也是设计时要重点构思，形成点缀性亮点的构件。在实际使用过程中，拉手的形式多样，材料丰富；在构成上有与柜门或抽屉一体的，也有附加到门或抽屉上的，有高出安装面的，也有在安装主体上开槽形成内凹式低于安装面或暗藏式拉手形式；在构成形状上有点状、线状、块状及以上两种或两种以上元素组合而成。如图9-25所示为柜类通用的拉手安装形式。

7．产品成本构成内容一致

柜类家具的生产成本与设计关系密切，第一是设计应始终围绕系列化、模块化产品设计方法进行；第二是构成产品的零部件规格应尽量少，零部件设计应标准化、系列化，最终达到通用互换的目的，以便以较少的板块构成不同形式和风格的多功能产品；第三是所设计的产品应与相应生产企业的工艺、技术、设备相适应，使之有效地使用和发挥

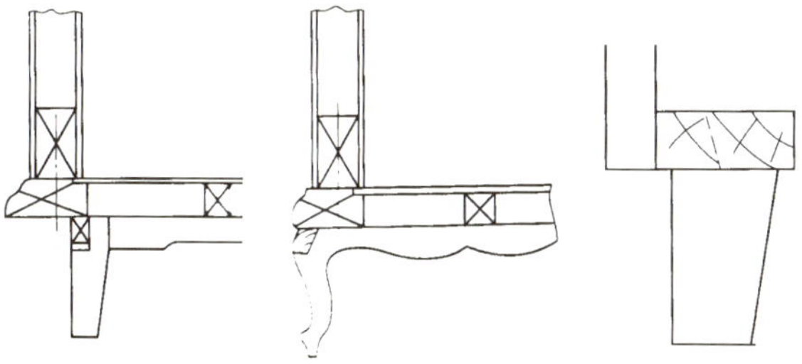

图9-23　家具设计中亮脚与柜体结合形式示意图

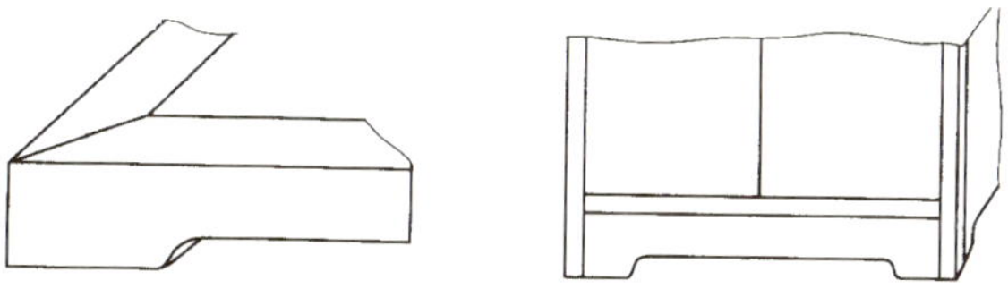

图9-24　家具设计中包脚的基本构成形式示意图

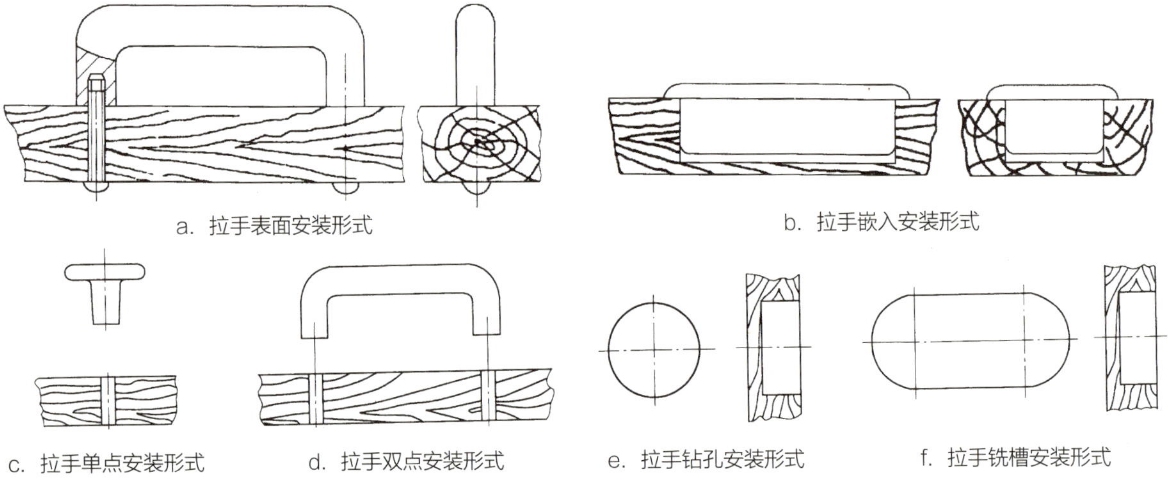

图9-25　家具设计中柜类通用拉手的基本构成形式示意图

设备的技术优势；第四是应着重设计研究拆装式结构，以便解决产品贮存、运输、销售等方面的切实问题。

三、柜类家具设计实例

除前述的柜类家具的共性之外，下面根据使用功能的不同，结合产品系列性原则与市场现状，通过具体案例对柜类家具进行设计应用分析。

1. 关键节点与内容

在此以深圳长江家具有限公司“现代中式实木定制家具”项目为案例进行柜类产品设计分析，整个项目设计的关键节点与流程如图9-26所示。

（1）设计立项简述

设计立项是整个设计项目的起点，一般采用立项报告书（或项目策划书）的形式，通过对立项项目涉及的市场现状与发展趋势方面的详细分析，明确提出设计项目产品的风格、材料、结构、市场与消费群等方面的定位，确定产品的设计数量、设计概念（产品卖点）、设计时间计划等。一份合格的立项计划书既体现了设计师的专业素养，又是设计师的经验与智慧的结晶；特别是在产品数量配置、设计概念（产品卖点）的创新与融合方面，更加考验设计师的观察与创新能力。图9-27为深圳长江家具有限公司“现代中式实木定制家具”项目设计立项要点与内容汇总。

（2）元素与方向

元素是指市场化系列家具产品的设计元素，相当于市场化系列家具产品设计中的基本符号，也是为系列化产品设计所准备的基本单位，通过设计构思，巧妙地融合于各个产品中，形成有别于其他产品的、独特的产品族系印记。而方向是指应用设计元素所进行的个别产品的方案构思，以验证设计元素的可行性及其融合后的产品效果。

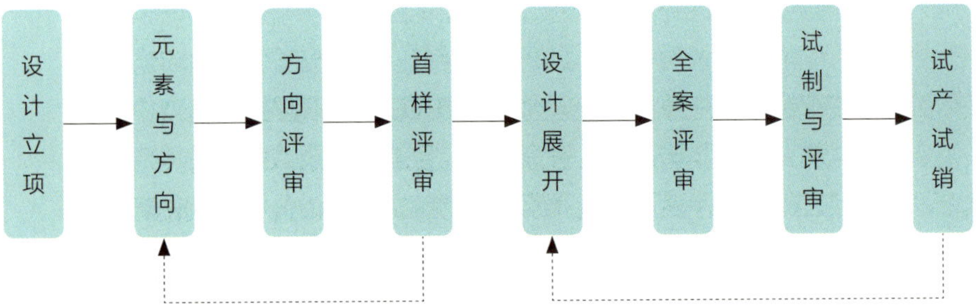

图9-26　项目设计的关键节点与流程

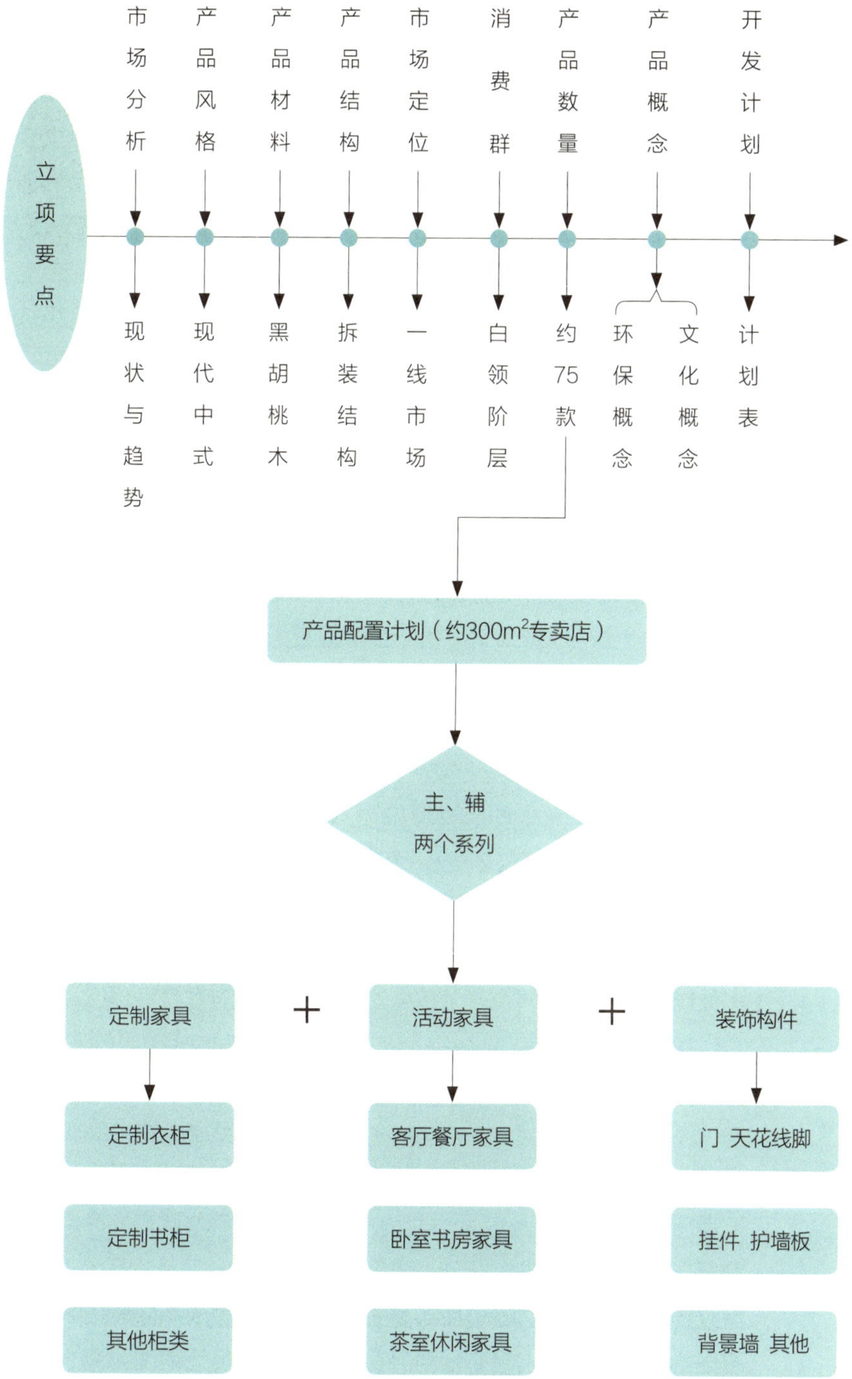

图9-27 “现代中式实木定制家具”项目设计立项要点与内容汇总

设计元素的灵感来源十分广泛，可以是自然界中的山川湖泊、动物植物，也可以是文学艺术中的语言描述或场景记载，古今生活器物形体，特殊工艺或技法呈现等方面。但具体到某一设计项目时，所构思的设计元素应该体现设计立项书中的产品风格定位、产品概念定位等主旨内涵。设计元素在家具中一般与装饰图案、构件线型或五金配件、工艺技法等融合呈现。在本案例项目中，以中国写意山水为主元素、构件线型与白铜五金件等为辅助元素，如图9-28所示。此时的中国写意山水元素只是一种概念，需要经过设计演化形成视觉化的元素单元。具体的实施过程为运用CNC加工中心，对面状栅条进行铣削加工，通过栅条之间的间隔不同、高低差异、虚实的对比形成如图9-29所示的抽象山水形式。

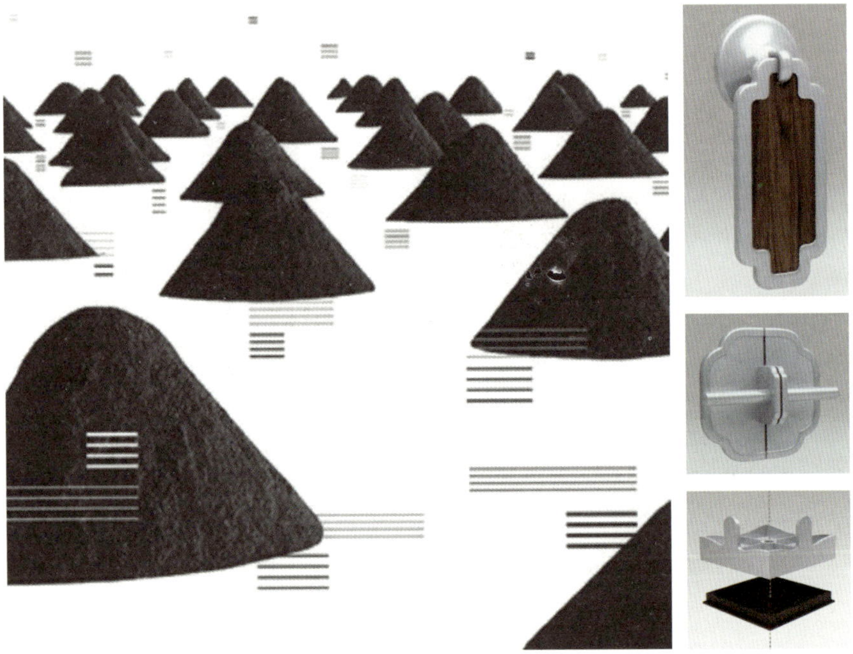

图9-28　中国写意山水、五金件元素

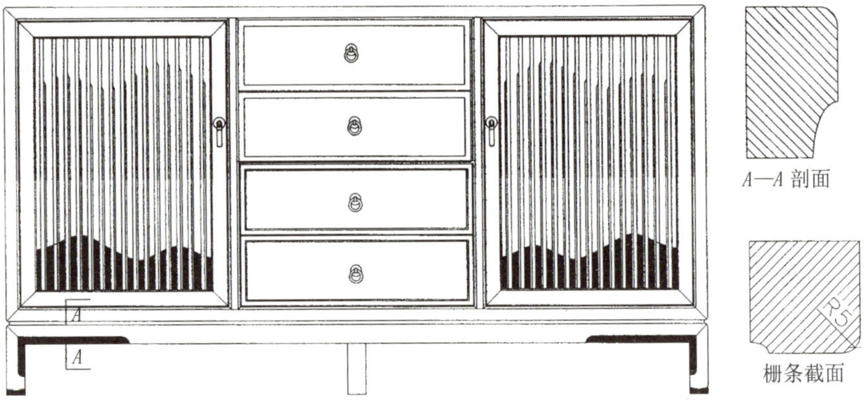

图9-29　中国写意山水设计元素视觉化实例

可见，产品设计风格和设计概念是可以通过设计元素来体现的，而设计元素也是部分设计风格或设计概念的实现途径。当设计元素确定之后，即可应用设计元素尝试进行产品草图方案设计，以验证各设计元素的应用效果或发现存在的问题，即常说的方向性设计方案。理论上，选择任一家具演化方向性设计方案均可，但在实际设计过程中，一般选择有门和抽屉的小件柜类产品，如餐具柜、鞋柜或床头柜等。而方向性设计方案的初期表现手法比较自由，可以是手绘草图，也可以是简单效果图或主要视图（正视图或侧视图），根据设计师的个人习惯而定，只要能够表达清楚即可。但用于评审的方向性设计方案必须以正式效果图的形式呈现，并清晰地展示设计元素与产品融合的细节与整体效果，以便对设计元素与产品有一个全面深入地了解，并形成客观的评审结论。图9-30为本案例的方向性方案设计元素细节与整体效果实例。

（3）方向与首样产品评审

方向性设计方案完成后，需要进行方案评审。方向性设计方案评审分内部评审和外部评审，内部评审是设计部门内部相关人员进行的初审，相对较简单。外部评审是将通过内部评审的方向性设计方案提供到企业或委托单位的管理部门、生产部门、营销部门等共同参与的评审过程。外部评审的主要内容：一是查验方向性设计方案与设计立项书中的各项指标定位的契合度；二是评估生产过程中的技术难度和综合成本；三是进行综合性的市场预测分析，并形成方向性设计方案是否可行的结论或修改建议。

首样产品是指将通过评审的方向性设计方案制作的第一件实物样品；首样评审即根据实物样品再次确认设计元素、零部件的尺寸与比例关系、总体效果等方面内容是否存在问题，并依据标准化的原则确定各类零部件的规格尺寸，为后续的设计展开和产品生产奠定基础。

（4）设计展开

完成方向性设计方案评审与首样评审、确定设计元素和各类设计细节后，即可进行柜类及其他相关联的系列产品设计，并进行相应的全部设计方案评审、样品试制与评审、修改等工作，按计划表完成设计工作。

图9-30 方向性方案设计元素细节与整体效果实例

2. 衣柜设计

衣柜主要是用来收纳大件衣物的柜类，在现实生活中，根据衣柜的体量和构成方式不同，可分为大型衣柜和小衣柜，而大型衣柜又根据其体量和组合方式的不同，分为大衣柜、组合衣柜和整体衣柜几种类型。

（1）大型衣柜内部空间功能设计

大型衣柜内部空间主要分为挂衣区、挂裤区、叠放区、存放区、抽屉等功能空间，按功能、模块、尺寸系统地配置，构建成衣柜内部功能体系，并产生各种不同功能的结构单元模块化产品，然后可根据需要任意配置。图9-31是本案例中内部功能单元模块化方案。根据内部功能单元模块化方案可形成衣柜内部主要功能方案示例如图9-32所示。

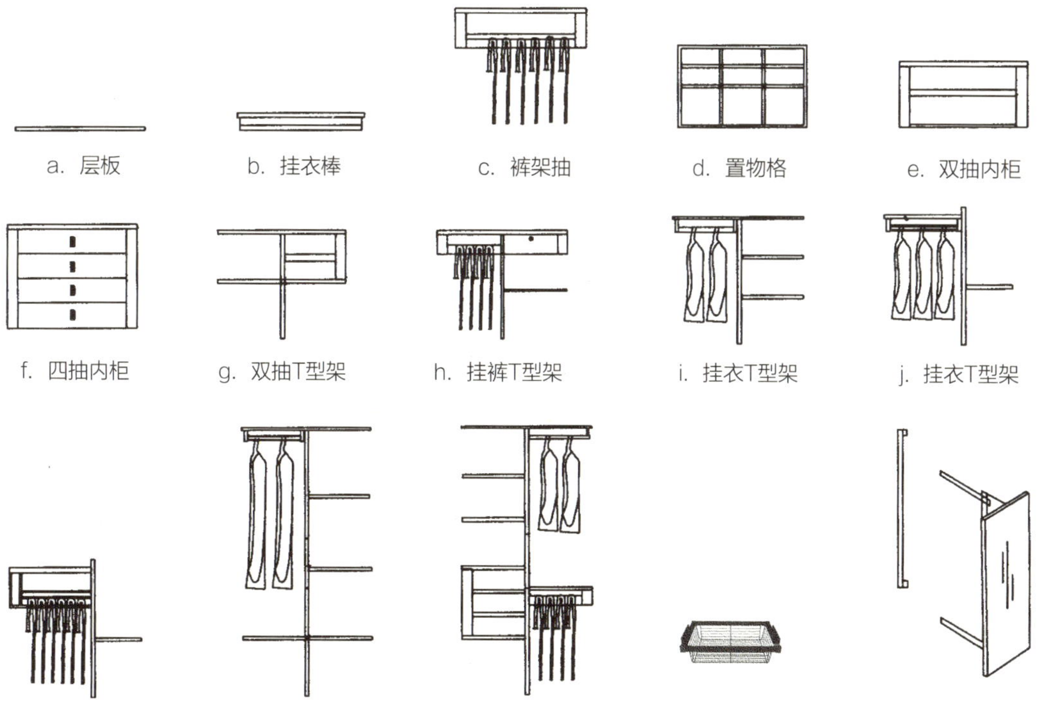

图9-31 内部功能单元模块化方案

图9-32　衣柜内部功能方案示例

（2）大衣柜设计

大衣柜是指收纳衣物的独立柜体，也称单体衣柜。大衣柜设计的重点分内部与外部两个方面，内部设计是指对大衣柜内部进行合理的功能分区，最大限度地提高使用效率和收纳的便捷性。在功能分区设计过程中，除了参考前述的内部功能单元模块化方案外，还可以根据表9-5列出的常用悬挂衣物尺寸规格表进行相应的功能空间设计。而外部设计指的是大衣柜的造型设计，柜类造型设计的重点一般在柜体的正面，特别是柜门与抽屉的分割设计。

表 9-5　常见悬挂衣物尺寸规格表　单位：mm

种类	长	宽
长大衣	1600	400~550
上衣	787	400~550
中大衣	1166	400~550
衬衫	838	380~550
短大衣	1079	400~550
连衣裙	1524	420~450
背带长裤	1219	300~500
裙子	940	420~450
普通长裤	813	300~500
运动衫	889	380~500

大衣柜按柜门的开启方式不同，可分为开门和推拉门两种类型。开门大衣柜一般按2门或3门、对应的宽度分别为900mm和1350mm的独立柜体设计，方便消费者结合自己的卧室尺寸选购，如果需要4门宽的衣柜，可选购二个2门独立柜体进行拼置组合即可，如果需要5门宽的衣柜，可选购一个2门和一个3门独立柜体进行拼置组合即可。推拉门大衣柜的独立单体宽度规格较大，一般会达到1800mm左右。图9-33是本案例中开门类2门和3门大衣柜设计方案实例。

（3）组合衣柜设计

组合衣柜属于功能型与规格型概念一体化的单体式组合家具。独立柜体的2门或3门大衣柜，其收纳功能空间是有限的，一般只适用于青少年房间或公寓等小空间居室，为了满足常规居室空间及家庭对衣物收纳方面的需求，从而形成了组合衣柜的概念。

图9-33　开门大衣柜设计方案实例

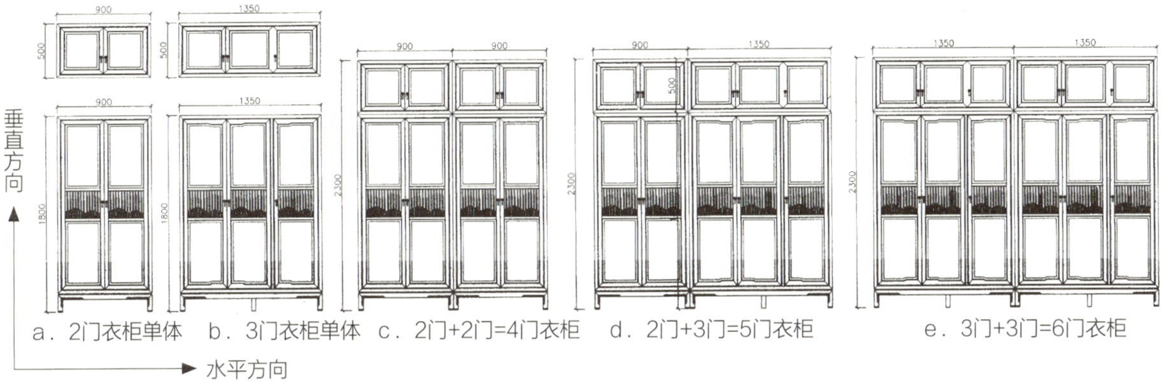

图9-34　开门类组合衣柜原理与方案实例

图9-34是本案例中开门类组合衣柜原理与方案实例。

（4）整体衣柜

整体衣柜属于功能型与结构型概念一体化的部件式组合家具，一般是在居室装修施工时与建筑墙体融为一体形成固定结构的大型衣柜。按其在居室中的平面形状不同可分为“一”字形、“L”形和“U”形（衣帽间）。整体衣柜因其具有因地制宜，量身定制，合理规划利用空间，收纳功能集成、多样、强大，整体统一、美观时尚，充分满足消费者的个性化需求等特点而受到市场欢迎。

整体衣柜的主要构成包括各类柜体（主体柜、顶柜、转角柜、内柜等）、水平隔板、竖直隔板、功能配件、五金配件、非标件等。整体衣柜设计重点要突出两个方面：一是各类收纳功能模块的规划设计，即科学合理地配置各类功能模块的数量与部位；二是多样化的各类柜门的设计，以便于满足消费者的多样化、个性化需求。表9-6是本案例中各类柜门的设计方案与内涵。

表 9-6　整体衣柜各类柜门的设计方案与内涵

开启形式	柜门方案	设计说明与内涵	开启形式	柜门方案	设计说明与内涵
推拉门		以细节线型体现中式风格，门板的分割形式与铜件拉手的点，体现了现代时尚的特征	开门		以山形的栅格条形成柜门的视觉中心，并配以白铜云纹拉手，延绵起伏、山云相融
推拉门		黑胡桃木与橙色皮质软包配搭，整体视觉效果前卫、现代时尚	开门		以中式园林的窗格内绣鸳鸯戏水图案，寓意圆满的爱情、幸福的婚姻生活
推拉门		有机玻璃＋明式窗格纹，既不失中式文化内涵，又现代、时尚、简洁、大方	开门	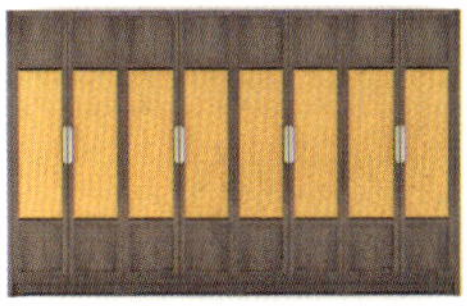	柜门边框罗锅枨线型装饰，橙色的皮与山形的元素呼应，以白铜云纹拉手为视觉中心

（5）小衣柜设计

小衣柜是相对于大衣柜的延伸或附属产品，主要功能是收纳小件叠置的衣物，如内衣、袜子等。主要构成形式以抽屉为主，所以也有的称其为斗柜。即使采用开门的设计形式，其内部也以小功能空间形式为主，便于分类收纳，也少见有柜顶板设计为内嵌镜子的活动翻板形式，把简便的梳妆功能纳入其中。小衣柜的规格较为自由，宽度为600~1200mm，高度为600~1200mm，深度为450~500mm。而在组合衣柜或整体衣柜的产品系列中，因包含了小衣柜的功能模块，一般不再单独配置小衣柜。

3. 床头柜设计

床头柜属于床的附属型小件家具，常见的使用方式是放在床的两旁，一左一右衬托着床，也有与床头结合，即把床头设计成部分搁架状结构形式。床头柜主要用来收纳一些睡眠及起居过程中的日常用品，如放置台灯、手机、首饰、茶具、书报等。若在床头柜上摆放饰品，则多是为卧室增添温馨的气氛，如小幅照片、绘画及插花等。柜下可设有抽屉或搁板，以方便日常分类收纳。床头柜的尺寸一般宽度为450~600mm，高度为500~700mm，深度为400~450mm。图9-35是本案例中床头柜设计方案实例。

4. 客厅柜设计

客厅柜是居室环境中的重要组成部分，没有统一的形制与规格，屈从于居室客厅的整体大小与形式，可高、可矮，亦可高矮组合；功能与形式多样，矮柜功能较少，高柜一般由上薄下厚两种深度规格组成。在功能上可形成以电视机及主要饰品为主体的“视觉中心”、以音响为主体的“听觉中心”。目前客厅柜多以矮柜较为常见，其规格一般宽度为1800~2400mm，深度为400~450mm，高度为300~450mm。另外，带有陈列装饰品功能的组合客厅柜，其高度可达2000mm以上。图9-36是本案例中可左右拉伸客厅柜设计方案实例。

5. 餐具柜设计

餐具柜也叫餐边柜，是用以存放碟、碗等各种餐具、酒及酒具等进餐过程中用的家具，一般放在餐桌旁边，装饰性要求比较高。常见规格宽度为750~1200mm，高度为800~1200mm，深度为400~500mm，如前述图9-30所示。

6. 橱柜设计

尽管橱柜具有部分餐具柜的功能，但却不能完全取代餐具柜。在现代生活中，从使用场合来看，橱柜用于厨房；而从使用功能上来看，橱柜用于收纳烹调工具和未加工食品。依据橱柜的摆放位置，橱柜由地柜、吊柜和高柜三大部分组成。其中，地柜包括洗涤柜、灶柜和贮藏柜；吊柜包括抽油烟机柜、玻璃柜和搁架；高柜则包括冰箱柜和高大的贮藏柜。橱柜的规格尺寸分为高度尺寸、宽度尺寸、深度尺寸。

①高度尺寸：操作台面标高（包括灶具表面和洗涤台面）800~900mm，推荐尺寸850mm，柜底座高度大于或等于100mm；吊柜底面距地面距离为1300mm（最小值）+nx100mm（n为正整数）；高柜与吊柜顶面标高为1900mm（最小值）+nx100mm（n为正整数），推荐尺寸2100mm，也可以增设辅助吊柜，高度可至顶棚底，但需要留出安装缝隙。

②宽度尺寸：吊柜宽度尺寸推荐450mm、600mm、750mm、900mm，若设置电器，应以器具尺寸＋余留尺寸为准；操作台长度尺寸为100mm的倍数，在300~1200mm，推荐尺寸为灶柜800mm、洗涤柜900mm（根据洗涤池形式不同，尺寸也有变化）、贮物柜900mm。如果采用整体式操作台，其长度可根据现场测绘实际尺寸而定。

③深度尺寸：深度尺寸大小的确定关键是要符合下列三条件。柜体要容得下所配置的设备；台面能容下小型灶具；站在工作台前，头部不能碰在吊柜上。通常，地柜深度为450mm、500mm、600mm，推荐500mm；吊柜350~450mm。

图9-35 床头柜设计方案实例

图9-36 可左右拉伸客厅柜设计方案实例

7. 书柜设计

书柜是书房中的主要家具之一，是专门用来存放书籍、报刊或少量饰品等物品的柜类。书柜在构成形式上，有上薄、下厚两种不同深度的上下两节型的书柜，也有同一深度的整体型书柜；根据固定形式不同，可分为移动书柜和整体书柜；书柜门有不透明的隔断型和半透明的隔透型两种。

（1）移动书柜

移动书柜是现代家庭中常见的书柜形式，根据不同居室空间既可以单体柜的形成摆放，也可单体之间进行组合摆放，单体柜宽度一般为600~900mm，高度不大于2200mm，深度为300~400mm，层板净高有放置大开本书籍的310mm和小开本书籍的250mm。图9-37是本案例中移动组合书柜设计方案实例。

（2）整体书柜

整体书柜属于大型柜类，其构成原理与前述的整体衣柜相似。在整体书柜设计中，可分为柜体标准组件和柜面标准组件两部分。柜体标准组件主要有单门或双门柜体、转角柜体、外侧板、中侧板等；柜面标准组件主要有不同规格的门和抽屉。图9-38是本案例中整体书柜柜体标准组件和柜面标准组件设计方案实例；图9-39是本案例中整体书柜组合设计方案实例。

8. 文件柜设计专题

文件柜属于办公用类家具，其宽度一般为450~1050mm，深度为400~450mm，层间净高大于等于330mm。高度有三种类型：第一类是矮型柜，高度为370~400mm，一般置于台面上或悬挂于分隔屏风上；第二类是中高柜，高度为700~1200mm，一般与高文件柜配套使用；第三类是与书柜相似的高柜，高度为1800~2200mm。

图9-37 移动组合书柜设计方案实例

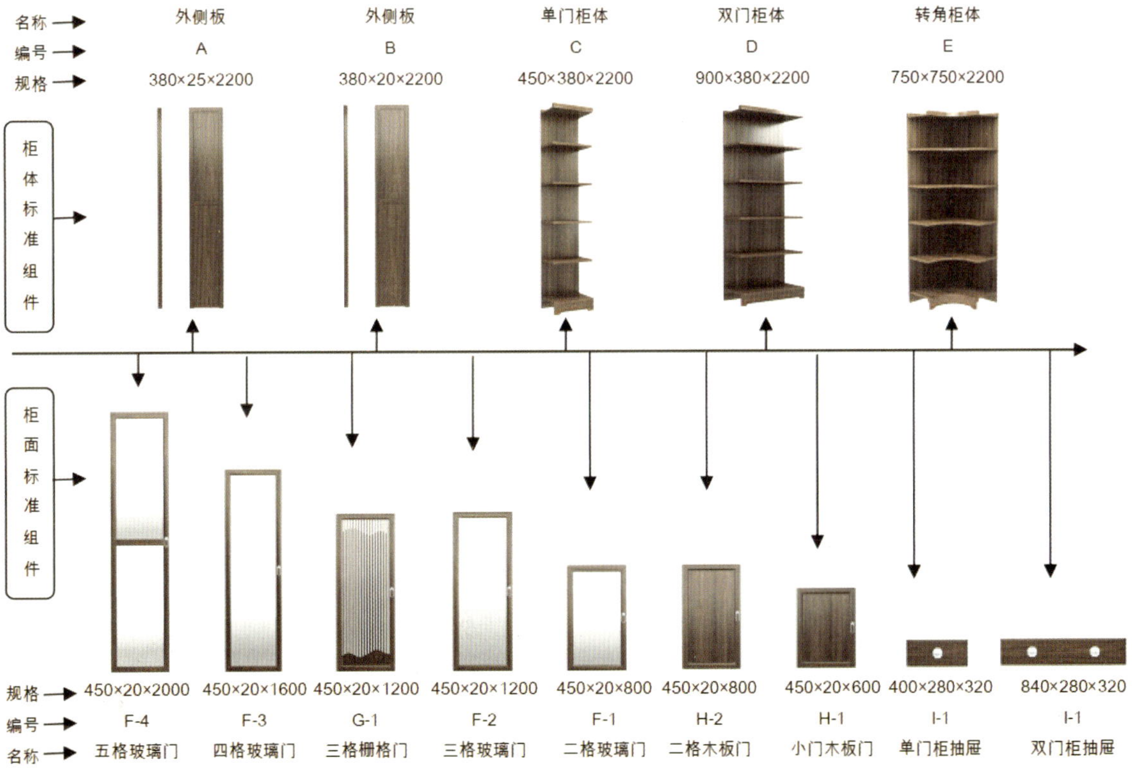

图9-38 整体书柜柜体和柜面标准组件设计实例（单位：mm）

图9-39 整体书柜组合设计实例

第三节 支撑类家具设计专题

支撑类家具是人们日常生活和工作中使用最频繁、也是最重要的一类家具，其基本功能是提供给人一个保持休憩姿态的依托，是用于缓解疲劳的一类器具。它的设计要求理念新、功能与形式多样，并能折射出时代的思潮、流派、风格、工艺、材料、设备等方面的特征。支撑类家具可分为坐具和床具两大类，现从设计的角度分别叙述如下。

一、坐具类家具设计

人们在生活和工作时，离不开坐具，特别是以坐姿进行工作的人，每天都有1/3以上的时间依附于坐具之上。因此坐具设计除了材料运用得当、造型大方美观以外，更重要的是要符合人体工程学设计原理，即设计时必须充分考虑人体的坐态生理特征，让使用者保持良好的状态。日常工作和生活中常见常用的坐具包括椅子、凳子和沙发等。

1. 坐具类家具的共性特征

坐具类家具在使用功能和造型特征等方面均有相似之处，在设计过程中有以下几个方面的共性特征。

（1）功能单一

坐具类家具是各场合中最为通用的产品之一，但其使用功能却比较单一，均用于支撑人体并与人体密切接触，使之能得到较舒适的效果。

在历史上，坐具曾是宗教或政治权力的象征，直到16世纪文艺复兴之后，随着科学技术的发展和生活内容的日益丰富，人们才逐渐注重到坐具的实用性，才开始从科学的角度来审视坐具功能的新内涵。

从家具与人体活动方式的关系来看，当人处于坐的状态时，人体就会失去其直立时的原有自然平衡，此时就需要坐具作为辅助工具来对人体加以支撑，这就是坐具的基本功能。对其要求是，使人体在坐时能符合并满足人的身体（形态和动作）、生理（骨骼、肌肉、神经、血液循环和知觉、感觉能力）、心理（色彩、外观形式等）三方面的特点和需求，从而适应人们在使用上的方便，以便提高工作效率。

（2）构成要素的一致性

坐具类家具的构成要素较少，基本构成要素包括支撑体（腿脚）和座面，辅助构成要素为扶手、望板、拉挡、塞角和靠背等（图9-40）。仅由基本要素组成的坐具为凳类，如果在其基础上再加入靠背或扶手等辅助要素，则形成靠背椅或扶手椅。另外，如果再把坐具的构成材料和一些技术参数进行调整则变成沙发或其他坐具形式。坐具类家具的基本构成与拓展构成如图9-41所示。

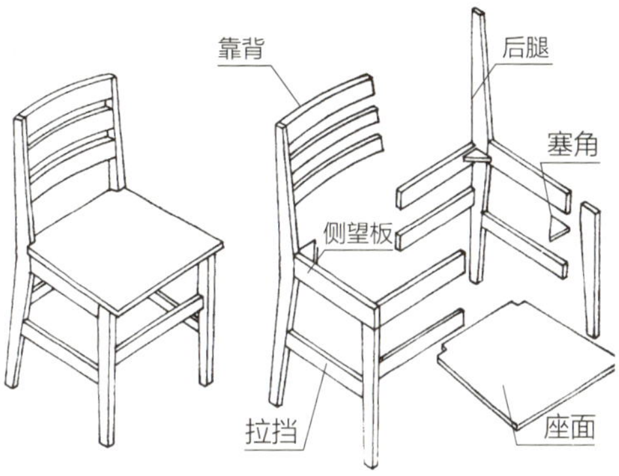

图9-40　坐具的构成要素示意图

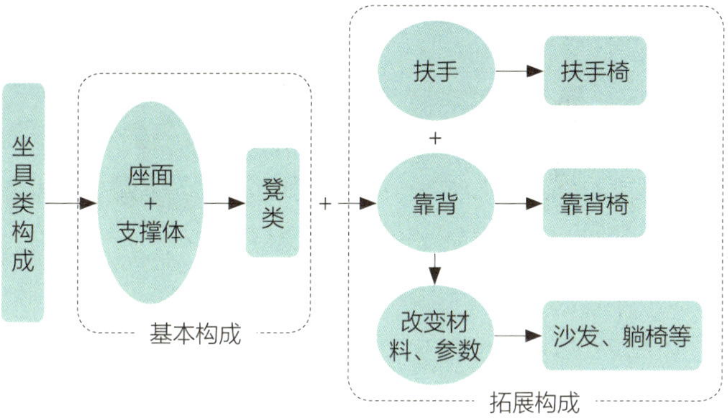

图9-41　坐具类家具的基本构成与拓展构成

（3）构成形式多样

纵观古今家具发展的历史可见，坐具类家具所使用的材料丰富，造型形式多样，如果说家具是时代社会生产力的真实写照，那么坐具则是其中的代表。现对其构成形式分析如下：

①框架：框架是坐具成形的骨架，通过承载座面和靠背起着支撑人体的作用，在满足使用功能的前提下，可随意构思，形式千变万化。由于材料的不同，可以分为木框架、金属框架和竹藤框架等。

②腿脚：腿脚是坐具形成高度的结构性构件，分为腿和脚，与部分桌类家具腿脚相似，以线形构件为主，设计上只要能满足结构的需要，在形式上则无定式。坐具腿脚一般是直线型的，也有一些是上直下弯，断面有方形、圆形、椭圆形，多数为长方形，也有箱体状腿脚，腿脚的装饰多种多样，具体可根据相关产品的风格特征及其他综合要素进行设计处理。椅子类坐具前腿通常垂直于地面，有时为了美观，增加安定感，可略向前倾斜；后腿通常与靠背连为一体，并有一定的靠背斜度，以增加舒适感，腿部向后倾斜，以增加稳定性。

③座面：座面由座面框架和接触面两部分构成。座面常见为方形、梯形、圆形和马蹄形等，也有其他各类形状（图9-42）。座面形状虽然单一，但构成方式却多样，从形式上来看，除通用的1°~4°座面倾角（坐倾角）外，也有将座面设计成中间低、两侧略高的瓦形，或座面前沿弧形的。从材料上来看，既有用竹藤等柔性材料编织或绷布的座面（图9-43），又有软垫座面与硬座面。另外，由于座面与座框架的关系不同，可分为活动座面和固定座面[5]。

④靠背：靠背仅存在于椅子和沙发类坐具中，一般由后腿延长构成，形式上与座面呼应，但由于它不是主要受力部位，可以进行各种装饰处理，因此内容丰富且形态富于变化。基于靠背材料的不同，其基本类型有编织靠背、软垫靠背和木质靠背。

编织靠背就是利用绳子、绷带和竹藤等柔性材料，在靠背框架部位进行编织或编织成构件后安装在框架上形成。（图9-44）

软垫靠背用弹簧、塑料泡沫做垫层，外包织物

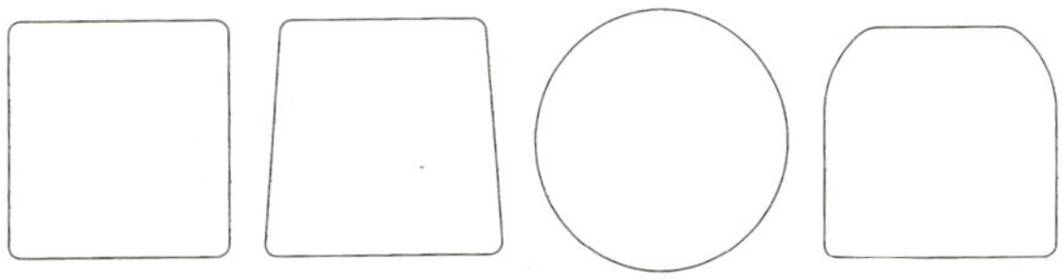
a. 方形　b. 梯形　c. 圆形　d. 马蹄形

图9-42　家具设计中座面的基本形式示意图

a. 正方形、前沿弧形藤编座面　b. 长方形、前沿弧形绷布座面

c. 圆形藤编座面　d. 中间略低的瓦形座面

e. 梯形软座面

图9-43　各类座面的构成形式示意图

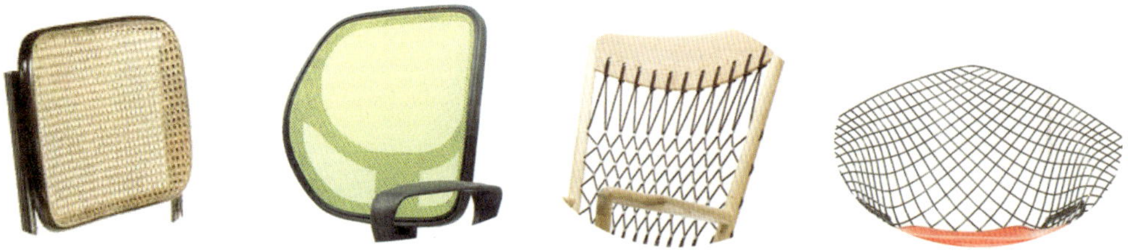

a. 竹、藤编靠背　b. 织物网状绷带靠背　c. 绳编靠背　d. 钢丝编织靠背

图9-44　座椅编织靠背的基本构成示意图

或皮革，形状有盾形、梯形、长（方）形和椭圆形等，日常均十分常见。（图9-45）

多样化的靠背构成形式也丰富了坐具的外观，常见的构成形式主要有水平式、垂直式和板块式。水平式是靠背构件呈水平分布，也称之为梯条形，从正面看一般为水平状直线或曲线构件，传统风格椅子的靠背多为复杂的曲线，而现代风格椅子的靠背则多采用较为简洁的线型（图9-46）；垂直式是靠背构件呈垂直分布，构件分线材与板材两类，线材垂直排列也称梳形靠背（图9-47），板材垂直排列又称竖板靠背（图9-48）；板块式是由一块形状不同的板式构件所组成，部件本身可以是实木板、胶合板或塑料等硬质材料，适合于工业化机械生产，属于现代家具的常见形式（图9-49）。

a. 方形软垫靠背　b. 梯形软垫靠背　c. 圆形软垫靠背　d. 盾形软垫靠背

图9-45　座椅软垫靠背的基本构成示意图

图9-46　水平线靠背的基本构成形式示意图

图9-47　垂直线材靠背的基本构成形式示意图

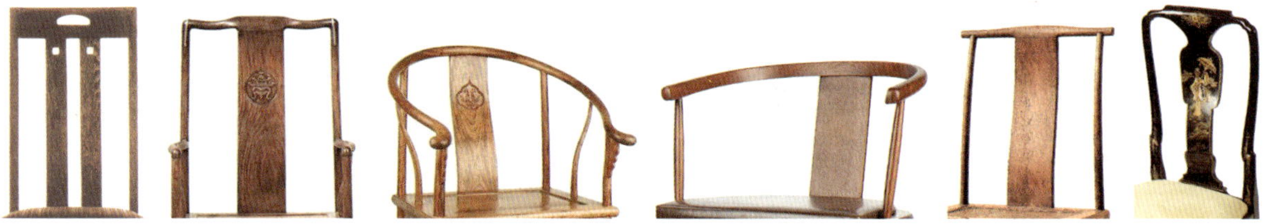

图9-48　竖板靠背的基本构成形式示意图

图9-49　板块式靠背的基本构成形式示意图

⑤扶手：扶手是指坐具中用来保持身体平衡或支撑手肘的构件，是扶手椅沙发的专用部件，位于座面左右两侧边的上端，通常与后背腿和座面侧边框连接。扶手构成形式多样，除一般常见的线形扶手形式外，也有板状形式的，但板状形式的扶手如果处理不当，多具沉闷、呆板之感。单就线形扶手的形式而言，有倒“L”形、倒“U”形、“T”形、三角形、悬臂形等；材料上有木材、金属、塑料、包覆皮革、织物等。（图9-50）

⑥望板：望板位于座面之下，紧靠座面与腿周边相连接，是框架的横向连接构件，多见于木质坐具中用于加强框架结构的稳定性，较少有其他特别的功能。

⑦拉挡：拉挡位于腿部的下方，分别与腿相连，与望板相似，仅起加强框架的结构稳定性作用。如果能有其他特别的结构方式保证框架有足够的稳定性，有时为了造型的审美需要也可省去拉挡构件。

（4）科技含量高

一件坐具，从表面来看仅是一件日用品而已，实际上它蕴藏着多个学科的理论，特别是人体工程学、人体解剖学的理论。简而言之，坐具设计的人体工程学、人体解剖学内容主要体现在以下几个方面。

①坐具的形式和尺度与其用途相关，即不同的用途应有不同的坐具形式和尺度。

②应根据人体测量数据进行坐具各功能部件的设计。

③使用时身体的主要重量应由臀部坐骨结节承担。

④减少大腿对座面的压力，即座面高度应合适。

⑤应重点关注靠背、腰部支撑和扶手的设计，以便提高使用者的舒适度。

⑥使用时应能方便自由的变换体位。

（5）座面垫性要求相似

座面垫性就是对人体起支撑作用的、与人体直接接触的垫层特性。座面垫层可分为两类：一是软垫层，二是硬垫层。软垫层的优点是可以使体重在坐骨隆起部分和臀部产生的压力分布比较均匀，并使体姿稳定。但垫性并不是越软越好，太软了反而致使压力集中度增加，对身体的支撑相应地减少，从而增加坐者的不稳定性。另外由于座垫的过度下陷，增加坐者保持或改变坐姿的难度。所以座面的垫性应适中，并具有一定的硬度和透气性。

（6）座高和背斜角与桌高相关联

座高是指座面板前沿高度。这个高度决定了座具的舒适程度。根据人体工程学理论，座面的高低差异导致人体与座具的接触面积不同，也决定了体压分布的不同（图9-51）。理想的座高应与人的小腿长度相等，最好是略小于小腿长度，使脚部能自然放置在地面上，并使腿部完全放松。座面太低或太高，长时间使用都易引起疲劳。通过实验得知，适宜的座高值为400~440mm。

另外，座高、靠背斜角还与桌面（作业面）高度、人体坐姿相关联。从图9-52中可以看出，当座高值大、靠背斜角小时，人体处于挺直坐姿状态，相应的作业桌面也高；反之，当座高值减小、靠背斜角增大时，人体处于后仰坐姿状态，相应的作业桌面高度也减小。

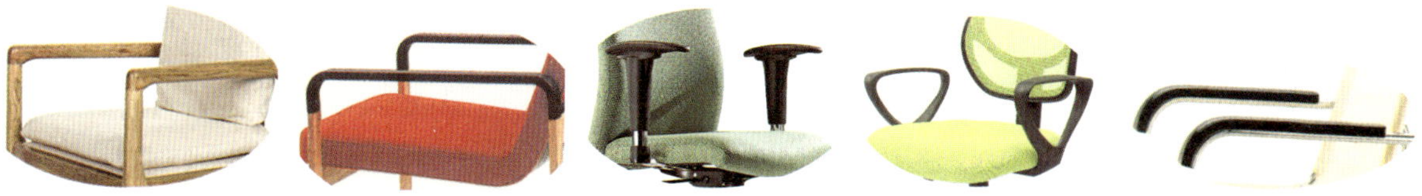

a. 倒“L”形扶手　b. 倒“U”形扶手　c. “T”形扶手　d. 三角形扶手　e. 悬臂形扶手

图9-50　各类扶手基本构成形式示意图

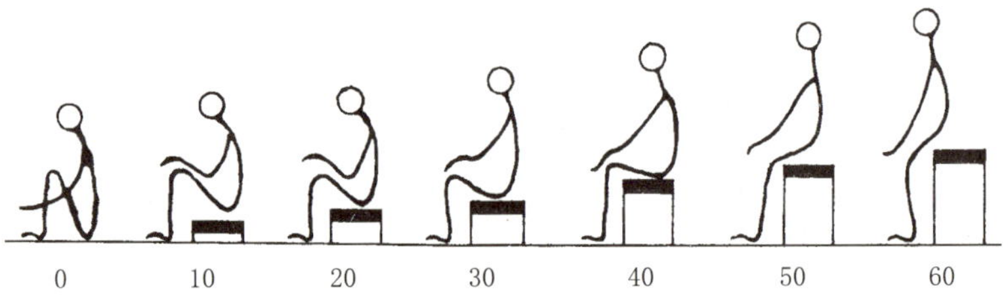

图9-51　不同座高人体坐姿示意图（单位：mm）

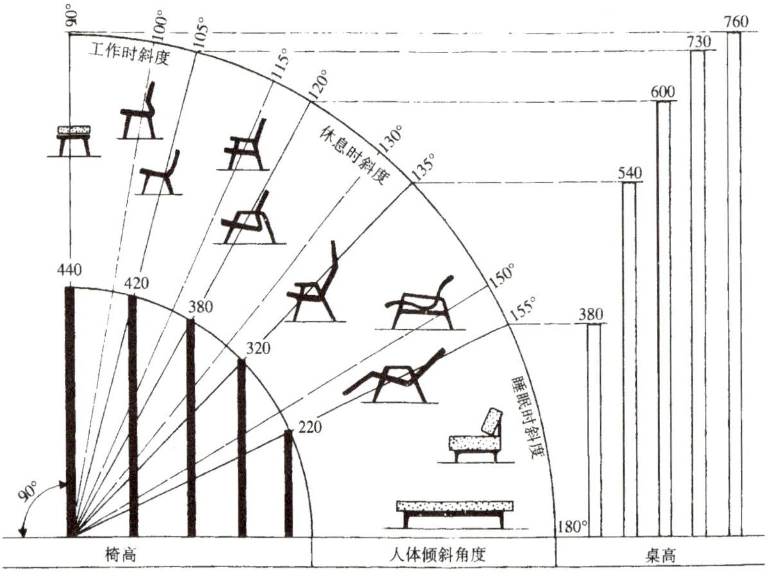

图9-52　座高、靠背斜角与桌面高之间的关联参数值

除上述坐具设计的共性之外，下面结合具体产品设计实例对椅子、凳子和沙发分别进行设计说明。

2. 坐具类家具设计实例

在此以广东华颂家居集团有限公司“檀颂·阅物逍遥”系列产品为案例进行坐具类和后续的床类产品设计实例分析。

（1）设计立项简述

“檀颂·阅物逍遥”系列产品设计立项要点与内容汇总如图9-53所示。其产品风格定位为“时尚中式”，尽管与前述柜类产品设计实例中定位的“现代中式”相近，都是现代中式文化，但要注意“时尚”与“现代”在设计表现方面的差异，以便熟悉和掌握现代中式产品的设计表现方法。另外，本案例中的产品奢侈品概念是通过现代与简约的产品形制、国标红木材料、传统大漆的稀缺性与珍贵性、传统卯榫结构与纯手工工艺的价值感等方面的融合进行设计表达的。

（2）设计元素与方向性方案

本案例产品设计概念的中心点是要突显基于中式文化背景下的时尚与奢侈，依据设计元素服务于产品风格与产品设计概念的原则，在构思本案例设计元素时，应紧扣“时尚、简洁、纯手工、奢侈品”几个关键词。通过时尚、简洁的现代产品形制与优美的线型，既能形成设计的主元素，又可巧妙地将自然之美收纳于产品中，将中式的静与雅融入居室空间中，缔造出契合现代审美观的中式雅韵。通过国标红木用材、纯手工加工与表面刮磨工艺、传统榫卯结构与大漆工艺等作为辅助性、概念性元素，体现产品的高档与珍贵，再结合现代设计方法，重塑经典的文化元素，赋予产品现代简约之美与时尚的东方文化气息，从而营造出新颖、高贵的中式雅致生活环境。本案例中的主、辅元素如图9-54所示。

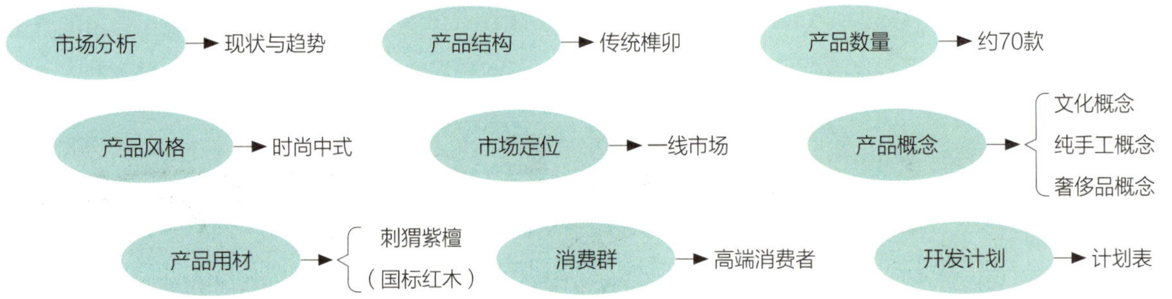

图9-53　“檀颂·阅物逍遥”系列产品设计立项要点与内容汇总

图9-54　产品设计元素图示

图9-55　方向性首样产品实例

根据前述方向性设计方案一般选择小件柜类产品的原则，本案例的方向性产品设计方案选择床头柜，并按程序评审通过后制作出方向性首样产品如图9-55所示，经评审、修改确认后即展开整个系列其他产品设计。

（3）椅子设计

椅子是指有靠背的一类坐具，按其构成形式的不同，有扶手者称之为扶手椅，没有扶手者称之为靠背椅，可折叠的又称为折叠椅。由于座面宽度的不同又可以分为长条椅，可供两人或三人同时使用。如果按使用性质的不同又可设计为多种形态，如用于读写、用餐、会议等不同活动场所。表9-7归纳出了人的不同行为与椅子设计要点及相应的设计方案实例。

表 9-7　人的不同行为与椅子设计要点及相应的设计方案实例

序号	类型	行为示意图	行为说明	设计要点	设计方案实例
1	作业型椅	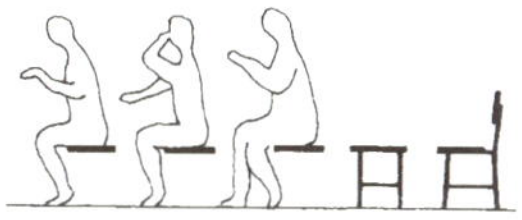	从事轻型劳动时，主要是上肢工作，上半身需要一定的活动，臀部不能全部坐在椅面上，腿脚还需要对身体提供一定的支撑，全身处于劳动状态	椅子的座面平直，靠背也不需要过大的倾斜	 书写椅
2	轻作业型椅	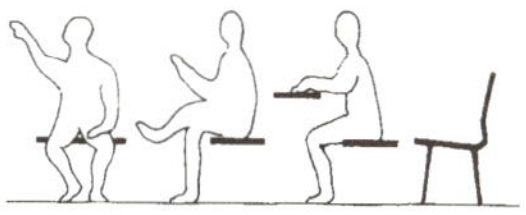	从事如进餐、会议等活动时，上肢工作，脚部不需要支撑身体，需要一定的舒适性	椅子的座面与靠背的倾斜略需增加	 餐椅

续表

序号	类型	行为示意图	行为说明	设计要点	设计方案实例
3	扶手椅	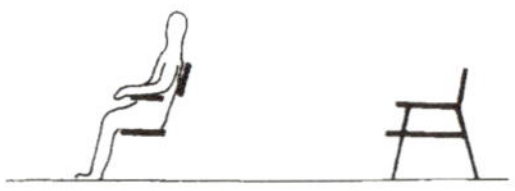	一般休息姿态，主要是头部活动，手为辅助，全身肌肉处于松弛状态	靠背的倾斜需加大	 茶室主座椅
4	休闲椅		休闲姿态，上半身向后倾斜，背部、腕部、臀部压力平均，脚比较自由，腰部曲折小，肌肉松弛，达到休息目的，同时上肢还可以从事吸烟、阅读、饮食等轻微活动	靠背的倾斜较大，座面较宽	 休闲椅
5	躺椅		完全休息的姿态，不从事任何活动，小腿部向前伸出，全身处于仰卧状态以便全身休息	座椅面与靠背更加倾斜	 躺椅

在设计过程中，椅子的座高、座宽、座深、扶手高、最小背长、背宽、座倾角、背斜角等功能性尺寸，国家标准GB/T 3326—2016都给出了相应的尺寸范围，只是作业类椅子在座面宽与背斜角的取值上比休闲类椅子略小一些，只要不超出该标准的限定，设计时都可以充分地发挥设计师的个人的造型能力，结合使用环境进行创新设计。

（4）凳子设计

凳子是一种应用广而且非常实用的简单坐具，凳子的前身是马扎，后来在凳子上加一个靠背就衍变成了椅子，这也是凳子与椅子的主要区别之一。凳子用材十分广泛，除常见的木凳之外，还有竹凳、石凳、塑料凳和玻璃凳等。另外凳子的形式丰富多样，有方凳、长条凳（板凳）、圆凳、折凳和梳妆凳等。

凳子最初是用来踩踏，上马、上轿时使用，到了明清凳子才有了更广泛的用途，如放在床的一侧作为脚凳，摆在墙边或柜子旁，兼有花几的作用，摆放盆花、盆景等。而在现代，由于座具的拓展和生活方式的变化，凳子主要用于一些公共场所，如学校的教室、简易的餐馆、街边临时休闲和公园休闲等，而在一般家庭中比较常见的是梳妆凳、床尾凳、茶室客座凳等。

在设计时，凳子的主要功能尺寸可参考前述的家具类国家标准规定，造型方面可根据使用场所和使用环境的不同进行创新设计。图9-56是本案例中的梳妆凳、茶室客座凳、床尾凳设计实例。

梳妆凳　茶室客座凳

床尾凳

图9-56　梳妆凳、茶室客座凳、床尾凳设计实例

（5）沙发设计

沙发一词来自英文“sofa”的发音，实质上是一种座面或靠背内部设置有弹簧或软垫的大型座具。沙发起源于欧洲文艺复兴时期的软座椅，初期形态类似于中世纪仿罗马式的大理石椅和青铜桶形椅，至19世纪开始广泛流行于欧洲上流社会。沙发在我国的历史并不长，大约在20世纪初期流入我国的上海、天津、广州等地西方国家的“租界”内，后逐渐流传并形成现在普通常见常用的沙发。

沙发的分类，根据材料不同有布艺沙发、皮沙发、木沙发、藤沙发、藤木结合沙发、木或藤与软体面料结合沙发、金属与软体面料结合沙发等；根据规格不同有单体沙发（包括单人沙发、双人沙发、三人沙发等）、组合沙发等；根据使用场所不同有居室、办公用、公共空间用沙发等。

从外观形式上看，沙发主要由扶手、靠背、座面及其支撑体等部分构成。由于沙发是一种休闲型或起居用家具，所以对其使用过程中的舒适度要求较高。在进行设计时，通过对各种主要技术参数的灵活处理可以获得良好舒适性体验。从经验数据来看，一般沙发的座面高度为380~400mm、座面深度为500~550mm、单人座面宽度为600~650mm、座倾角为3°~5°、靠背长度为600~700mm、背斜角为108°~112°、扶手高出座面200~250mm时的综合体验感最佳。

沙发是现代居室和商务空间中的主要家具之一，其设计的重点应该从沙发本体和沙发陈设计两个方面思考。沙发本体的创新设计可从功能的多样化和形式的新颖性等方面进行构思，并将设计构思的重点放在沙发扶手上。根据沙发扶手材质不同可分为硬质扶手、软包扶手、软硬组合扶手三种类型；根据沙发形状不同可分为方形扶手、圆形扶手、方圆扶手、曲线扶手四类；根据沙发扶手是否带有收纳类的辅助功能可分为有收纳功能和无收纳功能两类，如图9-57所示。

沙发陈设是指其在室内的放置方式，与沙发的规格、空间的大小与格局、沙发的配置方式等因素相关联。一般而言，沙发在室内的配置方式有：单体沙发的“1+1+3”（即2个单人沙发、1个三人沙发）模式、“1+1+2+3”（即2个单人沙发、1个双人沙发、1个三人沙发）模式、“2+3”（即1个双人沙发、1个三人沙发）模式和组合沙发模式。虽然沙发配置方式的选择取决于室内空间的格局与大小以及消费者个人喜好，但统计数据表明常见的配置方式以单体沙发的“1+1+3”模式和组合沙发模式为主。因此，在进行沙发设计时，应该着重思考单人沙发、三人沙发、组合沙发的形式，并兼顾到双人沙发和四人沙发，以便满足少数大空间室内的需求。

在本案例系列家具产品中，包括有4组单体沙发方案和1组组合沙方案。4组单体沙发方案的设计元素相同，但规格有大、中、小的差异，以便满足不同的消费需求。图9-58是本案例方案中单人沙发、双人沙发、三人沙发、四人沙发设计与室内配置实例。

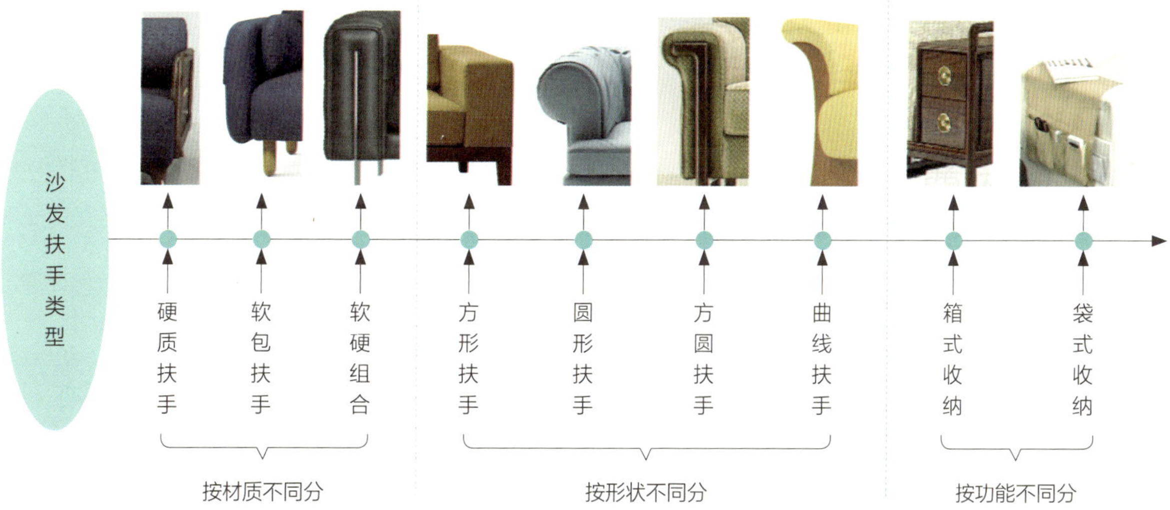

图9-57 沙发扶手构成类型

图9-58　沙发设计与室内配置实例

组合沙发是相对于单体沙发而言的，其设计的关键是如何通过有限的组合单元构成多样、合理的组合沙发方案。组合沙发基本构成单元有：双人单扶手位单元、单人无扶手位单元、贵妃位（躺卧位）单元。通过单人无扶手位单元的增减，可以根据需要进行组合沙发的规格调整。其组合原理如图9-59所示。

综上所述，在进行居室沙发设计时，重点应根据居室空间的大小和搬运的便捷性要求进行沙发的造型、体量、结构等方面的构思。一般居室类的沙发由于居室空间面积受限，要求沙发的规格不宜太大。而公用沙发的设计，除考虑上述因素外，还要考虑使用空间和使用环境，使沙发放置后形成一定的氛围或“气势”。

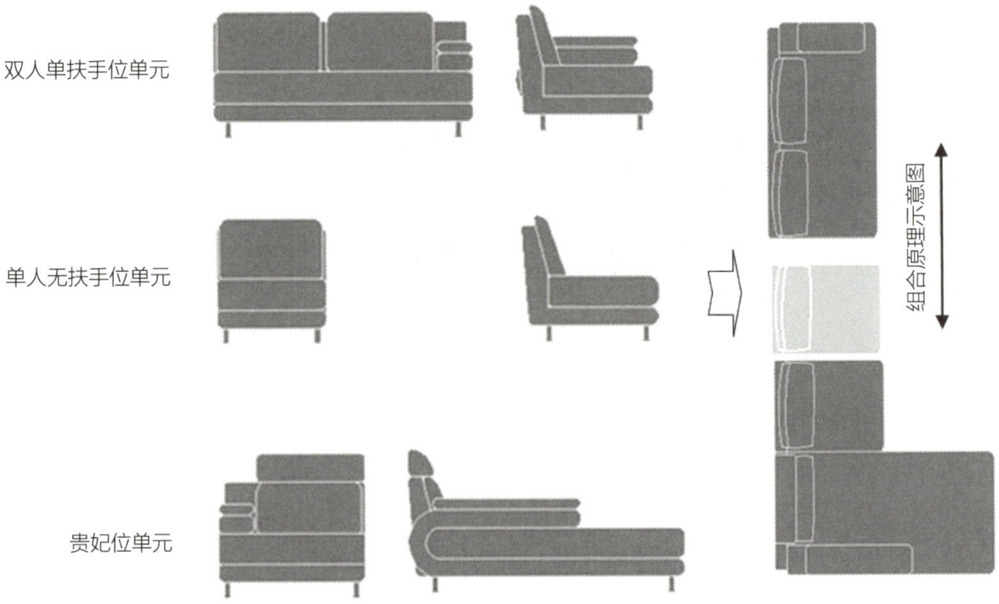

图9-59　组合沙发设计组合原理

二、床的设计

在所有的家具中，床的历史应该是最悠久的。原始社会，人们的物质生活相对简单，睡觉只是铺垫植物枝叶或兽皮等，掌握了编织技巧后就铺垫席子，席子出现以后，床就随之出现。春秋之后，人们不仅在床上睡觉，还在床上放案几，进行读写、进餐、交谈等活动。唐代以后，汉文化与胡文化的融合，出现了桌椅，简化了人们在床上的活动，床由一种多功能的家具成为专供睡卧的用品。现代生活中床不仅是睡觉的工具，也是家庭的主要陈设装饰品。

床按构成形式不同可大致分为单层床和双层床；按使用场合的不同又可分为居室用和公用（如宾馆、办公室等非家庭环境中）；按所用材料的不同又可分为木质床、金属床、软床等；按人一生成长过程中的年龄段又可分为婴儿床、儿童床、成人床等。

①单层床：即我们日常最常见、使用最广泛、最普通的床。单层床按床面的规格不同有单人床和双人床之分。

②双层床：即一种上下两层铺位设计的特殊构成形式的床，多用于集体生活空间中。双层床也有单人和双人之分；但其单位容量比同规格的单层床增加1倍。一件单人双层床由于其具有上下两层，可供两个人正常休息用，而一件双人双层床，可同时供四个人休息用。双层床具有节省空间的突出优点。

还有一种类似床的构成形式，供人白天短暂休憩之用的榻，也有的称其为躺椅或贵妃椅，英文为Daybed。西方所有的现代床均从榻演变而来。在现代生活中，榻（躺椅或贵妃椅）也十分流行。

1. 床的共性特征

（1）功能明确

床的功能十分明确，就是供人们睡觉用的主要卧具。日出而作，日落而息，这是人类生物钟在人体内固定了的一种节奏。人类的睡眠有三个特征：第一是睡眠一般都有固定的场所，如床，而且事先还要更换衣服，是人类个体隐私行为的组成部分；第二是睡眠的个别差异较小，一般成人每天睡眠在5~9h，平均为7.5h；第三是人的睡眠时间长短随年龄的增加而逐渐减少。

如果把一个晚上的睡眠过程用坐标模式来表示，在纵轴上把睡眠深度分为四个等级，即从一级入眠至四级熟睡。一般睡眠是从入眠期急速经过第二期、第三期而进入熟睡的第四期，不久回到浅睡眠状态，然后再次进入熟睡。以1.5~2h为一个小周期，经过4~5次，直到天亮[6]（图9-60）。如此，可得出结论：床垫以仰卧的姿势为基础，以容易翻身为目标。另外，睡在床上时，身体各部分的体压也是影响睡眠的重要因素。由于身体中有敏感部位和感觉迟钝部位，使敏感部位压力小，迟钝部位压力大，这样分布就感觉舒服。

（2）构成要素单一，设计重点突出

床主要由床屏、床挺和床面构成。（图9-61）

①床屏：床的设计重点十分明确，就是床屏。床屏分高屏和低屏，高屏又叫床头屏，低屏又叫床尾屏，高屏一般高于低屏，但也可以等高。高屏和低屏可以是平板式，也可以是其他的架状结构。（图9-62）

②床挺：床挺连接床的高屏和低屏，并支撑床

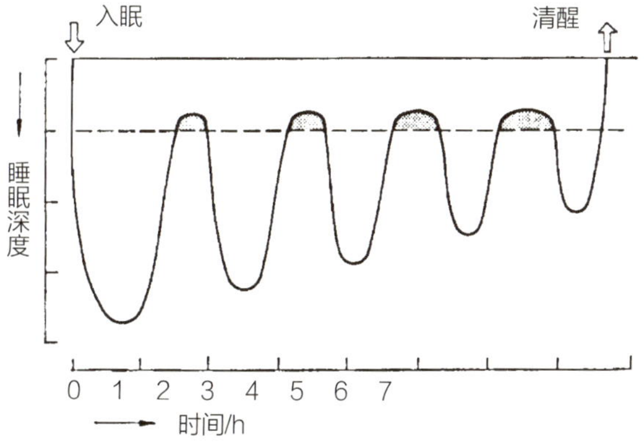

图9-60　睡眠的时间性变化周期

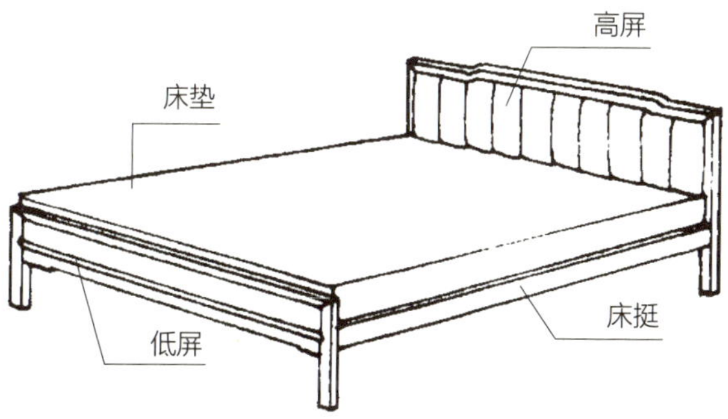

图9-61　床的基本构成示意图

a. 框式床屏　　b. 板式床屏　　c. 软包床屏　　d. 架子床

图9-62　床屏的不同形式实例

图9-63　床下储藏空间的构成实例

面。床挺可以是一长条状构件，也可以为箱状结构，与床下空间一起构成小的贮藏空间，用以收纳物品。（图9-63）

③床垫：床垫就是使用者与床的直接接触的支撑垫。从造型上来看，床垫的形式有长方形、（半）圆形、（半）椭圆形；根据所用材料的不同，有软硬之分，即垫性。类似于座椅，垫性是衡量床垫材料性能好坏的一个重要指标，它能科学地反映出床垫材料适合人体的程度。床垫一般分上、中、下三层结构，上层直接与人体接触，要求柔软；中层用来稳定并保持人体的正确睡眠姿态，要求具有一定的硬度；下层是用来接受来自人体冲击力的受压层，并将中层的压力均匀传递到下方，因此要求有一定的弹性。

实验表明，在略硬的床上，压力分布的状态和感觉的敏锐程度大体一致；在软床上，无论是感觉敏锐的部位还是迟钝的部位，如果都受到相同的压力，会令人感到不适。如图9-64所示为床的软硬程度与睡眠的体压分布。而在实际的设计过程中，床垫已成为标准化产品，设计时进行选用就可以了，床垫的科学性会由专业的床垫生产厂进行研究。

（3）拆装结构

由于床的体量大，为了移动和搬运的方便，床屏、床挺、床垫之间可为拆装结构。拆开后，分床高屏、低屏、二根床挺、床垫等部件，而后再进行组装。

（4）睡眠的姿态与行为过程相似

什么样的睡眠姿势最好？似乎不能做出明确回

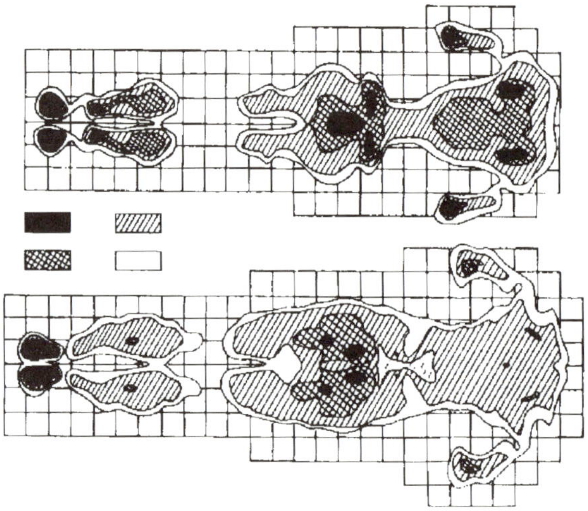

上图为略硬的床，下图为略软的床

图9-64　睡眠姿势的体压分布示意图

答。从减少肌肉紧张角度来说，躯体稍稍弯曲，手足自然弯曲的姿势最好，只有侧身睡才能形成这样的姿势。人在睡眠时其姿态基本相似，即仰卧、俯卧或侧卧三种姿态，并且这三种姿态对于不同的人、在不同的睡眠时间中是随时可能变换的，因为人在睡眠的过程中随时会自然翻身，据统计，人在正常睡眠一晚上的翻身次数为20~30次，如果把床的宽度缩小到500mm左右，翻身次数会减少30%左右，随着自然翻身次数的减少，就会影响人的正常睡眠。通过实验可知，人的最佳睡眠床宽为900~1000mm。如图9-65和图9-66所示为单人床和双人床的主要尺寸范围。

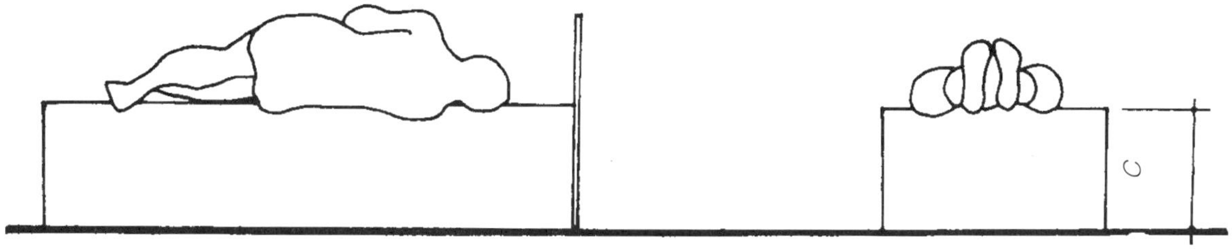

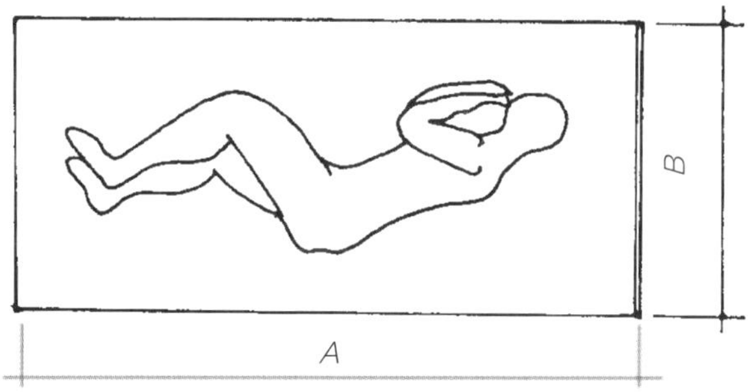

床长 *A*：1900mm、2020mm、2120mm、2220mm

床宽 *B*：700mm、800mm、900mm、1000mm、1100mm、1200mm

床高 *C*：400～440mm

图9-65　单人床的主要尺寸示意图

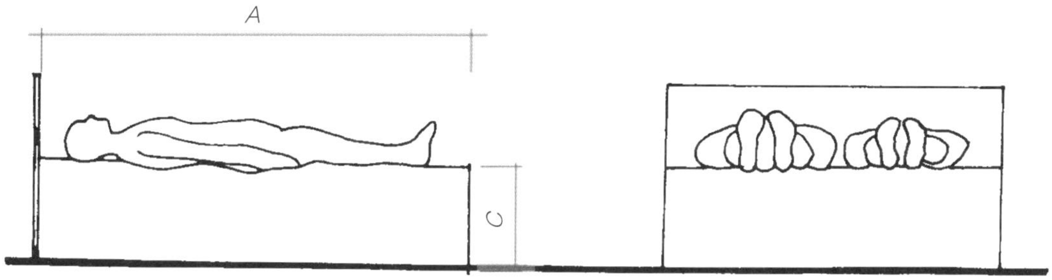

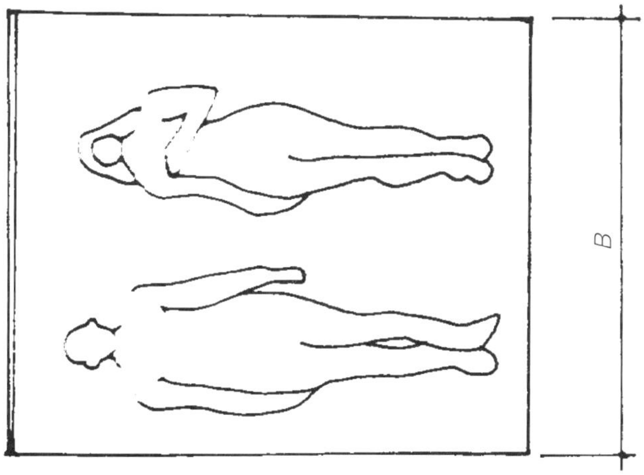

床长 *A*：1900mm、2020mm、2120mm、2220mm

床宽 *B*：1350mm、1500mm、1800mm、2000mm

床高 *C*：400～440mm

图9-66　双人床的主要尺寸示意图

2. 单层床设计实例

单层床即人们常说的双人床或单人床，也是现在市场上的主导型床类产品。欲做好单层床的市场化系列产品设计，需要对其设计要点和产品配置有一个基本的认知。

（1）单层床设计构成分析

从单层床的基本构成中可以看出其设计重点在床屏上，特别是在床的高屏上。在床的构成中，有高屏与低屏之分，根据低屏与高屏的高度不同，可分为低屏与高屏等高、低屏低于高屏、隐去低屏三种形式，不同高度的低屏在很大程度上影响床的整体形式；从高屏的材料构成不同，可把高屏分为单一硬质或软质材料构成、硬质与织物材料组合构成、硬质与皮革材料组合构成三类，不同材料满足不同的质感体验；另外，根据高屏的站立形态不同还可以简单地分为竖直高屏、倾斜高屏、弧形高屏三类，形成不同的舒适性体验。（图9-67）

（2）单层床配置与设计实例分析

在配置单层床时，首先应该明确和理解在家具卖场中，床是整个产品系列中的主要产品之一，床的品类配置得当，可营造出良好的卖场氛围，提升品牌形象和产品效果，便于激发消费者的购买欲望，促进销售；其次是床的品类应多样化，以便满足不同消费者的个性化需要。

根据上述床的配置原则，本案例中共配置了5例床，其中：架子床1例，以其高大的体量衬托卖场空间，是典型的床类主要形象产品；大型床1例，主要是通过加宽床的高屏，以护翼的形式把床头柜悬挂于床高屏两侧，与床高屏组合为一体，既可以满足大空间卧室的需求，又可作为卖场的次要形象产品；普通床3例，是整个系列产品中提升销售量的主力产品。尽管床的低屏有等高、低高、隐去三种类型，但由于隐去低屏的床在使用和清洁整理方面的便捷性特点，最受消费者青睐，因此在床的配置中也以隐去低屏的形式为主。另外在设计过程中，还尽量保证床体的标准化和通用化，以便提高生产效率，降低成本。图9-68是单层床产品设计实例分析。

3. 双层床的设计

双层床具有组合多功能特征，主要是为了节约使用空间，多见于儿童房和集体宿舍，有一般的双层铺面形式，也有上层是铺面，下层与写字台、书架和衣柜等的组合，各空间的功能尺寸见“第四章 家具功能尺寸设计”中的内容。双层床设计的重点不是造型，而是要重点考虑其组合功能的合理性，使用的便捷性与安全性。

总之，床的构成形式丰富多样，灵活多变，且具有体量大的特点，设计时应综合分析，重点思考使用的舒适性、便捷性与安全性等方面的因素。

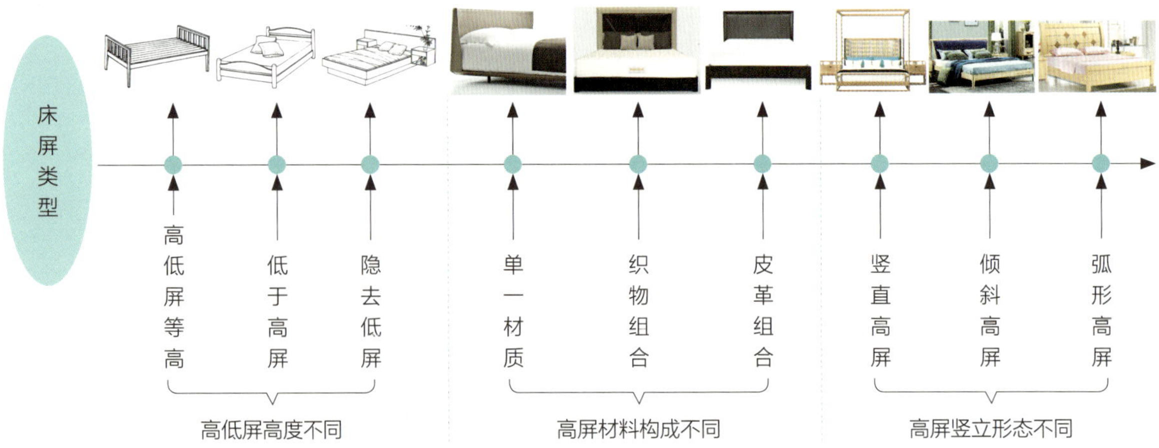

图9-67 床屏构成形式分类图

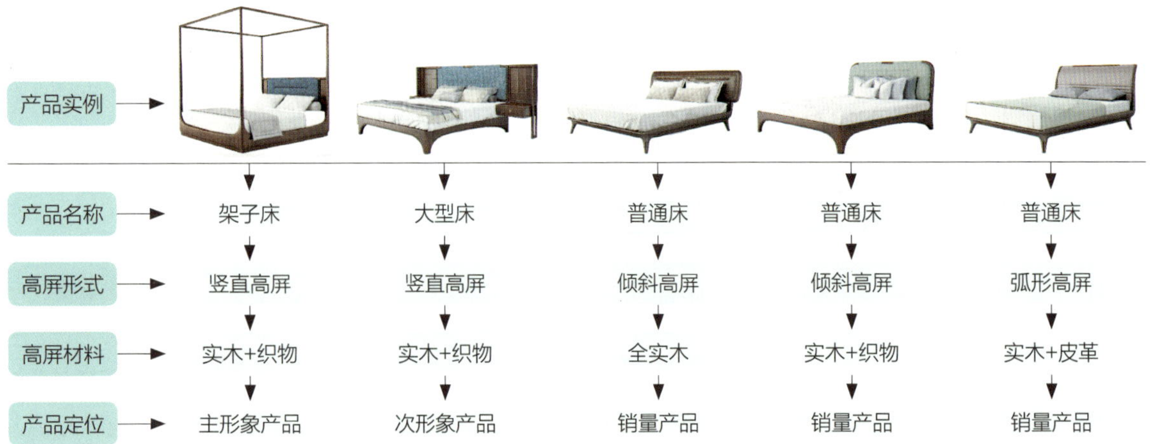

图9-68 单层床产品设计实例分析

第四节　凭倚类家具设计专题

凭倚类家具主要包括两类：一类是台桌类；另一类是几架类。

一、凭倚类家具的共性特征

1. 使用功能宽泛

在人类的正常活动中，主要与凭倚类家具产生联系，但这种联系又是松散型的，如工作时与工作台或办公台有关，进餐时与餐桌或餐台有关，梳妆时与梳妆台有关，书写时与写字台有关，休闲时与茶几有关。但这种关系不同于收纳类和支撑类家具，收纳类家具属于纯服务型的，使用过程中不与人体接触；支撑类家具则相反，不但要与人体接触，而且还要承载人体的全部或大部分重量，使用的主要目的是为了消除或减少疲劳；而凭倚类家具则在一定程度上介于前两者之间，主要用于辅助人们的生活与工作。

2. 设计重点分散

凭倚类家具的设计重点较分散，特别是一部分家具如几类和台类属全方位视觉先导型产品，需要设计者根据与之相配套的产品来突出设计重点。

3. 主要功能与辅助功能相结合

凭倚类家具大多以最上层台面作为主工作面，形成其主体功能；除主体功能外，部分产品还有相应的辅助功能，如写字台兼具收纳功能，梳妆台兼具收纳与陈列功能等。

二、台桌类家具设计

台桌类家具泛指一种辅助离开地面作业或活动的平面，这种平面应具有必要的平整度和水平的表面。按平面的形状不同有方形台桌、长方形台桌、圆形台桌和椭圆形台桌等；但从构成上看，台桌由台面和支撑体组成，由同一台面和必要的支撑体组成不可拆的完整、固定形式的台桌也称为单体式台桌，而台面或支撑体由两个或两个以上部件或单体组合而成的则称之为组合台桌；台面或支撑体可折叠的称折叠台桌。同时，台桌还是一类家具的抽象代称，包括餐桌、写字台、办公台、工作台、会议桌、梳妆台、电脑桌和课桌等。

1. 桌类构成

桌由桌面和桌面支撑两大部分构成。

①桌面：桌面是桌的主体功能部件，要求表面平整。桌面有方形、长方形、圆形、椭圆形、三角形等不同形式；桌面材料有木质、玻璃、石材、金属、瓷砖和编织材料等，其中以木质材料或木材与其他材料组合最为常见，玻璃、石材次之；瓷砖类材料主要用于实验台和厨房工作台上，易清洁、耐腐蚀、耐高温、耐冲击。

②桌面支撑：桌面支撑分为线形框架支撑和箱体支撑两类。线形框架支撑除支撑桌面、形成必要的高度外一般不具有其他功能；而箱体支撑除支撑桌面、形成必要的高度外，还具有收纳功能。（图9-69）

2. 桌类设计实例

在此以“雅荷”系列家具产品为案例进行台桌类和后续的几架类产品设计实例分析。

（1）设计立项简述

“雅荷”系列家具产品设计风格特征定位为“南亚风情”，具体设计思路是把具有东南亚地域特色的某些代表性文化符号，通过设计构思、提炼后融入

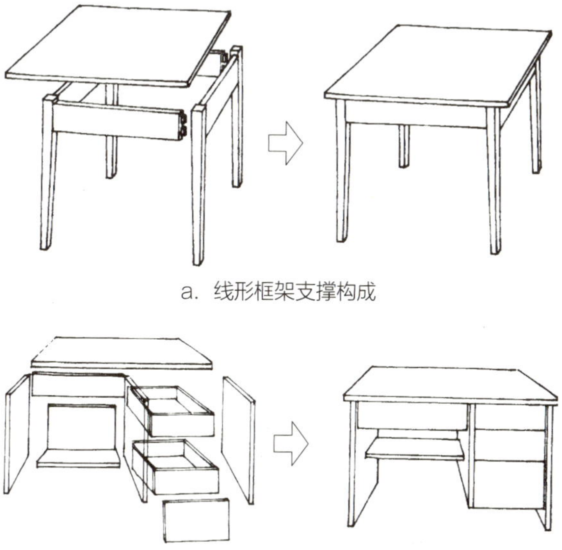

a. 线形框架支撑构成

b. 箱体支撑构成

图9-69　桌面支撑构成示意图

现代家具产品中；产品市场定位为二级市场，消费群定位为工薪阶层。实质上本项目是一项中档家具系列产品的开发设计，如何应用普通的材料，通过设计手法形成价值感强、价廉物美的家具产品，对设计师的智慧是一种考验。图9-70是本项目的设计立项要点与内容汇总。

（2）设计元素与方向性方案

当明确并理解了设计立项计划书的主要内容后，可以从其中抽提出“南亚风情、中档产品、实木价值感”等设计关键词，随即可围绕设计关键词，搜寻能代表南亚地域特色的文化符号进行设计元素提炼，在此方案中以东南亚地区广泛认可的、素有“花中仙子”之美誉的荷叶与荷花作为设计元素素材，借喻其出尘离染、清洁无瑕的高尚品格来提升产品的品质；再辅以实木构件上的线型工艺增加产品的价值感，实现价廉物美的设计效果。

确定荷叶与荷花作为设计元素素材后，即可进行设计元素提炼和应用的设计构思。在此运用线描的形式形成荷叶的抽象图纹，再应用平刻工艺把抽象的荷叶图纹与隐喻水波纹的平行凹槽线条刻在水曲柳薄木贴面的中密度纤维板上，然后再根据不同零部件规格尺寸裁切后即可形成随机的、带平行凹槽线条水波纹的荷叶图纹；而把荷花演化为拉手的形式点缀其中，与荷叶融为一体。另外，通过人造板材与实木相结合的用材方式，也称之为板木结合的用材方式，可减少实木的使用量，既达到降低产品材料成本的目的，又使产品具有真实的天然实木感观。本案例中设计元素的构思与应用过程如图9-71所示，并据此形成床头柜的方向性设计方案，然后按程序制作出方向性首样产品如图9-72所示，经评审、修改确认后即展开整个系列其他产品设计。

（3）餐桌设计

餐桌即进食餐饮用的桌。置于公共空间进食餐饮的桌，根据餐饮品类不同，虽然其名称可有餐桌、咖啡桌、茶台等之分，但其进食餐饮的根本属性是相同的，桌面也多以圆形或长方形为主，形式比较单一。而居室用餐桌则相对多样化一些，桌面规格有大有小，桌面形式除常见的圆形、长方形外，还有方形、椭圆形等。在此仅以居室用餐桌为主进行设计方面的叙述。

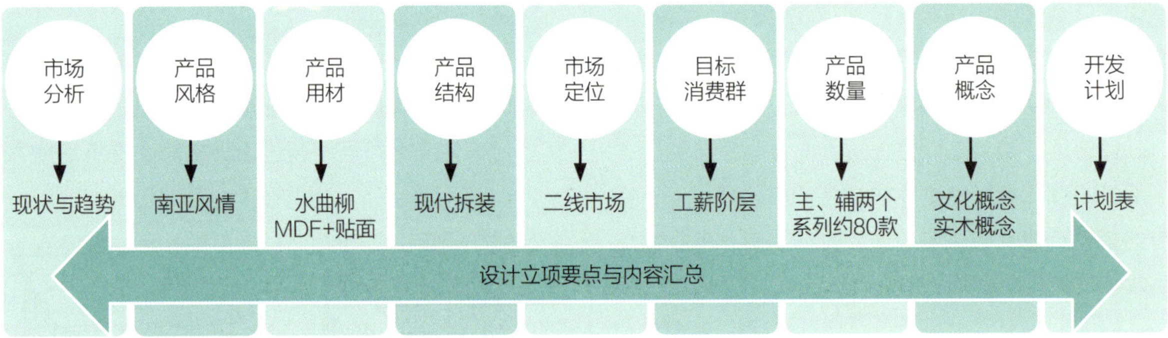

图9-70 “雅荷”系列产品设计立项要点与内容汇总

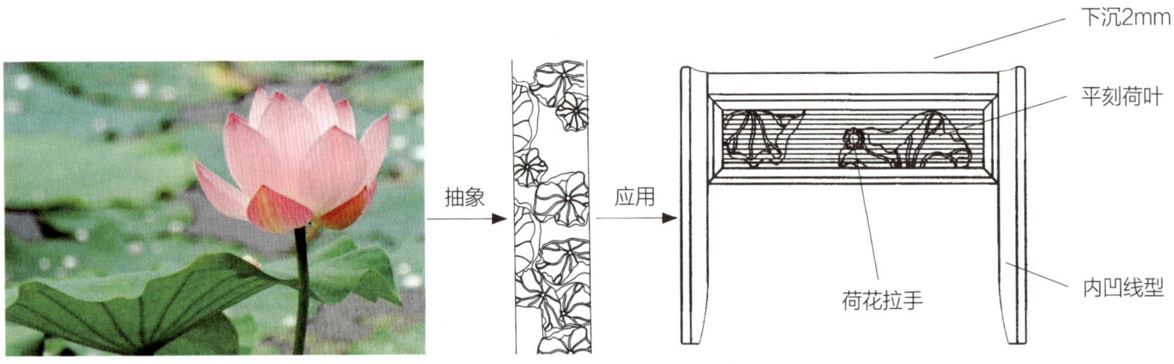

图9-71 “雅荷”系列产品设计元素的构思与应用过程

图9-72　方向性首样产品实例

①餐桌设计构成分析。

基于餐桌服务于人进餐的功能属性，需要与座具配套使用，承放餐食餐具的桌面是餐桌的主要功能构件，桌面下方的支撑体有线形框架结构或向内收缩型箱柜结构，以便进餐时方便人的腿部活动。按餐桌的桌面结构与规格不同可为固定规格的；也可为折叠或拉伸结构，以便根据就餐时的需要加大或加长桌面的尺寸。按餐桌的桌面材料不同可分为木质餐桌、大理石餐桌、玻璃餐桌等。按餐桌使用场所和就餐方式不同可分为公共餐厅用餐桌和居室用餐桌、西餐桌和中餐桌等。按餐桌的桌面形式不同又分为圆餐桌、方形餐桌、长方形餐桌等。

在实际设计中，当市场化系列家具产品的风格、材料、结构等明确后，餐桌的桌面形式与规格、桌面材料、桌面支撑体构成形式等方面还具有很大的设计构思空间。一般居室用餐桌的桌面规格可参考图9-73确定，其中常用的桌面尺寸为：方形边长：850~1100mm、圆形直径：ϕ1200~1350mm、长方形边长：（1200~1800mm）（长）×（850~950mm）（宽），桌面高均为700~760mm。桌面材料可以与系列产品的主体材料一致，也可以不一致，但支撑体一般与系列产品的主体材料一致。如系列产品的主体材料为木质材料，桌面既可以是同质的木质材料，也可以是大理石、玻璃材料等。但支撑体一般是木质材料。另外，在居室用餐桌支撑体构成形式中，线形框架结构多于箱柜结构，也有在桌面下侧设置小抽屉，实现简单的收纳功能。

②餐桌设计实例。

居室用餐桌不仅具有辅助进餐的使用功能，也因经常接待客人用餐需要展示其一定的个性和特色。本案例中共配置了4款餐桌，其中：桌面构成形式上有长方形餐桌3款、圆形餐桌1款；桌面支撑体构成上有线形框架结构3款，箱柜结构1款；桌面材料构成上有木质桌面2款，洞石桌面1款，大理石桌面1款。并通过规格尺寸的不同和其他方面的综合配置，以便满足不同的消费需求。表9-8是本案例中餐桌设计实例分析。

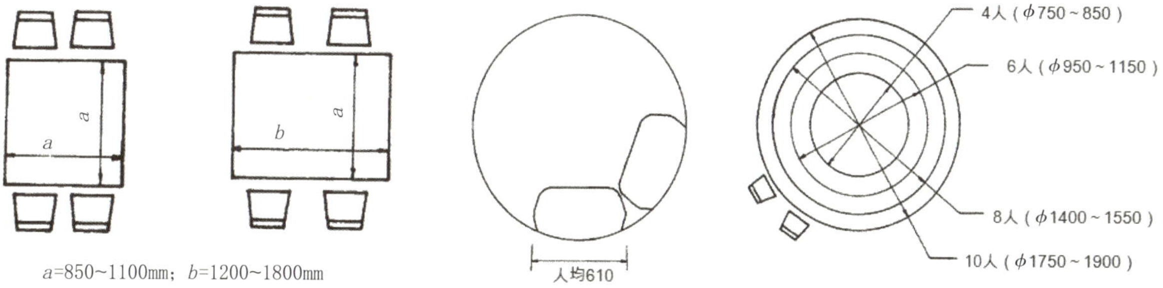

图9-73　居室方形、长方形、圆形餐桌的桌面参考尺寸（单位：mm）

表 9-8　餐桌设计实例分析　　单位：mm

实例图片				
桌面形式	长方形	长方形	长方形	圆形
桌面材料	洞石（有孔岩石）	板木结合	板木结合	大理石

续表

支撑体构成	线形框架结构	线形框架结构	箱柜结构	线形框架结构
规格尺寸	1850×900×760（高）	1650×850×760（高）	1500×850×760（高）	ϕ1350×760（高）

综上所述，在餐桌的实际设计过程中，需要综合考虑和应用多方面的要素，再结合材料、色彩等方面的变化，不同形式餐椅的配置，就可形成个性突出、丰富多样的餐桌形式。

（4）写字台设计

写字台是人们日常工作和学习的必备家具，当其被置于居室书房中时，被称之为写字台或书桌；而被置于办公或商业公用空间中时，又被称之为办公台或大班台（大型办公台）。

① 写字台设计构成分析。

写字台的结构与前述的餐桌相似，以某种形式的支撑体支撑长、宽符合高效率工作或学习需求的台面，并形成不易产生疲劳的台面高度、容纳下肢活动的台下容膝空间和方便存放电脑及其他用品的小型收纳空间。根据支撑体的不同可把写字台分为线形框架结构、箱柜结构和板式结构，其中箱柜结构的写字台因其良好的收纳功能多受欢迎；根据台面的形状不同可分为长方形、圆弧形和月牙形，其中以长方形台面的写字台最为常见；根据构成材料的不同可分为木质、金属与玻璃、金属与木材、木材与玻璃等，其中以木质材料的写字台因其良好的天然属性和情感特征最受青睐。图9-74是写字台构成分类图。

写字台的良好功能是由其合理的技术参数来保证的，人们在使用写字台时，有两种工作模式：一是坐姿书写与阅读；二是立姿书写与阅读。无论是坐姿还是立姿，均需要了解台面的最佳作业尺寸范围，以方便获取或放置作业物品。如图9-75所示为写字台最佳桌面作业尺寸和高度尺寸。

一般而言，由于受室内空间的限制，居室用写字台的规格较小，公用写字台的规格要大一些，如表9-9所示。对于规格较大的写字台，在保证容膝空间宽度尺寸要求后，可在台面下方两侧设计配置柜体；而对于规格较小的居室用或公用写字台，可在台面下方单侧设计配置柜体或不配置柜体。大型办公台，是指其最小台面宽度应在1800mm以上，但一般不大于2800mm，台面侧边还可以配置副台，形成“L”或“U”形组合，甚至还在台面下方设计带滚轮的小柜体，以最大限度地满足办公用品的放置。

表 9-9　写字台常用尺寸　　单位：mm

类别 / 规格	家用写字台	普通办公台	大型办公台
宽	750~1500	900~1600	1800~2800
深	600~750	600~800	900~1200
高	680~760	680~760	680~760

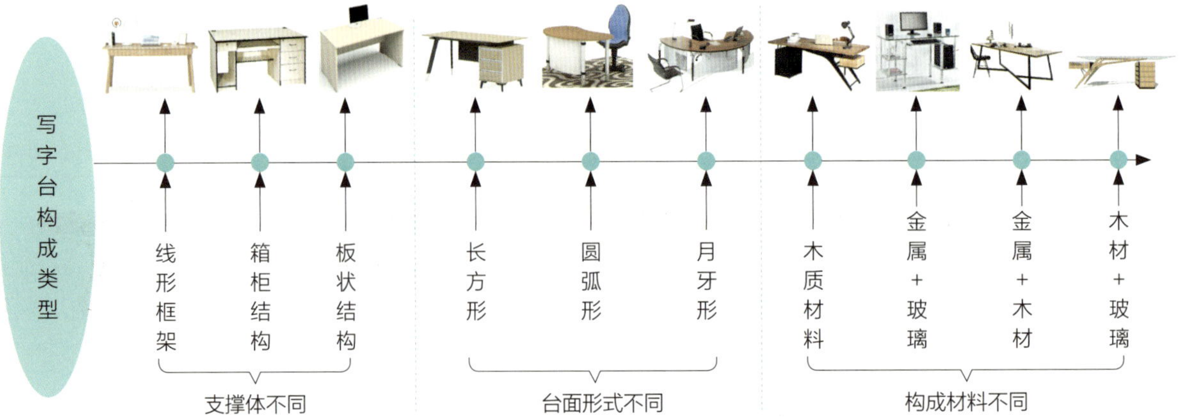

图9-74　写字台构成分类图

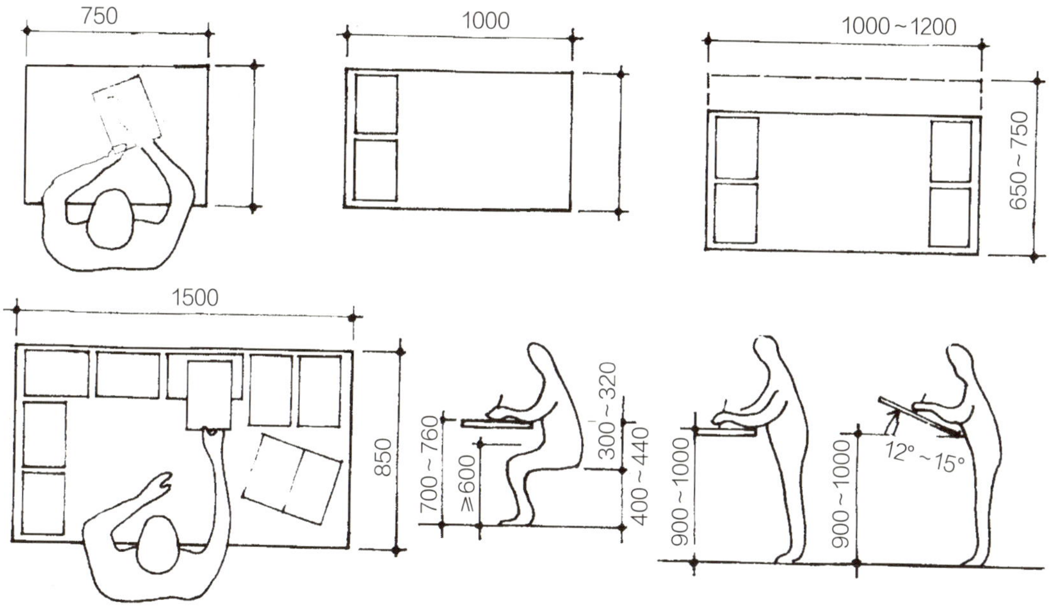

图9-75　写字台最佳桌面作业尺寸和高度尺寸示意图（单位：mm）

与写字台相似的台桌类家具还有会议桌，常用的会议桌有大型与小型之分。一般的小型会议桌除具有会议功能外，还可用于小型接待、业务洽谈等活动。大型会议用桌一般采用组合构成，其长宽尺寸视使用人数而定，长度按每人办公区810~910mm计算。会议桌造型设计一般比较简洁，台面边部也较厚，以便与大尺度的台面相均衡，台面下可设置一层搁板，以方便放置随身携带的小件物品。组合会议桌可以由单体桌拼组而成，也可以是由台面组合而成。

②写字台设计实例。

居室用写字台在市场化系列家具中属于配套类产品，尽管其重要性远不如沙发、衣柜、床、餐桌等产品，但也是不可或缺的产品，在设计时应该引起足够的重视。在本案例设计方案中共配置了两款写字台，均为木质材料。其中：台面构成形式上有长方形台面、圆弧形台面各1款，台面支撑体构成上有线形框架结构、半箱柜结构各1款。图9-76是本案例中写字台设计方案实例。

（5）梳妆台设计

梳妆是人们日常生活例行的活动之一，特别是在现代讲究礼仪的风尚下，梳妆打扮不只是局限于女性的化妆，人们在仪容上的整理，都属于梳妆的范围，所以梳妆台便成为当今生活中不可缺少的家具之一。梳妆台的形式共有四类：桌式、柜式、台式和悬挂式。

①桌式：桌式梳妆台是在桌子上方装有化妆镜，实质上就是桌与镜的组合，但桌的高度一般略低于常用的760mm桌高，不大于700mm，桌面宽800~1500mm不等，桌面深400mm左右。根据桌面的宽度规格不同，梳妆台有大、中、小型之分。大型者功能齐全，尺寸大；中型者桌面较大，一般装有三面镜子；小型者属于简易梳妆台。

②柜式：柜式梳妆台基座为柜子的形态构成，上部装有镜子，形感稳重，由于没有容膝空间，仅供人站立使用。

a．圆弧形台面、半箱柜结构写字台　　b．长方形台面、线形框架结构写字台（正面与背面）

图9-76　写字台设计方案实例

③台式：台式梳妆台基座较低而镜面较高大，视野开阔，简洁实用。由于其镜较长，也可作为穿衣镜，可根据需要灵活置于室内。

④悬挂式：悬挂式梳妆台是将镜与台均固定于墙壁上，镜与台分离，经济实用，节省空间，适用于小空间居室。

总之，梳妆台的形式是多样的，设计师可充分发挥个人的专业素养，并重点注意梳妆、美容、护肤等用品的分类收纳或存放，形成卧室家具中具设计感的亮点产品。在本案例设计方案中共配置了两款梳妆台，均为木质材料。其中一款梳妆镜悬挂于墙壁上，桌面尺寸为1200mm（宽度）×420mm（深度），属于大、中型规格梳妆台；另一款为翻盖结构梳妆镜，即当梳妆过程结束后，将可转动的梳妆镜闭合，呈现小型写字台的形式，桌面尺寸为850mm（宽度）×450mm（深度），属于小型规格梳妆台。如图9-77所示的梳妆台设计方案实例。在本案例中，通过中型与小型梳妆台之间的组合配置以便满足不同的消费需求。

（6）玄关台设计

玄关一词源于日本，专指住宅室内与室外之间的一个过渡空间，也就是进入室内换鞋、脱衣或从室内去室外整貌的缓冲空间，也有称之为斗室、过厅、门厅。因此，玄关既是进出室内使用频率较高的必经之处，又是反映主人文化气质的“名片”。玄关有以下三方面的作用。

①视觉屏障作用：玄关对户外的视线产生了一定的视觉屏障，不至于开门见厅，让人们一进门就对客厅的情形一览无余。它注重人们户内行为的私密性及隐蔽性，保证了厅内的安全性和距离感，在客人来访和家人出入时，能够很好地解决干扰和心理安全问题，使人出门入户过程更加从容有序。

②较强的使用与保洁功能：玄关在使用功能上，可以用来简单地接待来访客人、存取包或其他简单的随身物品，又可以供人们进出室内时在此更衣、换鞋以及整理装束。

③保温作用：玄关在北方地区可形成一个温差保护区，避免冬天寒风在开门时直接入室。玄关在室内还可起到非常好的美化装饰作用。由于玄关的空间很小，玄关台就是玄关的主要家具，但玄关台的形式与规格没有定式，可以用条案、矮柜、边桌、古典椅、博古架，也可以设计成其他收纳功能强或展示效果好的家具形式。总之，在不影响主人出入的原则下，玄关台可以根据需要进行设计。如果居室面积偏小，可以利用矮柜、鞋柜等家具扩大收纳空间，而类似手提包、钥匙、纸巾包、帽子等随身物品就可以放在柜子上。另外，还可以采用悬挂式陈列架作为玄关家具，既实用又节省空间。玄关台的装饰性要求较高，一般与花卉或各类饰物配合使用，也有在墙上挂一面镜子，既可以让主人在出门前整理装束，又可以扩大视觉空间。图9-78是本案例产品中玄关台设计方案实例。

a．中型梳妆台　　b．小型梳妆台

图9-77　梳妆台设计方案实例

图9-78　玄关台设计方案实例

（7）茶台设计

茶文化在中国乃至整个东南亚地区有着悠久深厚的历史，是中华传统文化的组成部分，其内容及内涵均十分丰富，若细致研究，茶文化涉及科技教育、文化艺术、医学保健、历史考古、经济贸易、餐饮旅游和新闻出版等学科与行业，几乎涉及中华民族日常生活中的方方面面。茶台仅是茶文化的道具之一，是喝茶用的主要家具，多与各种座具配合使用，早期茶台多采用各类根雕构成。进入现代社会后，茶台的形式也有了新的变化，形成了一类特有的茶家具形式。现代茶台的台面多为方形、圆形或长方形。方形或圆形台面边长或直径为900~1200mm，长方形台面的宽度可达2000mm甚至更长，深度以方便伺茶操作为宜，高度均为620~680mm，与进行泡茶操作的主座椅和客座椅（凳）配合使用，一般的茶台可同时接纳4~6人。既可用于家庭休闲饮茶，也可用于一般性的商业接待。图9-79是广东华颂家居集团有限公司“名鼎檀·逸芳”系列产品中茶室设计实例，其中包括茶台、主座椅、客座凳、茶具柜、花架等产品。

三、几架类设计

几架类属于辅助性杂件家具，主要包括茶几、花架、衣架、书报架等。总体而言，几架类家具的装饰性高于其功能性，是整个系列产品中进行形式创新设计的关注重点。

图9-79　茶台设计实例

1. 茶几设计

茶几伴生于沙发，其形式类似低矮的桌或柜，一般与沙发配套形成休闲起居区。茶几的功能主要用于承放或简单收纳休闲起居或接待客人用的茶具、水果盘及其他小杂件用品，是休闲起居区中不可或缺的小件家具，同时还以其新颖别致的外观形式彰显主人的素养与品味。

（1）茶几设计构成分析

根据茶几与沙发的相对位置关系不同可分为前置茶几和侧置茶几，前置茶几使用时置于沙发的正前方，侧置茶几则置于沙发的侧边，前置茶几一般比侧置茶几体量大，但比侧置茶几低矮一些；茶几构成材料除传统的木材外，金属、玻璃、石材、竹藤、组合材料等也常见；从茶几的构成形式不同，可分为方形、长方形、圆形、椭圆形与组合型等；从茶几台面的支撑结构不同，可分为线形结构、框架结构和箱体结构。图9-80是茶几构成分类图。

可见，茶几的构成与桌相似，但体量比桌矮小。前置长方形茶几、也称大茶几，其几面宽深为（1000~1200）mm×（550~600）mm，前置方或圆形茶几的边长（或直径）为900~1200mm，高约为460mm，以高出沙发座面40mm左右为宜。而侧置茶几、也称小茶几，其几面多为长方形、方形或圆形，几面宽深为（560~620）mm×（460~580）mm或边长（直径）为400~600mm，高为540~600mm，即与沙发扶手等高或略低于沙发扶手30~60mm，其造型风格与用材与前置茶几相同。

尽管茶几的构成与桌相似，但由于其矮小的体量成就了其比桌类较好的稳定性。而相对较低的功能要求成就了比桌类设计更加丰富多样的造型。

（2）茶几设计实例

茶几在市场化系列家具中，与前述的写字台属性类似，属于沙发专用配套产品，在其设计元素与外观形式等方面应从属于沙发产品，并与沙发产品配套形成和谐一致、个性独特的休闲区。在本案例设计方案中共配置了4款茶几，其中：相对位置上有前置茶几2款，侧置茶几2款；

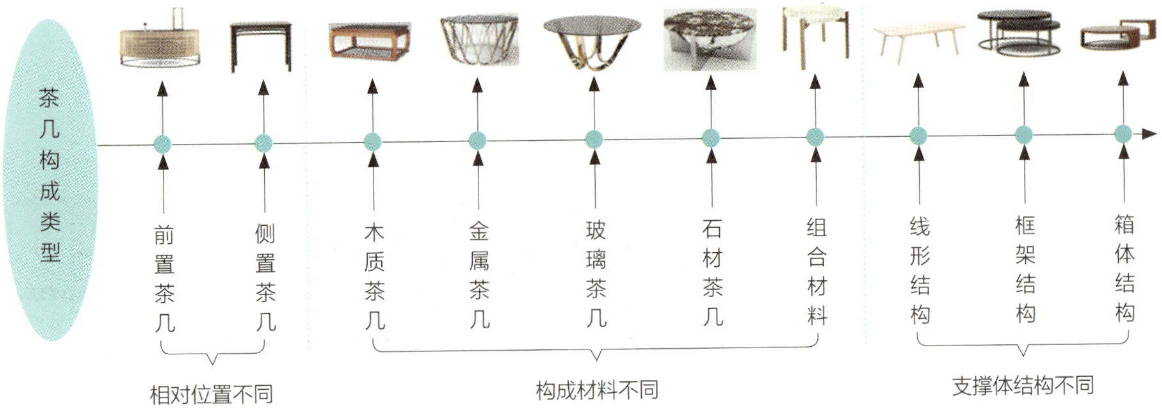

图9-80　茶几构成分类图

材料类别上有木质材料几面3款，玻璃几面1款；几面形式上有方形几面2款，长方形几面1款，圆弧形几面1款；台面支撑体构成上有线形结构1款，框架结构2款，箱柜结构各1款。表9-10是本案例中茶几设计实例分析。

表 9-10　茶几设计实例分析

单位：mm

实例图片				
几面形式	方形（前置）	长方形（前置）	方形（侧置）	圆形（侧置）
几面材料	板木结合	板木结合	玻璃	板木结合
支撑体构成	框架结构	箱柜结构	框架结构	线形结构
规格尺寸	1100×1100×460（高）	1300×650×460（高）	600×600×580（高）	ϕ600×580（高）

2. 架类设计

架类家具除了常见的衣帽架、花架和屏风外，还有书报架、杂物架和饰品架等，属于家用杂件家具，其造型没有特定的符号特征，设计时可以充分发挥，在满足相应简要使用功能的前提下，其形式各异。图9-81是本案例产品中衣帽架、花架设计方案实例。

a．衣帽架　　b．花架系列

图9-81　衣帽架、花架设计方案实例

本章思政与实践

1. 讨论如何根据社会需求设计家具产品，并结合概念设计的发展方向完成家具概念设计练习2例以上。
2. 家具模数的含义及其制定方法是什么？思考其在当下物质丰沛时代的广泛适用性。
3. 收纳类家具的共性特征与设计重点有哪些？
4. 完成各种柜类家具的设计草图练习，其中：大衣柜3例、小衣柜3例、床头柜3例、客厅柜3例、装饰柜3例、餐具柜3例、文件柜与书柜3例、组合柜2例。
5. 坐具类家具的共性特征与设计重点有哪些？
6. 完成坐具类家具设计草图练习，其中：凳类4例、椅类4例、沙发4例。
7. 床的共性特征与设计重点有哪些？
8. 完成床的设计草图练习，其中：单层双人床4例、双层单人床3例、儿童床2例。
9. 凭倚类家具的共性特征与设计重点有哪些？
10. 完成凭倚类家具设计草图练习，其中：餐桌4例、写字台4例、会议桌2例、梳妆台2例、玄关台2例、茶台与茶凳各2例、长方形、方形、圆形、椭圆形茶几各1例。

参考文献

[1] 梁玲琳. 产品概念设计[M]. 北京：高等教育出版社，2018.1.
[2] 唐开军. 家具概念设计探讨[J]. 家具与室内装饰，2021，267(05)：1~4.
[3] 李文彬，朱守林. 建筑室内与家具设计人体工程学[M]. 北京：中国林业出版社，2002，12.
[4] 邓背阶，陶涛，孙德林. 家具设计与开发[M]. 北京：化学工业出版社，2008，5：72~88.
[5] 王健，罗仕鉴. 健康座椅[M]. 杭州：浙江大学出版社，2017，8：79~92.
[6] 黄河，张福昌，张寒凝等. 人类工程学在家具设计上的应用[J]. 家具，2005，145(3)：26~31.

第十章

家具设计评价

但凡设计产业发达的国家和地区，从政府的政策导向到企业对设计创新的重视，直至设计项目的管理和设计师的知识体系形成，都有一套完整系统的标准体系和管理流程。其中的设计评价，看似属于设计管理的内容范畴，但却是上自政府、企业管理层，下至设计师及其设计项目必须谨慎面对的问题。一套客观、科学、完整的设计评价体系，既能及时发现和完善有市场潜力的优秀设计，又能很好地规避资源、人力、财力的浪费，并引导设计产业健康发展。

第一节　家具设计评价的概念

评价是对事物价值的评判与界定。设计评价是在设计过程中，通过系统的设计检查来确保设计项目最终达到设计目标的有效方法；就是指在设计过程中，对解决设计问题的方案进行比较、评定，由此确定各方案的价值，判断其优劣，以便筛选出最佳设计方案[1, 2]。一般来说，设计评价中的“方案”不是指具体的设计方案，其实质是指设计中遇到问题的解答。也就是说不论是设计的实体形态（设计概念方案、产品、样品、模型等），还是构想的形态，或是设计过程中设计方向的调整，这些都可以作为设计评价的方案，可以通过设计评价为问题找到解决的途径[3]。

对于家具生产企业，家具设计是一个复杂而又庞大的系统工程，在设计活动中，不论是全新的产品开发设计还是对原有产品的改良设计，为了提高设计效率、降低设计成本、减少设计风险，使设计沿着既定的目标和方向良性发展，就必须对设计过程中的各个阶段和进展环节进行控制或监管，即进行评价。

在家具设计过程中总是伴随着大量的评价和决策，只是在许多情况下人们是在不自觉地进行评价和决策而已。然而，随着科学技术的发展和设计对象的复杂化，对家具设计也提出了更高的要求，单凭经验、直觉的评价方式越来越不适应实际要求。因此，更加科学、合理、紧跟时代发展步伐的设计评价体系越来越重要。设计评价不应仅仅理解为对方案的选择、评定，还应针对方案的功能、工艺技术、经济、审美、市场等方面的弱点加以改进和完善；同时随着设计过程的持续，不断提升其合理性，以便提高设计质量，从根本上提升产品的市场竞争力。

由此可见，家具设计评价本身就是一个系统工程，涉及各方面的工作，既要有科学的、客观的、符合时代精神的评价标准，又要对设计过程及设计对象所涉及的方方面面进行反复评比、筛淘、优选，最后才能确定出最优秀的方案，以保证所设计的产品得到市场的认可。因此，通过设计评价，首先能有效地保证家具设计的质量以及设计过程的合理性，并能从众多的设计方案中方便、快捷、准确地筛选出能满足目标要求的最佳方案；其次能够有效地监管设计过程，及时发现设计上的不足之处，并为设计改进提供依据，减少设计过程中的盲目性，提高设计的效率。

总之，家具设计评价的目的在于自觉控制设计过程，把握设计方向，以科学的分析而不是主观的感觉来评定设计方案，提升设计过程的有效性。

第二节　家具设计评价的体系与原则

很好地完成家具设计评价的前提是要建立一个全面系统的评价体系与评价原则，它是进行具体的设计评价的“纲领性文件”。对于不同材料、不同风格、不同设计公司或生产企业，评价的体系与原则应该是相似或相通的。

一、评价体系

家具设计的评价体系应该以家具的功能、外观形式、材料、结构四大构成要素为基础，进行综合分析后加入产品市场因素组成[4]（图10-1）。

1. 功能

每个设计都有它存在的目的和意义，设计应服务于这个目的。早在公元前5世纪，古希腊哲学家苏格拉底（Socrates，公元前469—前399年）就曾指出，“任何一件东西如果其能很好地实现它在功用方面的目的，它就同时是善的，又是美的”。在对一件家具的设计方案进行评价时的第一反应就是要准确地知道其具体的基本用途，这也是家具产品设计时功能的先导性特征，然后才是围绕其基本功能所进行的延展性评价，如功能的宜人性、功能的安全性、功能的延伸性（即多用途）、功能的创新性等方面的内容。

2. 外观形式

如果设计对象的功能是其存在的土壤，外观形式就是其生存发展所必需的养分，它所涉及的内容很宽泛，但主要的还是以家具产品的形式美法则为尺度来衡量评价对象外观形式的美观性及其创新程度。

3. 材料

设计对象一旦形成市场化产品，其对材料的需求量是很大的，所以所用的基本材料和辅助性材料是否具有可持续供应渠道、成本方面是不是有优势、环保性能如何、用于设计对象后会产生哪些理化和力学方面的问题、加工过程中是否有工艺和设备方面的障碍等都应进行综合分析。

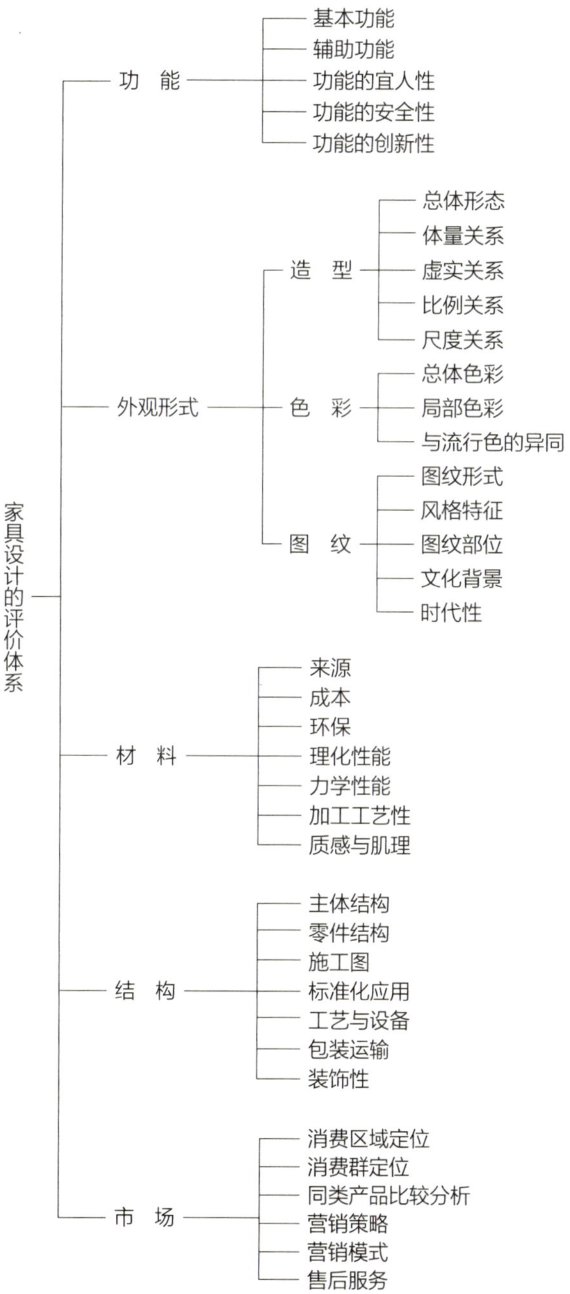

图10-1　家具设计的评价体系

4. 结构

家具功能的安全性与便捷性在很大程度上取决于其结构的合理性，不仅要从为满足功能需要来评价设计对象的力学要素，还应该从外观形式的美观要求方面来评价结构是否具有一定的装饰性。

5. 市场

市场是设计对象的终端归宿，也是设计的最终目标和企业追逐利润的战场，所以在设计过程中时刻了解市场信息、把握市场动态十分重要，才能对一切不利于设计对象抢占市场的因素进行预测，提前解决。

二、评价原则

家具设计的评价体系是由多个指标综合构成，也就是说家具设计的评价，实质上是对各个分项指标的评价，然后采用科学的方法进行统计汇总的结果，这就要求评价应遵循一定原则。一般而言，家具设计评价应遵循以下几个方面的原则[5]。

1. 科学性原则

科学性原则是指评价指标、程序、方法和各指标的界定标准要具有科学性，参与评价的人员构成应合理，既要有企业管理人员、设计人员、一线生产人员和市场营销人员甚至消费者代表，又要有较高水平的专家，各参与人员均应客观、公正、独立地完成各项评价指标的测评工作。

2. 量化原则

对评价指标全面进行量化固然很难，但为了评价过程和结果的科学性，必须放弃传统的模糊性描述方式，力求量化各项指标，或通过参与评价者对各指标的态度指数而变相量化。另外，指标量化也符合现代社会高度信息化管理的需要，是一项基础性管理工作。

3. 类别性原则

对于同一类产品，可按一定的比例邀请不同的群体参与评价，如企业内部的评价、专业设计人员的评价、职业经销商的评价、普通消费者的评价、分抽以上各类人员共同参与的综合性评价等方式，了解不同群体对设计对象的评价结果后，可以有针对性地进行修改、调整及进行其他方面的决策。

4. 差异性原则

差异性原则与层次原则不同的是可以针对不同类型的产品，进行评价指标的微调。这是由于企业产品的多元化，而不同的市场定位及其相关的差异所致。如对于三、四级市场的产品也要求与一级市场产品具有同样的精神方面的属性显然是不现实的；同样对于木质家具、金属家具等不同材料或不同使用场合的产品，对个别评价指标进行调整也是正常的。

5. 可操作性原则

作为决定设计方案成败与否的系统性设计评价体系，对于产品设计过程中各个环节应具有明确的评定要素及其测量值，并且条理清晰，操作过程应简单、方便，使之在实施过程中尽量避免或减少相互间的矛盾，便于操作。

综上所述，在建立家具设计评价体系时，既要考虑到系统指标的完整、通用性与可操作性，又要遵循科学性原则，进行差异化处理，以至方便快捷、客观公正地形成评价结果。

第三节　家具设计评价的程序与方法

家具设计评价作为设计组织或管理部门的日常工作，针对设计的互换性与兼容性特点，应具有科学合理的工作流程与评价方法。

一、评价程序

评价程序的规范性是得到客观公正评价结构的基本前提之一。一般而言，规范的设计评价应按下列过程进行（图10-2）。

1. 评价准备阶段

在评价准备阶段的主要内容有：评价体系建立、体系各要素建立、各要素观测值确定、评价用文件准备等。由此可见，在这一阶段要进行的前期工作很多，而且工作量和工作难度也很大；但是一

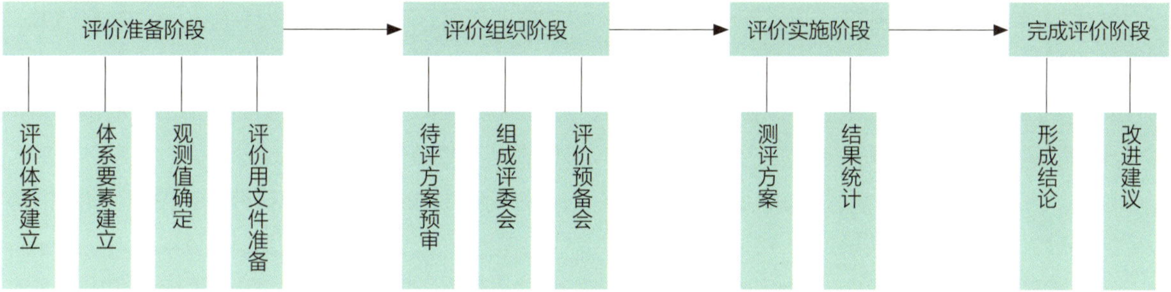

图10-2 设计评价的程序

经形成规范性文件后，在以后再进行评价准备工作时略作调整或直接套用即可。不过初次建立的上述评价用文件要组织专家进行严格的论证，以保证这些文件具有科学性和实际使用过程的可操作性。

2. 评价组织阶段

在评价组织阶段的主要内容有：待评价方案预审，即内部相关人员先对要进行评价的方案进行初步审查，看是否存在一些原则性的缺陷，以便在正式评价前进行修改，并决定是否组织评价及何时进行评价；组成评价工作委员会，可根据产品的市场定位及其他相关因素，决定邀请的评价专家及其成员构成；评价预备会，向评价委员会介绍待评方案的设计目标、设计内容与风格特征、设计过程、企业内部的相关生产设备等方面的准备情况、市场定位、营销模式与企业文化、评价过程中的一些具体要求等方面的内容，并对待采用的评价体系与方法进行最后审定。

3. 评价实施阶段

在评价实施阶段的主要内容有：测评方案，专家委员会可根据前面评价预备会议的要求及特定现场认真观测方案后，对评价表中各测评点进行具体评价；结果统计，即把评价委员会各专家的测评结果进行汇总，并得出评价结果。

4. 完成评价阶段

在此阶段的主要内容有：形成结论并提出改进建议。

二、评价方法

对于家具及其他产品设计而言，目前还没有一个公认的比较全面的评价方法，不同的团体、企业或个人在设计评价过程中根据需求的不同，往往各有侧重。若从产品设计的主体出发，可采用以消费者和企业的需求为侧重点进行评价；若从产品设计评价的性质出发，可采用定性评价或定量评价。综合而言，以采用主观判断类的非计量性评价方法和数学计算类的计量性评价法较为常见[6]。

1. 非计量性评价法

非计量性评价法比较适合家具设计评价中的审美性能、心理性能、生理性能等属于人们主观判断市场内容的评价，目前应用较多的方法有语言区分法和分析类比法两种。

①语言区分评价法：语言区分评价法也称SD（Semantic Differential）评价法，是目前国外设计界较为流行的非计量性评价方法。这种方法是以特定的项目在一定的评价尺度内重要性的主观判断。应用SD法，首先要在概念上或意念上进行选择，从而明确评定的方向。一般将概念或意念用可判断的方式进行表达，以语言文字进行说明，还可用图片直接表达；其次是选定适当的评价尺度；最后拟订一系列对比较为强烈的形容词供评判时参考。

②分析类比评价法：分析类比评价法要求把待评价的产品与同类的标准样品进行分析、类比。按5分制对产品进行逐项评分，按总分平均值确定产品的功能、外观形式、材料、结构、市场等方面因素。

2. 计量性评价法

对产品中各待评价因素进行量化处理后进行数学计算，产生一个数字化的评价结果，这种方法对于评价计算过程的电脑化处理十分方便，但难度在于待评价因素前期的量化值标定。

①$\alpha \cdot \beta$评价法：$\alpha \cdot \beta$评价法要求首先将待评的设计方案进行比较分析，对各目标因素进行价值判

断，从而获得一些重要的数值，再将这些数值累积之和作为评判是不是最佳实际方案的依据。在该方法中，α 值为各待评价因子的权重值，β 值为各待评价因子测评值，α 和 β 的乘积即为对单项评价因素的量化判断，其数值越高，则该测评结果即越好。

②列项计分评价法：列项计分法主要适用于全新开发的产品，在没有同类产品作为标准样品供参照的情况下，产品的设计评价可采用此法进行。组织一个不少于五人的专家评价委员会，在对产品的功能、结构、技术、工艺、使用环境、可靠性、寿命、标准化、经济性、宜人性、产品使用过程中和报废之后的处理以及对环境的影响、技术文件的完整性、商标、标志、售后服务等作全面的了解之后。评价委员会对列出的各待评因素A、B、C、D……划分分值，要求各项目的分值之和为100分，即$A+B+C+D+\cdots=100$。同时还要列出各个项目的分项目：A_1，A_2，A_3，……；B_1，B_2，B_3，……；C_1，C_2，C_3，……；D_1，D_2，D_3，……。并划定各分项目的分值为：$A_1+A_2+A_3+\cdots\cdots=A$；$B_1+B_2+B_3+\cdots\cdots=B$；……。然后计算出测评的平均分值，即为产品设计评价结果。平均分值的计算数学模型如下：$M=\sum_{i=1}^{n}P_i/n$；式中，M为产品设计评价结果评价值；P_i为专家委员会每个成员得出的产品总评测价值；n为专家委员会成员人数。

③模糊评价法：模糊评价法就是应用模糊数学的基本原理，使传统的计量性评价法又很难进行的模糊信息数值化，以进行定量评价，笔者曾于1992年对此类方法进行了专题研究，并发表了论文《家具审美质量综合评析》（家具科技资料汇编，1992年第二十辑），专题论述此方法在家具设计评价过程中的数学模型与应用。

应用模糊评价法首先要建立数学模型——模糊矩阵，包括：一是模糊子集，普通集合是描述非此即彼的清晰概念，而模糊集合是描述亦此亦彼的中间状态。因此，把特征函数的取值范围从集合｛0，1｝扩大到［0，1］区间连续取值，就可以定量地描述模糊集合，模糊集合往往是特定的一个论域的子集，称为模糊子集；为讨论方便，一般将模糊子集称为Fuzzy集。二是模糊关系，描写客观事物之间联系的数学模型称为关系；关系除了有清晰的关系和没有关系之外，还有大量的不清晰的关系（如关系较好、关系疏远等）；这种不清晰的关系称为模糊关系。三是确定隶属度，即模糊评价的表达形式。四是建立隶属函数，即模糊集合的特征函数。五是用模糊矩阵来表现模糊关系。

第四节　家具设计评价的组织与实施

在处理任何事情的过程中，首先应该清楚地了解要解决的关键问题是什么及如何解决。在家具设计评价的具体组织与实施过程中，其关键问题就是在图10-1所示的评价体系中到底要对哪些因素进行评价（即测评点的形成）及各待评要素的权重值，如果解决好这两点之后，其余问题就随之而解。

一、测评点与权重系数

测评点与权重系数的确定是家具设计评价过程的基础性研究工作，其确定过程相当复杂，既有个人年龄、性别、职业、受教育程度、经济状况等方面的差异，还受地区、性别、风俗习惯、宗教信仰、气候环境、文化传统等方面的影响，需要进行长期、深入、客观合理的研究才能形成科学的结果。作为家具设计企业或生产企业可邀请对此有研究的专业机构协助完成，或外购现有的软技术研究成果直接进行运用即可。

1. 观测点

家具的设计评价应以其四大构成要素，即功能、形式、材料、结构为主，市场要素为辅，设置观测点，但并不是说图10-1中的内容就是观测点，只要通过科学合理的测评点设置，能够反映出其所要求的内容即可。如果设置的测评点合理，且各主要构成要素的评价结果优秀，其辅助测评点——市场方面自然不会出现大的问题，下面分别进行叙述。

①功能要素观测点：功能要素的观测点应为测评对象的功能尺寸、主要功能、辅助功能、安全

性、舒适性、功能创新等方面的内容。

②外观形式要素观测点：外观形式要素的观测点应为测评对象的总体形态、体量关系、比例关系、尺度关系、形式创新、主体色彩、辅助色彩、装饰方式、文化属性、风格特征等方面的内容。

③材料要素观测点：材料要素的观测点应为测评对象的材料来源与成本、环保性、理化性能、力学性能、加工工艺性、色彩、纹理、质感、基础材料与辅助材料间的搭配效果等方面的内容。

④结构要素观测点：结构要素的观测点应为测评对象的主体结构、零部件结构、施工结构图、施工工艺图、"三化"应用程度、设备、加工效率与成本、装饰性等方面的内容。

⑤市场要素观测点：市场要素的观测点应为测评对象的消费区域定位、消费群定位、售后服务、营销策略与模式、营销手册、产品使用说明书、同类产品对比等方面的内容。

2. 权重值

权重系数包括两方面的内容：一是产品的几大构成要素间各自的权重系数；二是每一构成要素的各测评点的权重系数，如功能要素中要测评的功能尺寸、主要功能、辅助功能等六个观测点各自所起作用的大小。这也是人们主观意识中对各要素重视程度的数值反映。同样，由于人们认识上的差异，权重值常常因人、因时、因地而异，很难给权重一个确切的、永恒的定值，所以对权重值的研究也不是一劳永逸的事，而是需要一套科学合理的方法，使得每次评价时，都能按照此方法客观地反映出产品所面向的市场的价值取向。

权重值的取得，可通过设置问卷的方式，对不同的区域和市场、不同的消费群体进行广泛的调查，获得一手的资料后，再通过客观综合地分析与科学的统计计算，最后确定相应的权重值。但其工作量相当大，普通的家具设计企业或生产企业很难完成。

二、语言区分评价法的应用

应用语言区分法首先应将各测评点的测评因子列成调查意见表的形式，并设置成-3、-2、-1、0、1、2、3共七档供参评者选择，设置分值时，越趋向正面的评价，其分值越高；反之，分越低。如功能要素可列表如下（表10-1）：然后对所有的参评者的测评结果进行统计，再按各测评点的权重系数进行计算后即是功能要素的测评结果。同样可得出外观形式要素的测评结果、材料要素的测评结果、结构要素的测评结果及市场要素的测评结果。再按各要素在测评对象中的权重值进行处理后即可得出设计方案的最终测评结果。最终结果的书面表现形式为数值，可将相应的数值换成描述型语言。

表 10-1　家具产品功能要素测评表

功能尺寸	-3	-2	-1	0	1	2	3	□
主要功能	-3	-2	-1	0	1	2	3	□
辅助功能	-3	-2	-1	0	1	2	3	□
安全性	-3	-2	-1	0	1	2	3	□
舒适性	-3	-2	-1	0	1	2	3	□
创新性	-3	-2	-1	0	1	2	3	□

三、分析类比评价法的应用

分析类比法的应用比较简单，但需要有标准产品供测评时进行比较，把测评对象各要素按5级要求进行划分，并制成测评表的形式供参评者打分（表10-2）。

表 10-2　家具产品分析类比法评分应用表

要素	分值	评分标准	评分	备注
功能	5	功能完美、合理，安全性高，使用舒适，达到国际一流水准		
	4	功能比较合理，安全性较好，舒适性好，是市场上高档产品		
	3	使用功能和安全性方面能满足使用要求		
	2	产品使用性能低下，大部分功能尺寸不符合要求，使用不便		
	1	产品使用性能低劣，没有任何安全保障		
外观形式	5	形式、比例完美，色彩协调，风格特征突出，达到国际一流水准		
	4	形式、比例合理，符合市场主流色调，文化内涵丰富		
	3	形式、比例一般，属市场普通产品		
	2	形式不协调、比例关系差		
	1	外形丑陋、比例失调		
材料	5	材料高档、成本适中，理化、加工工艺性能好，环保		
	4	材料来源有保证、材质特色突出，性能好，环保		
	3	材料及其性能符合产品要求，环保		
	2	材料性能低下，或来源无保证，环保性差		
	1	材料性能低劣，来源无法保证，不环保		
结构	5	结构合理，文件齐全，完全实现“三化”，达到国际一流水准		
	4	结构比较合理，文件齐全，部分实现“三化”，符合高档产品要求		
	3	结构上能满足产品使用要求，文件基本齐全		
	2	结构比较差，基本不符合产品要求		
	1	结构不成立		
市场	5	市场定位恰当，完全符合上市要求，属于国际一流产品		
	4	市场定位恰当，符合上市要求，属于市场上高档产品		
	3	市场定位恰当，基本符合上市要求，属于市场上普通产品		
	2	市场定位不当，不符合上市要求		
	1	不存在上市的可能性		
1. 各要素权重系数说明：……				
2. 其他。				

四、α · β评价法的应用

在应用α · β评价法的过程中，应按下列程序进行。

1. α值的标定

由于α是一个权重系数值，其标定过程十分复杂。如功能要素中的功能尺寸、主要功能、辅助功能、安全性、舒适性、功能创新共六个测评点，假设其对应的α值分别为α_{1-1}=0.20、α_{1-2}=0.20、α_{1-3}=0.10、α_{1-4}=0.20、α_{1-5}=0.20、α_{1-6}=0.10。

2. β值的标定

β是待测评方案中各测评点中测评目标的满意度，假设各测评点的测评尺度值为0~10，则10为满意度最高值。如上面的功能要素中的功能尺寸、主要功能、辅助功能、安全性、舒适性、功能创新六个测评点的测评目标满意度分别用β_{1-1}、β_{1-2}、β_{1-3}、β_{1-4}、β_{1-5}、β_{1-6}表示。

3. $\alpha \cdot \beta$评价表制定

对于上述功能要素的$\alpha \cdot \beta$评价表可按表10-3进行制定，并得出测评结果C_1。同理可得出外观形式、材料、结构等要素的测评结果C_2、C_3、C_4……将各测评结果相加之后即为总的评价结果G。

表 10-3　家具产品 $\alpha \cdot \beta$ 评价表

A 项目类别	B 功能要素中各测评点的 β 值	C 各测评点的 α 值	D $\alpha \cdot \beta$ 值
1-1 功能尺寸	β_{1-1}	α_{1-1}	$\beta_{1-1} \cdot \alpha_{1-1}$
1-2 主要功能	β_{1-2}	α_{1-2}	$\beta_{1-2} \cdot \alpha_{1-2}$
1-3 辅助功能	β_{1-3}	α_{1-3}	$\beta_{1-3} \cdot \alpha_{1-3}$
1-4 安全性	β_{1-4}	α_{1-4}	$\beta_{1-4} \cdot \alpha_{1-4}$
1-5 舒适性	β_{1-5}	α_{1-5}	$\beta_{1-5} \cdot \alpha_{1-5}$
1-6 功能创新	β_{1-6}	α_{1-6}	$\beta_{1-6} \cdot \alpha_{1-6}$
测评结果 $G_1=F_1$		$\alpha_1=1$	F_1

五、列项计分评价法的应用

列项计分评价法要求先将待测评对象的各测评点按表10-4格式形成表格，并将该表格发到每一位参评者，独立打分后汇总即形成评价结果。分值设定为100分制，评价质量的语言表述按优、良、中、次、差等级划分，评价值90分以上为优，80~89分为良，70~79分为中，60~69分为次，60分以下为差。列项计分评价法简单、直观、操作方便、适用面广，得出的结果无论是分值还是语言表述也与人们的日常交流习惯一致。

六、模糊评价法的应用

根据模糊评价原理，可按下述过程进行家具设计的模糊评价。

（1）功能模糊评价因子

①测评因素集合：U_1={U_{11}（功能尺寸），U_{12}（主要功能），U_{13}（辅助功能），U_{14}（安全性），U_{15}（舒适性），U_{16}（功能创新）}。

②评价集合：V_1={V_1（优秀），V_2（良好），V_3（一般），V_4（差）}。

③权重分配：A_1={a_{11}，a_{12}，a_{13}，a_{14}，a_{15}，a_{16}}。

（2）外观形式模糊评价因子

①测评因素集合：U_2={U_{21}（总体形态），U_{22}（体量关系），U_{23}（比例关系），U_{24}（尺度关系），U_{25}（形式创新），U_{26}（主体色彩），U_{27}（辅助色彩），U_{28}（装饰方法），U_{29}（文化属性），U_{210}（风格特征）}。

②权重分配：A_2={a_{21}，a_{22}，a_{23}，a_{24}，a_{25}，a_{26}，a_{27}，a_{28}，a_{29}，a_{210}}。

（3）材料模糊评价因子

①测评因素集合：U_3={U_{31}（来源与成本），U_{32}（环保性），U_{33}（理化性能），U_{34}（力学性能），U_{35}（加工工艺性），U_{36}（色彩），U_{37}（纹理），U_{38}（质感），U_{39}（基材与辅材搭配）}。

②权重分配：A_3={a_{31}，a_{32}，a_{33}，a_{34}，a_{35}，a_{36}，a_{37}，a_{38}，a_{39}}。

（4）结构模糊评价因子

①测评因素集合：U_4={U_{41}（主体结构），U_{42}（零部件结构），U_{43}（施工结构图），U_{44}（施工工艺图），U_{45}（"三化"应用程度），U_{46}（设备、加工效率与成本），U_{47}（装饰性）}。

②权重分配：A_4={a_{41}，a_{42}，a_{43}，a_{44}，a_{45}，a_{46}，a_{47}}。

（5）市场模糊评价因子

①市场因素集合：U_5={U_{51}（消费区域定位），

表 10-4　列项计分评价法测评表

项目代号	项目名称	项目分值	分项计分	分项代号与内容	分项评分	项目评分
A	功能要素	30	8 8 2 6 4 2	A_1 功能尺寸 A_2 主要功能 A_3 辅助功能 A_4 安全性 A_5 舒适性 A_6 功能创新		
B	外观形式要素	30	4 3 1 2 3	B_1 总体形态 B_2 体量关系 B_3 比例关系 B_4 尺度关系 …… B_{10} 风格特征		
C	材料要素	15	3 5 1 1 1	C_1 材料来源与成本 C_2 环保性 C_3 理化性能 C_4 力学性能 …… C_9 基材与辅助材间的搭配效果		
D	结构要素	15	4 2 1 1 2	D_1 主题结构 D_2 零部件结构 D_3 施工结构图 D_4 施工工艺图 …… D_8 装饰性		
E	市场要素	10	2 1 1 1 2	E_1 消费区域定位 E_2 消费群定位 E_3 售后服务 E_4 营销策略与模式 …… E_7 同类产品间比较		
F	总评分					

U_{52}（消费群定位），U_{53}（售后服务），U_{54}（营销策略与模式），U_{55}（营销手册），U_{56}（产品使用说明书），U_{57}（同类产品对比较）}。

②权重分配：$A_5=\{a_{51}, a_{52}, a_{53}, a_{54}, a_{55}, a_{56}, a_{57}\}$。

最终根据上面的测评因子集合建立模糊矩阵。

本章思政与实践

1. 思考如何在设计评价体系中融入中国的审美观。
2. 家具设计的评价与原则有哪些?
3. 家具设计的评价程序与方法是什么?
4. 简述家具设计评价组织过程与相关管理文件的制定。
5. 分组模拟完成2~3个家具产品设计方案的评价过程。

参考文献

[1] 况宇翔，吴群等. 通用化设计理念下的产品设计评价体系研究 [J]. 机械设计，2016，33 (5): 105~108.

[2] Kevin N · Otto，Kristin L · Wood. Product Design: Techniques In Reverse Engineering And New Product Development [M]. University Press，2005，1.

[3] 段青霞. 产品设计过程评价体系的研究 [D]. 深圳大学，2009，5.

[4] 唐开军. 家具审美质量综合评析 [G]. 家具科技资料汇编，1992，20 (1): 11~13.

[5] 陈祖建，关惠元. 改良型家具设计方案评价指标体系 [J]. 家具与室内装饰，2008，6.

[6] 许继峰，张寒凝. 产品设计程序与方法 [M]. 北京: 北京大学出版社，2017，8: 139~145.

后记

本教材自第一版初稿酝酿至今已15年有余，期间历经了“普通高等教育十二五国家级规划教材”立项、2015年的修订再版以及2018年“中国轻工业十三五规划教材”立项，并于2021年9月荣获“首届全国教材建设奖全国优秀教材二等奖”，这既是对本教材前期工作的肯定与鼓励，又为新版的修订工作树立了更高的标杆。

第三版的修订工作过程尽管漫长、烦琐，但一直秉承着虔诚和谦虚的态度。首先是忐忑地通过线上和线下各种途径收集读者的反馈意见或建议并进行客观地归类分析，了解读者的想法和需求。令人欣慰的是各类反馈意见的主流是中肯的、客观的、鼓励性的，同时也为如何进一步把本书的架构搭建得更加合理、完善，并在内容和体例等方面都能有所创新，使其既具有严谨的系统性、通用性和时效性，又具有一定的理论深度与学术性，从而满足不同读者群的需求提供了第一手信息。在此由衷地感谢各位读者的深情厚爱。

其次是根据读者的反馈意见，综合学科、专业发展不断涌现的新技术、新知识、新的教学方法与规律，如何形成结构合理、层次清晰、逻辑关系明确、符合当下读者思维方式的架构与体例，如何把旧有的、成熟的知识点进行提炼与升华，与新理论、新方法、新成果进行有机融合、无缝衔接，如何把纸质教材的内容通过PPT教学课件和互联网进行延伸与拓展等就成了本教材修订工作中重点思考与解决的关键性问题。

特别值得一提的是本教材的第二版自2015年发行以来，得到了广大读者的肯定，全国已有近300所高校选作教材定购。期望修订后的第三版能一如既往地得到读者的接纳和肯定。

在本教材的写作过程中，得到了业内多位专家和学者的指导及同仁的支持与帮助，教材中的案例和插图得到了深圳长江家具有限公司、广东华颂家居集团有限公司、香港祥利工艺家私公司等多家国内外一流企业的支持，研究生刘坤、李云晖为家具结构设计中主要内容的视频工作付出了辛勤的劳动，特别是得到了中国轻工业出版社的大力支持，给出了高屋建瓴性的修订建议，并做了大量最实质性的工作，在此一并致谢!

作者

2022年春于深圳